21 世纪高等院校电气信息类系列教材

自动控制理论

Automatic Control Theory

第 2 版

主　编　李素玲

副主编　刘丽娜

参　编　季　画　胡　健　高军伟

U0216975

机 械 工 业 出 版 社

本书以经典控制理论为主，较全面地介绍了自动控制的基本理论与应用。全书共分 8 章，分别是绪论、控制系统的数学模型、时域分析法、根轨迹分析法、频率特性分析法、控制系统的校正、线性离散控制系统、非线性控制系统分析。书末给出的 3 个附录可供读者在学习本书的过程中查询之用。

本书是新形态教材，读者可通过扫描二维码或登录数字课程网站（http://coursehome.zhihuishu.com/courseHome/1000064383#teachTeam）观看每个知识点的微视频、PPT 等资源，教材中的定义、定理、重点内容和特性曲线等均用彩色进行了标注；本书按照"新工科"建设理念，从注重培养学生解决复杂工程问题能力的目标出发，每章含有学习指南、能力目标和学习建议；为了便于自学，各章均附有丰富的例题和练习题。

本书可作为电气与电子信息学科各专业，机械、化工、航空航天等非电类相关专业的本科生和研究生教材，也可供有关工程技术人员参考。

本书配套的教学资源可登录机工教育网站（www.cmpedu.com）免费注册，审核通过后下载，或联系编辑索取（微信：15910938545，电话：010-88379739）。

图书在版编目（CIP）数据

自动控制理论／李素玲主编．--2 版．--北京：机械工业出版社，2022.7
（2024.7 重印）
21 世纪高等院校电气信息类系列教材
ISBN 978-7-111-70982-4

Ⅰ．①自… Ⅱ．①李… Ⅲ．①自动控制理论-高等学校-教材
Ⅳ．①TP13

中国版本图书馆 CIP 数据核字（2022）第 099112 号

机械工业出版社（北京市百万庄大街 22 号 邮政编码 100037）
策划编辑：李馨馨 责任编辑：李馨馨
责任校对：张艳霞 责任印制：单爱军

北京虎彩文化传播有限公司印刷

2024 年 7 月第 2 版·第 4 次印刷
184mm×260mm·23.5 印张·577 千字
标准书号：ISBN 978-7-111-70982-4
定价：79.00 元

电话服务　　　　　　　　网络服务
客服电话：010-88361066　机 工 官 网：www.cmpbook.com
　　　　　010-88379833　机 工 官 博：weibo.com/cmp1952
　　　　　010-68326294　金 书 网：www.golden-book.com
封底无防伪标均为盗版　机工教育服务网：www.cmpedu.com

第 2 版前言

本书第 1 版撰写于 2012 年，自出版以来受到许多高等院校的重视并被采用。编者根据我国社会、经济、科学技术发展对电气信息类专业人才培养的新要求，总结山东省"自动控制原理"精品课程的经验，以及长期教学实践的累积，广泛听取了使用本教材任课教师的意见，同时考虑到教育教学手段的进步和教学资源的扩充，按照"新工科"建设理念，从注重培养学生解决复杂工程问题能力的目标出发，对第 1 版教材做了修订，形成了第 2 版。

第 2 版仍然遵循本教材第 1 版前言中所明确的编写指导思想及原则，保持了原书的体系和特点，力求突出理论与工程实践的紧密结合。同时增加了微视频、PPT、学习指南、代表人物及事件简介等新的教学资源。与第 1 版相比，主要修订之处如下。

（1）采用新形态教材，通过扫描二维码或者登录数字课程网站可以观看每个知识点的微课视频。

（2）采用双色印刷，教材中的定义、定理、重点内容和特性曲线等均用彩色进行标注，对全书的排版进行了一些调整，增加了部分重要内容的图表表示，使重点更为醒目、层次更加清楚。

（3）各章增加了学习指南，包括本章内容提要、能力目标和学习建议，同时在各章小结中增加了知识结构归纳图，体现能力培养理念，有助于学习者把握重点内容，更有利于"新工科"教学范式的建设和多元化复合型人才的培养。

（4）本次修订贯彻推进党的二十大精神进教材、进课堂、进头脑，坚持"三全育人"理念，明确教学目标，增加了课程思政内容。围绕自动化技术的应用与发展，各章增加了代表人物及事件简介，特别是我国在航天和高科技领域的成就，使新形态教材承载一定的社会责任和育人使命，使学生更加了解科学家们热爱科学、献身科学的精神，培养学生的民族自豪感和爱国主义情怀。

（5）为三级标题、重要概念和核心词汇添加了英文注释，有助于后续专业课程开展双语教学或全英文教学，提高学生的跨文化沟通交流能力。

本书由李素玲任主编，刘丽娜任副主编，季画、胡健、高军伟参加编写。其中，第 1、5 章和附录由李素玲编写，第 3、6 章由刘丽娜编写，第 2 章由季画编写，第 7 章由胡健编写，第 8 章由高军伟编写，第 4 章由李素玲和胡健共同编写；每章的学习指南、知识结构归纳图、代表人物及事件简介由李素玲和刘丽娜共同编写；数字课程由李素玲、刘丽娜、王红梅、季画、傅佳霞、杜钦君共同录制，视频资源由刘丽娜负责整理。全书由李素玲统稿。

本书得到山东理工大学一流本科课程建设与培育项目的支持，在此表示感谢。在编写过程中参阅或引用了部分资料，对这些作者表示衷心的感谢。

由于编者水平有限，书中难免存在疏漏和不妥之处，恳请广大读者批评指正。

编　者

自动控制理论是自动化学科的重要理论基础，是研究有关自动控制系统的基本概念、基本原理和基本方法的一门课程，是高等学校电气信息类专业的一门核心基础理论课程。它是基础课与专业课之间的桥梁，是本科生后续课程和研究生课程的基础，如过程控制、运动控制、智能控制、线性系统理论、系统辨识、最优控制、计算机控制等。它研究的核心内容是对各种各样的控制系统建立数学模型，进行分析计算和控制校正，使其满足所要求的性能指标。

随着科学技术的不断发展，自动控制不仅应用于工农业生产和国防建设，而且近年来在经济、生态、社会科学领域也多有应用。本书是在适应自动化学科的发展，拓宽专业面、优化整体教学体系的背景下，总结了编者多年的教学经验和课程教学改革的成果，参考了国内外控制理论的经典名著，经反复讨论编写而成的。

本书是省级（山东省）精品课程"自动控制原理"的配套教材。

全书共分 8 章。主要内容分为四大部分：第 1 部分是自动控制系统的基本概念；第 2 部分包括线性连续系统的数学模型、时域响应分析、根轨迹分析、频率特性分析、系统设计与校正，这部分内容阐明自动控制的 3 个基本问题，即建模、分析和设计；第 3 部分有意识加强作为数字控制理论基础的离散控制系统的讨论，重点介绍了离散系统的数学模型、性能分析与系统校正；第 4 部分阐述了非线性系统的基本理论和分析方法，包括描述函数法和相平面法。另外，在各章的最后一节介绍了基于 MATLAB 与 Simulink 的分析与设计方法，以适应现代教学利用计算机对控制系统进行辅助分析与设计的需要。

本书在编写过程中，充分注意到以下几点：

1）全书注重课程体系的优化，强调基本概念、基本理论和基本工程的应用。

2）以学生为本，加强能力培养，遵照认识规律，内容叙述力求深入浅出、层次分明。

3）在理论综述和公式推导中，尽量精选内容，用经典例题代替一般性文字的叙述。

4）内容精简，突出工科特点，充分考虑到教学计划的变更和考研的要求，尽量多地采用图表，以代替论述性内容，增加例题和练习题的数量，加强工程技术方法的分析和训练。

5）详细介绍了基于 MATLAB 的控制系统计算机辅助分析与设计方法，并给出了大量的仿真例题，培养学生利用计算机分析与设计控制系统的能力，以适应 21 世纪教学现代化的发展要求。

本书的参考学时为 80 学时，但可根据专业需要和课时限制，对内容自行取舍、组合。

本书由李素玲（第1、3、5、6章和附录）、胡健（第4、7章）、季画（第2章）、高军伟（第8章）编著。全书由李素玲教授统稿。在此对在本书编写过程中给予过帮助的各位人员表示诚挚的谢意。

由于编者水平有限，书中错误和不妥之处在所难免，恳请广大读者批评指正。

编　者

2012 年 1 月

目录（Contents）

第 1 章　绪论（Introduction）

学习指南（Study Guide）

内容提要　自动控制理论是自动化学科的重要理论基础，专门研究有关自动控制系统中的基本概念、基本原理和基本方法。本章着重介绍控制理论的发展与应用，自动化技术对国家、社会、个人的影响和贡献；人工控制与自动控制系统的实例分析；系统的控制原理、控制方式、元部件组成及分类；对控制系统的基本要求。

能力目标　通过了解控制理论的发展过程、发展趋势与应用途径，明确自动化技术对国家、社会、个人的重要性，培养学生的职业自豪感、民族自豪感和爱国主义情怀；能够认清典型控制系统的组成元部件及关键环节，建立自动控制的基本概念；会分析控制系统实例，判断系统的类型、控制方式和结构参数，并根据系统原理图画出其系统框图，理解控制系统对稳、快、准的要求。

学习建议　本章作为概述，较为全面地展示了自动控制理论课程的全貌，阐述了后续课程学习过程中需要进行研究的各部分内容及要点。为了后续的深入学习和理解，要特别注意本章给出的一些基本概念和专业术语及定义，包括自动控制，控制装置（控制器），被控对象，自动控制系统，开环控制、闭环控制和复合控制，恒值、随动和程控系统，线性与非线性系统、连续与离散系统、定常与时变系统，稳定性、快速性和准确性。

1.1　引言（General Introduction）

自动控制理论（automatic control theory）是研究自动控制共同规律的一门科学，目前已形成工程控制论（engineering cybernetics）、生物控制论（bio-cybernetics）、经济控制论和社会控制论等多个分支，其中工程控制论是控制论中的一个重要分支。本课程主要研究工程领域的自动控制。

所谓自动控制（automatic control）就是指在没有人直接参与的情况下，利用控制装置使整个生产过程或设备自动地按预定规律运行，或使其某个参数按要求变化。

当前，自动控制技术已在工农业生产、交通运输、国防建设和航空、航天事业等领域中获得广泛应用。比如：人造地球卫星的成功发射与安全返回；运载火箭的准确发射；导弹的准确击中目标；数控车床按照预定程序自动地切削工件；化学反应炉的温度或压力自动地维持恒定；冰箱、洗衣机、微波炉等家用电器自动完成制冷、洗涤和加热过程。随着生产和科学技术的发展，自动控制技术已渗透到各个学科领域，成为促进当代生产发展和科学技术进步的重要因素。

按其发展的不同阶段，通常可把自动控制理论分为经典控制理论（classical control theory）和现代控制理论（modern control theory）两大部分。

经典控制理论是20世纪40年代到50年代形成的一门独立学科。它的发展初期，是以反馈（feedback）理论为基础的自动调节（adjust）原理，主要用于工业控制。第二次世界大战期间，由于生产和军事的需要，各种控制系统的理论研究和分析方法应运而生。1932年，奈奎斯特（H. Nyquist）在研究负反馈放大器时创立了著名的稳定性判据，并提出了稳定裕量的概念。在此基础上，1945年伯德（H. W. Bode）提出了分析控制系统的一种图解方法即频率法，致使研究控制系统的方法由初期的时域分析转到频域分析。随后，1948年伊文斯（W. R. Evans）又创立了另一种图解法即著名的根轨迹法。再往前追溯，劳斯（E. Routh）和赫尔维茨（A. Hurwitz）分别于1877年和1895年独立地提出了关于判断控制系统稳定性的代数判据。这些都是经典控制理论的重要组成部分。20世纪50年代中期，经典控制理论又增加了非线性系统理论和离散控制理论。至此，形成了比较完整的经典控制理论体系。

由于空间技术的发展，各种高速、高性能的飞行器相继出现，要求高精度地处理多变量、非线性、时变和自适应等控制问题，因此20世纪60年代初又形成了现代控制理论。现代控制理论的基础是：1956年庞特里亚金提出的极大值原理，1957年贝尔曼（R. Bellman）提出的动态规划，1960年卡尔曼（R. E. Kalman）提出的最优滤波理论以及状态空间法（state-space method）的应用。从20世纪60年代至今，现代控制理论又有巨大的发展，并形成了若干学科分支，如线性控制理论（linear control theory）、最优控制（optimal control）理论、动态系统辨识（system identification）、自适应控制（adaptive control）、大系统（large scale system）理论等。

经典控制理论以传递函数为数学工具，研究单输入、单输出自动控制系统的分析与设计问题，主要研究方法有时域分析法、根轨迹法和频率特性法。而现代控制理论则以矩阵理论等近代数学方法作为工具，不仅研究系统的输入、输出特性，而且还研究系统的内部特性。它适于研究多输入、多输出的复杂系统，这些系统可以是线性的、非线性的、定常的或时变的，其主要研究方法为状态空间法。

目前，自动控制理论还在继续发展，正向以控制论（cybernetics）、信息论（information theory）、仿生学（bionics）为基础的智能控制理论方向深入发展。

1.2　自动控制系统概述（Overview of Automatic Control Systems）

1.2.1　自动控制的基本概念（Basic Concepts of Automatic Control）

教学视频 1-1
自动控制的基本原理

在许多工业生产过程或生产设备运行中，为了维持正常的工作条件，往往需要对某些物理量（如温度、流量、压力、液位、位移、电压、转速等）进行控制，使其尽量维持在某个数值附近，或使其按一定规律变化。要满足这种需要，就应该对生产机械或设备进行及时的操作和控制，以抵消外界的扰动和影响。这种操作和控制，既可以用人工操作来完成，又可以用自动控制来完成。

1. 人工控制

图 1-1 所示为人工控制水位保持恒定的供水系统。水池中的水源源不断地经出水管道流出，以供用户使用。随着用水量的增多，水池中的水位必然下降。这时，若要保持水位高度不变，就得开大进水阀门，增加进水量以作为补充。因此，进水阀门的开度是根据实际水位的多少进行操作的。上述过程由人工操作实现的正确步骤是：操作人员首先将要求水位牢记在大脑中，然后用眼睛和测量工具测量水池实际水位，并将实际水位与要求水位在大脑中进行比较、计算，从而得出误差值。再按照误差的大小和正负性质，由大脑指挥手去调节进水阀门的开度，使实际水位尽量与要求水位相等。

由于图 1-1 所示系统有人直接参与控制，故称为人工控制。人工控制的过程是测量、求误差、控制、再测量、再求误差、再控制这样一种不断循环的过程。其控制目的是要尽量减小误差，使实际水位尽可能地保持在要求水位附近。

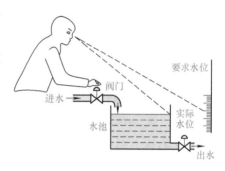

图 1-1　水位人工控制系统

2. 自动控制

如果找到某种装置来完全代替图 1-1 中人所完成的全部职能，那么人就可以不直接参与控制，从而构成一个自动控制系统。

图 1-2 所示为水位自动控制系统。由浮子代替人的眼睛，测出实际水位；由连杆代替人的大脑，将实际水位与要求水位进行比较，得出误差，并以位移形式推动电位器的滑臂做上下移动。电位器输出电压的高低和极性充分反映出误差的性质，即误差的大小和方向。电位器输出的微弱电压经放大器放大后用以控制伺服电动机，其转轴经减速器降速后驱动进水阀门，从而控制进水量的大小，使水位保持在要求水位。

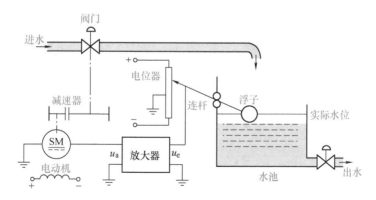

图 1-2　水位自动控制系统

当实际水位等于要求水位时，电位器的滑臂居中，$u_e = 0$。当出水量增大时，浮子下降，它带动电位器滑臂向上移动，使 $u_e > 0$，经放大成 u_a 后控制电动机做正向旋转，以增大进水阀门的开度，促使水位回升。只有当实际水位回到要求水位时，才能使 $u_e = 0$，控制作用终止。

上述的自动控制与人工控制极为相似，只不过把某些装置有机地结合在一起，以代替人的职能而已。这些装置通常称为控制器。

3. 控制系统中的常用术语

1）自动控制：如前所述。

2）控制装置（controller）：外加的控制设备或装置，也称控制器。

3）被控对象（controlled plant）：被控制的机器、设备或生产过程。

4）被控量（controlled variable），即输出量，表征被控对象工作状态的物理参量。

5）给定量（setting value），即输入量，要求被控量所应保持的数值，也称参考输入。

6）扰动量（disturbance）：系统不希望的外作用，也称扰动输入。

7）反馈量（feedback variable）：由系统输出端取出并反向送回系统输入端的信号。反馈有主反馈和局部反馈之分。

8）偏差量（deviation）：给定量与主反馈信号之差。

9）自动控制系统（automatic control system）：由被控对象和控制器按一定方式连接起来的、完成一定自动控制任务的有机整体。

1.2.2　自动控制系统的基本组成（Basic Components of Automatic Control Systems）

自动控制系统根据被控对象和具体用途的不同，可以有各种不同的结构形式。但是，从工作原理来看，自动控制系统通常是由一些具有不同职能的基本元件所组成。图 1-3 所示为典型的反馈控制系统（feedback control system）的基本组成。

教学视频 1-2
自动控制系统的
基本组成

图中各元件的职能如下：

给定元件（setting element）的职能是给出与期望的被控量相对应的系统输入量。给定元件一般为电位器。

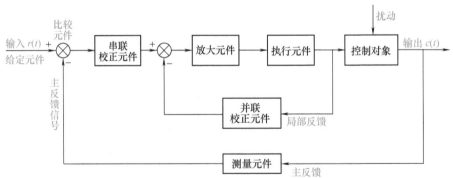

图 1-3　反馈控制系统的基本组成

比较元件（comparing element）的职能是把测量到的被控量实际值与给定元件给出的输入量进行比较，求出它们之间的偏差。常用的比较元件有差动放大器、机械差动装置、电桥电路等。

测量元件（measuring element）的职能是检测被控制的物理量。如测速发电机、热电偶、自整角机、电位器、旋转变压器、光电编码器等都可作为测量元件。

放大元件（amplification）的职能是将比较元件给出的偏差信号进行放大，用来推动执行元件去控制被控对象。如晶体管、集成电路、晶闸管等组成的电压放大器和功率放大器。

执行元件（actuator）的职能是直接推动被控对象，使其被控量发生变化。用来作为执行元件的有阀门、电动机、液压马达等。

校正元件也称补偿元件（compensation element），它是结构或参数便于调整的元件，用串联或并联（反馈）的方式连接于系统中，以改善系统的性能。最简单的校正元件是电阻、电容组成的无源或有源网络，复杂的则可用计算机构成数字控制器。

1.2.3　自动控制系统的基本控制方式（Basic Control Approaches of Automatic Control Systems）

从信号传送的特点或系统的结构形式来看，自动控制系统有两种基本的控制方式，即开环控制和闭环控制。另外，将开环控制和闭环控制结合起来构成复合控制，也是工程中应用较多的一种控制方式。

教学视频 1-3
自动控制系统的基本控制方式

1. 开环控制

开环控制（open-loop control）是指控制装置与被控对象之间只有顺向作用而没有反向联系的控制过程。开环控制系统的特点是被控量对系统的控制作用不产生影响。如图 1-4 所示的直流电动机速度控制系统就是开环控制系统的一例，图 1-5 所示为该系统的原理框图（block diagram）。

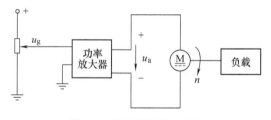

图 1-4　开环直流调速系统

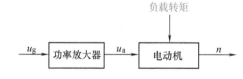

图 1-5　开环直流调速系统原理框图

图 1-4 所示开环系统的输入量是给定电压 u_g，输出量是转速 n。电动机励磁电压为常数，采用电枢控制方式。调整给定电位器滑臂的位置，可得到不同的给定电压 u_g，放大后得到不同的电枢电压 u_a，从而控制电动机转速 n。当负载转矩不变时，给定电压 u_g 与电动机转速 n 有一一对应关系。因此，可由给定电压直接控制电动机转速。如果出现扰动，如负载转矩增加，电动机转速便随之降低而偏离要求值。

开环控制系统电路简单、成本低、工作稳定，但其最大的缺点是不具备自动修正被控量偏差的能力，所以系统的控制精度低。

2. 闭环控制

闭环控制（closed-loop control）是指被控量经反馈后与给定值比较，用其偏差对系统进行控制，也称反馈控制。闭环控制系统的特点是当被控量偏离期望值而出现偏差时，必定会产生一个相应的控制作用去减小或消除这个偏差，使被控量与期望值趋于一致。

对于图 1-4 所示的开环直流调速系统，加入一台测速发电机，并对电路稍做改动，便构成了图 1-6 所示的闭环直流调速系统。

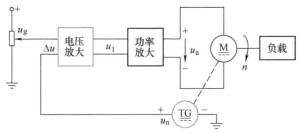

图 1-6　闭环直流调速系统

在图 1-6 中，测速发电机由电动机同轴带动，它将电动机的实际转速 n（即系统的输出量）测量出来，并转换成电压 u_n，反馈到系统的输入端，与给定电压 u_g 进行比较，从而得出偏差电压 $\Delta u = u_g - u_n$。偏差电压 Δu 经电压放大器放大为 u_1，再经功率放大器放大成 u_a 后，作为电枢电压用来控制电动机转速 n。

图 1-7 为该系统的原理框图。通常，把从系统输入量到输出量之间的通道称为前向通道，从输出量到反馈信号之间的通道称为反馈通道。图中用符号 "$\otimes$" 表示比较环节，其输出量等于该环节各个输入量的代数和。因此，各个输入量均须用正负号表明其极性，通常正号可以省略。

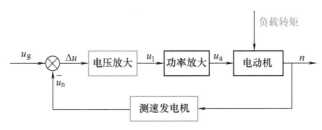

图 1-7　闭环直流调速系统原理框图

图 1-6 所示的闭环直流调速系统，在某个给定电压下电动机稳定运行。一旦受到某些扰动，如负载转矩突然增大，就会引起转速下降，此时系统就会自动地产生如下调整过程：

负载转矩 $T_L \uparrow \rightarrow$（电磁转矩 $T_e < T_L$）$\rightarrow n \downarrow \rightarrow u_n \downarrow \rightarrow \Delta u \uparrow \rightarrow u_1 \uparrow \rightarrow u_a \uparrow$

$$n \uparrow \qquad\qquad\qquad\qquad$$

调整结果是，电动机的转速降落得到自动补偿，使输出量 n 基本保持不变。

闭环控制系统由于引入了反馈作用，具有很强的自动修正被控量偏离给定值的能力，因此可以抑制内部和外部扰动所引起的偏差，具有较强的抗干扰能力。同时，在组成系统的元器件精度不高的情况下，采用反馈控制也可以达到较高的控制精度，所以应用很广。但正是由于引入了反馈作用，如果系统参数配合不当，系统容易产生振荡甚至不稳定，使系统无法工作。这是闭环系统中非常突出的现象，也是本课程要解决的主要问题之一。

3. 复合控制

在反馈控制的基础上，附加给定补偿或干扰补偿就组成复合控制（compound control）。图 1-8 所示调速系统是在速度闭环控制的基础上增加了负载扰动补偿。图 1-9 为该系统的原理框图。该系统是按扰动补偿与闭环控制相结合方式组成的复合控制系统。

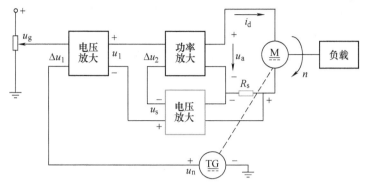

图 1-8　复合控制调速系统

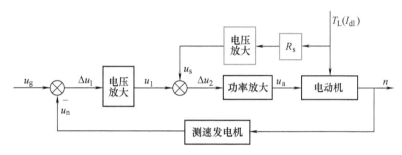

图 1-9　复合控制调速系统原理框图

1.3　自动控制系统的分类（Categories of Automatic Control Systems）

自动控制系统根据分类目的的不同，可以有多种分类方法。现仅介绍几种常见的分类方法。

教学视频 1-4
自动控制系统的分类

1.3.1　按信号传送特点或系统结构特点分类（Classified by Signal Transmission Characteristics or System Structure Characteristics）

按信号传送特点或系统结构特点可以将控制系统分为开环控制系统、闭环控制系统和复合控制系统三大类，前已述及，故不赘述。

1.3.2　按给定信号特点分类（Classified by Setting Signal Characteristics）

按给定信号特点可以将控制系统分为恒值系统、随动系统和程控系统三大类。

1. 恒值系统

给定信号为常值的系统称为恒值系统（constant value system），其任务是使输出量保持与输入量对应的恒定值，并能克服扰动量对系统的影响。工程上常见的恒压、恒速、恒温、恒定液位等控制系统都属于此类系统。

图 1-10 所示为电阻炉微机温度控制系统，图 1-11 为该系统的原理框图。图中，电阻丝

通过晶闸管主电路加热，炉温期望值用计算机键盘预先设置，实际炉温由热电偶检测，并转换成电压信号，经放大滤波后，由模–数（A-D）转换器将模拟信号转换成数字信号送入计算机，并在计算机中与所设置的期望值比较后产生偏差信号。计算机便根据预定的控制算法（即控制规律）计算相应的控制量，经 D-A 转换为 4~20mA 的电流信号，通过触发器控制晶闸管的控制角 α，从而改变晶闸管的整流电压，也就改变了电阻丝中电流的大小，达到控制炉温的目的。

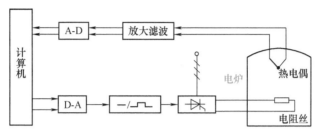

图 1-10　电阻炉微机温度控制系统

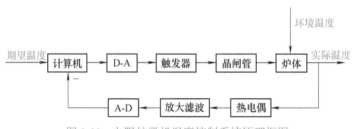

图 1-11　电阻炉微机温度控制系统原理框图

2. 随动系统

给定值随意变化而事先无法知道的系统称为随动系统（follow-up control system），其任务是使输出量按一定精度跟踪输入量的变化。如跟踪目标的雷达系统、火炮群控制系统、导弹制导系统、参数的自动检验系统、X-Y 记录仪、船舶驾驶舵位跟踪系统、飞机自动驾驶仪等都属于此类系统。

图 1-12 所示为船舶驾驶舵角位置跟踪系统，其任务是使船舵角位置按给定指令变化，图 1-13 所示为该系统的原理框图。驾驶盘（又称舵轮）所转过的角度用 θ_i 表示，驾驶盘与电位器 RP_1 做机械连接，作为系统的给定装置。直流电动机的转轴经减速箱减速后带动舵叶旋转（舵叶的偏转角用 θ_o 表示），同时通过机械连接带动电位器 RP_2 的滑臂做相应的转动。RP_2 的电压 u_o 反馈到输入端，与 RP_1 的电压 u_i 进行比较后得出偏差电压 $u_e = u_i - u_o$。若 $\theta_o = \theta_i$，则预先整定 $u_i = u_o$，那么 $u_e = 0$，电动机不转，系统处于平衡状态。若 θ_i 变而 θ_o 未变，则有 $\theta_o \neq \theta_i$，$u_i \neq u_o$，所以 $u_e \neq 0$，从而使电动机转动，带动舵叶的偏转角 θ_o 向 θ_i 要求的位置变化，直至 $\theta_o = \theta_i$，才有 $u_e = 0$，电动机停止，系统重又平衡。

3. 程控系统

给定值或指令输入信号按已知时间函数变化的系统称为程控系统（program control system），其任务是使输出量按预定的程序去运行。如热处理炉温度控制系统中的升温、保温、降温等过程，都是按照预先设定的程序进行控制的。又如机械加工中的数控机床、仿形机床等均是典型的例子。

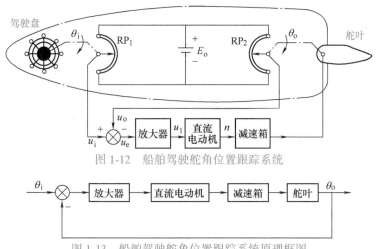

图 1-12　船舶驾驶舵角位置跟踪系统

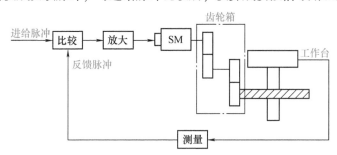

图 1-13　船舶驾驶舵角位置跟踪系统原理框图

图 1-14 所示为数控机床控制系统原理框图。其中的输入处理、插补计算和控制功能可由逻辑电路实现，也可由计算机来完成。一般都将加工轨迹编好程序，并转换成进给脉冲，再将工作台移动轨迹转换成反馈脉冲，与进给脉冲比较后，换算成模拟信号用以控制伺服电动机。

图 1-14　数控机床控制系统原理框图

1.3.3　按数学描述分类（Classified by Mathematical Descriptions）

按数学描述可以将控制系统分为线性系统和非线性系统。

1. 线性系统

组成系统的所有元件均为线性元件时，即它们的输入–输出特性是线性的，这样的系统称为线性系统（linear system）。这类系统的运动过程可用线性微分方程（差分方程）来描述，其主要特点是具有齐次性和叠加性，最大的优点是数学处理简便，理论体系完整。

2. 非线性系统

严格地讲，实际的物理系统中很少存在理想的线性系统，总是或多或少地存在着不同程度的非线性特性。为研究问题方便，当非线性特性不显著或系统在非线性特性区域的工作范围不大时，可将它们线性化，然后按线性系统处理。可以线性化的元件称为非本质性非线性元件，而不能线性化的元件称为本质性非线性元件。系统中只要包含一个本质性非线性元件，就得用非线性微分方程来描述其运动过程。这种用非线性微分方程来描述的系统就称为非线性系统（nonlinear system）。在这类系统中，不能使用叠加原理。

1.3.4　按时间信号的性质分类（Classified by Properties of Time Signal）

按时间信号的性质可将控制系统分为连续系统和离散系统。

1. 连续系统

若系统各环节间的信号均为时间 t 的连续函数，则称这类系统为连续系统（continuous system）。连续系统的运动规律可用微分方程描述。上述的水位控制系统和电动机调速系统均属于这类系统。

2. 离散系统

在系统中一处或几处的信号为脉冲序列或数字编码，则称这类系统为离散系统（discrete system）。离散系统的运动规律可用差分方程描述。上述的电阻炉微机温度控制系统和数控机床控制系统均属于这类系统。

1.3.5　按系统参数是否随时间变化分类（Classified by Whether System Parameters Change with Time）

按系统参数是否随时间变化可将控制系统分为定常系统与时变系统。

1. 定常系统

系统参数不随时间变化的系统称为定常系统（time-invariant system）。描述其动态特性的微分方程或差分方程的系数为常数。

2. 时变系统

系统参数随时间而变化的系统称为时变系统（time-variant system）。描述其动态特性的微分方程或差分方程的系数不为常数。

1.4　对控制系统的要求和本课程的主要任务（Requirements for Control Systems and Main Tasks of this Course）

1.4.1　对控制系统的基本要求（Requirements for Control Systems）

尽管自动控制系统有不同的类型，对每个系统也都有不同的特殊要求，但对于各类系统来说，在已知系统的结构和参数时，我们总是关注系统在某种典型输入信号下，其被控量变化的全过程。也就是说，研究的内容和方法都是具有共性的。那就是系统的输出量必须迅速、准确地按控制输入量的变化而变化，并能克服扰动影响。简言之，工程上是从稳定性、快速性、准确性三方面来评价一个控制系统的性能优劣。

教学视频 1-5
对控制系统的基本要求

1. 稳定性

稳定性（stability）是指系统重新恢复平衡状态的能力。稳定性是保证控制系统正常工作的先决条件，一个稳定的系统，其输出量偏离期望值的初始偏差应随时间的延长逐渐减小或趋于零。反之，一个不稳定的系统，其输出量偏离期望值的初始偏差将随着时间的增长而发散，无法实现预定的任务。

2. 快速性

快速性（rapidity）是指动态过程进行的时间长短。动态过程过长，系统长久出现大偏差，不但平稳性差，而且难以复现快速变化的指令信号。若满足既平稳又快速，则系统的动态精度高。

3. 准确性

准确性（accuracy）是指系统过渡到新的平衡状态以后或系统受干扰后重新恢复平衡，最终保持的精度。它反映的是系统后期性能。

在此特别指出，对不同的被控对象，系统对稳、快、准的要求有所侧重。例如，恒值系统对平稳性要求严格，而随动系统对快和准要求高。同一个系统中，稳、快、准通常是相互制约的。提高过渡过程的快速性，可能会加速系统振荡；改善了平稳性，过渡过程又可能拖长，甚至使最终精度也变差。分析和解决这些矛盾，将是本课程的重要内容。

1.4.2 本课程的主要任务与控制系统的设计原则（Main Tasks of this Course and Design Principles of Control Systems）

1. 本课程的主要任务

自动控制理论主要研究以下两大课题：

1）对于一个具体的控制系统，如何从理论上对它的动态性能和稳态精度进行定性的分析和定量的计算。

2）根据对系统性能的要求，如何合理地设计校正装置，使系统的性能能够满足技术上的要求。

2. 控制系统的设计原则

由于对系统的要求不同，实际中系统的设计是复杂多样的，但大体上可以归纳为以下几个步骤：

1）数学建模（mathematical modeling）。为了对控制系统从理论上进行定性分析和定量计算，首先要建立系统的数学模型，即建立描述系统输入、输出变量以及内部各变量之间关系的数学表达式。

2）系统分析（system analysis）。在建立了系统数学模型的基础上，利用各种系统分析方法可以得到系统的运动规律及运动性能，包括定性的分析和定量的计算。

3）系统设计（system design）。系统设计的任务就是寻找一个能够实现所要求性能的控制系统。设计系统时，要找出影响系统性能的主要因素；然后根据要求确定改进系统性能所采取的控制规律；最后确定和选用合理的控制装置。设计过程要经过反复的选择和试探，才能达到满意的效果。

4）实验仿真（experimental simulation）。系统设计完成后，可以利用计算机把数学模型在各种输入信号及扰动作用下的响应进行测试分析，确定所设计的系统性能是否符合要求，并加以修正使其进一步完善，以寻求达到最佳的控制效果。

5）控制实现（control realization）。系统仿真完成后可进入样机制作阶段，并且还要进行反复的实验调试，直至满足设计要求为止。

本章小结（Summary）

1. 内容归纳

1）自动控制是在没有人直接参与的情况下，利用控制装置使被控对象自动地按要求的运动规律变化。自动控制系统是由被控对象和控制器按一定方式连接起来的、完成一定自动控制任务的有机整体。

2）自动控制系统可以是开环控制、闭环控制或复合控制。最基本的控制方式是闭环控制，也称反馈控制。

3）自动控制系统的分类方法很多，其中最常见的是按给定信号的特点进行分类，可分为恒值系统、随动系统和程控系统。

4）在分析系统的工作原理时，应注意系统各组成部分具有的职能，并能用原理框图进行分析。原理框图是分析控制系统的基础。

5）对自动控制系统性能的基本要求可归结为稳、快、准三个字。

6）自动控制理论是研究自动控制技术的基础理论，其研究内容主要分为系统分析和系统设计两个方面。

2. 知识结构

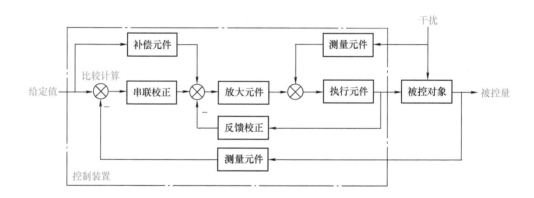

代表人物及事件简介（Leaders and Events）

1. 诺伯特·维纳（Norbert Wiener，1894—1964），美国数学家，控制论的创始人。维纳在其 50 年的科学生涯中，先后涉足哲学、数学、物理学、工程学和生物学，在各个领域中都取得了丰硕成果，称得上是恩格斯颂扬过的 "20 世纪多才多艺和学识渊博的科学巨人"。维纳一生发表论文 240 多篇，著作 14 本，主要著作有《控制论》《维纳选集》和《维纳数学论文集》，还有两本自传《昔日神童》和《我是一个数学家》。

1945 年维纳把反馈的概念推广到生物等一切控制系统，1948 年

出版了名著《控制论》，为控制论奠定了基础。维纳的深刻思想引起了人们的极大重视，它揭示了机器中的通信和控制机能与人的神经、感觉机能的共同规律，为现代科学技术研究提供了崭新的科学方法，从多方面突破了传统思想的束缚，有力地促进了现代科学思想方式和当代哲学观念的一系列变革。

2. 钱学森（1911—2009），籍贯浙江省杭州市，出生于上海。1934 年毕业于上海交通大学机械工程系，1935 年赴美国研究航空工程和空气动力学，1938 年获加利福尼亚理工学院博士学位，后留在美国任讲师、教授，曾任美国麻省理工学院教授、加州理工学院教授。1950 年开始争取回归祖国，受到美国政府迫害，失去自由，历经 5 年于 1955 年回到祖国，自 1958 年起长期担任火箭导弹和航天器研制的技术领导职务。1959 年加入中国共产党。

钱学森是人类航天科技的重要开创者和主要奠基人之一，空气动力学家和系统科学家，工程控制论的创始人，中国科学院学部委员、中国工程院院士，中国"两弹一星"功勋奖章获得者。曾担任中国人民政治协商会议第六、七、八届全国委员会副主席，中国科学技术协会名誉主席，全国政协副主席等职务。他是航空领域、空气动力学领域、应用数学和应用力学领域的世界级权威。他在 20 世纪 40 年代就已经成为与其恩师冯·卡门并驾齐驱的航空航天领域最为杰出的代表人物，并以《工程控制论》的出版为标志，在学术成就上实质性地超越了科学巨匠冯·卡门，成为 20 世纪众多学科领域的科学巨星，被誉为"中国航天之父""中国导弹之父""火箭之王"和"中国自动化控制之父"。

习题（Exercises）

1-1 自动控制系统通常由哪些环节组成？它们在控制过程中担负什么职能？

1-2 试比较开环控制系统和闭环控制系统的优缺点。

1-3 一晶体稳压电源原理图如图 1-15 所示。试画出其原理框图，并说明被控量、给定值、干扰量是什么，哪些元件起着测量、放大和执行作用。

1-4 图 1-16 所示为发电机电压调节系统原理图，该系统通过测量电枢回路电流 i 产生附加的激励电压 U_b 来调节输出电压 U_c。试分析在电枢转速 ω 和给定激励电压 U_g 恒定不变而负载变化的情况下系统的工作原理并画出原理框图。

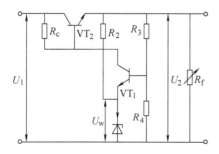

图 1-15 题 1-3 晶体稳压电源原理图

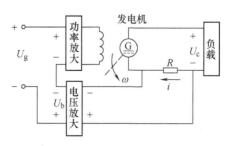

图 1-16 题 1-4 发电机电压调节系统原理图

1-5 图1-17所示为仓库大门自动控制系统原理图。试说明系统自动控制大门开闭的工作原理并画出系统原理框图。

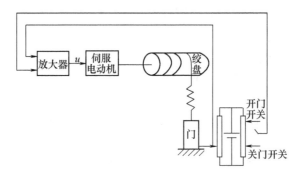

图1-17 题1-5仓库大门自动开闭控制系统原理图

1-6 某住宅楼水池水位控制系统原理图如图1-18所示。试简述系统各组成元件的作用及系统的工作原理,并画出系统的原理框图。

1-7 电冰箱制冷系统工作原理图如图1-19所示。试简述系统的工作原理,指出系统的被控对象、被控量和给定量,画出系统原理框图。

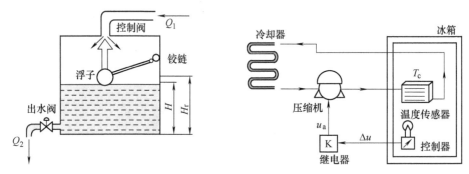

图1-18 题1-6水位控制系统原理图   图1-19 题1-7电冰箱制冷系统工作原理图

1-8 图1-20所示为自动调压系统原理图。设空载时,图1-20a、b的发电机端电压均为110 V。试问带上负载后,图1-20a、b哪个系统能保持110 V电压不变?哪个系统的电压会稍低于110 V?为什么?

1-9 下列各式是描述系统的微分方程,其中$r(t)$为输入变量,$c(t)$为输出变量,试判断哪些是线性定常或时变系统?哪些是非线性系统?

(1) $\dfrac{\mathrm{d}^3 c(t)}{\mathrm{d}t^3} + 3\dfrac{\mathrm{d}^2 c(t)}{\mathrm{d}t^2} + 8\dfrac{\mathrm{d}c(t)}{\mathrm{d}t} + 5c(t) = r(t)$

(2) $t\dfrac{\mathrm{d}c(t)}{\mathrm{d}t} + 5c(t) = r(t) + 3\dfrac{\mathrm{d}r(t)}{\mathrm{d}t}$

(3) $\dfrac{\mathrm{d}c(t)}{\mathrm{d}t} + 8\sqrt{c(t)} = 4r(t)$

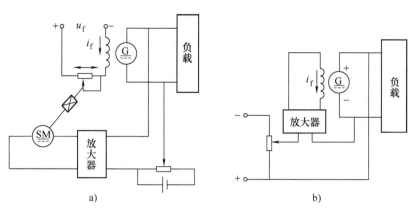

图 1-20 题 1-8 自动调压系统原理图

第 2 章 控制系统的数学模型（Mathematical Model of Control Systems）

学习指南（Study Guide）

内容提要 本章主要介绍控制系统的各类数学模型，如微分方程、传递函数、结构图、信号流图的求取及各种模型之间的对应转换关系，为下一步深入讨论自动控制理论的具体分析方法奠定基础。主要内容有：系统微分方程的建立与求解，非线性特性的线性化，传递函数的定义及典型环节的传递函数，电网络用复阻抗法求取传递函数，系统结构图的建立及其等效变换，信号流图的建立，运用梅森公式求取闭环系统的各类传递函数，用 MATLAB 求取控制系统的数学模型。

能力目标 针对实际控制系统，能够根据设定和约束条件，熟练应用时域、复域和频域的基础知识，建立控制系统的各种数学模型并进行相应转换；重点要能够根据系统微分方程、电网络的复阻抗求取传递函数；熟练绘制实际控制系统的结构图或信号流图，并通过其等效变换或梅森公式求取系统的各种传递函数。同时，能够借助 MATLAB 对所建数学模型的正确性进行求解验证。

学习建议 数学模型的建立是自动控制理论"建模、分析、设计"三大步骤的第一个环节，也是整个理论的基础。本章讲述的内容很多，涉及数学和物理系统的一些理论知识，有些需要进一步回顾，有些需要加深理解，其中拉普拉斯变换尤为重要。另外，对时间域和复数域的多种数学模型描述方法，以及各种模型之间的对应转换关系也都比较复杂，但目的只有一个，那就是求得系统传递函数。可以根据实际系统的物理化学定律，应用数学物理方法，建立系统的微分方程，再借助拉普拉斯变换，得到系统的结构图或信号流图，并通过其等效变换或梅森公式求取系统的传递函数；反过来，只要求得了系统传递函数，也可以方便地写出其微分方程。以上各种数学模型的建立和相互转换，都可以通过 MATLAB 进行验证。

2.1 引言（General Introduction）

对控制系统进行分析和设计时，首先要建立系统的数学模型。控制系统的数学模型是描述系统输入、输出变量以及内部各变量之间关系的数学表达式。它可使我们避开各具体系统不同的物理特性，在一般意义下研究控制系统的普遍规律。

控制系统的数学模型分为静态数学模型和动态数学模型。静态数学模型是在静态条件下

（即变量各阶导数为零），描述变量之间关系的数学表达式；动态数学模型是在动态过程中（即变量各阶导数不为零），描述诸变量动态关系的数学表达式。分析和设计控制系统时，常用的动态数学模型有微分方程、差分方程、传递函数、动态结构图、信号流图、脉冲响应函数、频率特性等。本章着重讨论微分方程、传递函数、动态结构图、信号流图和脉冲响应函数等数学模型的建立及应用。

　　建立控制系统数学模型的方法有解析法和实验法两种。解析法是指当控制系统结构和参数已知时，根据系统及元件各变量之间所依据的物理规律或化学规律，分别列写出各变量间的数学表达式的方法。实验法是人为地给系统施加某种测试信号，记录其输出响应，并用适当的数学模型去逼近，这种方法又称为系统辨识。

　　无论是用解析法还是用实验法建立数学模型，都存在着模型精度和复杂性之间的矛盾，即控制系统的数学模型越精确，它的复杂性越大，对控制系统进行分析和设计也越困难。因此，在工程上，总是在满足一定精度要求的前提下，尽量使数学模型简单。为此，在建立数学模型时，常做许多假设和简化，最后得到的是具有一定精度的近似的数学模型。

　　本章主要采用解析法建立系统的数学模型，关于实验法将在后续章节中进行介绍。

2.2　微分方程（Differential Equation）

　　微分方程（differential equation）是描述各种控制系统动态特性的最基本的数学工具，也是后面讨论的各种数学模型的基础。因此，本节着重介绍描述线性定常控制系统的微分方程的建立和求解方法以及非线性微分方程的线性化问题。

2.2.1　线性系统微分方程的建立（Establishment of Differential Equations for Linear Systems）

　　用解析法列写线性系统或元件微分方程的一般步骤如下：

　　1）根据元件的工作原理和在系统中的作用，确定系统和各元件的输入、输出变量，并根据需要引入一些中间变量。

教学视频 2-1
线性元件微分
方程的建立

　　2）从输入端开始，按照信号的传递顺序，依据各变量所遵循的物理或化学定律，依次列写出系统中各元件的动态方程（dynamic equation），一般为微分方程组。

　　3）消去中间变量，得到只含有系统或元件输入变量和输出变量的微分方程。

　　4）标准化，即将与输入有关的各项放在方程的右侧，与输出有关的各项放在方程的左侧，方程两边各阶导数按降幂排列，最后将系数整理规范为具有一定物理意义的形式。

　　【例 2-1】　试列写如图 2-1 所示 RLC 无源网络的微分方程。$u_r(t)$ 为输入，$u_c(t)$ 为输出。

　　解　设回路电流为 $i(t)$，由基尔霍夫定律可写出回路方程为

$$L\frac{\mathrm{d}i(t)}{\mathrm{d}t}+Ri(t)+u_c(t)=u_r(t)$$

$$u_c(t)=\frac{1}{C}\int i(t)\,\mathrm{d}t$$

消去中间变量 $i(t)$，便得到描述网络输入输出关系的微分方程为

$$LC\frac{\mathrm{d}^2u_c(t)}{\mathrm{d}t^2}+RC\frac{\mathrm{d}u_c(t)}{\mathrm{d}t}+u_c(t)=u_r(t) \tag{2-1}$$

令 $T_1=L/R$，$T_2=RC$ 均为时间常数。则有

$$T_1T_2\frac{\mathrm{d}^2u_c(t)}{\mathrm{d}t^2}+T_2\frac{\mathrm{d}u_c(t)}{\mathrm{d}t}+u_c(t)=u_r(t) \tag{2-2}$$

【例 2-2】 图 2-2 所示为弹簧-质量-阻尼器组成的机械位移系统。其中，k 为弹簧的弹性系数，f 为阻尼器的阻尼系数。试列写以外力 $F(t)$ 为输入，以位移 $x(t)$ 为输出的系统微分方程。

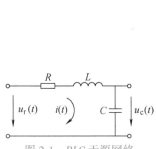 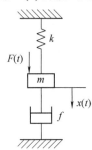

图 2-1 *RLC* 无源网络　　　图 2-2 弹簧-质量-阻尼器机械位移系统

解 在外力 $F(t)$ 作用下，若弹簧的弹力和阻尼器阻力之和与之不平衡，则质量 m 将有加速度，并使速度和位移改变。根据牛顿第二定律有

$$F(t)-F_1(t)-F_2(t)=m\frac{\mathrm{d}^2x(t)}{\mathrm{d}t^2} \tag{2-3}$$

其中，$F_1(t)=kx(t)$ 为弹簧恢复力，其方向与运动方向相反，大小与位移成比例；$F_2(t)=f\dfrac{\mathrm{d}x(t)}{\mathrm{d}t}$ 为阻尼器阻力，其方向与运动方向相反，大小与速度成正比。将 $F_1(t)$ 和 $F_2(t)$ 代入式 (2-3)中，经整理后即得该系统的微分方程为

$$m\frac{\mathrm{d}^2x(t)}{\mathrm{d}t^2}+f\frac{\mathrm{d}x(t)}{\mathrm{d}t}+kx(t)=F(t) \tag{2-4}$$

将方程两边同除以 k，式 (2-4) 又可写为

$$\frac{m}{k}\frac{\mathrm{d}^2x(t)}{\mathrm{d}t^2}+\frac{f}{k}\frac{\mathrm{d}x(t)}{\mathrm{d}t}+x(t)=\frac{1}{k}F(t) \tag{2-5}$$

令 $T=\sqrt{m/k}$ 为时间常数；$\zeta=f/(2\sqrt{mk})$ 为阻尼比；$K=1/k$ 为放大系数，则式 (2-5) 可写为

$$T^2\frac{\mathrm{d}^2x(t)}{\mathrm{d}t^2}+2\zeta T\frac{\mathrm{d}x(t)}{\mathrm{d}t}+x(t)=KF(t) \tag{2-6}$$

比较式 (2-2) 和式 (2-6) 可以发现，当两方程的系数相同时，从动态性能的角度看，两系统是相同的。因此，这就有可能利用电气系统来模拟机械系统，进行实验研究。这也说明，利用数学模型可以撇开具体系统的物理属性，对系统进行普遍意义的分析研究。

【例 2-3】 试列写图 2-3 所示的枢控他励直流电

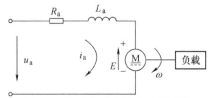

图 2-3 枢控他励直流电动机系统

动机系统的微分方程。电枢电压 u_a 为输入量，电动机转速 ω 为输出量。R_a 和 L_a 分别是电枢电路的电阻和电感，M_c 为折合到电动机轴上的总负载转矩。

解　设 E 为电动机旋转时电枢两端的反电动势；i_a 为电枢电流；M 为电动机的电磁转矩。则电枢回路电压平衡方程为

$$L_a\frac{\mathrm{d}i_a}{\mathrm{d}t}+R_ai_a+E=u_a \tag{2-7}$$

反电动势方程为

$$E=C_e\omega \tag{2-8}$$

式中，C_e 为电动机的反电动势系数。

在理想空载条件下，电动机的电磁转矩方程为

$$M=C_mi_a \tag{2-9}$$

电动机轴上的动力学方程为

$$J\frac{\mathrm{d}\omega}{\mathrm{d}t}=M-M_c \tag{2-10}$$

式中，J 为转动部分折合到电动机轴上的转动惯量。

将式（2-7）~式（2-10）中的中间变量 E、i_a 和 M 消去，整理得电动机在电枢电压控制下的微分方程为

$$\frac{L_aJ}{C_mC_e}\frac{\mathrm{d}^2\omega}{\mathrm{d}t^2}+\frac{R_aJ}{C_mC_e}\frac{\mathrm{d}\omega}{\mathrm{d}t}+\omega=\frac{1}{C_e}u_a-\frac{L_a}{C_mC_e}\frac{\mathrm{d}M_c}{\mathrm{d}t}-\frac{R_a}{C_mC_e}M_c \tag{2-11}$$

令 $T_a=L_a/R_a$ 为电枢回路的电磁时间常数；$T_m=R_aJ/C_mC_e$ 为电枢回路的机电时间常数；$K_u=1/C_e$ 为静态增益；$K_m=T_m/J$ 为传递系数，则式（2-11）可进一步写为

$$T_aT_m\frac{\mathrm{d}^2\omega}{\mathrm{d}t^2}+T_m\frac{\mathrm{d}\omega}{\mathrm{d}t}+\omega=K_uu_a-K_m\left(T_a\frac{\mathrm{d}M_c}{\mathrm{d}t}+M_c\right) \tag{2-12}$$

【例 2-4】　试列写图 2-4 所示闭环调速控制系统的微分方程。

解　控制系统的被控对象是电动机，系统的输出量是电动机转速 ω，输入量是给定电压 u_g。根据系统结构，可将该系统分为运放 I、运放 II、功率放大器、电动机和测速发电机 5 部分，并分别列写它们的微分方程。

教学视频 2-2
线性系统微分
方程的建立

1）运放 I：u_g 为输入，u_1 为输出。

$$u_1=\frac{R_2}{R_1}(u_g-u_f)=K_1(u_g-u_f) \tag{2-13}$$

式中，$K_1=R_2/R_1$ 是运放 I 的放大系数。

2）运放 II：u_1 为输入，u_2 为输出。

$$u_2=\frac{R_4}{R_3}\left(R_3C\frac{\mathrm{d}u_1}{\mathrm{d}t}+u_1\right)=K_2\left(\tau\frac{\mathrm{d}u_1}{\mathrm{d}t}+u_1\right) \tag{2-14}$$

式中，$K_2=R_4/R_3$ 是运放 II 的放大系数；$\tau=R_3C$ 是微分时间常数。

3）功率放大器：功率放大环节是晶闸管整流装置，u_2 为输入，u_a 为输出。当忽略晶闸管整流电路的时间滞后和非线性因素时，二者的关系为

$$u_a=K_3u_2 \tag{2-15}$$

式中，K_3 是功放的放大系数。

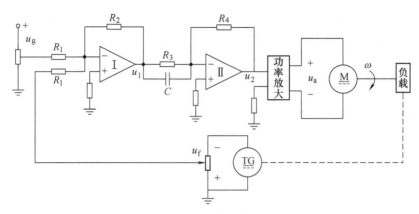

图 2-4 闭环调速控制系统

4）电动机：由式（2-12）可知，电枢电压 u_a 和电动机的转速 ω 之间的关系为

$$T_a T_m \frac{d^2\omega}{dt^2} + T_m \frac{d\omega}{dt} + \omega = K_u u_a - K_m\left(T_a \frac{dM_c}{dt} + M_c\right) \tag{2-16}$$

5）测速发电机：测速发电机的输出电压 u_f 与其转速 ω 成正比，即

$$u_f = K_f \omega \tag{2-17}$$

式中，K_f 是测速发电机的比例系数。

合并方程式（2-13）~式（2-17），消去中间变量 u_1、u_2、u_a 和 u_f，经整理后得

$$T_a T_m \frac{d^2\omega}{dt^2} + T_m \frac{d\omega}{dt} + \omega = K_u K_3 K_2 K_1\left(\tau \frac{du_g}{dt} + u_g\right) - K_u K_3 K_2 K_1 K_f\left(\tau \frac{d\omega}{dt} + \omega\right) - K_m\left(T_a \frac{dM_c}{dt} + M_c\right) \tag{2-18}$$

令 $K = K_u K_3 K_2 K_1$，$K_0 = K_u K_3 K_2 K_1 K_f = K K_f$，则式（2-18）为

$$\frac{T_a T_m}{1+K_0} \frac{d^2\omega}{dt^2} + \frac{T_m + K_0\tau}{1+K_0} \frac{d\omega}{dt} + \omega = \frac{K}{1+K_0}\left(\tau \frac{du_g}{dt} + u_g\right) - \frac{K_m}{1+K_0}\left(T_a \frac{dM_c}{dt} + M_c\right) \tag{2-19}$$

式（2-19）表明在电动机转速控制中，电动机的转速 ω 既与给定作用 u_g 有关，又和扰动作用 M_c 有关。

当 u_g 为变化量，系统实现转速跟踪时，为速度随动系统，M_c 一般不变。此时微分方程为

$$\frac{T_a T_m}{1+K_0} \frac{d^2\omega}{dt^2} + \frac{T_m + K_0\tau}{1+K_0} \frac{d\omega}{dt} + \omega = \frac{K}{1+K_0}\left(\tau \frac{du_g}{dt} + u_g\right) \tag{2-20}$$

当 u_g 为常值，M_c 为变化量时，系统为恒值调速系统。此时的微分方程为

$$\frac{T_a T_m}{1+K_0} \frac{d^2\omega}{dt^2} + \frac{T_m + K_0\tau}{1+K_0} \frac{d\omega}{dt} + \omega = -\frac{K_m}{1+K_0}\left(T_a \frac{dM_c}{dt} + M_c\right) \tag{2-21}$$

2.2.2 非线性特性的线性化 （Linearization of Nonlinear Characteristics）

前文讨论的元件和系统，假设都是线性的，即描述它们的数学模型都是线性微分方程。然而，若对系统的元件特性尤其是静态特性进行严格地考察，不难发现，几乎不同程度地都存在着非线性关系。因此，描述输入、输出关系的微分方程一般是非线性微分方程。应当指出的是，

教学视频 2-3
非线性特性的
线性化处理

非线性微分方程的求解是相当困难的，且没有通用解法。因此，工程中常采用线性化（linearization）的方法对非线性特性进行简化，即如果所研究的问题是系统在某一静态工作点附近的性能，可以在该静态工作点附近将非线性特性用静态工作点处的切线来代替，使相应的非线性微分方程用线性微分方程代替，这就是非线性特性的线性化，所采用的方法通常称为"小偏差法（small deviation method）"。

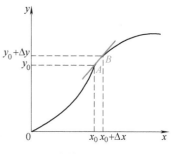

图 2-5　小偏差线性化示意图

设具有连续变化的非线性函数可表示为 $y=f(x)$，如图 2-5 所示。若取某平衡状态 A 为静态工作点，对应有 $y_0=f(x_0)$。当 $x=x_0+\Delta x$ 时，有 $y=y_0+\Delta y$，如 B 点。设函数 $y=f(x)$ 在 (x_0,y_0) 附近连续可微，则可将函数在 (x_0,y_0) 附近用泰勒级数展开为

$$y=f(x)=f(x_0)+\frac{\mathrm{d}f(x)}{\mathrm{d}x}\bigg|_{x=x_0}(x-x_0)+\frac{1}{2!}\frac{\mathrm{d}^2f(x)}{\mathrm{d}x^2}\bigg|_{x=x_0}(x-x_0)^2+\cdots$$

当变化量 $\Delta x=x-x_0$ 很小时，可忽略上式中二次及以上各项，则有

$$y-y_0=f(x)-f(x_0)\approx\frac{\mathrm{d}f(x)}{\mathrm{d}x}\bigg|_{x=x_0}(x-x_0) \tag{2-22}$$

再用增量 Δy 和 Δx 表示，则式（2-22）变为

$$\Delta y=K\Delta x \tag{2-23}$$

式中，$K=\dfrac{\mathrm{d}y}{\mathrm{d}x}\bigg|_{x=x_0}$ 是比例系数，它是函数 $f(x)$ 在 A 点的切线斜率。式（2-23）是非线性函数 $y=f(x)$ 的线性化表示。

对于具有两个自变量的非线性函数 $y=f(x_1,x_2)$，同样可在某静态工作点 (x_{10},x_{20}) 附近用泰勒级数展开为

$$y=f(x_1,x_2)=f(x_{10},x_{20})+\left[\frac{\partial f}{\partial x_1}\bigg|_{x_1=x_{10}}(x_1-x_{10})+\frac{\partial f}{\partial x_2}\bigg|_{x_2=x_{20}}(x_2-x_{20})\right]+$$

$$\frac{1}{2!}\left[\frac{\partial^2 f}{\partial x_1^2}\bigg|_{x_1=x_{10}}(x_1-x_{10})^2+2\frac{\partial^2 f}{\partial x_1\partial x_2}\bigg|_{\substack{x_1=x_{10}\\x_2=x_{20}}}(x_1-x_{10})(x_2-x_{20})+\right.$$

$$\left.\frac{\partial^2 f}{\partial x_2^2}\bigg|_{x_2=x_{20}}(x_2-x_{20})^2\right]+\cdots$$

令 $\Delta y=y-f(x_{10},x_{20})$，$\Delta x_1=x_1-x_{10}$，$\Delta x_2=x_2-x_{20}$。当 Δx_1 和 Δx_2 很小时，忽略二阶及以上各项，可得增量化方程为

$$\Delta y=K_1\Delta x_1+K_2\Delta x_2 \tag{2-24}$$

式中，$K_1=\dfrac{\partial f}{\partial x_1}\bigg|_{\substack{x_1=x_{10}\\x_2=x_{20}}}$，$K_2=\dfrac{\partial f}{\partial x_2}\bigg|_{\substack{x_1=x_{10}\\x_2=x_{20}}}$ 是在静态工作点处求导得到的常数。

【例 2-5】　设铁心线圈如图 2-6a 所示，其磁通 $\psi(i)$ 曲线如图 2-6b 所示。试列写以 u_i 为输入、i 为输出的线性化微分方程。

解　由基尔霍夫定律可写出回路方程为

$$u_\mathrm{i}=u_\mathrm{L}+Ri \tag{2-25}$$

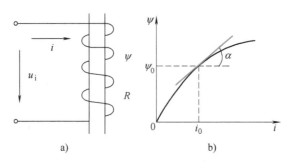

图 2-6 铁心线圈及磁通 $\psi(i)$ 曲线

而

$$u_{\mathrm{L}} = \frac{\mathrm{d}\psi(i)}{\mathrm{d}t} = \frac{\mathrm{d}\psi(i)}{\mathrm{d}i}\frac{\mathrm{d}i}{\mathrm{d}t} \tag{2-26}$$

式中，$\mathrm{d}\psi(i)/\mathrm{d}i$ 是线圈中电流 i 的非线性函数，因此将式（2-26）代入式（2-25）得到

$$\frac{\mathrm{d}\psi(i)}{\mathrm{d}i}\frac{\mathrm{d}i}{\mathrm{d}t} + Ri = u_{\mathrm{i}} \tag{2-27}$$

式（2-27）为非线性微分方程。设铁心线圈原来处于某平衡点（$u_{\mathrm{i}0}$，i_0），则 $u_{\mathrm{i}0} = Ri_0$；且在工作过程中电压和电流只在平衡点附近做微小变化，$u_{\mathrm{i}} = u_{\mathrm{i}0} + \Delta u_{\mathrm{i}}$，$i = i_0 + \Delta i$，则 $\psi = \psi_0 + \Delta\psi$。设 $\psi(i)$ 在 i_0 的邻域内连续可导，这样可将 $\psi(i)$ 在 i_0 附近展开为泰勒级数

$$\psi = \psi_0 + \frac{\mathrm{d}\psi}{\mathrm{d}i}\bigg|_{i=i_0}\Delta i + \frac{1}{2!}\frac{\mathrm{d}^2\psi}{\mathrm{d}i^2}\bigg|_{i=i_0}\Delta i^2 + \cdots$$

$$\approx \psi_0 + \frac{\mathrm{d}\psi}{\mathrm{d}i}\bigg|_{i=i_0}\Delta i = \psi_0 + L\Delta i \tag{2-28}$$

式中，$L = \dfrac{\mathrm{d}\psi(i)}{\mathrm{d}i}\bigg|_{i=i_0}$。将式（2-28）代入式（2-27）中并代入 u_{i} 和 i 的值，得

$$L\frac{\mathrm{d}\Delta i}{\mathrm{d}t} + Ri_0 + R\Delta i = u_{\mathrm{i}0} + \Delta u_{\mathrm{i}}$$

即

$$L\frac{\mathrm{d}\Delta i}{\mathrm{d}t} + R\Delta i = \Delta u_{\mathrm{i}}$$

略去增量符号 Δ，则有

$$L\frac{\mathrm{d}i}{\mathrm{d}t} + Ri = u_{\mathrm{i}} \tag{2-29}$$

式（2-29）便是铁心线圈电路非线性特性的线性化方程。

利用小偏差法处理线性化问题时，应注意以下几点：

1）线性化方程中的参数，如上述的 K、K_1、K_2 均与选择的静态工作点有关，静态工作点不同，相应的参数也不相同。因此，在进行线性化时，应首先确定系统的静态工作点。

2）当输入量变化范围较大时，用上述方法建立数学模型引起的误差也较大。因此只有当输入量变化较小时才能使用。

3）若非线性特性不满足连续可微的条件，则不能使用本节介绍的线性化处理方法。这类非线性称为本质非线性，其分析方法将在第 8 章中讨论。

4）线性化以后得到的微分方程，是增量微分方程。为了简化方程，增量的表示符号"Δ"一般可略去，形式与线性方程一样。

2.2.3 微分方程的求解（Solution of Differential Equations）

教学视频 2-4
线性微分方程的求解

建立微分方程的目的之一是用数学方法定量地研究系统的动态特性。给出输入信号 $r(t)$，分析输出响应 $c(t)$，也就是解微分方程。线性定常系统的微分方程可用经典法、拉普拉斯变换法或计算机求解。其中拉普拉斯变换法可将微积分运算转化为代数运算，且可查表，简单实用。本节只研究用拉普拉斯变换法求解微分方程。

用拉普拉斯变换法求解微分方程一般应遵循以下步骤：

1）考虑初始条件，将系统微分方程进行拉普拉斯变换（Laplace transform），得到以 s 为变量的代数方程。

2）解代数方程，求出 $C(s)$ 表达式，并将 $C(s)$ 展开成部分分式形式。

3）进行拉普拉斯反变换（inverse Laplace transform），得到输出量的时域表达式，即为所求微分方程的全解 $c(t)$。

【例 2-6】 如图 2-7 所示 RC 网络，S 闭合前电容上已有电压 $U_0(<U)$，即 $U_c(0)=U_0$，求 S 闭合后的 $u_c(t)$。

解 设回路电流为 $i(t)$，S 闭合瞬间，$u_r(t)=U\cdot 1(t)$。由基尔霍夫定律可得系统微分方程为

$$RC\frac{\mathrm{d}u_c(t)}{\mathrm{d}t}+u_c(t)=U\cdot 1(t)$$

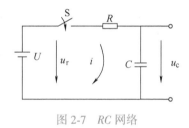

图 2-7 RC 网络

将上式进行拉普拉斯变换得

$$RCsU_c(s)-RCU_0+U_c(s)=\frac{U}{s}$$

则

$$U_c(s)=\frac{U}{s(RCs+1)}+\frac{RC}{RCs+1}U_0=\frac{U}{s}-\frac{U}{s+\frac{1}{RC}}+\frac{U_0}{s+\frac{1}{RC}}$$

将上式进行拉普拉斯反变换，得到微分方程的解为

$$u_c(t)=U-Ue^{-\frac{t}{RC}}+U_0e^{-\frac{t}{RC}} \tag{2-30}$$

在式（2-30）中，方程右边前两项是在零初始条件（或状态）下，网络输入电压产生的输出分量，称为零状态响应（zero-state response）；后一项是由于系统受到初始状态的影响，表现为非零的初始条件（或状态）所确定的解，与输入电压无关，称为零输入响应（zero-input response）。当初始条件全为零时，则零输入响应为零。研究系统的动态特性一般可只研究零状态响应。

同时，方程右边第一项是电路的稳态解，也称为稳态响应（steady-state response），它是在假定系统是稳定的并在阶跃输入下令 $s\to 0$ 所得的部分解；其余随时间衰减为零的另一部分解，称为暂态解，也称为暂态响应（transient response）；稳态响应将趋近于某常数（有差）或零（无差）。对稳态响应的分析可以确定系统的稳态精度，对暂态响应的分析则可以

确定系统的暂态过程。

2.3 传递函数（Transfer Function）

传递函数是经典控制理论中最基本和最重要的概念，也是经典控制理论中两大分支——根轨迹法和频率法的基础。利用传递函数不必求解微分方程，就可以研究初始条件为零的系统在输入信号作用下的动态过程。传递函数不仅可以表征系统的动态性能，而且可以用来研究系统的结构或参数变化对系统性能的影响。

2.3.1 传递函数与脉冲响应函数（Transfer Function and Impulse Response Function）

1. 传递函数的定义

对于线性定常系统来说，当初始条件为零时，输出量的拉普拉斯变换与输入量的拉普拉斯变换之比定义为系统的传递函数（transfer function）。通常用 $G(s)$ 或 $\Phi(s)$ 表示。

教学视频 2-5
传递函数的定义
及其性质

设线性定常系统由下述 n 阶线性微分方程描述，即

$$a_0 \frac{\mathrm{d}^n c(t)}{\mathrm{d}t^n} + a_1 \frac{\mathrm{d}^{n-1} c(t)}{\mathrm{d}t^{n-1}} + \cdots + a_{n-1} \frac{\mathrm{d}c(t)}{\mathrm{d}t} + a_n c(t)$$

$$= b_0 \frac{\mathrm{d}^m r(t)}{\mathrm{d}t^m} + b_1 \frac{\mathrm{d}^{m-1} r(t)}{\mathrm{d}t^{m-1}} + \cdots + b_{m-1} \frac{\mathrm{d}r(t)}{\mathrm{d}t} + b_m r(t) \tag{2-31}$$

式中，$r(t)$ 为系统的输入量；$c(t)$ 为系统的输出量。当初始条件为零时，对式（2-31）进行拉普拉斯变换得

$$(a_0 s^n + a_1 s^{n-1} + \cdots + a_{n-1} s + a_n) C(s) = (b_0 s^m + b_1 s^{m-1} + \cdots + b_{m-1} s + b_m) R(s)$$

于是，由定义得系统的传递函数为

$$G(s) = \frac{C(s)}{R(s)} = \frac{b_0 s^m + b_1 s^{m-1} + \cdots + b_{m-1} s + b_m}{a_0 s^n + a_1 s^{n-1} + \cdots + a_{n-1} s + a_n} \tag{2-32}$$

利用传递函数可将系统输出量的拉普拉斯变换式写成

$$C(s) = G(s) R(s) \tag{2-33}$$

【例 2-7】 求图 2-1 所示 RLC 无源网络的传递函数。

解 由式（2-1）可知 RLC 网络的微分方程为

$$LC \frac{\mathrm{d}^2 u_\mathrm{c}(t)}{\mathrm{d}t^2} + RC \frac{\mathrm{d}u_\mathrm{c}(t)}{\mathrm{d}t} + u_\mathrm{c}(t) = u_\mathrm{r}(t)$$

当初始条件为零时，对上述方程中各项求拉普拉斯变换得

$$(LCs^2 + RCs + 1) U_\mathrm{c}(s) = U_\mathrm{r}(s)$$

由传递函数定义，可求得网络传递函数为

$$G(s) = \frac{U_\mathrm{c}(s)}{U_\mathrm{r}(s)} = \frac{1}{LCs^2 + RCs + 1} \tag{2-34}$$

【例 2-8】 求图 2-4 所示闭环调速控制系统的传递函数。

解 由式（2-19）知闭环调速控制系统的总微分方程为

$$\frac{T_{\mathrm{a}}T_{\mathrm{m}}}{1+K_0}\frac{\mathrm{d}^2\omega}{\mathrm{d}t^2}+\frac{T_{\mathrm{m}}+K_0\tau}{1+K_0}\frac{\mathrm{d}\omega}{\mathrm{d}t}+\omega=\frac{K}{1+K_0}\left(\tau\frac{\mathrm{d}u_{\mathrm{g}}}{\mathrm{d}t}+u_{\mathrm{g}}\right)-\frac{K_{\mathrm{m}}}{1+K_0}\left(T_{\mathrm{a}}\frac{\mathrm{d}M_{\mathrm{c}}}{\mathrm{d}t}+M_{\mathrm{c}}\right)$$

由于传递函数只适用于单输入、单输出情况，所以，当 $M_{\mathrm{c}}=0$ 时，系统的传递函数为

$$\Phi_{\mathrm{u}}(s)=\frac{\Omega(s)}{U_{\mathrm{g}}(s)}=\frac{\dfrac{K}{1+K_0}(\tau s+1)}{\dfrac{T_{\mathrm{a}}T_{\mathrm{m}}}{1+K_0}s^2+\dfrac{T_{\mathrm{m}}+K_0\tau}{1+K_0}s+1} \tag{2-35}$$

当 $u_{\mathrm{g}}=0$ 时，系统的传递函数为

$$\Phi_{\mathrm{m}}(s)=\frac{\Omega(s)}{M_{\mathrm{c}}(s)}=-\frac{\dfrac{K_{\mathrm{m}}}{1+K_0}(T_{\mathrm{a}}s+1)}{\dfrac{T_{\mathrm{a}}T_{\mathrm{m}}}{1+K_0}s^2+\dfrac{T_{\mathrm{m}}+K_0\tau}{1+K_0}s+1} \tag{2-36}$$

2. 传递函数的性质

1）传递函数是复变量 s 的有理真分式，具有复变函数的所有性质。对于实际的物理系统，通常 $m\leqslant n$，且所有系数均为实数。

2）传递函数是一种用系统参数表示输出量与输入量之间关系的表达式，它只取决于系统或元件的结构和参数，而与输入量 $r(t)$ 的形式无关，也不反映系统内部的任何信息。

3）传递函数是描述线性系统动态特性的一种数学模型，而形式上和系统的动态微分方程一一对应，但只适用于线性定常系统且初始条件为零的情况。

4）传递函数是系统的数学描述，物理性质完全不同的系统可以具有相同的传递函数。在同一系统中，当取不同的物理量作为输入或输出时，其传递函数一般也不相同，但却具有相同的分母。该分母多项式称为特征多项式（characteristic multinomial）。令特征多项式等于 0，得到系统的特征方程（characteristic equation）。

5）传递函数是在零初始条件下定义的，控制系统的零初始条件有以下两方面的含义：

① $r(t)$ 是在 $t\geqslant0$ 时才作用于系统，所以在 $t=0^-$ 时，$r(t)$ 及其各阶导数均为 0。

② $r(t)$ 加于系统之前，系统处于稳定的工作状态，即 $c(t)$ 及各阶导数在 $t=0^-$ 时的值也为 0。

3. 脉冲响应函数

所谓脉冲响应（impulse response）是指在零初始条件下，线性系统在单位脉冲输入信号作用下的输出。单位脉冲信号用 $\delta(t)$ 表示，它定义为

$$\delta(t)=\begin{cases}\infty & t=0\\0 & t\neq0\end{cases}$$

$$\int_{-\infty}^{\infty}\delta(t)\mathrm{d}t=1 \tag{2-37}$$

单位脉冲函数的拉普拉斯变换为

$$L[\delta(t)]=1 \tag{2-38}$$

设线性系统的传递函数为 $G(s)$，则系统在给定输入 $r(t)=\delta(t)$ 的作用下，系统输出量的拉普拉斯变换为

$$C(s)=G(s)R(s)=G(s) \tag{2-39}$$

则系统的单位脉冲响应为

$$c(t) = L^{-1}[G(s)] = g(t) \tag{2-40}$$

式中，$g(t)$ 称为线性系统的脉冲响应函数（impulse response function）。

显然，系统单位脉冲响应函数的拉普拉斯变换即为系统的传递函数。根据拉普拉斯变换的唯一性定理，$g(t)$ 与 $G(s)$ 一一对应。因此，脉冲响应函数 $g(t)$ 也是一种数学模型。

1）利用脉冲响应函数 $g(t)$ 可以方便地求取系统的传递函数 $G(s)$。因为脉冲响应函数 $g(t)$ 与系统的传递函数 $G(s)$ 一一对应，所以就系统动态特性而言，它们包含相同的信息。因此，若以脉冲信号作用于系统，并测定其输出响应，则可获得有关系统动态特性的全部信息。对于那些难以写出其传递函数的系统，无疑是一种简便方法。

【例 2-9】 已知某系统的单位脉冲响应为 $g(t) = 5e^{-\frac{t}{4}} + 3e^{-\frac{t}{2}}$，试求其传递函数 $G(s)$。

解 由式（2-40）可得系统的传递函数为

$$G(s) = L[g(t)] = \frac{5}{s+\frac{1}{4}} + \frac{3}{s+\frac{1}{2}} = \frac{20}{4s+1} + \frac{6}{2s+1}$$

$$= \frac{64s+26}{(4s+1)(2s+1)} = \frac{64s+26}{8s^2+6s+1}$$

2）利用脉冲响应函数 $g(t)$ 求取任意输入 $r(t)$ 作用下的输出响应。根据式（2-33）和式（2-40），只要知道系统的脉冲响应函数 $g(t)$，就可求得系统对任意函数 $r(t)$ 作用下的输出响应 $c(t)$。

【例 2-10】 已知 $g(t) = e^{-t}\sin t\,(t \geq 0)$，$r(t) = e^{-t}\,(t \geq 0)$，求 $c(t)$。

解 $$C(s) = G(s)R(s) = L[g(t)]L[r(t)] = \frac{1}{(s+1)^2+1} \cdot \frac{1}{s+1}$$

$$= \frac{1}{(s+1)(s^2+2s+2)} = \frac{1}{s+1} - \frac{s+1}{(s+1)^2+1}$$

所以

$$c(t) = e^{-t} - e^{-t}\cos t = e^{-t}[1-\cos t]$$

4. 电网络用复阻抗法求传递函数

如前所述，求取传递函数一般要经过列写微分方程、取拉普拉斯变换、考虑初始条件等几个步骤。然而，对于由电阻、电感和电容组成的电网络，在求传递函数时，若引入复数阻抗的概念，则不必列写微分方程，也可以方便地求出相应的传递函数。

教学视频 2-6
复阻抗法求传递函数

由电路原理可知，一个正弦量既可用三角函数表示，也可用相量表示。电气元件两端的电压相量 $\dot{U}$ 与流过元件的电流向量 $\dot{I}$ 之比，称为该元件的复数阻抗（complex impedance），并用 Z 表示，即

$$Z = \frac{\dot{U}}{\dot{I}} \tag{2-41}$$

R、L、C 负载的复数阻抗对照见表 2-1。表中同时列出 3 种典型电路的有关方程及传递函数。

表 2-1　R、L、C 负载的复数阻抗对照表

负载类型	典 型 电 路	时 域 方 程	拉普拉斯变换式	传 递 函 数	复 数 阻 抗
电阻负载	$u(t)$ $i(t)\downarrow$ R	$u(t)=i(t)R$	$U(s)=I(s)R$	$G_R(s)=\dfrac{U(s)}{I(s)}=R$	$Z_R=R$
电容负载	$u(t)$ $i(t)\downarrow$ C	$u(t)=\dfrac{1}{C}\displaystyle\int i(t)\,\mathrm{d}t$	$U(s)=I(s)\dfrac{1}{Cs}$	$G_C(s)=\dfrac{U(s)}{I(s)}=\dfrac{1}{Cs}$	$Z_C=\dfrac{1}{\mathrm{j}\omega C}$
电感负载	$u(t)$ $i(t)\downarrow$ L	$u(t)=L\dfrac{\mathrm{d}i(t)}{\mathrm{d}t}$	$U(s)=I(s)Ls$	$G_L(s)=\dfrac{U(s)}{I(s)}=Ls$	$Z_L=\mathrm{j}\omega L$

　　可见，传递函数在形式上与复数阻抗十分相似，只是用拉普拉斯变换的复变量 s 置换了复数阻抗中的 $\mathrm{j}\omega$。基于此，在求电网络的传递函数时，首先可把电路中的电阻 R、电感 L 和电容 C 的复数阻抗分别改写成 R、Ls 和 $1/Cs$，再把电流 $i(t)$ 和电压 $u(t)$ 换成相应的拉普拉斯变换形式 $I(s)$ 和 $U(s)$。考虑到在零初始条件下，电路中的复数阻抗和电流、电压向量及其拉氏变换 $I(s)$、$U(s)$ 之间的关系应满足各种电路定律。于是，就可以采用普通电路中阻抗串、并联的规律，经过简单的代数运算求解出 $I(s)$、$U(s)$ 及相应的传递函数。

　　用复数阻抗法求取电网络的传递函数是简便、有效的，它既适用于无源网络，又适用于有源网络。

　　【例 2-11】　试求图 2-8 所示 RLC 无源网络的传递函数。

　　解　令 $Z_1=R+Ls$ 为电阻和电感的复数阻抗之和；$Z_2=1/Cs$ 为电容的复数阻抗。由此可得传递函数为

$$G(s)=\frac{U_c(s)}{U_r(s)}=\frac{Z_2}{Z_1+Z_2}=\frac{\dfrac{1}{Cs}}{R+Ls+\dfrac{1}{Cs}}=\frac{1}{LCs^2+RCs+1} \tag{2-42}$$

　　【例 2-12】　试求如图 2-9 所示 RC 有源网络的传递函数。

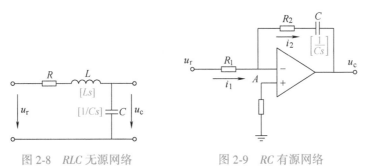

图 2-8　RLC 无源网络　　　　　图 2-9　RC 有源网络

　　解　因为 A 点为虚地点，所以 $i_1=i_2$。令 $Z_1=R_1$，$Z_2=R_2+1/Cs$，则

$$\frac{U_r(s)}{Z_1} = -\frac{U_c(s)}{Z_2}$$

系统传递函数为

$$G(s) = \frac{U_c(s)}{U_r(s)} = -\frac{Z_2}{Z_1} = -\frac{R_2 + \dfrac{1}{Cs}}{R_1} = -\frac{R_2 Cs + 1}{R_1 Cs} \tag{2-43}$$

应当指出,在实际的控制工程中,当计算运放电路的传递函数时,一般可不考虑负号问题。负号关系在构成闭环控制系统负反馈的时候再综合考虑。所以,式 (2-43) 又可以写为

$$G(s) = \frac{U_c(s)}{U_r(s)} = \frac{Z_2}{Z_1} = \frac{R_2 + \dfrac{1}{Cs}}{R_1} = \frac{R_2 Cs + 1}{R_1 Cs} \tag{2-44}$$

5. 传递函数的其他表示方法

(1) 零、极点表示方法

将式 (2-32) 改写为

$$G(s) = \frac{b_0}{a_0} \frac{s^m + b_1' s^{m-1} + \cdots + b_{m-1}' s + b_m'}{s^n + a_1' s^{n-1} + \cdots + a_{n-1}' s + a_n'}$$

$$= K_g \frac{(s - z_1)(s - z_2)\cdots(s - z_m)}{(s - p_1)(s - p_2)\cdots(s - p_n)} = K_g \frac{\displaystyle\prod_{j=1}^{m}(s - z_j)}{\displaystyle\prod_{i=1}^{n}(s - p_i)} \tag{2-45}$$

式中,z_j 为分子多项式的根,称为传递函数的零点 (zero);p_i 为分母多项式的根,称为传递函数的极点 (pole);$K_g = b_0/a_0$ 称为根轨迹放大倍数,或根轨迹增益 (root locus gain)。

(2) 时间常数表示方法

将式 (2-32) 改写为

$$G(s) = \frac{b_m}{a_n} \frac{d_m s^m + d_{m-1} s^{m-1} + \cdots + d_1 s + 1}{c_n s^n + c_{n-1} s^{n-1} + \cdots + c_1 s + 1}$$

$$= K \frac{(\tau_1 s + 1)(\tau_2 s + 1)\cdots(\tau_m s + 1)}{(T_1 s + 1)(T_2 s + 1)\cdots(T_n s + 1)} = K \frac{\displaystyle\prod_{j=1}^{m}(\tau_j s + 1)}{\displaystyle\prod_{i=1}^{n}(T_i s + 1)} \tag{2-46}$$

式中,τ_j、T_i 分别为分子、分母多项式各因子的时间常数 (time constant);$K = b_m/a_n$ 为放大倍数 (amplification factor) 或增益。

各因子的时间常数和零、极点的关系,以及 K 和 K_g 间的关系分别为

$$\tau_j = -\frac{1}{z_j} \tag{2-47}$$

$$T_i = -\frac{1}{p_i} \tag{2-48}$$

$$K = K_g \frac{\prod\limits_{j=1}^{m} (-z_j)}{\prod\limits_{i=1}^{n} (-p_i)} \tag{2-49}$$

因为式（2-32）中分子、分母多项式的各项系数均为实数，所以传递函数 $G(s)$ 如果出现复数零、极点，那么复数零、极点必然是共轭的。

系统的传递函数可能还会有零值极点，设为 v 个，并考虑到零、极点都有实数和共轭复数的情况，则式（2-45）和式（2-46）可改写成一般表示形式为

$$G(s) = \frac{K_g}{s^v} \frac{\prod\limits_{j=1}^{m_1} (s - z_j) \prod\limits_{k=1}^{m_2} (s^2 + 2\zeta_k \omega_k s + \omega_k^2)}{\prod\limits_{i=1}^{n_1} (s - p_i) \prod\limits_{l=1}^{n_2} (s^2 + 2\zeta_l \omega_l s + \omega_l^2)} \tag{2-50}$$

和

$$G(s) = \frac{K}{s^v} \frac{\prod\limits_{j=1}^{m_1} (\tau_j s + 1) \prod\limits_{k=1}^{m_2} (\tau_k^2 s^2 + 2\zeta_k \tau_k s + 1)}{\prod\limits_{i=1}^{n_1} (T_i s + 1) \prod\limits_{l=1}^{n_2} (T_l^2 s^2 + 2\zeta_l T_l s + 1)} \tag{2-51}$$

以上两式中，$m = m_1 + 2m_2$，$n = v + n_1 + 2n_2$。

2.3.2　典型环节及其传递函数（Classical Elements and its Transfer Functions）

自动控制系统是由各种元件组合而成的。虽然不同的控制系统所用的元件不相同，但描述系统动态特性的传递函数均可表示为式（2-51）的形式。为了便于控制系统的分析和设计，通常按数学模型的不同，将系统的组成元件进行归类，分成为数不多的类别。每种类别具有形式相同的传递函数，称为一种典型环节。

线性定常系统的典型环节可归纳为比例环节、积分环节、微分环节、惯性环节、振荡环节和延迟环节等几种形式。应该指出的是，典型环节只代表一种特定的数学模型，而不一定是一种具体的元件。

1. 比例环节

比例环节（proportional element）又称为放大环节，其输出量与输入量之间的关系为一种固定的比例关系。比例环节的微分方程为

$$c(t) = Kr(t)$$

式中，K 为环节的放大倍数。其传递函数为

教学视频 2-7
比例、积分和惯性
环节的传递函数

$$G(s) = \frac{C(s)}{R(s)} = K \tag{2-52}$$

可见，比例环节既无零点也无极点。当 $r(t) = 1(t)$ 时，$c(t) = K \cdot 1(t)$。所以说，比例环节的输出与输入成比例，不失真也不延迟。

比例环节的电路原理图和单位阶跃响应曲线如图 2-10 所示。实际系统中无弹性变形的杠杆、放大器、分压器、齿轮、减速器等都可认为是比例环节。应当指出的是，完全理想的比例环节是不存在的，在一定条件和范围内，一些近似的比例环节可认为是理想的比例环节。

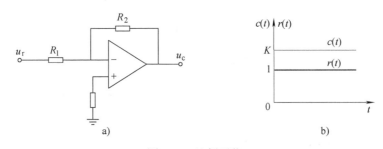

图 2-10　比例环节

a）电路原理图　b）阶跃响应

2. 积分环节

积分环节（integral element）又称为无差环节，其输出量与输入量之间是积分关系。积分环节的微分方程为

$$c(t) = K\int r(t)\,\mathrm{d}t$$

其传递函数为

$$G(s) = \frac{C(s)}{R(s)} = \frac{K}{s} = \frac{1}{Ts} \tag{2-53}$$

式中，T 称为积分时间常数；K 称为积分环节的放大倍数。

可见，积分环节只有一个零值极点。当输入信号为单位阶跃信号时，在零初始条件下，积分环节输出量的拉普拉斯变换为

$$C(s) = G(s)R(s) = \frac{1}{s}\frac{1}{Ts} = \frac{1}{Ts^2}$$

将上式进行拉普拉斯反变换后，得到积分环节的单位阶跃响应为

$$c(t) = \frac{1}{T}t$$

上式表明，只要有一个恒定的输入量作用于积分环节，其输出量就随时间成正比地无限增加。图 2-11a 是由运算放大器所构成的积分调节器的电路原理图。积分环节的单位阶跃响应曲线如图 2-11b 所示。

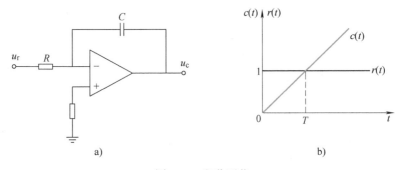

图 2-11　积分环节

a）电路原理图　b）阶跃响应

3. 惯性环节

惯性环节（inertia element）又称为非周期环节，该环节由于含有储能元件，所以对突变的输入信号，输出量不能立即跟随输入，而是有一定的惯性。惯性环节的微分方程为

$$T\frac{\mathrm{d}c(t)}{\mathrm{d}t}+c(t)=r(t)$$

其传递函数为

$$G(s)=\frac{1}{Ts+1} \tag{2-54}$$

式中，T 为惯性环节的时间常数。可以看出，惯性环节在 s 平面上有一个负值极点 $p=-1/T$。

当输入信号为单位阶跃信号时，在零初始条件下，惯性环节输出量的拉普拉斯变换为

$$C(s)=\frac{1}{s(Ts+1)}=\frac{1}{s}-\frac{1}{s+\dfrac{1}{T}}$$

将上式进行拉普拉斯反变换后，得到惯性环节的单位阶跃响应为

$$c(t)=1-\mathrm{e}^{-t/T}$$

图 2-12a、b 给出的 RC 网络和 LR 回路都可视为惯性环节。惯性环节的单位阶跃响应曲线如图 2-12c 所示，当时间 $t=(3\sim4)T$ 时，输出量才接近其稳态值。时间常数 T 越大，环节的惯性越大，则响应时间也越长。在实际的工程中，惯性环节是比较常见的。

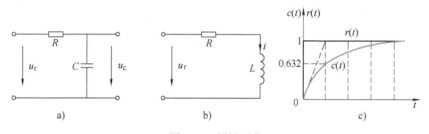

图 2-12　惯性环节
a）RC 网络　b）LR 回路　c）阶跃响应

4. 微分环节

微分环节（derivative element）又称为超前环节。微分环节的输出量反映了输入信号的变化趋势。常见的微分环节有纯微分环节、一阶微分环节和二阶微分环节 3 种。相应的微分方程为

$$c(t)=\tau\frac{\mathrm{d}r(t)}{\mathrm{d}t} \qquad t\geqslant0$$

$$c(t)=\tau\frac{\mathrm{d}r(t)}{\mathrm{d}t}+r(t) \qquad t\geqslant0$$

$$c(t)=\tau^2\frac{\mathrm{d}^2r(t)}{\mathrm{d}t^2}+2\zeta\tau\frac{\mathrm{d}r(t)}{\mathrm{d}t}+r(t) \quad (0<\zeta<1) \qquad t\geqslant0$$

式中，τ 为时间常数；ζ 为阻尼比。其传递函数分别为

$$G(s)=\tau s \tag{2-55}$$

$$G(s) = \tau s + 1 \tag{2-56}$$

$$G(s) = \tau^2 s^2 + 2\zeta\tau s + 1 \quad (0 < \zeta < 1) \tag{2-57}$$

由上述各式可见，这些微分环节的传递函数都没有极点，只有零点。理想纯微分环节只有一个零值零点，一阶微分环节有一个负实数零点，二阶微分环节有一对共轭复数的零点。

在实际物理系统中，由于惯性的普遍存在，以致很难实现理想的微分环节。如图 2-13 所示的 *RC* 电路，其传递函数为

$$G(s) = \frac{R}{R + \dfrac{1}{Cs}} = \frac{RCs}{RCs + 1}$$

显然，只有当 $RC \ll 1$ 时，才有 $G(s) \approx RCs$，电路才近似为纯微分环节。

5. 振荡环节

振荡环节（oscillating element）的微分方程为

$$T^2\frac{\mathrm{d}^2 c(t)}{\mathrm{d}t^2} + 2\zeta T\frac{\mathrm{d}c(t)}{\mathrm{d}t} + c(t) = r(t)$$

其传递函数为

$$G(s) = \frac{1}{T^2 s^2 + 2\zeta Ts + 1} = \frac{\omega_n^2}{s^2 + 2\zeta\omega_n s + \omega_n^2} \tag{2-58}$$

式中，T 为时间常数；ζ 为阻尼比；$\omega_n = 1/T$ 为无阻尼自然振荡角频率。

振荡环节的传递函数具有一对共轭复数极点，即

$$s_{1,2} = -\zeta\omega_n \pm \mathrm{j}\omega_n\sqrt{1-\zeta^2} \quad (0 < \zeta < 1)$$

振荡环节在单位阶跃输入作用下的输出响应为

$$c(t) = 1 - \frac{\mathrm{e}^{-\zeta\omega_n t}}{\sqrt{1-\zeta^2}}\sin\left(\omega_n\sqrt{1-\zeta^2}\,t + \arctan\frac{\sqrt{1-\zeta^2}}{\zeta}\right) \tag{2-59}$$

实际工程中如枢控电动机、*RLC* 网络、动力系统等都可用振荡环节描述。

6. 延迟环节

延迟环节又称为滞后环节（delay element），其输出延迟时间 τ 后复现输入信号，如图 2-14 所示。延迟环节的微分方程为

$$c(t) = r(t - \tau)$$

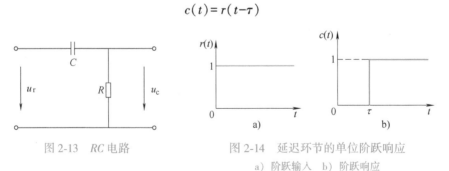

图 2-13 *RC* 电路　　　　图 2-14 延迟环节的单位阶跃响应
a）阶跃输入　b）阶跃响应

式中，τ 为延迟时间。根据拉普拉斯变换的延迟定理，可得延迟环节的传递函数为

$$G(s) = \mathrm{e}^{-\tau s} \tag{2-60}$$

在生产实践中，特别是一些液压、气动或机械传动系统中，都有不同程度的延迟现象。

由于延迟环节的传递函数 $G(s)=\mathrm{e}^{-\tau s}$ 为超越函数，当 τ 很小时，可将 $\mathrm{e}^{-\tau s}$ 展开成泰勒级数，并略去高次项，于是有

$$\mathrm{e}^{-\tau s}=\frac{1}{\mathrm{e}^{\tau s}}=\frac{1}{1+\tau s+\frac{1}{2!}\tau^2 s^2+\frac{1}{3!}\tau^3 s^3+\cdots}\approx\frac{1}{1+\tau s} \tag{2-61}$$

即在延迟时间 τ 很小的情况下，可将延迟环节近似为惯性环节。

2.4　结构图及其等效变换（Structure Diagram and its Equivalent Transformation）

控制系统的结构图（structure diagram）是描述系统各元件之间信号传递关系的数学图示模型，它表示系统中各变量之间的因果关系以及对各变量所进行的运算。利用结构图既能方便地求取传递函数，又能形象直观地表明控制信号在系统内部的动态传递过程。结构图是控制理论中描述复杂系统的一种简便方法。

2.4.1　结构图的基本概念（Basic Concepts of Structure Diagram）

（1）定义

由具有一定函数关系的环节组成的，且标有信号传递方向的系统框图称为动态结构图，简称结构图。

（2）组成

系统的结构图由以下 4 个基本单元组成。

1）信号线（signal line）。信号线是带有箭头的直线，表示信号传递的方向，线上标注信号所对应的变量。信号传递具有单向性，如图 2-15a 所示。

2）引出点（branch point）。引出点表示信号引出或测量的位置，从同一信号线上取出的信号，其数值和性质完全相同，如图 2-15b 所示。

3）比较点（summing point）。比较点表示两个或两个以上信号在该点相加减。运算符号必须标明，一般正号可省略，如图 2-15c 所示。

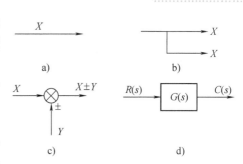

图 2-15　结构图的基本组成单元

4）函数方框（function block）。函数方框表示元件或环节输入、输出变量之间的函数关系。函数方框内要填写元件或环节的传递函数，函数方框的输出信号等于函数方框的输入信号与函数方框中传递函数 $G(s)$ 的乘积，如图 2-15d 所示，$C(s)=G(s)R(s)$。

2.4.2　结构图的建立（Construction of Structure Diagram）

结构图的建立步骤如下：

1）建立控制系统各元件的微分方程（要分清输入量和输出量，并考虑负载效应）。

2）对上述微分方程进行拉普拉斯变换，并画出各元件的结构图。

3）按照系统中各变量的传递顺序，依次将各单元结构图连接起来，其输入在左，输出在右。

【例2-13】 试绘制图2-16所示 *RC* 无源网络的结构图。

解 设电路中各变量如图2-16所示，根据基尔霍夫定律可以写出下列方程。

$$u_{R_1}(t) = u_r(t) - u_c(t)$$

$$i_1(t) = \frac{u_{R_1}(t)}{R_1}$$

$$i_2(t) = C\frac{\mathrm{d}u_{R_1}(t)}{\mathrm{d}t}$$

$$i(t) = i_1(t) + i_2(t)$$

$$u_c(t) = R_2 i(t)$$

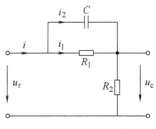

图 2-16　*RC* 无源网络

对上述方程进行拉普拉斯变换得

$$U_{R_1}(s) = U_r(s) - U_c(s)$$

$$I_1(s) = \frac{1}{R_1}U_{R_1}(s)$$

$$I_2(s) = CsU_{R_1}(s)$$

$$I(s) = I_1(s) + I_2(s)$$

$$U_c(s) = R_2 I(s)$$

与上述各方程对应的单元结构图如图2-17所示。按照各变量间的关系将各元器件的结构图单元连接起来，便可得到该网络的结构图如图2-18所示。

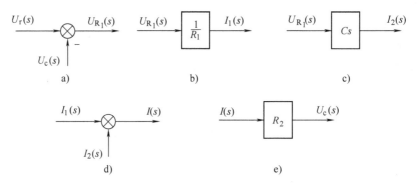

图 2-17　单元结构图

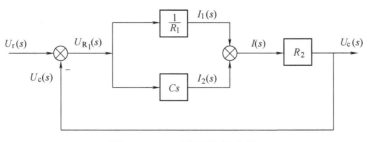

图 2-18　*RC* 无源网络结构图

应当指出，一个系统可以建立多个结构图，即系统的结构图不唯一。如图 2-16 所示的 *RC* 无源网络还可建立多个不同形式的结构图，读者可以自行讨论。

在许多控制系统中，元件之间存在着负载效应。因此，在绘制系统结构图时，应考虑负载效应的影响。

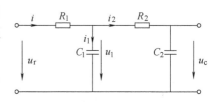

图 2-19　两级 *RC* 网络的电路图

【例 2-14】　试绘制图 2-19 所示两级 *RC* 网络的结构图。

解　设电路中各变量如图中所示，应用复阻抗的概念，根据基尔霍夫定律可以写出下列方程。

$$U_{R_1}(s) = U_r(s) - U_1(s)$$

$$I(s) = \frac{1}{R_1} U_{R_1}(s)$$

$$I_1(s) = I(s) - I_2(s)$$

$$U_1(s) = \frac{1}{C_1 s} I_1(s)$$

$$U_{R_2}(s) = U_1(s) - U_c(s)$$

$$I_2(s) = \frac{1}{R_2} U_{R_2}(s)$$

$$U_c(s) = \frac{1}{C_2 s} I_2(s)$$

绘制出上述各个方程对应的单元结构图，然后，按照各变量间的关系将各单元结构图连接起来，便可以得到两级 *RC* 网络的结构图，如图 2-20 所示。

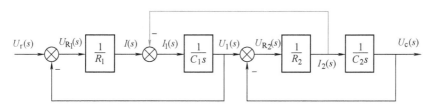

图 2-20　两级 *RC* 网络的结构图

可见，后一级网络作为前一级网络的负载，对前级网络的电流 i_1 产生影响，这就是负载效应。因此，不能简单地用两个单独网络结构图的串联来表示。但是，若在两级网络之间接一个输入电阻很大而输出电阻很小的隔离放大器，使后级网络不影响前级网络，就可以消除负载效应。

2.4.3　结构图的等效变换 (Equivalent Transformation of Structure Diagram)

建立结构图的目的是求取系统的传递函数，进而对系统性能进行分析。所以，对于复杂的结构图就需要进行等效变换，设法将其化简为一个等效的函数方框，如图 2-21 所示。其中的数学表达式即为系统总的传

教学视频 2-10
结构图等效变换
的基本法则

递函数。结构图等效变换必须遵循的原则是变换前、后被变换部
分总的数学关系保持不变，也就是变换前、后有关部分的输入量、
输出量之间的关系保持不变。

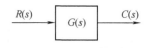

图 2-21 等效的函数方框

1. 串联环节的等效

如图 2-22a 所示为两个环节的串联（in series），对应的传递函数分别为 $G_1(s)$ 和 $G_2(s)$。由图可得

$$C(s) = G_2(s)U(s) = G_2(s)G_1(s)R(s)$$

所以，两个串联环节的总传递函数为

$$G(s) = \frac{C(s)}{R(s)} = G_1(s)G_2(s) \tag{2-62}$$

由此可见，串联后总的传递函数等于各个串联环节的传递函数之乘积。图 2-22a 可用图 2-22b 等效表示。推而广之，若有 n 个环节串联，则总的传递函数可表示为

$$G(s) = G_1(s)G_2(s)G_3(s)\cdots G_n(s) = \prod_{i=1}^{n} G_i(s) \tag{2-63}$$

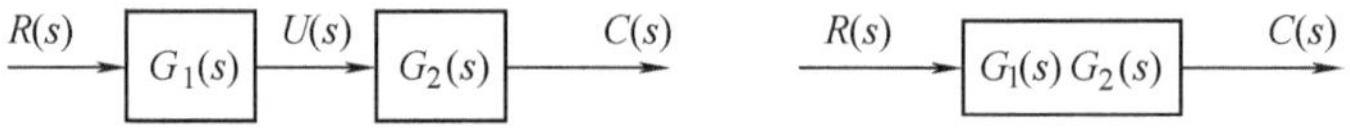

图 2-22 串联环节及其等效

2. 并联环节的等效

如图 2-23a 所示为两个环节的并联（in parallel），对应的传递函数分别为 $G_1(s)$ 和 $G_2(s)$。由图可得

$$C(s) = \pm C_1(s) \pm C_2(s) = \pm G_1(s)R(s) \pm G_2(s)R(s) = [\pm G_1(s) \pm G_2(s)]R(s)$$

所以，两个并联环节的总的传递函数为

$$G(s) = \frac{C(s)}{R(s)} = \pm G_1(s) \pm G_2(s) \tag{2-64}$$

由此可见，并联后总的传递函数等于各个并联环节的传递函数之代数和。图 2-23a 可用图 2-23b 等效表示。同理，若有 n 个环节并联，则总的传递函数可表示为

$$G(s) = \pm G_1(s) \pm G_2(s) \pm \cdots \pm G_n(s) = \sum_{i=1}^{n} G_i(s) \tag{2-65}$$

式中，$\sum$ 为求代数和。

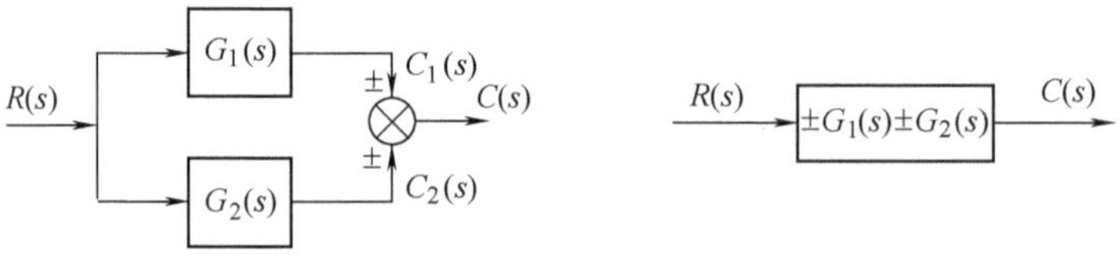

图 2-23 并联环节及其等效

3. 反馈连接的等效

传递函数分别为 $G(s)$ 和 $H(s)$ 的两个环节，如图 2-24a 所示的形式连接，称为反馈连接（feedback connection）。"+" 为正反馈（positive feedback），表示输入信号与反馈信号相加；"−" 为负反馈（negative feedback），表示输入信号与反馈信号相减。由图可得

$$C(s)=G(s)E(s)=G(s)[R(s)\pm B(s)]=G(s)R(s)\pm G(s)B(s)$$
$$=G(s)R(s)\pm G(s)H(s)C(s)$$

所以

$$C(s)[1\mp G(s)H(s)]=G(s)R(s)$$

由此可得反馈连接的等效传递函数为

$$\Phi(s)=\frac{C(s)}{R(s)}=\frac{G(s)}{1\mp G(s)H(s)} \tag{2-66}$$

式中，"−" 对应正反馈；"+" 对应负反馈。图 2-24a 可用图 2-24b 等效表示。

当采用单位反馈（unify feedback）时，$H(s)=1$，则有

$$\Phi(s)=\frac{G(s)}{1\mp G(s)} \tag{2-67}$$

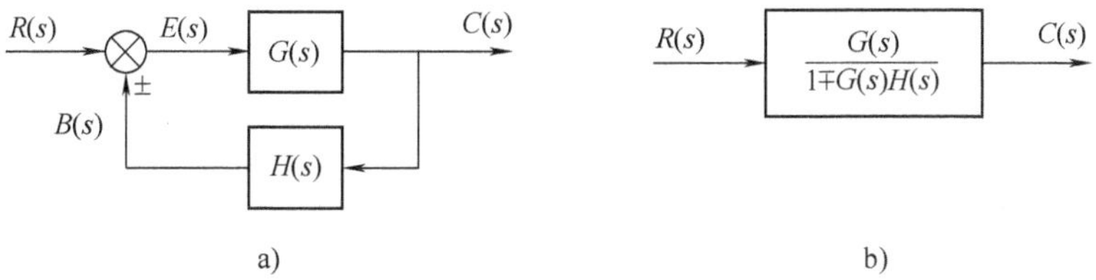

图 2-24 反馈连接及其等效

以上 3 种基本连接方式的等效变换是进行系统结构图等效变换的基础。对于较复杂的系统，例如具有信号交叉或反馈环相互交叉时，仅靠这 3 种方法是不够的。这时，必须将比较点或引出点作适当的移动，先消除各基本连接方式之间的交叉，然后再进行等效变换。

4. 比较点的移动和互换

比较点的移动分两种情况：前移和后移。为了保证比较点移动前后，输出量与输入量之间的关系保持不变，必须在比较点的移动支路中串联一个环节，它的传递函数分别为 $1/G(s)$（前移）和 $G(s)$（后移）。相应的等效变换如图 2-25a、b 所示。

教学视频 2-11
结构图等效变换
的辅助法则

如果两个比较点紧紧相邻，就可以互换位置，输出信号仍然不变，如图 2-25c 所示。

5. 引出点的移动和互换

引出点的移动也分两种情况：前移和后移。但是引出点前移时，应在引出点取出支路中串联一个传递函数为 $G(s)$ 的环节；后移时，则串联一个传递函数为 $1/G(s)$ 的环节。相应的等效变换如图 2-26a、b 所示。

如果两个引出点紧紧相邻，就可以互换位置，输出信号仍然不变，如图 2-26c 所示。

必须注意，相邻的比较点和引出点之间的位置不能简单地互换。表 2-2 中列出了结构图等效变换的基本规则。利用这些规则可以将比较复杂的系统结构图逐步简化，直至最后得出

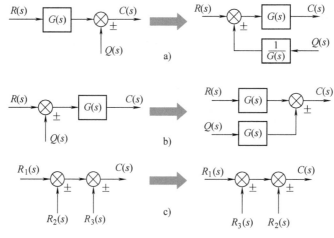

图 2-25　比较点的等效移动

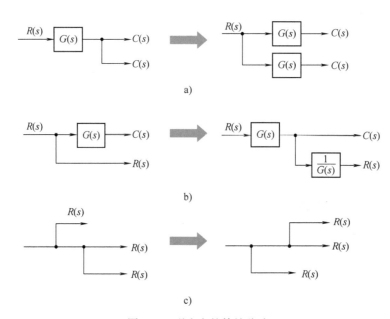

图 2-26　引出点的等效移动

输入量输出量之间的关系——传递函数。

表 2-2　结构图等效变换规则

变 换 方 式	变 换 前	变 换 后
1. 串联	$R \rightarrow \boxed{G_1} \rightarrow \boxed{G_2} \xrightarrow{C}$	$R \rightarrow \boxed{G_1 G_2} \xrightarrow{C}$
2. 并联	R 分支经 G_1、G_2 汇合 $\pm$ 得 C	$R \rightarrow \boxed{\pm G_1 \pm G_2} \xrightarrow{C}$

（续）

变换方式	变换前	变换后
3. 反馈	$R \xrightarrow{} \otimes_{\pm} \to G \to C$，$H$ 反馈	$R \to \dfrac{G}{1 \mp GH} \to C$
4. 比较点前移	$R \to G \to \otimes_{\pm} \to C$，$Q$	$R \to \otimes_{\pm} \to G \to C$，$1/G \leftarrow Q$
5. 比较点后移	$R \to \otimes_{\pm} \to G \to C$，$Q$	$R \to G \to \otimes_{\pm} \to C$，$Q \to G$
6. 比较点互换	$R \to \otimes_{\pm} \to \otimes_{\pm} \to C$，$R_1$ R_2	$R \to \otimes_{\pm} \to \otimes_{\pm} \to C$，$R_2$ R_1
7. 引出点前移	$R \to G \to C$，C	$R \to G \to C$，$\to G \to C$
8. 引出点后移	$R \to G \to C$，R	$R \to G \to C$，$\to 1/G \to R$

【例 2-15】 试将例 2-13 中 RC 无源网络的结构图 2-18 进行等效变换，并求系统的传递函数 $U_c(s)/U_r(s)$。

解 在对图 2-18 所示的网络结构图进行等效变换时，首先将 $1/R$ 和 Cs 两条并联支路合并，如图 2-27a 所示。然后再将 $(R_1Cs+1)/R_1$ 与 R_2 串联后进行反馈回路的等效变换，如图 2-27b 所示，便求得系统传递函数为

$$\frac{U_c(s)}{U_r(s)} = \frac{R_2(R_1Cs+1)}{R_1R_2Cs+R_1+R_2}$$

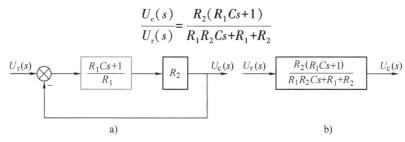

图 2-27 图 2-18 的等效变换过程

【例2-16】 试利用结构图等效变换求图2-19所示两级 RC 网络的传递函数，u_r 为输入信号，u_c 为输出信号。

解 在例2-14中，已得到两级 RC 网络的结构图如图2-28a所示。由图可知，有3个相互交叉的闭环。因此，可先利用比较点前移和引出点后移规则将其等效为图2-28b所示；然后，再利用环节的串联和反馈连接合并规则等效为图2-28c、d；最后，得到网络的传递函数为

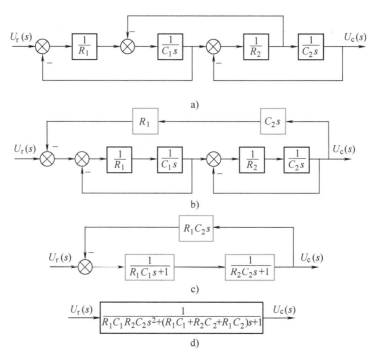

图2-28 两级 RC 网络结构图的等效变换过程

$$\frac{U_c(s)}{U_r(s)}=\frac{1}{R_1C_1R_2C_2s^2+(R_1C_1+R_2C_2+R_1C_2)s+1}$$

【例2-17】 试对图2-29所示系统的结构图进行等效变换，并求传递函数 $C(s)/R(s)$。

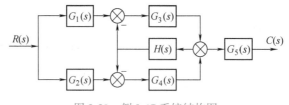

图2-29 例2-17系统结构图

解 为等效变换图2-29所示的系统结构图，必须移动引出点或比较点。首先，将 $G_4(s)$ 与 $G_3(s)$ 前的两个比较点分别移到 $G_4(s)$ 和 $G_3(s)$ 之后，如图2-30a所示；其次，将 $H(s)$ 后的引出点前移到 $H(s)$ 之前，如图2-30b所示，为了便于观察，可改画成如图2-30c所示；再次，将比较点合并为两个，得到如图2-30d所示；最后，利用环节的串联、并联和反馈连接规则得到如图2-30e所示，从而得到系统的传递函数为

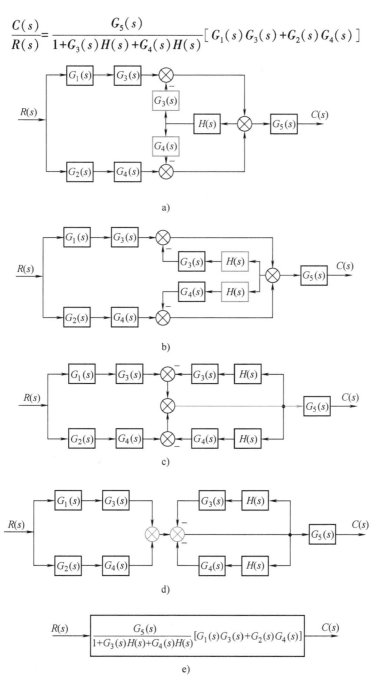

$$\frac{C(s)}{R(s)}=\frac{G_5(s)}{1+G_3(s)H(s)+G_4(s)H(s)}\left[G_1(s)G_3(s)+G_2(s)G_4(s)\right]$$

图 2-30 例 2-17 系统结构图的等效变换

2.5 信号流图与梅森公式（Signal Flow Graphs and Mason Gain Formula）

结构图虽然对分析系统很有效，但是遇到结构复杂的系统时，其化简过程往往非常烦琐，因此可采用本节介绍的信号流图。信号流图和结构图一样，都用来表示系统结构和信号传递过程中的数学关系，因而信号流图也是一种数学模型。与结构图相比，信号流图符号简单，更便于绘制和应用，并且可以利用梅森公式，不需要变换而直接得出系统中任何两个变量之间的数学关系。但是，信号流图只适用于线性系统，而结构图也可用于非线性系统。

2.5.1　信号流图的基本概念（Basic Concepts of Signal Flow Graphs）

1. 信号流图的组成

信号流图采用的基本图形符号有3种，即节点、支路和传输。

教学视频 2-12
信号流图及其绘制

1）节点（node）表示系统中变量（信号）的点，用符号"。"表示。

2）支路（path）为连接两个节点的定向线段，用符号"→"表示。支路上的箭头方向表示信号传递方向。

3）传输（transfer）表示变量从支路一端沿箭头方向传送到另一端的函数关系，称为支路传输，也称为支路增益（path gain）。用标在支路旁边的传递函数"G"表示。

2. 常用术语

1）输入支路（input branch）：进入节点的支路。

2）输出支路（output branch）：离开节点的支路。

3）源节点（input node）：只有输出支路的节点，一般表示系统的输入变量，如图 2-31 中的 R。

4）汇节点（output node）：只有输入支路的节点，一般表示系统的输出变量，如图 2-31 中的 C。

5）混合节点（mixed node）：既有输入支路又有输出支路的节点，相当于结构图中的引出点和比较点，如图 2-31 中的 X_1、X_2 和 X_3。混合节点的信号为所有输入支路引进信号的叠加，且此信号可通过任何一个具有单位传输的输出支路取出，如图 2-31 从 X_3 取出变为 C。

6）通路（path）：是指从一个节点开始，沿着支路箭头方向连续经过相连支路而终止到另一个节点（或同一节点）的路径，通路又称为通道。一个信号流图可以有多条通路，如图 2-31 中的 $RX_1X_2X_3$、$RX_2X_3X_1$ 等。

7）开通路（open-path）：如果通路从某个节点出发，终止于另一节点上，并且通路中每个节点只经过一次，则称这样的通路为开通路，如图 2-31 中的 $RX_1X_2X_3C$、$RX_2X_3X_1$ 等。

8）闭通路：若通路与任一节点相交不多于一次，但起点与终点为同一点，则称为闭通路或回路（loop）、回环等，如图 2-31 中的 $X_1X_2X_3X_1$。如果从一个节点开始，只经过一个支路，又回到该节点，则该回路称为自回路，如图 2-32 所示。

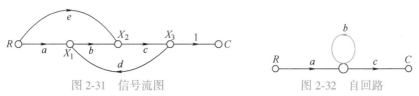

图 2-31　信号流图　　　　　　　　　　图 2-32　自回路

9）不接触回路（non-touching loop）：相互之间不具有任何公共节点的回路称为不接触回路。

10）前向通路（forward path）：从源节点开始到汇节点终止，并且每个节点只通过一次的通路，称为前向通路。

11）通路传输（path gain）：指通路中各支路传输的乘积，也称为通路增益。

12）回路传输（loop gain）：指闭通路中各支路传输的乘积，也称为回路增益。

3. 信号流图的基本性质

1）信号流图是表达线性方程组的一种数学图形。当系统由微分方程描述时，应先变换成代数方程并整理成因果关系形式。

2）节点标志系统的变量。每个节点标志的变量是所有流向该节点的信号的代数和，而从同一节点流向各支路的信号均用该节点的变量表示。

3）支路相当于乘法器，信号流经支路时，被乘以支路增益而变换为另一信号。

4）支路表示一个变量与另一个变量之间的关系，信号只能沿箭头方向流通。

5）对于给定的系统，节点变量的设置是任意的，因此其信号流图不是唯一的。

4. 信号流图的绘制

信号流图可以根据微分方程绘制，也可以从系统结构图按照对应关系得到。

（1）由系统微分方程绘制信号流图

任何线性数学方程都可以用信号流图表示，但含有微分或积分的线性方程，一般应通过拉普拉斯变换，将微分或积分变换为关于 s 的代数方程后再画信号流图。绘制信号流图时，首先要对系统的每个变量指定一个节点，并按照系统中变量的因果关系，从左向右顺序排列；然后，用标明支路增益的支路，根据数学方程式将各节点变量正确连接，便可得到系统的信号流图。

（2）由系统结构图绘制信号流图

由系统结构图绘制信号流图时，只需将结构图的输入量、输出量、引出点、比较点以及中间变量均改为节点；用标有传递函数的定向线段代替结构图中的方框，结构图就变换为相应的信号流图了。如图 2-33 所示。

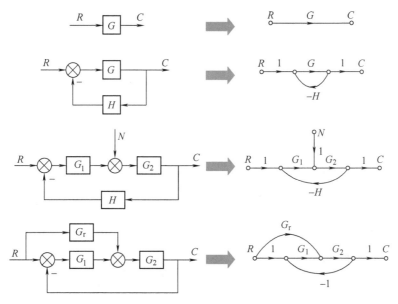

图 2-33　由结构图绘制信号流图

5. 信号流图的等效变换

信号流图绘制出后，可根据表 2-3 中所列的法则对信号流图进行简化运算，以便求出系统的传递函数。这些法则是与前面所叙述的结构图等效变换法则相对应的。

表 2-3　信号流图的等效变换法则

等 效 变 换	原信号流图	变换后的信号流图
串联支路的合并	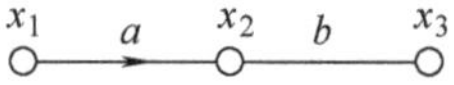 $x_1 \xrightarrow{a} x_2 \xrightarrow{b} x_3$	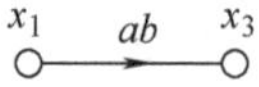 $x_1 \xrightarrow{ab} x_3$
并联支路的合并	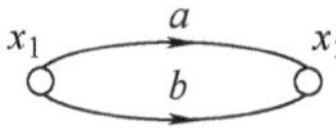 $x_1 \overset{a}{\underset{b}{\rightrightarrows}} x_2$	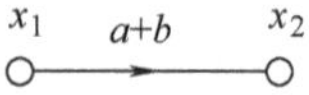 $x_1 \xrightarrow{a+b} x_2$
混合节点的消除	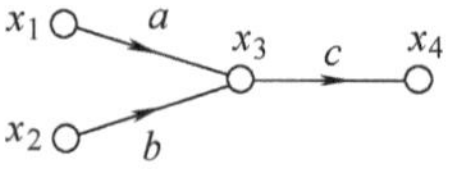 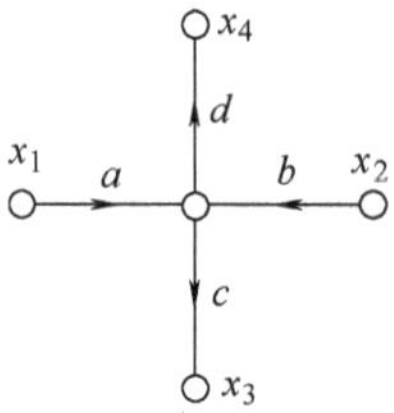	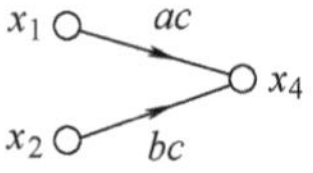 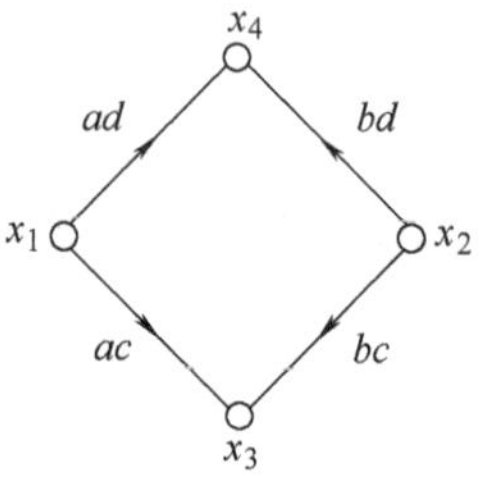
回路的消除	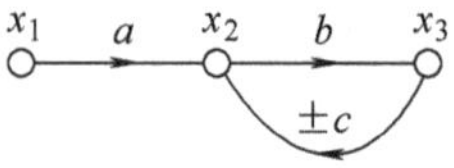	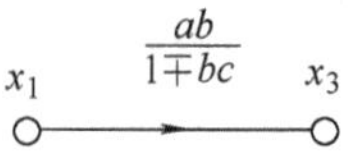 $x_1 \xrightarrow{\dfrac{ab}{1\mp bc}} x_3$
自回路的消除	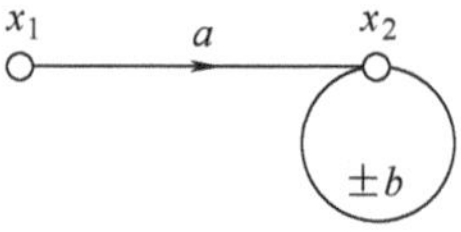	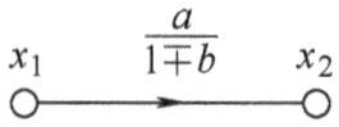 $x_1 \xrightarrow{\dfrac{a}{1\mp b}} x_2$

2.5.2　梅森公式及其应用（Mason Gain Formula and its Applications）

信号流图虽比动态结构图简单，但通过等效变换来简化系统也很麻烦。利用梅森公式可以不必简化信号流图，直接求出从源节点到汇节点的传递函数，这就为信号流图的广泛应用提供了方便。同时，由于系统结构图和信号流图一一对应，因此，梅森公式也可以直接用于系统结构图。

在信号流图上，从任意源节点到任意汇节点之间的总传输公式，即梅森公式（Mason gain formula）为

$$G(s) = \frac{1}{\Delta} \sum_{k=1}^{n} P_k \Delta_k \tag{2-68}$$

教学视频 2-13
梅森公式及其应用

式中，n 为从源节点到汇节点之间前向通路的总数；P_k 为第 k 条前向通路的总传输；Δ 为信号流图特征式，计算公式为

$$\Delta = 1 - \sum L_{\mathrm{a}} + \sum L_{\mathrm{b}}L_{\mathrm{c}} - \sum L_{\mathrm{d}}L_{\mathrm{e}}L_{\mathrm{f}} + \cdots \tag{2-69}$$

式中，$\sum L_{\mathrm{a}}$ 为信号流图中所有不同回路的传输之和；$\sum L_{\mathrm{b}}L_{\mathrm{c}}$ 为所有两两互不接触回路传输的乘积之和；$\sum L_{\mathrm{d}}L_{\mathrm{e}}L_{\mathrm{f}}$ 为所有 3 个互不接触回路传输的乘积之和。而 Δ_k 为第 k 条前向通路的信号流图特征式的余子式，其值为从 Δ 中除去与第 k 条前向通路 P_k 相接触的回路后余下的部分。

【例 2-18】 试绘制图 2-19 所示两级 RC 网络的信号流图，并求传递函数 $U_{\mathrm{c}}(s)/U_{\mathrm{r}}(s)$。

解 在例 2-14 中已得到两级 RC 网络的结构图如图 2-20 所示，可直接绘出相应的信号流图，如图 2-34 所示。

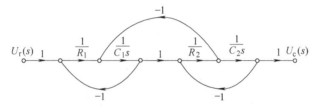

图 2-34 两级 RC 网络的信号流图

从源节点 $U_{\mathrm{r}}(s)$ 到汇节点 $U_{\mathrm{c}}(s)$ 之间，只有一条前向通路，其增益为

$$P_1 = \frac{1}{R_1 C_1 R_2 C_2 s^2}$$

有 3 个单独的回路，分别为

$$L_1 = -\frac{1}{R_1 C_1 s}, L_2 = -\frac{1}{R_2 C_2 s}, L_3 = -\frac{1}{R_2 C_1 s}$$

其中，只有 L_1 和 L_2 两个回路互不接触，其回路增益乘积为

$$L_1 L_2 = \frac{1}{R_1 C_1 R_2 C_2 s^2}$$

于是，特征式为

$$\Delta = 1 + \frac{1}{R_1 C_1 s} + \frac{1}{R_2 C_2 s} + \frac{1}{R_2 C_1 s} + \frac{1}{R_1 C_1 R_2 C_2 s^2}$$

由于这 3 个回路都与前向通路 P_1 相接触，所以其余子式 $\Delta_1 = 1$。故有

$$\frac{U_{\mathrm{c}}(s)}{U_{\mathrm{r}}(s)} = \frac{1}{\Delta} \cdot P_1 \Delta_1 = \frac{\dfrac{1}{R_1 C_1 R_2 C_2 s^2}}{1 + \dfrac{1}{R_1 C_1 s} + \dfrac{1}{R_2 C_2 s} + \dfrac{1}{R_2 C_1 s} + \dfrac{1}{R_1 C_1 R_2 C_2 s^2}}$$

$$= \frac{1}{R_1 C_1 R_2 C_2 s^2 + (R_1 C_1 + R_2 C_2 + R_1 C_2)s + 1}$$

【例 2-19】 控制系统的信号流图如图 2-35 所示，试用梅森公式确定系统的传递函数 $C(s)/R(s)$。

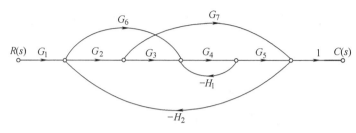

图 2-35　系统信号流图

解　由图 2-35 可知，系统有 3 条前向通路，其增益分别为

$$P_1 = G_1G_2G_3G_4G_5, P_2 = G_1G_6G_4G_5, P_3 = G_1G_2G_7$$

有 4 个单独的回路，各回路增益分别为

$$L_1 = -G_4H_1, L_2 = -G_2G_7H_2, L_3 = -G_6G_4G_5H_2, L_4 = -G_2G_3G_4G_5H_2$$

其中，回路 L_1 与 L_2 互不接触，则

$$L_1L_2 = G_4G_2G_7H_1H_2$$

因此，信号流图特征式为

$$\Delta = 1 + G_4H_1 + G_2G_7H_2 + G_6G_4G_5H_2 + G_2G_3G_4G_5H_2 + G_4G_2G_7H_1H_2$$

从 Δ 中将与前向通路 P_1 相接触的回环去掉，可获得余子式

$$\Delta_1 = 1$$

同理，有

$$\Delta_2 = 1, \Delta_3 = 1 + G_4H_1$$

于是，可得到系统的传递函数为

$$\frac{C(s)}{R(s)} = \frac{1}{\Delta}(P_1\Delta_1 + P_2\Delta_2 + P_3\Delta_3)$$

$$= \frac{G_1G_2G_3G_4G_5 + G_1G_6G_4G_5 + G_1G_2G_7(1 + G_4H_1)}{1 + G_4H_1 + G_2G_7H_2 + G_6G_4G_5H_2 + G_2G_3G_4G_5H_2 + G_4G_2G_7H_1H_2}$$

其实，在结构图中同样可以使用梅森公式，求传递函数时比结构图的等效变换简单得多，读者可自行讨论。

2.6 闭环系统的传递函数（Transfer Function of Closed-Loop System）

闭环控制系统的典型结构如图 2-36 所示。图中，$R(s)$ 为给定输入信号，$N(s)$ 为扰动输入信号，$C(s)$ 为系统输出。现分别讨论闭环控制系统中各种输入量与输出量间的闭环传递函数。

教学视频 2-14
闭环系统的传递函数

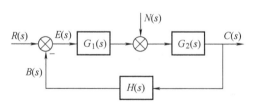

图 2-36　闭环系统的结构图

2.6.1 闭环系统的开环传递函数（Open-Loop Transfer Function of Closed-Loop System）

闭环系统的开环传递函数（open-loop transfer function）是指闭环系统反馈信号的拉普拉斯变换 $B(s)$ 与偏差信号的拉普拉斯变换 $E(s)$ 之比，用 $G_k(s)$ 表示。**因此，图 2-36 所示典型闭环控制系统的开环传递函数为**

$$G_k(s) = \frac{B(s)}{E(s)} = G_1(s) G_2(s) H(s) \tag{2-70}$$

$G_k(s)$ 是用根轨迹法和频率特性法分析系统的主要数学模型，它在数值上等于系统的前向通道传递函数乘以反馈通道传递函数。

2.6.2 给定信号作用下的传递函数（Transfer Function under Setting Input Signal）

1. 给定信号作用下的闭环传递函数

当只讨论给定信号 $R(s)$ 作用时，可令扰动信号 $N(s) = 0$，图 2-36 变为图 2-37 所示的系统。

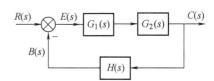

图 2-37 $R(s)$ 单独作用结构图

用 $\Phi(s)$ 表示系统的闭环传递函数（closed-loop transfer function），利用结构图的等效变换可求得

$$\Phi(s) = \frac{C(s)}{R(s)} = \frac{G_1(s) G_2(s)}{1 + G_1(s) G_2(s) H(s)} = \frac{G_1(s) G_2(s)}{1 + G_k(s)} \tag{2-71}$$

由 $\Phi(s)$ 可进一步求得在给定信号作用下，系统的输出为

$$C(s) = \Phi(s) R(s) = \frac{G_1(s) G_2(s)}{1 + G_k(s)} R(s) \tag{2-72}$$

2. 给定信号作用下的误差传递函数

取系统偏差信号 $E(s) = R(s) - B(s)$。在控制系统中常用偏差代替误差，关于偏差和误差的关系将在第 3.6 节中详细讨论。$E(s)$ 与 $R(s)$ 之比称为给定信号 $R(s)$ 作用下的误差传递函数（error transfer function），用 $\Phi_e(s)$ 表示。由图 2-37 可得

$$\Phi_e(s) = \frac{E(s)}{R(s)} = \frac{1}{1 + G_1(s) G_2(s) H(s)} = \frac{1}{1 + G_k(s)} \tag{2-73}$$

而给定信号作用下的误差为

$$E(s) = \Phi_e(s) R(s) = \frac{1}{1 + G_k(s)} R(s) \tag{2-74}$$

如果系统为单位反馈系统，$H(s) = 1$，系统的前向通道传递函数即为开环传递函数，则有

$$\Phi(s) = \frac{G_k(s)}{1 + G_k(s)} \tag{2-75}$$

$$\Phi_e(s) = \frac{1}{1 + G_k(s)} \tag{2-76}$$

如果已知单位反馈系统的闭环传递函数 $\Phi(s)$，由式（2-75）和式（2-76）可得

$$G_{\mathrm{k}}(s) = \frac{\Phi(s)}{1 - \Phi(s)} \tag{2-77}$$

$$\Phi_{e}(s) = 1 - \Phi(s) \tag{2-78}$$

2.6.3　扰动信号作用下的传递函数（Transfer Function under Disturbance Input Signal）

1. 扰动信号作用下的闭环传递函数

当只讨论扰动信号 $N(s)$ 作用时，可令给定信号 $R(s) = 0$，图 2-36 变为图 2-38 所示的系统。用 $\Phi_{\mathrm{n}}(s)$ 表示系统在扰动信号作用下的闭环传递函数，利用结构图的等效变换可求得

$$\Phi_{\mathrm{n}}(s) = \frac{C(s)}{N(s)} = \frac{G_2(s)}{1 + G_1(s)G_2(s)H(s)} = \frac{G_2(s)}{1 + G_{\mathrm{k}}(s)} \tag{2-79}$$

此时系统的输出为

$$C_{\mathrm{n}}(s) = \Phi_{\mathrm{n}}(s)N(s) = \frac{G_2(s)}{1 + G_{\mathrm{k}}(s)}N(s) \tag{2-80}$$

2. 扰动信号作用下的误差传递函数

$E(s)$ 与 $N(s)$ 之比称为扰动信号 $N(s)$ 作用下的误差传递函数，用 $\Phi_{en}(s)$ 表示。图 2-36 转化为图 2-39 所示结构图，利用结构图的等效变换可求得

$$\Phi_{en}(s) = \frac{E(s)}{N(s)} = -\frac{G_2(s)H(s)}{1 + G_{\mathrm{k}}(s)} \tag{2-81}$$

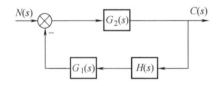
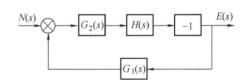

图 2-38　$N(s)$ 单独作用结构图　　　　　图 2-39　$N(s)$ 作用下误差传递函数

而扰动信号作用下的误差为

$$E_{\mathrm{n}}(s) = \Phi_{en}(s)N(s) = -\frac{G_2(s)H(s)}{1 + G_{\mathrm{k}}(s)}N(s) \tag{2-82}$$

根据线性系统叠加原理，可以求出给定输入信号和扰动输入信号同时作用下，闭环控制系统的总输出 $C(s)$ 和总的误差 $E(s)$。即

$$C(s) = \Phi(s)R(s) + \Phi_{\mathrm{n}}(s)N(s) = \frac{G_1(s)G_2(s)}{1 + G_{\mathrm{k}}(s)}R(s) + \frac{G_2(s)}{1 + G_{\mathrm{k}}(s)}N(s) \tag{2-83}$$

$$E(s) = \Phi_{e}(s)R(s) + \Phi_{en}(s)N(s) = \frac{1}{1 + G_{\mathrm{k}}(s)}R(s) - \frac{G_2(s)H(s)}{1 + G_{\mathrm{k}}(s)}N(s) \tag{2-84}$$

由以上各式可以看出，图 2-36 所示的系统在各种情况下的闭环系统传递函数都具有相同的分母多项式 $[1 + G_{\mathrm{k}}(s)]$，这是因为它们都是同一个信号流图的特征式 $\Delta = 1 + G_1(s)G_2(s)H(s) = 1 + G_{\mathrm{k}}(s)$。于是称 $[1 + G_{\mathrm{k}}(s)]$ 为闭环系统的特征多项式；称

$$1 + G_{\mathrm{k}}(s) = 0 \tag{2-85}$$

为闭环系统的特征方程式。

2.7　控制系统中数学模型的 MATLAB 描述（MATLAB Representations of Mathematical Models in Control Systems）

用 MATLAB 描述控制系统时，常用的数学模型主要包括传递函数模型、零极点模型和状态空间模型。每种模型均有连续/离散之分。各种模型之间可以由 MATLAB 函数相互转换，以满足不同的使用需求。对于用结构图表示的系统可以用串联函数、并联函数和反馈函数实现系统数学模型的建立。本节主要介绍传递函数模型和零极点模型的 MATLAB 表示及两种模型间的相互转换。

2.7.1　传递函数模型（Transfer Function Model）

线性定常系统的传递函数一般可以表示为

$$G(s)=\frac{C(s)}{R(s)}=\frac{b_0 s^m+b_1 s^{m-1}+\cdots+b_{m-1}s+b_m}{a_0 s^n+a_1 s^{n-1}+\cdots+a_{n-1}s+a_n}$$

式中，$b_j(j=0,1,2,\cdots,m)$ 和 $a_i(i=0,1,2,\cdots,n)$ 可以唯一地确定一个系统。因此在 MATLAB 中可以用分子、分母系数向量 num、den 来表示传递函数 $G(s)$，实现函数为 tf( )，其调用格式如下：

```
num=[b_0,b_1,…,b_{m-1},b_m];      %分子多项式的 MATLAB 表示
den=[a_0,a_1,…,a_{n-1},a_n];      %分母多项式的 MATLAB 表示
sys=tf(num,den)                   %由分子、分母多项式系数向量生成传递函数模型
```

注意：构成分子分母的向量应按降幂排列，缺项部分用 0 补齐。

【例 2-20】　系统的传递函数为

$$G(s)=\frac{s^3+2s^2+4s+8}{s^4+16s^3+80s^2+17s+10}$$

试用 MATLAB 语句建立传递函数模型。

解　MATLAB 程序如下：

```
>>num=[1,2,4,8];den=[1,16,80,17,10];
>>sys=tf(num,den)
```

程序运行结果为

```
Transfer function：

     s^ 3+2s^ 2+4s+8
-----------------------------------------
s^ 4+16s^ 3+80s^ 2+17s+10
```

对于传递函数的分子或分母为多项式相乘的情况，可通过两个向量的卷积函数——conv( )函数求多项式相乘作为分子或分母多项式的输入。conv( )函数允许任意地多层嵌套，从而可进行复杂的计算。

【例 2-21】　已知系统的传递函数为

$$G(s)=\frac{10(s+1)}{s^2(s+3)(s^2+6s+10)}$$

试在 MATLAB 中生成系统的传递函数模型。

解 MATLAB 程序如下：

```
>>num=[10,10];den=conv([1,0,0],conv([1,3],[1,6,10]));
>>sys=tf(num,den)
```

程序运行结果为

```
Transfer function：
      10s+10
-----------------------------------
s^5+9s^4+28s^3+30s^2
```

2.7.2 零极点模型（Pole-Zero Model）

控制系统的数学模型可表示为零极点形式：

$$G(s)=\frac{C(s)}{R(s)}=\frac{K_g(s-z_1)(s-z_2)\cdots(s-z_m)}{(s-p_1)(s-p_2)\cdots(s-p_n)}$$

其中，K_g 为根轨迹增益；z_j 和 p_i 分别为系统的零点和极点。因此，在 MATLAB 中用 z、p、k 来表示传递函数 $G(s)$，实现函数为 zpk()，其调用格式如下：

```
sys=zpk(z,p,k)    % z 为系统的零点向量;p 为系统的极点向量;k 为根轨迹增益
```

【例 2-22】 已知控制系统的数学模型为

$$G(s)=\frac{2(s+3)(s+5)}{(s+2)(s+4)(s+6)}$$

试用 MATLAB 语句建立系统零极点模型。

解 MALTAB 程序如下：

```
>>z=[-3,-5];p=[-2,-4,-6];k=2;
>>sys=zpk(z,p,k)
```

程序运行结果为

```
Zero/pole/gain：
    2(s+3)(s+5)
---------------------
(s+2)(s+4)(s+6)
```

2.7.3 传递函数模型与零极点模型间的相互转换（Mutual Conversion between Transfer Function Model and Pole-Zero Model）

在解决实际问题时，常常需要对控制系统的数学模型进行转换。MATLAB 提供了不同模型间相互转换的指令函数。

```
[z,p,k]=tf2zp(num,den)        %将传递函数模型转换成零极点模型
[num,den]=zp2tf(z,p,k)        %将零极点模型转换成传递函数模型
```

【例 2-23】 求例 2-21 所示系统等效的零极点模型。

解 MATLAB 程序如下：

```
>>num=[10,10];den=conv([1,0,0],conv([1,3],[1,6,10]));
>>[z,p,k]=tf2zp(num,den);
>>sys=zpk(z,p,k)
```

程序运行结果为

Zero/pole/gain：

$$\frac{10(s+1)}{s^2(s+3)(s^2+6s+10)}$$

2.7.4 控制系统模型的连接（Connections of Control System Models）

利用 MATLAB 函数可以将各部分的传递函数连接起来构成一个闭环控制系统。通常可以通过等效变换的方法来实现。MATLAB 提供了求取系统模型之间串联、并联和反馈连接的函数。

1. 系统串联连接函数 series( )

series 函数调用格式如下：

```
sys=series(sys1,sys2)   %两个 SISO 系统模型的串联
```

2. 系统并联连接函数 parallel( )

parallel 函数调用格式如下：

```
sys=parallel(sys1,sys2)   %两个 SISO 系统模型的并联
```

3. 系统反馈连接函数 feedback( )

函数调用格式如下：

sys = feedback（sys1，sys2，sign)%生成由 sys1 和 sys2 构成的反馈系统传递函数模型，sys2 为反馈通道传递函数模型，反馈类型由 sign 指定，当 sign = 1 时为正反馈，sign =−1 时为负反馈，此时 sign 可忽略。

【例 2-24】 已知系统的结构图如图 2-40 所示，试求闭环系统的数学模型。

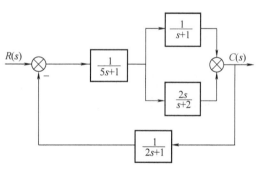

图 2-40 例 2-24 系统的结构图

解 MATLAB 程序如下：

```
>>g1=tf(1,[1,1]);
g2=tf([2,0],[1,2]);
>>gg1=parallel(g1,g2);%合并两并联部分
>>g3=tf(1,[5,1]);
>>gg2=series(gg1,g3);%合并后与左边部分串联
>>g4=tf(1,[2,1]);
>>sys=feedback(gg2,g4)%加反馈部分生成系统
```

程序运行结果为

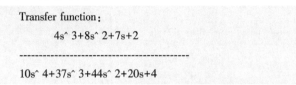

Transfer function：

　　　　$4s^3+8s^2+7s+2$

$10s^4+37s^3+44s^2+20s+4$

本章小结（Summary）

1. 内容归纳

1）控制系统的数学模型是描述系统因果关系的数学表达式，是对系统进行理论分析研究的主要依据。通常是先分析系统中各元器件的工作原理，然后利用有关定理，舍去次要因素并进行适当的线性化处理，最后获得既简单又能反映系统动态本质的数学模型。

2）微分方程是系统的时域数学模型，正确理解和掌握系统的工作过程、各元器件的工作原理是建立微分方程的前提。

3）传递函数是在零初始条件下系统输出的拉普拉斯变换和输入的拉普拉斯变换之比，是经典控制理论中重要的数学模型，熟练掌握和运用传递函数的概念，有助于分析和研究复杂系统。

4）脉冲响应函数 $g(t)$ 也是一种数学模型，是衡量系统性能的一种重要手段，由 $g(t)$ 进行拉普拉斯变换可直接求得系统传递函数。

5）结构图和信号流图是两种用图形表示的数学模型，具有直观、形象的特点。引入这两种数学模型的目的就是求系统的传递函数。利用结构图求系统的传递函数，首先需要将结构图进行等效变换，但必须遵循等效变换的原则。利用信号流图求系统的传递函数，不必简化信号流图就可以方便地应用梅森公式求复杂系统的传递函数，而且梅森公式也可以直接用于系统结构图。这就为求取系统的传递函数提供了不同的方法及互相检验结果的有效手段。

6）闭环控制系统的传递函数是分析系统动态性能的主要数学模型，它们在系统分析和设计中的地位十分重要。

2. 知识结构

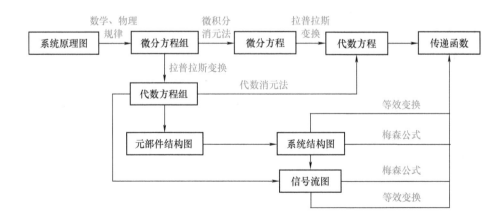

代表人物及事件简介（Leaders and Events）

皮埃尔·西蒙·拉普拉斯（Pierre Simon Laplace，1749—1827），法国著名数学家和天文学家，法国科学院院士。他是分析概率论的创始人以及天体力学的主要奠基人，因此可以说他是应用数学的先驱。出生于法国西北部卡尔瓦多斯的博蒙昂诺日，曾任巴黎军事学院数学教授。1795 年任巴黎综合工科学校教授，1799 年他还担任过法国经度局局长，并在拿破仑政府中任过内政部长。1816 年被选为法兰西学院院士，1817 年任该院院长。

拉普拉斯青年时期就显示出卓越的数学才能，18 岁时离家赴巴黎，决定从事数学工作。他给当时法国著名学者达朗贝尔寄去一篇出色至极的力学论文，达朗贝尔非常欣赏他的数学才能，推荐他到军事学院教书。此后，他同拉瓦锡在一起工作，测定了许多物质的比热。1780 年，他们两人证明了将一种化合物分解为其组成元素所需的热量就等于这些元素形成该化合物时所放出的热量，这可以看作是热化学的开端。而且，它也是继布拉克关于潜热的研究工作之后向能量守恒定律迈进的又一个里程碑，60 年后能量守恒定律诞生。

拉普拉斯在数学和物理方面有重要贡献，他是拉普拉斯变换和拉普拉斯方程的提出者，这些数学工具在科学技术的各个领域得到了广泛的应用。拉普拉斯用数学方法证明了行星平均运动的不变性，这就是著名的拉普拉斯定理。

拉普拉斯的著名杰作《天体力学》，是经典天体力学的代表著作，书中首次提出了"天体力学"的学科名称。他的另一部著作是《宇宙系统论》，书中提出了对后来有重大影响的关于行星起源的星云假说。康德的星云说是从哲学角度提出的，而拉普拉斯则从数学、力学角度充实了星云说。因此，人们常常把他们两人的星云说称为"康德–拉普拉斯星云说"。由于他在《宇宙系统论》中对太阳系稳定性的动力学问题的贡献，被誉为"法国的牛顿"和"天体力学之父"。

习题（Exercises）

2-1　试列写图 2-41 所示各无源网络的微分方程。

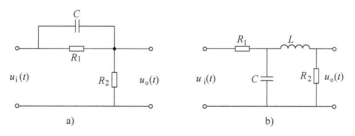

图 2-41　题 2-1 无源网络

2-2　试列写图 2-42 所示各有源网络的微分方程。

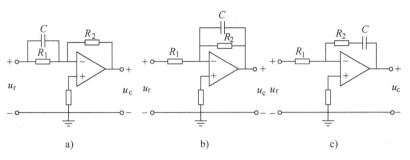

图 2-42　题 2-2 有源网络

2-3　机械系统如图 2-43 所示，其中 $x_r(t)$ 是输入位移，$x_c(t)$ 是输出位移。试分别列写各系统的微分方程。

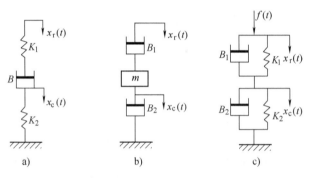

图 2-43　题 2-3 机械系统

2-4　试证明图 2-44a 所示的电网络系统和图 2-44b 所示的机械系统有相同的数学模型。

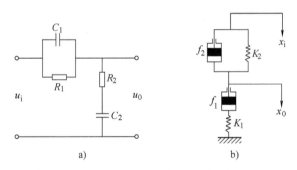

图 2-44　题 2-4 电网络与机械系统

2-5　用拉普拉斯变换法求解下列微分方程。

（1）$2\ddot{c}(t)+7\dot{c}(t)+5c(t)=r$，$r(t)=R \cdot 1(t)$，$c(0)=0$，$\dot{c}(0)=0$

（2）$2\ddot{c}(t)+7\dot{c}(t)+5c(t)=0$，$c(0)=c_0$，$\dot{c}(0)=\dot{c}_0$

2-6　设晶闸管三相桥式全控整流电路的输入量为控制角 α，输出量为空载整流电压 u_d，它们之间的关系为

$$u_d = U_{d0}\cos\alpha$$

式中，U_{d0} 是整流电压的理想空载值，试推导其线性化方程式。

2-7　试用复阻抗法求取图 2-41 所示各无源网络的传递函数。

2-8 试用复阻抗法求取图 2-42 所示各有源网络的传递函数。

2-9 设某系统在单位阶跃输入作用时，零初始条件下的输出响应为

$$c(t) = 1 - 2e^{-2t} + e^{-t}$$

试求该系统的传递函数和脉冲响应函数。

2-10 系统的单位脉冲响应为 $g(t) = 7 - 5e^{-6t}$，求系统的传递函数。

2-11 已知一系统由如下方程组组成，其中 $X_r(s)$ 为输入，$X_c(s)$ 为输出。试绘制系统结构图，并求出闭环传递函数。

$$X_1(s) = X_r(s)G_1(s) - G_1(s)[G_7(s) - G_8(s)], X_c(s)$$
$$X_2(s) = G_2(s)[X_1(s) - G_6(s)X_3(s)]$$
$$X_3(s) = [X_2(s) - X_c(s)G_5(s)]G_3(s)$$
$$X_c(s) = G_4(s)X_3(s)$$

2-12 系统的微分方程组如下：

$$x_1(t) = r(t) - c(t)$$
$$x_2(t) = \tau \frac{dx_1(t)}{dt} + K_1 x_1(t)$$
$$x_3(t) = K_2 x_2(t)$$
$$x_4(t) = x_3(t) - x_5(t) - K_5 c(t)$$
$$\frac{dx_5(t)}{dt} = K_3 x_4(t)$$
$$K_4 x_5(t) = T \frac{dc(t)}{dt} + c(t)$$

其中 τ、K_1、K_2、K_3、K_4、K_5、T 均为正常数。试建立系统结构图，并求系统的传递函数 $C(s)/R(s)$。

2-13 试化简图 2-45 所示的系统结构图，并求传递函数 $C(s)/R(s)$。

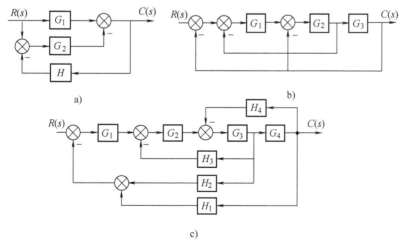

c)

图 2-45 题 2-13 系统结构图

2-14 试绘制图 2-46 中各系统结构图所对应的信号流图，并用梅森增益公式求各系

的传递函数 $C(s)/R(s)$。

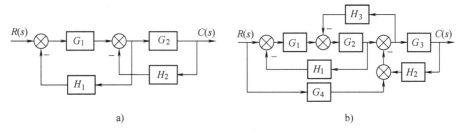

图 2-46　题 2-14 系统结构图

2-15　试直接用梅森公式求图 2-47 所示系统的传递函数 $C(s)/R(s)$。

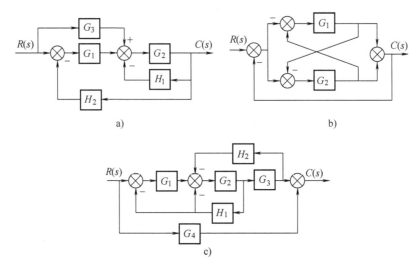

图 2-47　题 2-15 系统结构图

2-16　试用梅森增益公式求图 2-48 中各系统的传递函数 $C(s)/R(s)$。

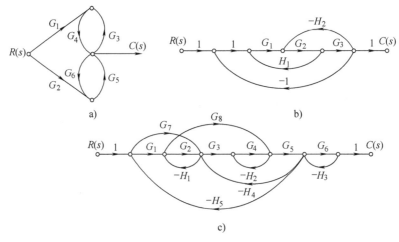

图 2-48　题 2-16 系统信号流图

2-17　化简图 2-49 所示系统结构图，分别求出传递函数 $\dfrac{C_1(s)}{R_1(s)}$、$\dfrac{C_2(s)}{R_1(s)}$、$\dfrac{C_1(s)}{R_2(s)}$、$\dfrac{C_2(s)}{R_2(s)}$。

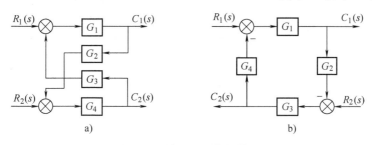

图 2-49　题 2-17 系统结构图

2-18　控制系统结构图如图 2-50 所示，试求系统传递函数 $\dfrac{C(s)}{R(s)}$、$\dfrac{C(s)}{N_1(s)}$、$\dfrac{C(s)}{N_2(s)}$、$\dfrac{E(s)}{R(s)}$、$\dfrac{E(s)}{N_1(s)}$。

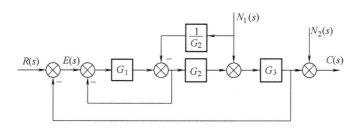

图 2-50　题 2-18 控制系统结构图

2-19　控制系统结构图如图 2-51 所示，试确定系统的输出 $C(s)$。

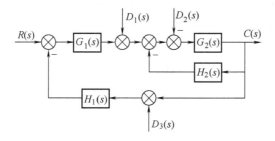

图 2-51　题 2-19 控制系统结构图

第 3 章　时域分析法（Time Domain Analysis Method）

学习指南（Study Guide）

内容提要　本章主要从数学分析求解的角度给出系统响应的时间解，通过其明显的物理意义，从稳、快、准三方面建立分析系统性能的基本依据和方法，为后续的工程设计打下基础。主要内容有：系统性能指标的定义和典型输入信号，一阶系统的时域响应与性能指标计算，二阶系统动态性能分析、指标计算与性能改善措施，高阶系统单位阶跃响应的定性分析、主导极点的概念与性能估算方法，稳定的充分必要条件，稳定判据与实际应用，误差与稳态误差的定义，静态误差系数及系统的型别，稳态误差计算，提高稳态精度的措施即按给定补偿和按扰动补偿的复合控制，如何用 MATLAB 和 Simulink 进行瞬态响应分析。

能力目标　结合实际工程的影响因素，根据控制系统的数学模型，应用时域分析法对控制系统的稳定性进行有效判定、对其动态和稳态性能指标进行计算，具备评价控制方案的能力；能够根据对二阶系统的要求选择合适的措施改善其动态性能，并用 MATLAB 仿真验证；围绕控制系统的准确性评价和分析，引用工程案例，分析两种复合控制方式及其校正作用，培养工程意识。

学习建议　本章的学习重点首先是熟悉一阶和二阶系统的数学模型和不同输入信号作用下时间响应的特点；对于二阶系统在欠阻尼情况下的动态性能指标能熟练计算，尤其是在动态性能不满足实际要求时能够合理选择措施加以改善，达到预期效果；对于三阶及三阶以上的高阶系统，主要是了解系统响应的特点以及与闭环零极点的关系，清楚附加零极点对系统动态性能的影响，抓住主导极点这一概念来估算系统的动态性能。其次是在正确理解稳定的充分必要条件下，熟练运用劳斯判据判断系统的稳定性，并根据稳定要求选择系统参数。第三是在理解稳态误差概念的基础上，能根据系统型别正确计算不同输入信号下的稳态误差以及各种扰动作用时的稳态误差，并根据对系统稳态性能的要求，选择复合控制的形式，计算补偿装置的参数。最后是依据上述稳、快、准三方面，用 MATLAB 和 Simulink 进行仿真验证和系统分析设计。

控制系统常用的分析方法有时域分析法、根轨迹法和频率特性法。本章讨论控制系统的时域分析法。

时域分析法（time domain analysis method）是根据系统的微分方程（或传递函数），以拉普拉斯变换作为数学工具，直接解出系统对给定输入信号的时间响应，然后根据响应来评价系统的性能。其特点是准确、直观，但在控制理论发展初期，只限于处理阶次较低的简单系统。随着计算机技术的不断发展，目前很多复杂系统都可以在时域中直接分析，使时域分析法在现代控制理论中得到了广泛应用。

 3.1 典型输入信号和时域性能指标（Classical Input Signal and Time Domain Performance Index）

3.1.1　典型输入信号（Classical Input Signal）

　　对于一个实际系统，其输入信号往往是比较复杂的，而系统的输出响应又与输入信号类型有关。因此，在研究控制系统的响应时，往往选择一些典型输入信号，并且以最不利的信号作为系统的输入信号，分析系统在此输入信号下所得到的输出响应是否满足要求。据此评估系统在比较复杂的信号作用下的性能。

教学视频 3-1
典型输入信号

　　常采用的典型输入信号有以下几种。

1. 阶跃函数（位置函数）

阶跃函数的数学表达式为

$$r(t)=\begin{cases}A & t\geq0 \\ 0 & t<0\end{cases} \tag{3-1}$$

它表示一个在 $t=0$ 时出现的、幅值为 A 的阶跃变化函数，如图 3-1 所示。在实际系统中，如负荷突然增大或减小、流量阀突然开大或关小，均可近似看成阶跃函数的形式。

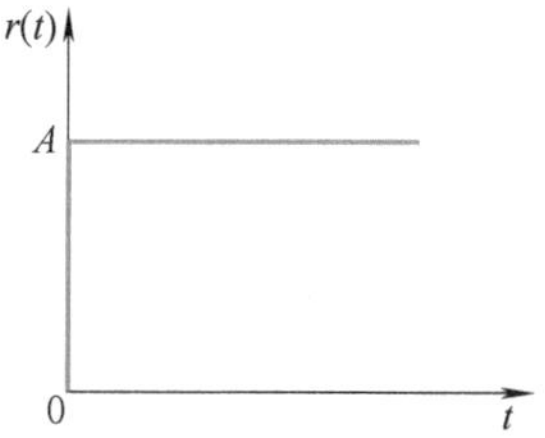

　　当 $A=1$ 时，称为单位阶跃函数（unit step function），记作 $r(t)=1(t)$。因此，幅值为 A 的阶跃函数也可以表示为

$$r(t)=A \cdot 1(t) \tag{3-2}$$

单位阶跃函数的拉普拉斯变换为

$$R(s)=L[1(t)]=\frac{1}{s} \tag{3-3}$$

图 3-1　阶跃函数

2. 斜坡函数（等速度函数）

斜坡函数的数学表达式为

$$r(t)=\begin{cases}At & t\geq0 \\ 0 & t<0\end{cases} \tag{3-4}$$

它表示一个从 $t=0$ 时刻开始、随时间以恒定速度 A 增加的变化函数，如图 3-2 所示。当 $A=1$ 时，称为单位斜坡函数（unit ramp function），记作 $r(t)=t \cdot 1(t)$。

　　单位斜坡函数的拉普拉斯变换为

$$R(s)=L[t \cdot 1(t)]=\frac{1}{s^2} \tag{3-5}$$

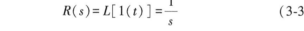
斜坡函数也称为等速度函数，它等于阶跃函数对时间的积分，而它对时间的导数就是阶

跃函数。

3. 抛物线函数（等加速度函数）

抛物线函数的数学表达式为

$$r(t)=\begin{cases} \dfrac{1}{2}At^2 & t\geqslant 0 \\[2mm] 0 & t<0 \end{cases} \tag{3-6}$$

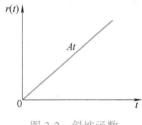

图 3-2　斜坡函数

如图 3-3 所示。当 $A=1$ 时称为单位抛物线函数（unit parabolic function），记作 $r(t)=\dfrac{1}{2}t^2\cdot 1(t)$。

单位抛物线函数的拉普拉斯变换为

$$R(s)=L\left[\frac{1}{2}t^2\cdot 1(t)\right]=\frac{1}{s^3} \tag{3-7}$$

抛物线函数也称为等加速度函数，它等于斜坡函数对时间的积分，而它对时间的导数就是斜坡函数。

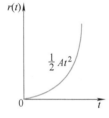

图 3-3　抛物线函数

4. 脉冲函数

脉冲函数的数学表达式为

$$\delta_{\Delta}(t)=\begin{cases} \dfrac{A}{\Delta} & 0\leqslant t\leqslant \Delta \\[2mm] 0 & t<0 \ \text{及}\ t>\Delta \end{cases} \tag{3-8}$$

其面积为 A，如图 3-4a 所示。

当 $A=1$，$\Delta\to 0$ 时称为单位脉冲函数（unit impulse function），记作 $\delta(t)$，如图 3-4b 所示，即

$$\delta(t)=\begin{cases} 0 & t\neq 0 \\ \infty & t=0 \end{cases} \quad \text{及} \quad \int_{-\infty}^{\infty}\delta(t)\,\mathrm{d}t=1 \tag{3-9}$$

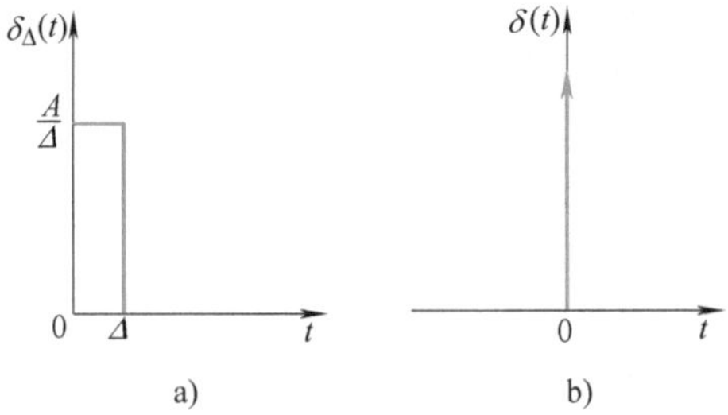

图 3-4　脉冲函数

a）$\Delta>0$　b）$\Delta\to 0$

单位脉冲函数的拉普拉斯变换为

$$R(s)=L[\delta(t)]=1 \tag{3-10}$$

单位脉冲函数是单位阶跃函数的导数。

5. 正弦函数

正弦函数（sinusoidal function）的数学表达式为

$$r(t) = \begin{cases} A\sin\omega t & t \geqslant 0 \\ 0 & t < 0 \end{cases} \qquad (3\text{-}11)$$

式中，A 为振幅；ω 为角频率。

正弦函数为周期函数，如图 3-5 所示，其拉普拉斯变换为

$$R(s) = L[A\sin\omega t] = \frac{A\omega}{s^2 + \omega^2} \qquad (3\text{-}12)$$

应该指出的是，对实际系统进行分析时，应根据系统的工作情况选择合适的典型输入信号。例如，具有突变的性质，可选择阶跃函数作为典型输入信号；当系统的输入作用随时间增长而变化时，可选择斜坡函数作为典型输入信号；当系统输入具有周期性变化时，可选择正弦函数作为典型输入信号。

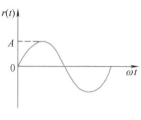

图 3-5　正弦函数

3.1.2　控制系统的时域性能指标（Time Domain Performance Index of Control Systems）

评价一个系统的优劣，总是用一定的性能指标来衡量。控制系统的时域性能指标是根据系统的时间响应来定义的。

控制系统的时间响应通常分为两部分：稳态响应和暂态响应。如果以 $c(t)$ 表示时间响应，那么其一般形式可写为

$$c(t) = c_{ss}(t) + c_t(t) \qquad (3\text{-}13)$$

式中，$c_{ss}(t)$ 为稳态响应；$c_t(t)$ 为暂态响应。

稳态响应由稳态性能描述，而暂态响应由暂态性能描述。因此，系统的性能指标由稳态性能指标和暂态性能指标两部分组成。

1. 暂态性能指标（transient performance index）

控制系统常用的输入信号有脉冲函数、阶跃函数、斜坡函数、抛物线函数以及正弦函数等。通常，系统的暂态性能指标是根据阶跃响应曲线来定义的，具有衰减振荡的阶跃响应如图 3-6 所示。

1）延迟时间（delay time）t_d：输出响应第一次达到稳态值 50% 所需的时间。

2）上升时间（rise time）t_r：输出响应第一次达到稳态值 $c(\infty)$ 的时间。无超调时（见图 3-7），指响应从 $c(\infty)$ 的 10% 到 90% 的时间。

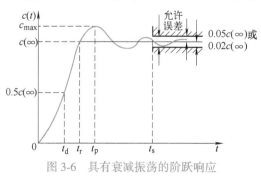

图 3-6　具有衰减振荡的阶跃响应

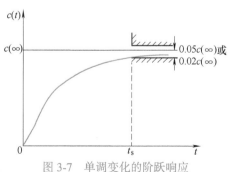

图 3-7　单调变化的阶跃响应

3）峰值时间（peak time）t_p：输出响应超过 $c(\infty)$ 达到第一个峰值 c_{max} 的时间。

4）最大超调量（maximum overshoot）$\sigma\%$：响应的最大值 c_{max} 超过稳态值 $c(\infty)$ 的百分数。即

$$\sigma\% = \frac{c_{max} - c(\infty)}{c(\infty)} \times 100\% \tag{3-14}$$

5）调节时间（setting time）t_s：在阶跃响应曲线的稳态值 $c(\infty)$ 附近，取 $\pm 2\% c(\infty)$ 或 $\pm 5\% c(\infty)$ 作为误差带（error band），或叫允许误差，用 Δ 表示。调节时间是指响应曲线到达并不再超出该误差带所需的最小时间。调节时间又称作过渡过程时间。本书若无特殊说明，均取误差带为 $\Delta = \pm 2\%$。

6）振荡次数 N：在调节时间内，响应曲线偏离稳态值 $c(\infty)$ 的振荡次数；或在调节时间内，响应曲线穿越稳态值 $c(\infty)$ 次数的 $1/2$。

具有单调变化的阶跃响应曲线如图 3-7 所示。一般只用调节时间 t_s 来描述系统的暂态性能。

2. 稳态性能指标（steady-state performance index）

稳态响应是时间 $t \to \infty$ 时系统的输出状态。采用稳态误差（steady-state error）e_{ss} 来衡量，其定义为：当时间 $t \to \infty$ 时，系统输出响应的期望值与实际值之差。对于单位反馈系统，稳态误差即为输入值与输出的响应值之差，即

$$e_{ss} = \lim_{t \to \infty} [r(t) - c(t)] \tag{3-15}$$

以上各性能指标中，上升时间 t_r 和峰值时间 t_p 描述系统起始段的快慢；最大超调量 $\sigma\%$ 和振荡次数 N 反映系统的平稳性；调节时间 t_s 表示系统过渡过程的持续时间，总体上反映系统的快速性；稳态误差 e_{ss} 反映系统复现输入信号的最终精度。

教学视频 3-3
一阶系统时域分析

 3.2 一阶系统的时域分析（Time Domain Analysis for One-Order Systems）

3.2.1 数学模型（Mathematical Model）

能够用一阶微分方程描述的系统为一阶系统（first-order system）。其传递函数为

$$\frac{C(s)}{R(s)} = \frac{1}{Ts+1} \tag{3-16}$$

式中，T 为系统的时间常数。

一阶系统的结构图如图 3-8 所示。

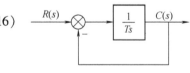

图 3-8 一阶系统结构图

3.2.2 单位阶跃响应（Unit Step Response）

对于单位阶跃输入 $r(t) = 1(t)$，$R(s) = \dfrac{1}{s}$

于是

$$C(s) = \frac{1}{s(Ts+1)} = \frac{1}{s} - \frac{1}{s + \dfrac{1}{T}} \tag{3-17}$$

因此

$$c(t) = c_{ss}(t) - c_t(t) = 1 - e^{-\frac{t}{T}} \tag{3-18}$$

式中，$c_{ss}(t)$ 为稳态分量，$c_{ss}(t) = 1$；$c_t(t)$ 为暂态分量，$c_t(t) = e^{-\frac{1}{T}}$。

式（3-18）表明，一阶系统的单位阶跃响应是一条初始值为零、以指数规律上升到稳态值的曲线，如图 3-9 所示。

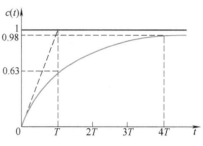

图 3-9　一阶系统的单位阶跃响应

该曲线的特点是在 $t=0$ 处曲线的斜率最大，其值为 $\frac{1}{T}$。若系统保持初始响应的变化率不变，则当 $t=T$ 时输出就能达到稳态值，而实际上只上升到稳态值的 63.2%，经过 $4T$ 的时间，响应达到稳态值的 98%。显然，时间常数 T 反映了系统的响应速度。

（1）暂态性能指标

$$t_r = 2.2T（按第二种定义）$$
$$t_s = 4T（\Delta = \pm 2\%）$$

（2）稳态性能指标

$$e_{ss} = \lim_{t \to \infty} [r(t) - c(t)] = 0$$

3.2.3　单位脉冲响应（Unit Impulse Response）

对于单位脉冲输入 $r(t) = \delta(t)$，$R(s) = 1$，于是

$$C(s) = \frac{1}{Ts+1} = \frac{1}{T} \cdot \frac{1}{s + \frac{1}{T}} \tag{3-19}$$

因此

$$g(t) = c(t) = \frac{1}{T} e^{-\frac{t}{T}} \quad (t \geq 0) \tag{3-20}$$

一阶系统的单位脉冲响应曲线如图 3-10 所示。该曲线在 $t=0$ 时等于 $\frac{1}{T}$，正好与单位阶跃响应在 $t=0$ 时的变化率相等，这表明单位脉冲响应是单位阶跃响应的导数，而单位阶跃响应是单位脉冲响应的积分。

该曲线在 $t=0$ 时的斜率等于 $-\frac{1}{T^2}$，若系统保持初始响应的变化率不变，则当 $t=T$ 时输出就可以为零。

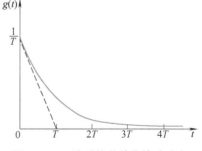

图 3-10　一阶系统的单位脉冲响应

3.2.4　单位斜坡响应（Unit Ramp Response）

对于单位斜坡输入 $r(t) = t \cdot 1(t)$，$R(s) = \frac{1}{s^2}$，于是

$$C(s)=\frac{1}{s^2(Ts+1)}=\frac{1}{s^2}-\frac{T}{s}+\frac{T}{s+\dfrac{1}{T}} \tag{3-21}$$

因此

$$c(t)=c_{ss}(t)+c_t(t)=(t-T)+Te^{-\frac{t}{T}} \quad (t\geq 0) \tag{3-22}$$

式中，$c_{ss}(t)=t-T$；$c_t(t)=Te^{-\frac{t}{T}}$。

式（3-22）表明，一阶系统单位斜坡响应的稳态分量，是一个与输入斜坡函数斜率相同但在时间上迟后一个时间常数 T 的斜坡函数。响应曲线如图3-11所示。

该曲线的特点是在 $t=0$ 处曲线的斜率等于零；当 $t\to\infty$ 时，$c(\infty)=t-T$ 与 $r(t)=t$ 相差一个时间常数 T。说明一阶系统在过渡过程结束后，其稳态输出与单位斜坡输入之间，在位置上仍有误差。

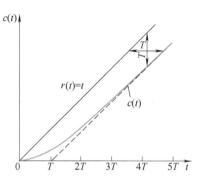

图 3-11　一阶系统的单位斜坡响应

关于一阶系统的时间响应，最后还要指出，系统对于脉冲、阶跃、斜坡三种输入信号的响应，有如下关系：

$$\delta(t)=\frac{\mathrm{d}}{\mathrm{d}t}1(t)=\frac{\mathrm{d}^2}{\mathrm{d}t^2}t\cdot 1(t) \tag{3-23}$$

$$g(t)=\frac{\mathrm{d}}{\mathrm{d}t}c_{阶}(t)=\frac{\mathrm{d}^2}{\mathrm{d}t^2}c_{斜}(t) \tag{3-24}$$

上述对应关系说明，系统对输入信号导数的响应，就等于系统对该输入信号响应的导数；或者说，系统对输入信号积分的响应，就等于系统对该输入信号响应的积分，而积分常数由输出初始条件确定。这个重要特征适用于任何阶线性定常系统。因此，研究线性定常系统的时间响应时，不必对每一种输入信号形式都进行测定或计算，只取其中一种典型形式进行研究即可。

3.3　二阶系统的时域分析（Time Domain Analysis for Second-Order Systems）

能够用二阶微分方程描述的系统为二阶系统（second-order system）。它在控制工程中的应用极为广泛，例如，*RLC* 网络、忽略了电枢电感非线性因素后的电动机、具有质量的物体的运动等。此外，许多高阶系统在一定条件下，常常近似地作为二阶系统来研究。因此，详细讨论和分析二阶系统的特性，具有极为重要的实际意义。

教学视频 3-4
二阶系统的数学模型

3.3.1　数学模型（Mathematical Model）

典型二阶系统结构图如图 3-12 所示。其闭环传递函数为

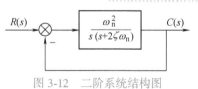

图 3-12　二阶系统结构图

$$\Phi(s) = \frac{\omega_n^2}{s^2 + 2\zeta\omega_n s + \omega_n^2} \tag{3-25}$$

式中，ζ 为系统阻尼比（damped ratio）；ω_n 为无阻尼自然振荡角频率（undamped natural oscillation frequency），单位为 rad/s。

系统的特征方程为

$$D(s) = s^2 + 2\zeta\omega_n s + \omega_n^2 = 0 \tag{3-26}$$

特征方程的根，即闭环系统的极点为

$$s_{1,2} = -\zeta\omega_n \pm \omega_n\sqrt{\zeta^2 - 1} \tag{3-27}$$

系统的特征根完全由 ζ 和 ω_n 两个参数来描述。

3.3.2 单位阶跃响应（Unit Step Response）

教学视频 3-5
无阻尼、临界阻尼
和过阻尼情况下
的单位阶跃响应

对于单位阶跃输入 $r(t) = 1(t)$，$R(s) = \dfrac{1}{s}$，于是

$$C(s) = \frac{\omega_n^2}{s(s^2 + 2\zeta\omega_n s + \omega_n^2)} = \frac{1}{s} - \frac{s + 2\zeta\omega_n}{s^2 + 2\zeta\omega_n s + \omega_n^2}$$

求其拉普拉斯反变换可得到二阶系统的单位阶跃响应。当 ζ 为不同值时，所对应的响应具有不同的形式。

1. $\zeta = 0$（零阻尼，zero damping）

$$C(s) = \frac{\omega_n^2}{s(s^2 + \omega_n^2)} = \frac{1}{s} - \frac{s}{s^2 + \omega_n^2}$$

时域响应（time domain response）为

$$c(t) = 1 - \cos\omega_n t \quad (t \geq 0) \tag{3-28}$$

$\zeta = 0$ 时单位阶跃响应曲线如图 3-13 所示，它是一条平均值为 1 的等幅余弦振荡曲线。此时闭环系统的两个极点为

$$s_{1,2} = \pm j\omega_n$$

可见系统具有一对纯虚数极点，系统处于无阻尼状态，其暂态响应为等幅振荡的周期函数，且频率为 ω_n，称为无阻尼自然振荡角频率。

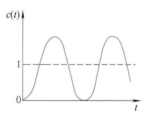

图 3-13 $\zeta = 0$ 时单位阶跃响应

2. $\zeta > 1$（过阻尼，over damping）

$$C(s) = \frac{1}{s} - \frac{s + 2\zeta\omega_n}{s^2 + 2\zeta\omega_n s + \omega_n^2}$$

此时

$$s_{1,2} = -\zeta\omega_n \pm \omega_n\sqrt{\zeta^2 - 1} = -(\zeta \pm \sqrt{\zeta^2 - 1})\omega_n$$

可见系统具有两个不相等的负实数极点。

于是，系统单位阶跃响应的象函数可以写成

$$C(s) = \frac{\omega_n^2}{s(s^2 + 2\zeta\omega_n s + \omega_n^2)} = \frac{\omega_n^2}{s(s - s_1)(s - s_2)} = \frac{A_0}{s} + \frac{A_1}{s - s_1} + \frac{A_2}{s - s_2} \tag{3-29}$$

式中，$A_0 = \lim\limits_{s \to 0} \dfrac{\omega_n^2}{s^2 + 2\zeta\omega_n s + \omega_n^2} = 1$；$A_1 = \lim\limits_{s \to s_1} \dfrac{\omega_n^2}{s(s - s_2)} = -\dfrac{1}{2\sqrt{\zeta^2-1}\,(\zeta - \sqrt{\zeta^2-1})}$；$A_2 = \lim\limits_{s \to s_2} \dfrac{\omega_n^2}{s(s - s_1)} =$

$\dfrac{1}{2\sqrt{\zeta^2-1}\,(\zeta + \sqrt{\zeta^2-1})}$。因此，系统的时域响应为

$$c(t) = 1 - \frac{1}{2\sqrt{\zeta^2-1}}\left[\frac{1}{\zeta - \sqrt{\zeta^2-1}}\mathrm{e}^{-(\zeta - \sqrt{\zeta^2-1})\omega_n t} - \frac{1}{\zeta + \sqrt{\zeta^2-1}}\mathrm{e}^{-(\zeta + \sqrt{\zeta^2-1})\omega_n t}\right] \quad (t \geq 0) \tag{3-30}$$

式（3-30）表明，系统的暂态分量是两个指数函数之和。当 $t \to \infty$ 时，此和项趋于零。因此，过阻尼二阶系统的单位阶跃响应是单调上升的，$\zeta > 1$ 时单位阶跃响应曲线如图 3-14 所示。

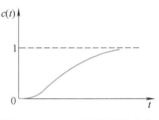

图 3-14　$\zeta > 1$ 时单位阶跃响应

由于 $\zeta > 1$，尤其是在 $\zeta \gg 1$ 的情况下，$(\zeta + \sqrt{\zeta^2-1}) \gg (\zeta - \sqrt{\zeta^2-1})$，所以式（3-30）等号右侧两个指数项随着时间的增长，后一项远比前一项衰减得快。因此，后一项指数函数只在 $t > 0$ 后的前期对响应有影响，为此在求取调节时间 t_s 时可忽略不计。此时有

$$\Phi(s) \approx \frac{-s_1}{s - s_1} = \frac{\zeta\omega_n - \omega_n\sqrt{\zeta^2-1}}{s + \zeta\omega_n - \omega_n\sqrt{\zeta^2-1}}$$

系统降为一阶系统

$$C(s) = \frac{\zeta\omega_n - \omega_n\sqrt{\zeta^2-1}}{s(s + \zeta\omega_n - \omega_n\sqrt{\zeta^2-1})} = \frac{1}{s} - \frac{1}{s + \zeta\omega_n - \omega_n\sqrt{\zeta^2-1}}$$

于是

$$c(t) = 1 - \mathrm{e}^{-(\zeta - \sqrt{\zeta^2-1})\omega_n t} \quad (t \geq 0) \tag{3-31}$$

因此，过阻尼情况下二阶系统单位阶跃响应的调节时间为

$$t_s \approx \frac{4}{(\zeta - \sqrt{\zeta^2-1})\omega_n} \quad (\text{取}\ \Delta = \pm 2\%) \tag{3-32}$$

在工程上，若 $\zeta \geq 1.5$，使用式（3-32）已有足够的准确度。

3. $\zeta = 1$（临界阻尼，critical damping）

$$C(s) = \frac{\omega_n^2}{s(s^2 + 2\omega_n s + \omega_n^2)} = \frac{1}{s} - \frac{1}{s + \omega_n} - \frac{\omega_n}{(s + \omega_n)^2}$$

因此

$$c(t) = 1 - \mathrm{e}^{-\omega_n t} - \omega_n t\,\mathrm{e}^{-\omega_n t} \quad (t \geq 0) \tag{3-33}$$

式（3-33）表明，临界阻尼二阶系统的单位阶跃响应仍是稳态值为 1 的非周期上升过程。$\zeta = 1$ 时单位阶跃响应曲线如图 3-15 所示。此时闭环系统的两个极点为

$$s_{1,2} = -\omega_n$$

可见，系统具有两个相等的负实数极点，响应单调上升，与过阻尼一样，无超调，但它是这类响应中最快的，**调节时**

图 3-15　$\zeta = 1$ 时单位阶跃响应

间取

$$t_s \approx \frac{5.8}{\omega_n} \quad (\text{取 } \Delta = \pm 2\%) \tag{3-34}$$

4. $0 < \zeta < 1$（欠阻尼，under damping）

教学视频 3-6
欠阻尼情况下的单位
阶跃响应

（1）响应曲线

$$
\begin{aligned}
C(s) &= \frac{1}{s} - \frac{s + \zeta\omega_n}{(s + \zeta\omega_n)^2 + (1 - \zeta^2)\omega_n^2} - \frac{\zeta\omega_n}{(s + \zeta\omega_n)^2 + \omega_n^2(1 - \zeta^2)} \\
&= \frac{1}{s} - \frac{s + \sigma}{(s + \sigma)^2 + \omega_d^2} - \frac{\zeta}{\sqrt{1 - \zeta^2}}\frac{\omega_d}{(s + \sigma)^2 + \omega_d^2}
\end{aligned}
\tag{3-35}
$$

式中，$\sigma = \zeta\omega_n$ 为衰减（attenuation）系数；$\omega_d = \omega_n\sqrt{1 - \zeta^2}$ 为系统的阻尼振荡角频率（damped natural oscillation frequency），单位为 rad/s。

因此，有

$$
\begin{aligned}
c(t) &= 1 - e^{-\sigma t}\cos\omega_d t - \frac{\zeta}{\sqrt{1 - \zeta^2}}\sin\omega_d t \cdot e^{-\sigma t} \\
&= 1 - \frac{e^{-\zeta\omega_n t}}{\sqrt{1 - \zeta^2}}\sin(\omega_n\sqrt{1 - \zeta^2}\,t + \arccos\zeta) \quad (t \geq 0)
\end{aligned}
\tag{3-36}
$$

可见，系统的暂态分量为振幅随时间按指数函数规律衰减的周期函数，其振荡频率为 $\omega_d = \omega_n\sqrt{1 - \zeta^2}$。$0 < \zeta < 1$ 时单位阶跃响应曲线如图 3-16 所示。其中，$\left(1 \pm \dfrac{e^{-\zeta\omega_n t}}{\sqrt{1 - \zeta^2}}\right)$ 称为响应曲线的一对包络线（enveloping curves）。

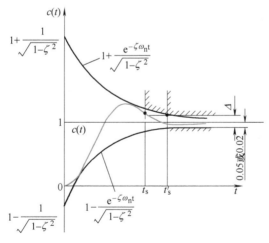

图 3-16　$0 < \zeta < 1$ 时单位阶跃响应

此时，由于

$$
\begin{aligned}
s_{1,2} &= -\zeta\omega_n \pm j\omega_n\sqrt{1 - \zeta^2} \\
&= -\sigma \pm j\omega_d
\end{aligned}
$$

所以，系统具有一对共轭复数极点。

　　表 3-1 给出不同 ζ 时典型二阶系统特征方程的根及单位阶跃响应曲线。图 3-17 所示是 ζ 为不同值时典型二阶系统的单位阶跃响应曲线。

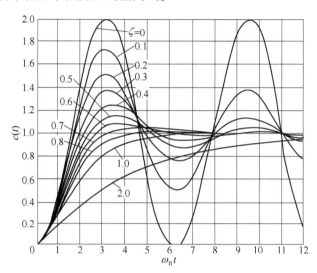

图 3-17　典型二阶系统的单位阶跃响应

表 3-1　不同 ζ 时典型二阶系统的特征根与阶跃响应

阻　尼　比	特征方程根	根在复平面上的位置	单位阶跃响应
$\zeta = 0$ （无阻尼）	$s_{1,2} = \pm j\omega_n$		
$0 < \zeta < 1$ （欠阻尼）	$s_{1,2} = -\zeta\omega_n \pm j\omega_n\sqrt{1-\zeta^2}$ $= -\sigma \pm j\omega_d$		
$\zeta = 1$ （临界阻尼）	$s_{1,2} = -\omega_n$		
$\zeta > 1$ （过阻尼）	$s_{1,2} = -\zeta\omega_n \pm \omega_n\sqrt{\zeta^2-1}$		

（2）性能指标计算

1）上升时间 t_r。令 $c(t_r)=1$，代入式（3-36）中，则有

$$1-\frac{e^{-\zeta\omega_n t_r}}{\sqrt{1-\zeta^2}}\sin(\omega_n\sqrt{1-\zeta^2}\,t_r+\arccos\zeta)=1$$

由于 $\qquad\qquad e^{-\zeta\omega_n t_r}\neq 0$

故 $\qquad\qquad \sin(\omega_n\sqrt{1-\zeta^2}\,t_r+\arccos\zeta)=0$

则有 $\qquad\qquad \omega_n\sqrt{1-\zeta^2}\,t_r+\arccos\zeta=\pi$

所以 $\qquad\qquad t_r=\dfrac{\pi-\arccos\zeta}{\omega_n\sqrt{1-\zeta^2}}$

令 $\beta=\arctan\dfrac{\sqrt{1-\zeta^2}}{\zeta}$，或 $\beta=\arccos\zeta$，则

$$t_r=\frac{\pi-\beta}{\omega_n\sqrt{1-\zeta^2}}\qquad\qquad(3\text{-}37)$$

2）峰值时间 t_p。可将式（3-36）对 t 求导并令其为零。于是有

$$-\frac{e^{-\zeta\omega_n t_p}}{\sqrt{1-\zeta^2}}\omega_d\cos(\omega_d t_p+\beta)+\frac{\zeta\omega_n}{\sqrt{1-\zeta^2}}e^{-\zeta\omega_n t_p}\sin(\omega_d t_p+\beta)=0$$

由于 $\qquad\qquad e^{-\zeta\omega_n t_p}\neq 0$

故 $\qquad\qquad \zeta\omega_n\sin(\omega_d t_p+\beta)=\omega_d\cos(\omega_d t_p+\beta)$

即 $\qquad\qquad \tan(\omega_d t_p+\beta)=\dfrac{\sqrt{1-\zeta^2}}{\zeta}$

又由于 $\qquad\qquad \tan\beta=\dfrac{\sqrt{1-\zeta^2}}{\zeta}$

所以 $\qquad\qquad \omega_d t_p=0,\ \pi,\ 2\pi,\ 3\pi,\ \cdots$

显然应取 $\omega_d t_p=\pi$，所以有

$$t_p=\frac{\pi}{\omega_n\sqrt{1-\zeta^2}}\qquad\qquad(3\text{-}38)$$

3）最大超调量 $\sigma\%$。将式（3-38）代入式（3-36）中，则有

$$c(t_p)=1-\frac{e^{-\frac{\zeta\pi}{\sqrt{1-\zeta^2}}}}{\sqrt{1-\zeta^2}}\sin(\pi+\beta)$$

由于 $\qquad\qquad \tan\beta=\dfrac{\sqrt{1-\zeta^2}}{\zeta}$

所以 $\qquad\qquad \sin\beta=\sqrt{1-\zeta^2},\ \cos\beta=\zeta$

因此有 $\qquad\qquad \sin(\pi+\beta)=-\sqrt{1-\zeta^2}$

于是有 $\qquad\qquad c(t)=1+e^{-\frac{\zeta\pi}{\sqrt{1-\zeta^2}}}$

所以

$$\sigma\% = e^{-\frac{\zeta\pi}{\sqrt{1-\zeta^2}}} \times 100\% \qquad (3\text{-}39)$$

显然，超调量 $\sigma\%$ 仅是阻尼比 ζ 的函数，与 ω_n 无关。欠阻尼二阶系统 $\sigma\%$ 与 ζ 的关系曲线如图 3-18 所示。

4）调节时间 t_s。根据 t_s 的定义有

$$|c(t)-1| \leqslant |\Delta|$$

式中，Δ 为误差带，通常取 $\Delta = \pm 2\%$。

要直接确定 t_s 表达式不太容易，工程上常借用图 3-16 所示的衰减正弦波包络线，即用 t_s' 代替 t_s，可以得到一个近似表达式。

由图 3-16 可见，不论上包络线或是下包络线，近似法都可以得到同样结果。因此有

$$1 + \frac{e^{-\zeta\omega_n t_s'}}{\sqrt{1-\zeta^2}} = 1.02$$

即

$$\frac{e^{-\zeta\omega_n t_s'}}{\sqrt{1-\zeta^2}} = 0.02$$

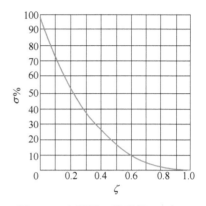

图 3-18　欠阻尼二阶系统 $\sigma\%$ 与 ζ 关系曲线

由此得

$$t_s = -\frac{1}{\zeta\omega_n}\ln(0.02\sqrt{1-\zeta^2}) \approx \frac{1}{\zeta\omega_n}(4-\ln\sqrt{1-\zeta^2}) \qquad (3\text{-}40)$$

当 $0 < \zeta < 0.8$ 时，有

$$t_s \approx \frac{4}{\zeta\omega_n} \quad (\Delta = \pm 2\%) \qquad (3\text{-}41)$$

$$t_s \approx \frac{3}{\zeta\omega_n} \quad (\Delta = \pm 5\%) \qquad (3\text{-}42)$$

【例 3-1】　控制系统结构图如图 3-19 所示。当有一单位阶跃信号作用于系统时，试计算系统的 t_r、t_p、t_s 和 $\sigma\%$。

解　系统闭环传递函数为

$$\Phi(s) = \frac{25}{s^2+6s+25}$$

因此有

$$\omega_n = 5\text{rad/s}, \zeta = \frac{6}{2\times5} = 0.6$$

$$\omega_d = 5\sqrt{1-0.6^2} = 4\text{rad/s}$$

$$\beta = \arccos\zeta = \arccos 0.6 = 53.1° = 0.93\text{ rad}$$

上升时间 t_r 为　$t_r = \frac{\pi-\beta}{\omega_d} = \frac{3.14-0.93}{4}\text{s} = 0.55\text{ s}$

峰值时间 t_p 为　$t_p = \frac{\pi}{\omega_d} = \frac{3.14}{4}\text{s} = 0.785\text{ s}$

超调量 $\sigma\%$ 为　$\sigma\% = e^{-\frac{\zeta\pi}{\sqrt{1-\zeta^2}}} \times 100\% = 9.5\%$

教学视频 3-7
欠阻尼二阶系统性能
指标计算的实例分析

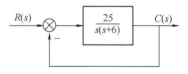

图 3-19　例 3-1 控制系统结构图

调节时间 t_s 为 $$t_s \approx \frac{4}{\zeta\omega_n} = \frac{4}{0.6\times5}\text{s} = 1.33\text{ s}$$

【例 3-2】　如图 3-20 所示为单位反馈随动系统结构图。$K=16, T=0.25\text{s}$。试求：（1）特征参数 ζ、ω_n；（2）计算 $\sigma\%$、t_s；（3）若要求 $\sigma\%=16\%$，当 T 不变时 K 应取何值？

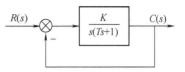

解　（1）系统闭环传递函数为

图 3-20　例 3-2 单位反馈随动系统结构图

$$\Phi(s) = \frac{K}{Ts^2+s+K} = \frac{\dfrac{K}{T}}{s^2+\dfrac{1}{T}s+\dfrac{K}{T}}$$

因此有 $$\omega_n = \sqrt{\frac{K}{T}} = \sqrt{\frac{16}{0.25}}\text{ rad/s} = 8\text{ rad/s}, \zeta = \frac{1}{2T\omega_n} = \frac{1}{2\times0.25\times8} = 0.25$$

（2）由式（3-39）与式（3-41）得

$$\sigma\% = e^{-\frac{\zeta\pi}{\sqrt{1-0.25^2}}}\times100\% = 44\%$$

$$t_s \approx \frac{4}{\zeta\omega_n} = \frac{4}{0.25\times8}\text{s} = 2\text{ s}$$

（3）为使 $\sigma\%=16\%$，由图 3-18 查得 $\zeta=0.5$，即应使 ζ 由 0.25 增大至 0.5。

当 T 不变时，有 $$\omega_n = \frac{1}{2\zeta T} = \frac{1}{2\times0.5\times0.25}\text{ rad/s} = 4\text{ rad/s}$$

则有 $$K = \omega_n^2 T = 4^2\times0.25 = 4$$

即 K 应缩小 4 倍。

3.3.3　单位脉冲响应（Unit Impulse Response）

教学视频 3-8
典型二阶系统的单位脉冲响应

将二阶系统的单位阶跃响应对时间 t 求导，即可得到不同 ζ 值时的单位脉冲响应，即

$\zeta=0$ 时，
$$g(t) = \omega_n\sin\omega_n t \quad (t\geq0) \tag{3-43}$$

$\zeta=1$ 时，
$$g(t) = \omega_n^2 t e^{-\omega_n t} \quad (t\geq0) \tag{3-44}$$

$\zeta>1$ 时，
$$g(t) = \frac{\omega_n}{2\sqrt{\zeta^2-1}}\left[e^{-(\zeta-\sqrt{\zeta^2-1})\omega_n t} - e^{-(\zeta+\sqrt{\zeta^2-1})\omega_n t}\right] \quad (t\geq0) \tag{3-45}$$

$0<\zeta<1$ 时，
$$g(t) = \frac{\omega_n}{\sqrt{1-\zeta^2}}e^{-\zeta\omega_n t}\sin(\omega_n\sqrt{1-\zeta^2}\,t) \quad (t\geq0) \tag{3-46}$$

不同 ζ 值时单位脉冲响应曲线如图 3-21 所示。对于 $\zeta\geq1$ 的情况，单位脉冲响应总是正值，并在 $t\to\infty$ 时衰减为零，必定是单调变化的。

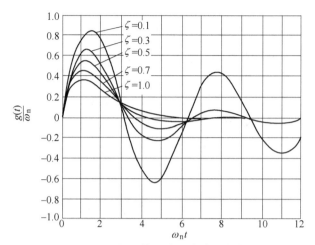

图 3-21 不同 ζ 值时单位脉冲响应曲线

由此得出如下结论：如果脉冲响应 $g(t)$ 不改变符号，则系统或者为临界阻尼系统或者为过阻尼系统，这时相应的单位阶跃响应是单调上升的，不会有超调。

对于欠阻尼系统，由于单位脉冲响应是单位阶跃响应的导数，所以单位脉冲响应曲线与时间轴第一次的交点所对应时间必是峰值时间 t_p，而从 $t=0$ 到 $t=t_p$ 这一段 $g(t)$ 曲线与时间轴所包围的面积将等于（$1+\sigma\%$），如图 3-22 所示。单位脉冲响应曲线与时间轴所包围的面积代数和为 1。

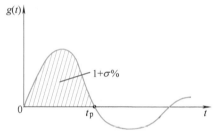

图 3-22 由脉冲响应求 $\sigma\%$

3.3.4 具有零点的二阶系统分析（Analysis of a Second-Order System with Zero）

教学视频 3-9
具有零点的二阶系统

当二阶系统具有闭环零点时，其阶跃响应与无零点的系统响应有所不同。具有零点的二阶系统闭环传递函数为

$$\Phi(s) = \frac{\omega_n^2(\tau s+1)}{s^2+2\zeta\omega_n s+\omega_n^2} \tag{3-47}$$

它是在典型二阶系统的基础上增加一个比例微分环节，即增加一个零点 $z=-\dfrac{1}{\tau}$。$\Phi(s)$ 也可以写成如下形式：

$$\Phi(s) = \frac{K_g(s-z)}{(s-s_1)(s-s_2)} \tag{3-48}$$

式中，s_1、s_2 为闭环传递函数的极点；K_g 为根轨迹增益。

当 $0<\zeta<1$ 时，s_1、s_2 为一对共轭复数极点（见图 3-23），而且有 $K_g=\dfrac{\omega_n^2}{-z}=\dfrac{s_1 s_2}{-z}$。

下面分析具有零点的欠阻尼二阶系统在单位阶跃函数作用下的输出响应。

$$C(s) = \Phi(s)R(s) = \frac{\omega_n^2(\tau s+1)}{s(s^2+2\zeta\omega_n s+\omega_n^2)}$$

$$= \frac{\omega_n^2}{s(s^2+2\zeta\omega_n s+\omega_n^2)} + \frac{\tau\omega_n^2}{s^2+2\zeta\omega_n s+\omega_n^2}$$
$$= C_1(s) + C_2(s)$$

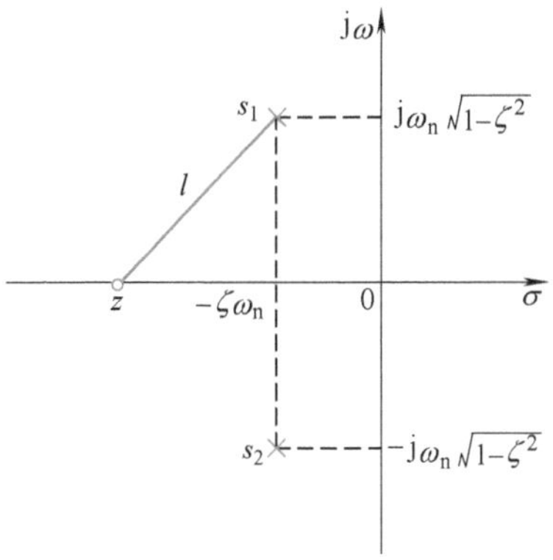

显然，$C(s)$ 由两部分组成，即

$$C_1(s) = \frac{\omega_n^2}{s(s^2+2\zeta\omega_n s+\omega_n^2)} \tag{3-49}$$

$$C_2(s) = \frac{\tau\omega_n^2}{s^2+2\zeta\omega_n s+\omega_n^2} \tag{3-50}$$

求拉普拉斯反变换，则有

$$c(t) = c_1(t) + c_2(t)$$
$$= 1 - \frac{e^{-\zeta\omega_n t}}{\sqrt{1-\zeta^2}}\sin(\omega_n\sqrt{1-\zeta^2}\,t+\beta) +$$

图 3-23　具有零点的二阶系统其
零极点在 s 平面上的分布

$$\frac{\tau\omega_n}{\sqrt{1-\zeta^2}}e^{-\zeta\omega_n t}\sin(\omega_n\sqrt{1-\zeta^2}\,t) \quad (t \geqslant 0) \tag{3-51}$$

式中，$c_1(t)$ 为典型二阶系统的单位阶跃响应；$c_2(t)$ 为附加零点引起的分量。

由式（3-49）和式（3-50）可知

$$C_2(s) = \tau s \cdot C_1(s)$$

故

$$c_2(t) = \tau\frac{dc_1(t)}{dt} = \frac{1}{|z|}g_1(t)$$

式中，$g_1(t)$ 为典型二阶系统的单位脉冲响应。

因此，可将 $c(t)$ 表示为

$$c(t) = c_1(t) + \frac{1}{|z|}g_1(t) \tag{3-52}$$

图 3-24 绘出了 $c(t)$、$c_1(t)$ 和 $c_2(t)$ 的曲线。一般情况下，$c_2(t)$ 的影响使 $c(t)$ 比 $c_1(t)$ 响应迅速且具有较大的超调量。

为了定量说明附加零点对二阶系统性能的影响，引入参数 α。用 α 表示附加零点与二阶系统复数极点实部之比，即

$$\alpha = \frac{|z|}{\zeta\omega_n} \tag{3-53}$$

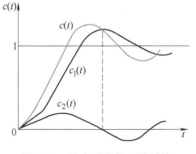

图 3-24　具有零点的二阶系统
输出曲线

并在同一 ζ 值下绘出不同 α 值时 $c(t)$ 和 $\omega_n t$ 的关系曲线。图 3-25 所示为 $\zeta=0.25$ 时的具有零点的二阶系统单位阶跃响应曲线。由图可见，$\alpha=\infty$ 的曲线即为典型二阶系统的阶跃响应。随着 α 的减小，$c(t)$ 的超调量 $\sigma\%$ 明显增大，即附加零点的影响越显著。图 3-26 绘出了 ζ 为 0.25、0.5、0.75 时超调量 $\sigma\%$ 与 α 的关系曲线。当已知系统参数 ζ、ω_n 和 z 时，由图 3-26 可求得 $\sigma\%$。由图 3-26 还可看出，当 $\zeta=0.25$、$\alpha\geqslant 8$ 或 $\zeta=0.5$、$\alpha\geqslant 4$ 时，可以忽略零点对超调量的影响。

由式（3-51）还可求出调节时间 t_s。t_s 的近似公式为

$$t_s \approx \left(4 + \ln \frac{l}{|z|}\right) \frac{1}{\zeta \omega_n} \quad (\Delta = \pm 2\%) \tag{3-54}$$

$$t_s \approx \left(3 + \ln \frac{l}{|z|}\right) \frac{1}{\zeta \omega_n} \quad (\Delta = \pm 5\%) \tag{3-55}$$

式中，l 为零点与任意一个共轭复数极点之间的距离。

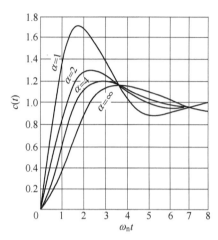

图 3-25　具有零点的二阶系统单位阶跃响应曲线　　　　图 3-26　$\sigma\%$ 与 α 的关系曲线

综上所述，可得出如下结论。

1）当其他条件不变时，附加一个闭环零点，将使二阶系统的超调量增大，上升时间和峰值时间减小。

2）附加零点从极点左侧向极点越靠近（即 α 减小），上述影响越显著。

3）当零点距离虚轴很远时，或者说当 α 很大时，零点的影响可以忽略，这时系统可以用典型二阶系统来代替。

3.3.5　二阶系统性能的改善（Improvement of Second-Order System Performance）

教学视频 3-10
改善二阶系统性能的措施

实际工程中常常遇到因阻尼比太小从而使系统超调量过大、调节时间太长的情况，需要对系统性能进行改善。其中，误差信号的比例微分控制和输出量的速度反馈控制是两种常用的方法。

1. 误差信号的比例微分控制

设具有比例微分（proportional derivative）控制的二阶系统如图 3-27 所示。图中，$E(s)$ 为误差信号，τ 为微分器时间常数。

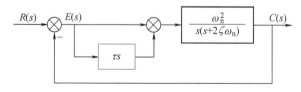

图 3-27　比例微分控制系统

由图可见，系统输出量同时受误差信号及其速率的双重作用。因而，比例微分控制是一种早期控制，可在出现位置误差前，提前产生修正作用，从而达到改善系统性能的目的。

由图 3-27 可得系统的开环传递函数为

$$G_k(s) = \frac{\omega_n^2(1+\tau s)}{s(s+2\zeta\omega_n)} = \frac{K(\tau s+1)}{s\left(\dfrac{1}{2\zeta\omega_n}s+1\right)} \tag{3-56}$$

式中，$K = \dfrac{\omega_n}{2\zeta}$ 为系统的开环放大倍数。则其闭环传递函数为

$$\Phi(s) = \frac{\omega_n^2(\tau s+1)}{s^2+(2\zeta\omega_n+\omega_n^2\tau)s+\omega_n^2} = \frac{\omega_n^2(\tau s+1)}{s^2+2\zeta_d\omega_n s+\omega_n^2} \tag{3-57}$$

式中

$$\zeta_d = \zeta + \frac{1}{2}\tau\omega_n \tag{3-58}$$

式（3-57）和式（3-58）表明，比例微分控制不改变系统的自然频率，但可使 ζ 增大为 ζ_d。同时，比典型二阶系统多了一个闭环零点：$z = -1/\tau$。一方面，因阻尼比的增大会使系统超调量减小，调节时间缩短；另一方面，增加的零点又会使系统的超调量增大，这就需要合理调整微分器时间常数 τ，使系统在阶跃输入时有满意的动态性能。

由式（3-56）可知，与典型二阶系统相比，系统的开环放大倍数 K 不变，所以比例微分控制并不影响系统的稳态误差。当然，这是在比例通道取系数为 1 时得到的结果。如果在比例通道取更高的系数，就可以在保证一定的动态性能条件下减小稳态误差。这种控制方法，工业上又称为 PD 控制。

另外，微分器对于噪声，尤其是对于高频噪声具有较强的放大作用。因此，在系统输入端噪声较强的情况下，不宜采用比例微分控制方式。此时，可考虑选用输出量的速度反馈控制方式。

2. 输出量的速度反馈控制

通过将输出的速度信号反馈到系统输入端，并与误差信号比较，其效果与比例微分控制相似，可以增大系统阻尼，改善系统动态性能。

如果系统输出量是机械位移，如角位移，则可以采用测速发电机将角位移变换为正比于角速度的电压，从而获得输出速度反馈。所以，输出量的速度反馈（velocity feedback）控制也称为测速反馈控制。采用速度反馈控制的二阶系统如图 3-28 所示。系统的开环传递函数为

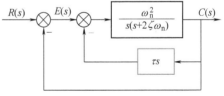

图 3-28 测速反馈控制的二阶系统

$$G_k(s) = \frac{\omega_n^2}{s^2+(2\zeta\omega_n+\omega_n^2\tau)s} = \frac{K}{s\left(\dfrac{1}{2\zeta\omega_n+\tau\omega_n^2}s+1\right)} \tag{3-59a}$$

式中，$K = \dfrac{\omega_n}{2\zeta+\tau\omega_n}$ 为系统的开环放大倍数。相应的闭环传递函数为

$$\Phi(s)=\frac{\omega_{\mathrm{n}}^{2}}{s^{2}+(2\zeta\omega_{\mathrm{n}}+\omega_{\mathrm{n}}^{2}\tau)s+\omega_{\mathrm{n}}^{2}}=\frac{\omega_{\mathrm{n}}^{2}}{s^{2}+2\zeta_{\mathrm{t}}\omega_{\mathrm{n}}s+\omega_{\mathrm{n}}^{2}} \tag{3-59b}$$

式中

$$\zeta_{\mathrm{t}}=\zeta+\frac{1}{2}\tau\omega_{\mathrm{n}} \tag{3-60}$$

式（3-59b）和式（3-60）表明，速度反馈控制同样不改变系统的自然频率，但可增大系统的阻尼比，改善系统的动态性能。由于速度反馈控制不形成闭环零点，因此，即便取同样的时间常数 τ，速度反馈控制与比例微分控制对系统动态性能的改善程度也不完全相同。由式（3-59a）可知，与典型二阶系统相比，系统的开环放大倍数 K 减小，因此速度反馈控制会增大系统在斜坡输入时的稳态误差。

【**例 3-3**】　同例 3-2 的典型系统，$K=16$，$T=0.25\,\mathrm{s}$。为使阻尼比等于 0.5，而 K、T 不变，分别采用比例微分控制（见图 3-27）和速度反馈控制（见图 3-28），试确定两种情况下的 τ 值，并讨论对系统超调量和调节时间的影响。

解　（1）误差信号的比例微分控制

由例 3-2 可知，典型二阶系统的特征参数与动态指标为 $\zeta=0.25$，$\omega_{\mathrm{n}}=8\,\mathrm{rad/s}$，$\sigma\%=44\%$，$t_{\mathrm{s}}=2\,\mathrm{s}$。

根据式（3-58）可得

$$\tau=\frac{2(\zeta_{\mathrm{d}}-\zeta)}{\omega_{\mathrm{n}}}=\frac{2(0.5-0.25)}{8}\,\mathrm{s}=0.0625\,\mathrm{s}$$

在此，附加零点为

$$z=-\frac{1}{\tau}=-16$$

所以

$$\alpha=\frac{|z|}{\zeta_{\mathrm{d}}\omega_{\mathrm{n}}}=\frac{16}{0.5\times8}=4$$

由图 3-26 可知，当 $\zeta=0.5$、$\alpha=4$ 时，附加零点几乎不影响超调量，这时 $\sigma\%=16\%$。图 3-29 标出了闭环系统的零极点。由图可以计算出

$$l=\sqrt{(16-4)^{2}+6.93^{2}}=13.86$$

根据式（3-54）可得

$$t_{\mathrm{s}}=\frac{1}{0.5\times8}\left(4+\ln\frac{13.86}{16}\right)\mathrm{s}=0.96\,\mathrm{s}\quad(\Delta=\pm2\%)$$

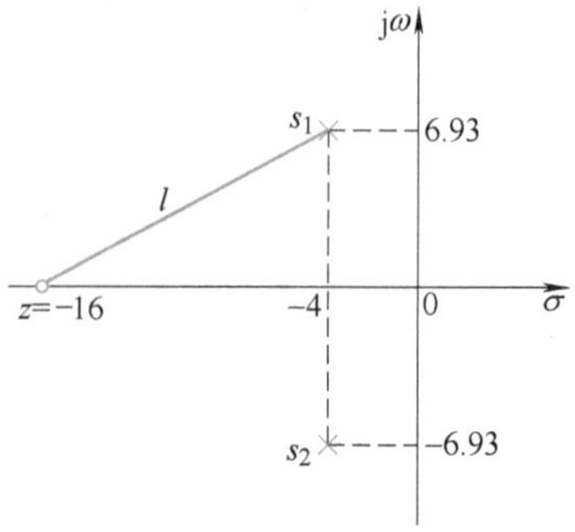

图 3-29　例 3-3 系统零极点分布

显然，加了比例微分控制后，系统的超调量从 44% 减小到 16%，调节时间从 2 s 缩短到 0.96 s，大大改善了系统的动态性能。而且，K、T 不变，不会影响稳态误差。

（2）速度反馈控制

由式（3-60）仍然可以得到 $\tau=0.0625\,\mathrm{s}$。此时，仍然是 $\sigma\%=16\%$，但调节时间为

$$t_{\mathrm{s}}=\frac{4}{0.5\times8}\,\mathrm{s}=1\,\mathrm{s}\quad(\Delta=\pm2\%)$$

对系统动态性能的改善与比例微分控制基本相同，区别仅是没有附加闭环零点。

由式（3-59a）可得，系统的开环放大倍数 $K'=8$。与比例微分控制相比，系统的开环放

大倍数减小一半，系统的稳态误差增大 1 倍。

3.4　高阶系统的时域分析（Time Domain Analysis for Higher-Order Systems）

　　用三阶或三阶以上微分方程描述的系统称为高阶系统（higher-order system）。由于高阶微分方程求解的复杂性，高阶系统准确的时域分析是比较困难的。在时域分析中，主要对高阶系统做定性分析，或者应用所谓闭环主导极点的概念，把一些高阶系统简化为低阶系统，实现对其动态性能的近似估计。而高阶系统的精确时间响应及性能指标的定量计算，可借助于 MATLAB 等计算机仿真工具实现。

教学视频 3-11
高阶系统的单位阶
跃响应和定性分析

3.4.1　高阶系统的单位阶跃响应（Unit Step Response of Higher-Order Systems）

　　高阶系统的传递函数一般可以写为

$$\Phi(s)=\frac{b_0s^m+b_1s^{m-1}+\cdots+b_{m-1}s+b_m}{a_0s^n+a_1s^{n-1}+\cdots+a_{n-1}s+a_n}\quad(n\geqslant m) \tag{3-61}$$

将式（3-61）的分子分母因式分解，则又可以写为

$$\Phi(s)=\frac{K_g(s-z_1)(s-z_2)\cdots(s-z_m)}{(s-s_1)(s-s_2)\cdots(s-s_n)} \tag{3-62}$$

式中，z_j 为传递函数的零点（$j=1, 2, \cdots, m$）；s_i 为传递函数的极点（$i=1, 2, \cdots, n$）。

　　假定系统所有的零点、极点都互不相同（实际控制系统中，通常都是如此），并假定极点中有实数极点和复数极点，而零点中只有实数零点，则当输入单位阶跃信号时，其阶跃响应的象函数为

$$C(s)=\frac{K_g}{s}\frac{\displaystyle\prod_{j=1}^{m}(s-z_j)}{\displaystyle\prod_{i=1}^{n_1}(s-s_i)\prod_{k=1}^{n_2}(s^2+2\zeta_k\omega_{nk}s+\omega_{nk}^2)}$$

$$=\frac{A_0}{s}+\sum_{i=1}^{n_1}\frac{A_i}{s-s_i}+\sum_{k=1}^{n_2}\frac{B_k(s+\zeta_k\omega_{nk})+C_k\omega_{nk}\sqrt{1-\zeta_k^2}}{(s+\zeta_k\omega_{nk})^2+(\omega_{nk}\sqrt{1-\zeta_k^2})^2} \tag{3-63}$$

式中，m 为传递函数零点总数；n 为传递函数极点总数，$n=n_1+2n_2$；n_1 为实数极点的个数；n_2 为共轭复数极点的对数。

　　式（3-63）中，常系数 A_0 可按下式计算：

$$A_0=\lim_{s\to0}sC(s)=\frac{b_m}{a_n} \tag{3-64}$$

即 A_0 等于闭环传递函数式（3-61）中的常数项比值。式（3-63）中的 A_i 是与 $C(s)$ 在闭环极点 s_i 处的留数有关的常系数，可按下式计算：

$$A_i=\lim_{s\to s_i}(s-s_i)C(s)\quad(i=1,2,\cdots,n) \tag{3-65}$$

而式（3-63）中的 B_k 和 C_k 则是与 $C(s)$ 在闭环复数极点

$$s_k=-\zeta_k\omega_{nk}\pm j\omega_{nk}\sqrt{1-\zeta_k^2}$$

处的留数有关的常系数。

进行拉普拉斯反变换后，可得高阶系统在零初始条件下的单位阶跃响应为

$$c(t) = A_0 + \sum_{i=1}^{n_1} A_i e^{s_i t} + \sum_{k=1}^{n_2} B_k e^{-\zeta_k \omega_{nk} t} \cos\sqrt{1-\zeta_k^2}\,\omega_{nk} t +$$

$$\sum_{k=1}^{n_2} C_k e^{-\zeta_k \omega_{nk} t} \sin\sqrt{1-\zeta_k^2}\,\omega_{nk} t \quad (t \geqslant 0) \tag{3-66}$$

由式（3-66）可见，高阶系统的时间响应是由一些简单函数项组成的。这些简单函数项是一阶系统和二阶系统的时间响应函数。图3-30所示为一些高阶系统的阶跃响应曲线。

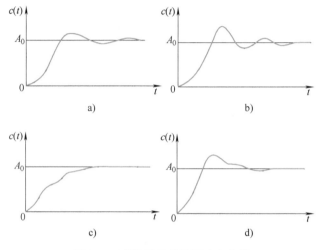

图3-30　高阶系统的阶跃响应曲线

3.4.2　系统阶跃响应与闭环零、极点关系的定性分析（Qualitative Analysis of the Relationship between System Step Response with Closed-Loop Zeros and Poles）

由式（3-66）可以对高阶系统进行进一步分析，其中的各项系数不仅与闭环极点有关，而且与闭环零点也有关系。也就是说，系统的阶跃响应取决于闭环零、极点的分布情况。一般来说，高阶系统的动态响应与闭环零、极点有以下关系：

1）如果所有的闭环极点都具有负实部，即所有闭环极点都在 s 平面的左半部，那么随着时间的增长，式（3-66）中的指数项和阻尼正弦（余弦）项都将趋于零，其稳态输出量为 A_0，这样的系统是稳定的系统。

2）一个稳定的高阶系统，其动态响应曲线是由指数曲线（相当于实数极点）和阻尼正弦曲线（相当于共轭复数极点）合成的。因此，其动态响应过程可能是一个单调的衰减过程，也可能是一个衰减的振荡过程。动态响应的类型取决于闭环极点；系统的闭环零点虽不影响系统响应的类型、趋势和稳定性，但因为闭环零点会影响留数的大小和正负，决定了各函数项在动态响应中所占的"比重"，因此闭环零点会影响动态响应的形状。

3）由式（3-66）可以看出，各函数项是按指数规律衰减的，衰减的快慢取决于极点与虚轴的距离。闭环极点负实部的绝对值越大，即闭环极点距虚轴越远，其对应的响应分量衰减得越快，而且只对响应曲线的初始阶段产生影响。

4）各函数项的系数取决于闭环零、极点的分布。若一个闭环极点远离原点，则相应的

留数很小；若一个闭环极点接近一闭环零点，而又远离其他极点和零点，则相应的留数也很小；若一个闭环极点远离零点而又接近原点或其他极点，则相应的留数就比较大。留数大而且衰减慢的那些项在动态响应中将起主要作用。

3.4.3 闭环主导极点和偶极子（Closed-Loop Dominant Pole and Dipole）

1. 闭环主导极点

对于稳定的高阶系统而言，其闭环极点和零点在左半 s 开平面上虽有各种分布模式，但就距虚轴的距离来说，却只有远近之别。如果在所有的闭环极点中，距虚轴最近的极点周围没有闭环零点，而其他闭环极点又远离虚轴，那么距虚轴最近的闭环极点所对应的响应分量，随着时间的推移衰减缓慢，无论从指数还是从系数来看，在系统的时间响应过程中都将起主导作用，这样的闭环极点就称为主导极点（dominant pole）。闭环主导极点可以是实数极点，也可以是复数极点，或者是它们的组合。除闭环主导极点外，所有其他闭环极点统称为非主导极点。

判断闭环主导极点的两个条件如下：
1）在左半开平面上，距离虚轴最近且附近没有其他的闭环极点和零点。
2）其实部的长度与其他的极点实部长度相差 5 倍以上。

工程上往往只用主导极点估算系统的动态性能，即将系统近似地看成是一阶或二阶系统。

2. 偶极子

从式（3-63）可以看出，当极点 s_i 与某个零点 z_j 靠得很近时，它们之间的模值很小，那么该极点所对应的系数 A_i 也就很小，对应暂态分量的幅值也很小，故该分量对响应的影响可忽略不计。这样的一对相距很近的闭环零极点称为偶极子。工程上，当某极点和某零点之间的距离比它们的模值小一个数量级时，就可认为这对零极点为偶极子（dipole）。

偶极子的概念对控制系统的综合校正是很有用的，应有意识地在系统中加入适当的零点，以抵消对系统动态响应过程有不利影响的极点，使系统的动态性能得以改善。

3.4.4 高阶系统的动态性能估算（Dynamic Performance Estimation of Higher-Order Systems）

高阶系统的动态性能通常采用主导极点来估算。由于高阶系统一般具有振荡性，故选取的闭环主导极点常以共轭复数极点的形式出现。工程上，常采用一些校正环节使系统具有一对共轭复数主导极点。

教学视频 3-12 高阶系统性能估算

对于高阶系统动态性能的估算，有以下两种方法：
1）选取系统的一对共轭复数主导极点，将其近似地当作典型二阶系统，套用二阶系统的性能指标计算公式。
2）高阶系统毕竟不是二阶系统，因而在用二阶系统性能进行估算时，将其他闭环零、极点对系统动态性能的影响也考虑在内。

设高阶系统具有一对共轭复数的闭环主导极点，$s_{1,2} = -\sigma \pm j\omega_d$，$0 < \zeta < 1$，则有

$$t_p = \frac{1}{\omega_d}\left[\pi - \sum_{j=1}^{m} \big/ s_1 - z_j + \sum_{i=3}^{n} \big/ s_1 - s_i \right] \tag{3-67}$$

$$\sigma\% = \frac{\prod\limits_{j=1}^{m}|s_1-z_j|\prod\limits_{i=3}^{n}|s_i|}{\prod\limits_{j=1}^{m}|z_j|\prod\limits_{i=3}^{n}|s_1-s_i|}e^{-\sigma t_p}\times100\% \tag{3-68}$$

$$t_s = \frac{1}{\zeta\omega_n}\ln\left(\frac{2}{\Delta}\frac{\prod\limits_{j=1}^{m}|s_1-z_j|\prod\limits_{i=2}^{n}|s_i|}{\prod\limits_{j=1}^{m}|z_j|\prod\limits_{i=2}^{n}|s_1-s_i|}\right) \tag{3-69}$$

【例3-4】 已知某控制系统的闭环传递函数为

$$\Phi(s) = \frac{(0.24s+1)}{(0.25s+1)(0.04s^2+0.24s+1)(0.0625s+1)}$$

试估算系统的性能指标。

解　先将闭环传递函数表示为零极点的形式，即

$$\Phi(s) \approx \frac{383.693(s+4.17)}{(s+4)(s^2+6s+25)(s+16)}$$

则有 $s_{1,2}=-3\pm j4$，$s_3=-4$，$s_4=-16$，$z_1=-4.17$。

可见，$s_{1,2}=-3\pm j4$ 可视作系统的一对主导极点：$\dfrac{\mathrm{Re}[s_4]}{\mathrm{Re}[s_{1,2}]}=\dfrac{16}{3}\approx5.33>5$。

s_3 与 z_1 为一对偶极子：$\dfrac{|s_3|}{|s_3-z_1|}=\dfrac{4}{0.17}\approx23.5>10$。

1）将系统近似为二阶系统，$\Phi(s)\approx\dfrac{25}{s^2+6s+25}$，则 $\begin{cases}\omega_n=5\\\zeta=0.6\end{cases}$，所以有 $\beta=\arccos\zeta=$ arccos0.6=53.1°=0.93rad，

则

$$t_p = \frac{\pi}{\omega_n\sqrt{1-\zeta^2}} = \frac{3.14}{4}s = 0.78s$$

$$t_s = \frac{4}{\zeta\omega_n} = \frac{4}{3}s = 1.33s$$

$$\sigma\% = e^{-\frac{\zeta\pi}{\sqrt{1-\zeta^2}}}\times100\% \approx 9.5\%$$

2）如果考虑其他闭环零、极点对系统动态性能的影响，则有

$$t_p = \frac{1}{\omega_d}[\pi-\underline{/s_1-z_1}+\underline{/s_1-s_3}+\underline{/s_1-s_4}]$$

$$= \frac{1}{4}(3.14-1.29+1.326+0.298)s = 0.87s$$

$$t_s = \frac{1}{\zeta\omega_n}\ln\left(\frac{2}{\Delta}\frac{|s_1-z_1||s_2||s_3||s_4|}{|z_1||s_1-s_2||s_1-s_3||s_1-s_4|}\right)$$

$$= \frac{1}{3}\ln\left(100\frac{4.167\times5\times4\times16}{4.17\times8\times4.123\times13.6}\right)s = 1.42s$$

$$\sigma\% = \frac{|s_1 - z_1||s_3||s_4|}{|z_1||s_1 - s_3||s_1 - s_4|} e^{-\sigma t_p} \times 100\%$$

$$= \frac{4.168 \times 4 \times 16}{4.17 \times 4.123 \times 13.6} e^{-3 \times 0.87} \times 100\% = 8.38\%$$

从上述估算结果可以看出，两种估算方法相差不大，因此在工程上多数采用二阶系统来估算高阶系统的性能指标。

3.5　线性系统的稳定性分析（Stability Analysis of Linear Systems）

3.5.1　稳定性基本概念（Basic Concepts of Stability）

控制系统能在实际中应用，其首要条件是保证系统稳定。原来处于平衡状态的系统，在受到扰动作用后都会偏离原来的平衡状态，产生初始偏差。所谓稳定性，就是在扰动作用消失后，系统能否由初始偏差状态回到原来的平衡状态的性能。若系统能恢复到原来的平衡状态，则称系统是稳定（stable）的；反之，偏差越来越大，则系统是不稳定（unstable）的。

本节只讨论线性系统的稳定性问题，有关非线性系统的稳定性，将在第 8 章中讨论。

3.5.2　线性系统稳定的充要条件（Necessary and Sufficient Conditions for Stability of Linear Systems）

教学视频 3-13
稳定的充要条件

线性定常系统的特性可由线性微分方程来描述，而微分方程的解通常就是系统输出量的时域表达式，包括稳态分量和暂态分量两部分。稳态分量对应微分方程的特解，与外作用形式有关；暂态分量对应微分方程的通解，是系统齐次方程的解，它与系统的结构、参数以及初始条件有关，而与外作用形式无关。由上述稳定性的概念可知，研究系统的稳定性，就是研究系统输出量中暂态分量的运动形式。这种运动形式完全取决于系统的特征方程式。

对于线性定常系统，其微分方程为

$$a_0 c^{(n)}(t) + a_1 c^{(n-1)}(t) + \cdots + a_{n-1}\dot{c}(t) + a_n c(t)$$
$$= b_0 r^{(m)}(t) + b_1 r^{(m-1)}(t) + \cdots + b_{m-1}\dot{r}(t) + b_m r(t) \tag{3-70}$$

对式（3-70）进行拉普拉斯变换，得

$$(a_0 s^n + a_1 s^{n-1} + \cdots + a_{n-1}s + a_n)C(s)$$
$$= (b_0 s^m + b_1 s^{m-1} + \cdots + b_{m-1}s + b_m)R(s) + M_0(s) \tag{3-71}$$

式中，$M_0(s)$ 是与初始状态有关的 s 多项式。

令

$$D(s) = a_0 s^n + a_1 s^{n-1} + \cdots + a_{n-1}s + a_n \tag{3-72}$$
$$M(s) = b_0 s^m + b_1 s^{m-1} + \cdots + b_{m-1}s + b_m$$

于是有

$$D(s)C(s) = M(s)R(s) + M_0(s) \tag{3-73}$$

所以

$$C(s) = \frac{M(s)}{D(s)} R(s) + \frac{M_0(s)}{D(s)} \tag{3-74}$$

设输入信号为 $R(s) = \dfrac{P(s)}{Q(s)}$，并假设系统特征方程 $D(s) = 0$ 具有 n 个互异实数极点，而输入信号 $R(s)$ 具有 q 个互异实数极点 s_{r_j}。则有

$$C(s) = \frac{M(s)}{D(s)} \frac{P(s)}{Q(s)} + \frac{M_0(s)}{D(s)} = \sum_{i=1}^{n} \frac{A_i}{s - s_i} + \sum_{j=1}^{q} \frac{B_j}{s - s_{r_j}} + \sum_{i=1}^{n} \frac{C_i}{s - s_i} \qquad (3\text{-}75)$$

式中，A_i 是与 $C(s)$ 在闭环极点 s_i 处的留数有关的常系数；B_j 是与 $C(s)$ 在输入极点 s_{r_j} 处的留数有关的常系数。

对式（3-75）求拉普拉斯反变换，有

$$c(t) = \sum_{i=1}^{n} (A_i + C_i) e^{s_i t} + \sum_{j=1}^{q} B_j e^{s_{r_j} t} \qquad (3\text{-}76)$$

根据稳定性的定义，取消扰动后，系统的恢复能力应由暂态分量决定，而与输入无关。所以只要有

$$\lim_{t \to \infty} \sum_{i=1}^{n} (A_i + C_i) e^{s_i t} = 0 \qquad (3\text{-}77)$$

系统就是稳定的。因此，式（3-77）中的各子项都必须均趋于零，系统才是稳定的。即

$$\lim_{t \to \infty} e^{s_i t} = 0 \qquad (3\text{-}78)$$

显然，只有系统的闭环极点 s_i 全部为负值，系统才是稳定的。

如果系统中存在共轭复数极点，则

$$C(s) = \sum_{i=1}^{n_1} \frac{A_i}{s - s_i} + \sum_{i=1}^{n_1} \frac{C_i}{s - s_i} + \sum_{k=1}^{n_2} \frac{B_k(s + \zeta_k \omega_{nk}) + C_k \omega_{nk} \sqrt{1 - \zeta_k^2}}{(s + \zeta_k \omega_{nk})^2 + (\omega_{nk} \sqrt{1 - \zeta_k^2})^2} + \sum_{j=1}^{q} \frac{B_j}{s - s_{r_j}}$$

所以

$$c(t) = \sum_{i=1}^{n_1} (A_i + C_i) e^{s_i t} + \sum_{k=1}^{n_2} B_k e^{-\zeta_k \omega_{nk} t} \cos \omega_{nk} \sqrt{1 - \zeta_k^2}\, t +$$

$$\sum_{k=1}^{n_2} C_k e^{-\zeta_k \omega_{nk} t} \sin \omega_{nk} \sqrt{1 - \zeta_k^2}\, t + \sum_{j=1}^{q} B_j e^{s_{r_j} t} \qquad (3\text{-}79)$$

显然，只有式（3-79）中的前3项在 $t \to \infty$ 时均衰减到零，系统才是稳定的。因此，仍然有 $\lim\limits_{t \to \infty}(A_i + C_i) e^{s_i t} = 0$、$\lim\limits_{t \to \infty} B_k e^{-\zeta_k \omega_{nk} t} \cos \omega_{nk} \sqrt{1 - \zeta_k^2}\, t = 0$ 和 $\lim\limits_{t \to \infty} C_k e^{-\zeta_k \omega_{nk} t} \sin \omega_{nk} \sqrt{1 - \zeta_k^2}\, t = 0$。所以，应有 $\lim\limits_{t \to \infty} e^{s_i t} = 0$ 及 $\lim\limits_{t \to \infty} e^{-\zeta_k \omega_{nk} t} = 0$。即只有系统的闭环极点 s_i 全部是负实数或具有负的实部，系统才是稳定的。

由此可见，线性系统稳定的充分必要条件是系统特征方程的所有根（即闭环传递函数的极点）均为负实数或具有负的实部。或者说，特征方程的所有根都严格位于 s 左半面上。

可见，要判断一个系统是否稳定，需求出系统特征方程的全部根。这对于一阶和二阶系统是容易办到的，但对于三阶及三阶以上的系统，求系统的特征根是比较烦琐的。于是，希望寻求一种不需要求解高阶代数方程就能判断系统稳定与否的间接方法。劳斯-赫尔维茨稳定判据就是其中的一种，它利用特征方程的各项系数进行代数运算，得到全部极点实部为负的条件，以此来判断系统是否稳定。因此这种判据又称为代数稳定判据（algebra stability criterion）。

3.5.3　劳斯判据（Routh Criterion）

设线性系统的特征方程为

$$a_0 s^n + a_1 s^{n-1} + a_2 s^{n-2} + \cdots\cdots + a_{n-1}s + a_n = 0 \tag{3-80}$$

将各系数组成如下排列的劳斯表（Routh array）：

教学视频 3-14
劳斯判据

$$
\begin{array}{clll}
s^n & a_0 & a_2 & a_4 & \cdots \\[2mm]
s^{n-1} & a_1 & a_3 & a_5 & \cdots \\[2mm]
s^{n-2} & b_1=\dfrac{a_1 a_2 - a_0 a_3}{a_1} & b_2=\dfrac{a_1 a_4 - a_0 a_5}{a_1} & b_3 & \cdots \\[4mm]
s^{n-3} & c_1=\dfrac{b_1 a_3 - a_1 b_2}{b_1} & c_2=\dfrac{b_1 a_5 - a_1 b_3}{b_1} & c_3 & \cdots \\[4mm]
s^{n-4} & d_1=\dfrac{c_1 b_2 - b_1 c_2}{c_1} & d_2=\dfrac{c_1 b_3 - b_1 c_3}{c_1} & \\[4mm]
\vdots & \vdots & \vdots & \\[2mm]
s^2 & e_1 & e_2 & \\[2mm]
s^1 & f_1 & & \\[2mm]
s^0 & a_n & &
\end{array}
$$

劳斯表的前两行由系统特征方程的系数直接构成，从第 3 行开始需要进行逐行计算。凡在运算过程中出现的空位，均置以零。这种过程一直进行到第 n 行为止。第 $n+1$ 行仅第一列有值，且正好等于特征方程最后一项系数 a_n。表中系数排列呈上三角形。

劳斯稳定判据：线性系统稳定的充分必要条件是劳斯表中第一列各元素严格为正。反之，如果第一列出现小于或等于零的元素，系统不稳定，且第一列各元素符号的改变次数，代表特征方程正实部根的数目。

【例 3-5】　系统特征方程为 $s^4 + 2s^3 + 3s^2 + 4s + 5 = 0$，试用劳斯判据判别系统是否稳定；若不稳定，确定正实部根的数目。

解　列劳斯表如下：

$$
\begin{array}{clll}
s^4 & 1 & 3 & 5 \\[2mm]
s^3 & 2 & 4 & 0 \\[2mm]
s^2 & \dfrac{6-4}{2}=1 & 5 & \\[4mm]
s^1 & \dfrac{4-10}{1}=-6 & & \\[4mm]
s^0 & 5 & &
\end{array}
$$

系统是不稳定的，且第一列元素有两次变号，因此系统有两个正实部的根。

顺便指出，为简化计算，用某个正数去乘或除劳斯表中任意一行的系数，并不会改变稳定性的结论。

【例 3-6】　某系统特征方程为 $s^4 + 3s^3 + 3s^2 + 2s + 2 = 0$，试用劳斯判据判别系统是否稳定。

解　列劳斯表如下：

$$
\begin{array}{ccccc}
s^4 & 1 & 3 & 2 \\
s^3 & 3 & 2 & 0 \\
s^2 & \dfrac{9-2}{3}=\dfrac{7}{3} & 2 & & \leftarrow 同乘以3 \\
& 7 & 6 \\
s^1 & \dfrac{14-18}{7}=-\dfrac{4}{7} \\
s^0 & 2
\end{array}
$$

第一列元素有两次变号，所以系统不稳定，且有两个正实部的根。

在运用劳斯判据判别系统稳定性时，有时会遇到两种特殊情况，这时必须进行一些相应的数学处理。

1）在劳斯表的某一行中，第一个元素为零，而其余各元素不为零或部分不为零。这时可用一个任意小的正数 ε 代替为零的那一项，然后按劳斯表中的计算公式计算下一行的各元素。计算结果若 ε 的上项和下项符号相反，则记作一次符号改变。

【例3-7】 系统的特征方程为 $s^4+2s^3+s^2+2s+1=0$，试判别系统的稳定性。

解 列劳斯表如下：

$$
\begin{array}{cccc}
s^4 & 1 & 1 & 1 \\
s^3 & 2 & 2 & 0 \\
s^2 & 0\ (\approx\varepsilon) & 1 \\
s^1 & 2-\dfrac{2}{\varepsilon}<0 \\
s^0 & 1
\end{array}
$$

显然系统不稳定，且第一列元素有两次变号，因此系统有两个正实部的根。

2）劳斯表的某一行各元素均为零，这说明特征方程有关于原点对称的根。这时可将全为零一行的上一行的各项元素作为系数构成一个辅助方程（auxiliary equation）。将辅助方程各项对 s 求导得到一个新方程，取此新方程的各项系数代替全为零的一行元素，继续进行计算。对称于原点的根可用辅助方程求得。

【例3-8】 系统的特征方程为 $s^5+s^4+3s^3+3s^2+2s+2=0$，试判别系统的稳定性。

解 列劳斯表如下：

$$
\begin{array}{cccc}
s^5 & 1 & 3 & 2 \\
s^4 & 1 & 3 & 2 & \leftarrow 辅助方程系数 \\
s^3 & 0 & 0 & 0
\end{array}
$$

显然，系统不稳定。用 s^4 一行的系数构成辅助方程为

$$
Q(s)=s^4+3s^2+2=0
$$

对 s 求导后得到新方程为

$$
4s^3+6s=0
$$

其系数（即4和6）代替第3行全为零的元素，然后继续进行计算，即

s^5	1	3	2
s^4	1	3	2
s^3	0	0	0
	4	6	
s^2	$\dfrac{12-6}{4}=\dfrac{3}{2}$	2	←同乘以 2
	3	4	
s^1	$\dfrac{18-16}{3}=\dfrac{2}{3}$		
s^0	2		

可见，系统虽不稳定，但第 1 列元素并不变号，所以系统没有在右半 s 平面的根。实际上系统有位于虚轴上的纯虚根，可由辅助方程求得。系统的辅助方程为

$$s^4+3s^2+2=0$$

则有

$$(s^2+1)(s^2+2)=0$$

故系统的纯虚根为

$$s_{1,2}=\pm\mathrm{j},\ s_{3,4}=\pm\mathrm{j}\sqrt{2}$$

3.5.4 赫尔维茨稳定判据（Hurwitz Stability Criterion）

设线性系统的特征方程为

$$a_0s^n+a_1s^{n-1}+a_2s^{n-2}+\cdots+a_{n-1}s+a_n=0$$

其系数行列式（determinant）为

$$D_n=\begin{vmatrix} a_1 & a_3 & a_5 & \cdots & a_{2n-1} \\ a_0 & a_2 & a_4 & \cdots & a_{2n-2} \\ 0 & a_1 & a_3 & \cdots & a_{2n-3} \\ 0 & a_0 & a_2 & \cdots & a_{2n-4} \\ 0 & 0 & a_1 & \cdots & a_{2n-5} \\ \vdots & \vdots & \vdots & & \vdots \\ 0 & 0 & 0 & \cdots & a_n \end{vmatrix} \tag{3-81}$$

行列式中对角线各元素为特征方程中自第二项开始的各项系数。每列皆以对角线的元素为准，系数 a 的角标向上依次上升，向下依次下降，当写到特征方程中不存在的系数时，补零。

线性系统稳定的充分必要条件是：在 $a_0>0$ 的情况下，行列式（3-81）的各阶主子式均大于零，否则系统不稳定。即对稳定系统来说要求为

$$D_1=a_1>0,D_2=\begin{vmatrix} a_1 & a_3 \\ a_0 & a_2 \end{vmatrix}>0,D_3=\begin{vmatrix} a_1 & a_3 & a_5 \\ a_0 & a_2 & a_4 \\ 0 & a_1 & a_3 \end{vmatrix}>0,\cdots,D_n>0$$

【例 3-9】 系统特征方程为 $2s^4+s^3+3s^2+5s+10=0$，试用赫尔维茨判据判别系统是否稳定。

解 $D_1=1>0$

$$D_2 = \begin{vmatrix} a_1 & a_3 \\ a_0 & a_2 \end{vmatrix} = \begin{vmatrix} 1 & 5 \\ 2 & 3 \end{vmatrix} = 3 - 10 = -7 < 0$$

系统不稳定，无须再计算 D_3 和 D_4。

当系统特征方程中 s 的幂次较高时，应用赫尔维茨判据的工作量较大。因此，这种方法适用于四阶及四阶以下的系统。另外，为减少计算行列式的工作量，林纳德-奇帕特判据证明了在特征方程的所有系数均大于零的前提下，系统稳定的充分必要条件是所有奇数次赫尔维茨行列子式均大于零，或者所有偶数次赫尔维茨行列子式均大于零。

【例 3-10】 系统特征方程为 $s^4 + 2s^3 + 8s^2 + 4s + 2 = 0$，试判别系统是否稳定。

解 所有系数均大于零，故有

$$D_1 = a_1 = 2 > 0$$

$$D_3 = \begin{vmatrix} 2 & 4 & 0 \\ 1 & 8 & 2 \\ 0 & 2 & 4 \end{vmatrix} = 2 \times 8 \times 4 - 1 \times 4 \times 4 - 2 \times 2 \times 2$$

$$= 40 > 0$$

所以系统稳定。

3.5.5 稳定判据的应用 （Applications of the Stability Criterion）

1. 判别系统的稳定性

前面已详细介绍，这里不再赘述。

2. 分析系统参数变化对稳定性的影响

利用代数稳定判据可确定个别参数变化对系统稳定性的影响，从而给出使系统稳定的参数取值范围。

【例 3-11】 设控制系统的结构图如图 3-31 所示，试确定满足稳定要求时 K_g 的临界值和开环放大倍数临界值 K_c。

解 系统的闭环传递函数为

$$\Phi(s) = \frac{K_g}{s(s+1)(s+2) + K_g} = \frac{K_g}{s^3 + 3s^2 + 2s + K_g}$$

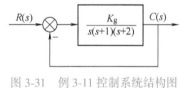

图 3-31 例 3-11 控制系统结构图

其特征方程为 $D(s) = s^3 + 3s^2 + 2s + K_g = 0$，为使系统稳定，要求：

1）特征方程各系数均大于零，即要求 $K_g > 0$。

2）满足关系式 $a_1 a_2 - a_0 a_2 > 0$，即 $3 \times 2 - 1 \times K_g > 0$。

则有 $K_g < 6$。因此，满足稳定要求时，K_g 的取值范围是 $0 < K_g < 6$，所以 K_g 的临界值为6。

由于系统的开环放大倍数 $K = \dfrac{K_g}{2}$，所以开环放大倍数的临界值 $K_c = 3$。

由此可见，K 越大，越接近 K_c，系统的相对稳定性越差。当 $K > K_c$ 时，系统变为不稳定。

3. 检验稳定裕量

将 s 平面的虚轴向左移动某个数值，即令 $s = z - \delta$（δ 为正实数），并代入特征方程中得到 z 的多项式。利用代数稳定判据对新的特征多项式进行判别，即可检验系统的稳定裕量（stability margin），即相对稳定性（relative stability）。若新特征方程式的所有根均在新虚轴之左，则说明系统至少具有稳定裕量 δ。

【例 3-12】　系统特征方程为 $2s^3 + 10s^2 + 13s + 4 = 0$，试检验系统是否具有 $\delta = 1$ 的稳定裕量。

解　首先判别系统是否稳定。

1）所有系数均大于零。

2）$D_2 = a_1a_2 - a_0a_3 = 10 \times 13 - 2 \times 4 = 122 > 0$，所以原系统稳定。

将 $s = z - \delta = z - 1$ 代入特征方程可得

$$2z^3 + 4z^2 - z - 1 = 0$$

$$
\begin{array}{ccc}
z^3 & 2 & -1 \\
z^2 & 4 & -1 \\
z^1 & \dfrac{-4+2}{4} = -\dfrac{1}{2} & \\
z^0 & -1 &
\end{array}
$$

可见，第一列元素符号改变一次，所以有一个特征根在 $s = -1$（即新虚轴）右边，因此稳定裕量达不到 1。

3.6　线性系统的稳态误差（Steady-State Error of Linear Systems）

稳态误差是系统控制精度的一种度量，描述的是系统稳态性能。在控制系统设计中，稳态误差是一项重要技术指标。

3.6.1　误差与稳态误差的定义（Definitions of Error and Steady-State Error）

教学视频 3-16
误差与稳态误差

系统的误差一般定义为被控量的希望值 $c_0(t)$ 和实际值 $c(t)$ 之差，即

$$\varepsilon(t) = c_0(t) - c(t) \tag{3-82}$$

当 $t \to \infty$ 时，系统误差称为稳态误差，用 e_{ss} 表示，即

$$e_{ss} = \lim_{t \to \infty} \varepsilon(t) \tag{3-83}$$

也就是说，稳态误差是稳定系统在稳态条件下，即加入输入信号后经过足够长的时间，其暂态响应已经衰减到微不足道时，稳态响应的期望值与实际值之差。因此，只有稳定的系统，讨论稳态误差才有意义。

如图 3-32a 所示的单位反馈系统，其给定信号 $r(t)$ 即为要求值，$c_0(t) = r(t)$，所以偏差等于误差，即

$$\varepsilon(t) = e(t)$$

偏差的稳态值就是系统的稳态误差，即

$$e_{ss} = \lim_{t \to \infty} e(t) = \lim_{t \to \infty} [r(t) - c(t)] \tag{3-84}$$

如图 3-32b 所示的非单位反馈系统，偏差不等于误差，但由于它们之间具有确定的关系，即

$$E(s) = R(s) - B(s) = H(s)C_0(s)^* - H(s)C(s) = H(s)\varepsilon(s) \tag{3-85}$$

所以在控制系统稳态性能分析中，一般用偏差代替误差进行研究，即用

$$e_{ss} = \lim_{t \to \infty} e(t) = \lim_{t \to \infty} \left[r(t) - b(t) \right] \tag{3-86}$$

表示系统的稳态误差。根据拉普拉斯变换的终值定理（final-value theorem）有

$$e_{ss} = \lim_{t \to \infty} e(t) = \lim_{s \to 0} s E(s) \tag{3-87}$$

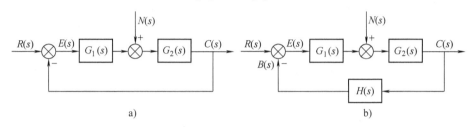

图 3-32　系统结构图

a）单位反馈　b）非单位反馈

对于如图 3-33 所示的一般控制系统有

$$E(s) = \frac{1}{1 + G(s)H(s)} R(s) = \frac{1}{1 + G_k(s)} R(s) = \Phi_e(s) R(s) \tag{3-88}$$

式中，$\Phi_e(s)$ 为系统给定作用下的误差传递函数，即

$$\Phi_e(s) = \frac{E(s)}{R(s)} = \frac{1}{1 + G_k(s)} \tag{3-89}$$

所以，稳态误差为

$$e_{ss} = \lim_{s \to 0} s E(s) = \lim_{s \to 0} \frac{s R(s)}{1 + G_k(s)} \tag{3-90}$$

显然，误差信号与系统的开环传递函数以及输入信号有关。当输入信号确定后，系统是否存在稳态误差，取决于系统的开环传递函数。因此，根据系统的开环传递函数可以考察各类系统跟踪输入信号的能力。

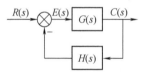

图 3-33　一般系统结构图

设系统的开环传递函数为

$$G_k(s) = \frac{K(\tau_1 s + 1)(\tau_2 s + 1) \cdots (\tau_m s + 1)}{s^v (T_1 s + 1)(T_2 s + 1) \cdots (T_{n-v} s + 1)} = \frac{K}{s^v} \frac{\prod\limits_{j=1}^{m} (\tau_j s + 1)}{\prod\limits_{i=1}^{n-v} (T_i s + 1)} \tag{3-91}$$

式中，K 为开环放大倍数，即开环增益；m 为开环零点数；n 为开环极点数；v 为零值极点数（即积分环节数目）。

令 $G_0(s) = \dfrac{\prod\limits_{j=1}^{m} (\tau_j s + 1)}{\prod\limits_{i=1}^{n-v} (T_i s + 1)}$，当 $s \to 0$ 时，$G_0(0) \to 1$。根据式（3-90）可得

$$e_{ss} = \lim_{s \to 0} s E(s) = \lim_{s \to 0} \frac{s R(s)}{1 + G_k(s)} = \lim_{s \to 0} \frac{s^{v+1} R(s)}{s^v + K} \tag{3-92}$$

式（3-92）表明，影响稳态误差的因素是开环增益、输入信号及开环传递函数中积分环节的数目。因此在研究稳态误差时，将系统按开环传递函数中积分环节的个数进行分类，当

$v = 0$、1、2、$\cdots$、n 时，分别称为 0 型系统、1 型系统、2 型系统、$\cdots$、n 型系统。

对于随动系统，主要考虑它的跟随性能，即要求系统输出能准确复现输入，而扰动作用放在次要位置。所以，在研究随动系统的稳态误差时，主要讨论系统在各种输入信号下的跟踪能力。而对于恒值系统，主要考虑它的抗干扰能力，因此其输入信号主要来源于外部扰动，如图 3-32b 所示。此时，不考虑给定输入，因此 $R(s) = 0$。于是有

$$E(s) = R(s) - B(s) = -B(s)$$

整理后可得

$$E(s) = -\frac{G_2(s)H(s)}{1+G_1(s)G_2(s)H(s)}N(s) = -\frac{G_2(s)H(s)}{1+G_k(s)}N(s) = \varPhi_{en}(s)N(s) \tag{3-93}$$

式中，$\varPhi_{en}(s)$ 为系统扰动作用下的误差传递函数，即

$$\varPhi_{en}(s) = \frac{E(s)}{N(s)} = -\frac{G_2(s)H(s)}{1+G_k(s)} \tag{3-94}$$

对于线性系统，可能同时存在给定输入和扰动输入信号，这时的误差是两种输入信号分别作用下产生的误差信号的叠加，即

$$E(s) = \varPhi_e(s)R(s) + \varPhi_{en}(s)N(s) \tag{3-95}$$

3.6.2　给定信号作用下的稳态误差与静态误差系数（Steady-State Error and Static Error Coefficients under Setting Signals）

教学视频 3-17
给定信号作用下
的稳态误差计算

1. 阶跃输入作用下的稳态误差与静态位置误差系数 K_p

由于 $r(t) = A \cdot 1(t)$，$R(s) = \dfrac{A}{s}$，因此有

$$e_{ss} = \lim_{s \to 0} sE(s) = \lim_{s \to 0} \frac{s}{1+G_k(s)}\frac{A}{s} = \frac{A}{1+\lim\limits_{s \to 0}G_k(s)} \tag{3-96}$$

令 $K_p = \lim\limits_{s \to 0} G_k(s)$，并定义 K_p 为静态位置误差系数（static position error coefficient），则有

$$e_{ss} = \frac{A}{1+K_p} \tag{3-97}$$

对于 0 型系统，有

$$K_p = \lim_{s \to 0} KG_0(s) = K$$

所以

$$e_{ss} = \frac{A}{1+K}$$

对于 1 型及 1 型以上的系统，由于

$$K_p = \lim_{s \to 0} \frac{K}{s^v}G_0(s) = \infty \quad (v \geqslant 1)$$

因此

$$e_{ss} = 0$$

可以看出，0 型系统不含积分环节，其阶跃输入下的稳态误差为一定值，且与 K 有关，因此常称为有差系统。为了减小稳态误差，可在稳定条件允许的前提下，增大 K 值。若要求系统对阶跃输入的稳态误差为零，则系统必须是 1 型或高于 1 型。

2. 斜坡输入作用下的稳态误差与静态速度误差系数 K_v

由于 $r(t) = At \cdot 1(t)$，$R(s) = \dfrac{A}{s^2}$，则有

$$e_{ss} = \lim_{s \to 0} \frac{s}{1+G_k(s)} \frac{A}{s^2} = \lim_{s \to 0} \frac{A}{s+sG_k(s)} = \frac{A}{\lim\limits_{s \to 0} sG_k(s)} \qquad (3\text{-}98)$$

令 $K_v = \lim\limits_{s \to 0} sG_k(s)$，并定义 K_v 为静态速度误差系数（static velocity error coefficient），则有

$$e_{ss} = \frac{A}{K_v} \qquad (3\text{-}99)$$

对于 0 型系统，有

$$K_v = \lim_{s \to 0} sKG_0(s) = 0$$

所以
$$e_{ss} = \infty$$

对于 1 型系统，由于

$$K_v = \lim_{s \to 0} s \frac{K}{s} G_0(s) = K$$

所以
$$e_{ss} = \frac{A}{K}$$

对于 2 型及 2 型以上的系统，由于

$$K_v = \lim_{s \to 0} \frac{K}{s^{\upsilon-1}} G_0(s) = \infty \qquad (\upsilon \geqslant 2)$$

因此
$$e_{ss} = 0$$

可以看出，0 型系统不能跟踪斜坡输入信号；1 型系统可以跟踪斜坡输入信号，但有定值的稳态误差，且与 K 有关。为了使稳态误差不大于允许值，需要有足够大的 K。若要求系统对斜坡输入的稳态误差为零，则系统必须是 2 型或高于 2 型。

3. 抛物线输入作用下的稳态误差与静态加速度误差系数 K_a

由于 $r(t) = \frac{1}{2} At^2$，$N(s) = \frac{A}{s^3}$，则有

$$e_{ss} = \lim_{s \to 0} \frac{s}{1+G_k(s)} \frac{A}{s^3} = \frac{A}{\lim\limits_{s \to 0} s^2 G_k(s)} \qquad (3\text{-}100)$$

令 $K_a = \lim\limits_{s \to 0} s^2 G_k(s)$，并定义 K_a 为静态加速度误差系数（static acceleration error coefficient）。因此有

$$e_{ss} = \frac{A}{K_a} \qquad (3\text{-}101)$$

对于 0 型系统，$\upsilon = 0$，$K_a = 0$，$e_{ss} = \infty$；对于 1 型系统，$\upsilon = 1$，$K_a = 0$，$e_{ss} = \infty$；对于 2 型系统，$\upsilon = 2$，$K_a = K$，$e_{ss} = \frac{A}{K}$；对于 3 型及 3 型以上的系统，$K_a = \infty$，$e_{ss} = 0$。

显然，0 型系统和 1 型系统不能跟踪加速度输入；2 型系统可以跟踪加速度输入，但存在定值误差；只有 3 型及 3 型以上的系统，在稳态下才能准确地跟踪加速度输入。

应当指出的是，如果输入信号为上述 3 种信号的叠加，例如，给定信号为 $r(t) = A_1 + A_2 t + \frac{1}{2} A_3 t^2$，利用叠加原理可得 $e_{ss} = \frac{A_1}{1+K_p} + \frac{A_2}{K_v} + \frac{A_3}{K_a}$。

显然，这时至少要采用 2 型系统，否则稳态误差将为无穷大。可见，采用高型系统对提

高系统的控制精度有利，但此时会降低系统的稳定性。

表 3-2 给出了不同类型的系统在不同输入信号作用下的稳态误差。

表 3-2　不同类型的系统在不同输入信号作用下的稳态误差

系统类别	静态误差系数			阶跃输入 $r(t)=A\cdot 1(t)$	斜坡输入 $r(t)=At$	加速度输入 $r(t)=\frac{1}{2}At^2$
v	K_p	K_v	K_a	位置误差 $e_{ss}=\dfrac{A}{1+K_p}$	速度误差 $e_{ss}=\dfrac{A}{K_v}$	加速度误差 $e_{ss}=\dfrac{A}{K_a}$
0	K	0	0	$e_{ss}=\dfrac{A}{1+K}$	∞	∞
1	∞	K	0	0	$e_{ss}=\dfrac{A}{K}$	∞
2	∞	∞	K	0	0	$e_{ss}=\dfrac{A}{K}$
3	∞	∞	∞	0	0	0

可见，静态误差系数 K_p、K_v、K_a 的数值有等于零、固定常值和无穷大三种可能，静态误差系数的大小反映了系统限制或消除稳态误差的能力，系数值越大，则给定信号作用下的稳态误差越小。

表 3-2 还表明，同一个系统在不同形式的输入信号作用下，具有不同的稳态误差。

【例 3-13】　已知两控制系统如图 3-34 所示，当给定输入为 $r(t)=4+6t+3t^2$ 时，试分别求出两个系统的稳态误差。

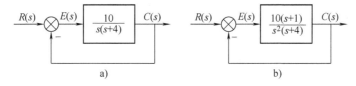

图 3-34　例 3-13 系统结构图

解　1）图 3-34a 系统的开环传递函数为

$$G_k(s)=\frac{10}{s(s+4)}=\frac{2.5}{s(0.25s+1)}$$

系统为 1 型系统，$K=2.5$，$K_p=\infty$，$K_v=K=2.5$，$K_a=0$，不能跟踪输入信号中的 $3t^2$ 分量，故有 $e_{ss}=\infty$。

2）图 3-34b 系统的开环传递函数为

$$G_k(s)=\frac{10(s+1)}{s^2(s+4)}=\frac{2.5(s+1)}{s^2(0.25s+1)}$$

系统为 2 型系统，$K=2.5$，$K_p=\infty$，$K_v=\infty$，$K_a=K=2.5$。而加速度信号为 $\frac{1}{2}At^2=\frac{1}{2}\times 6t^2$，所以有 $e_{ss}=\dfrac{A}{K}=\dfrac{6}{2.5}=2.4$。

教学视频 3-18
扰动信号作用下
的稳态误差计算

3.6.3 扰动信号作用下的稳态误差与系统结构的关系（Relationship between Steady-State Error and System Structure under Disturbance Signals）

由于给定输入与扰动输入作用于系统的不同位置，因此即使系统对某种形式的给定输入信号的稳态误差为零，但对同一形式的扰动输入，其稳态误差未必为零。

对于图 3-32b 所示的典型控制系统，根据终值定理及式（3-93）可知扰动稳态误差为

$$e_{sn} = \lim_{s \to 0} s E_n(s) = \lim_{s \to 0} \left[-\frac{s G_2(s) H(s)}{1 + G_1(s) G_2(s) H(s)} N(s) \right] \qquad (3\text{-}102)$$

1. 阶跃扰动作用下的稳态误差

由于 $n(t) = A \cdot 1(t)$，$N(s) = \dfrac{A}{s}$，则有

$$e_{sn} = \lim_{s \to 0} \left[-\frac{s G_2(s) H(s)}{1 + G_1(s) G_2(s) H(s)} \frac{A}{s} \right] = -\frac{G_2(0) H(0) A}{1 + G_1(0) G_2(0) H(0)}$$

当开环放大倍数足够大时，忽略分母中的 1，于是有

$$e_{sn} \approx -\frac{A}{G_1(0)} \qquad (3\text{-}103)$$

可见，阶跃扰动输入作用下的稳态误差主要取决于 $G_1(0)$，$G_1(0)$ 越大，其稳态误差越小。

若 $G_1(s)$ 为比例环节，即 $G_1(s) = K_1$，则 $e_{sn} = -\dfrac{A}{K_1}$。因此，增大 K_1 可使 e_{sn} 减小，但会使系统稳定性下降。

若 $G_1(s)$ 为积分环节，即 $G_1(s) = \dfrac{K_1}{s}$，则

$$e_{sn} = \lim_{s \to 0} \left[-\frac{A}{K_1} \cdot s \right] = 0$$

可见，为使阶跃扰动作用下的稳态误差为零，在误差信号与扰动作用点之间至少应设置一个积分环节。

2. 斜坡扰动作用下的稳态误差

由于 $n(t) = At$，$N(s) = \dfrac{A}{s^2}$，则有

$$e_{sn} = \lim_{s \to 0} \left[-\frac{s G_2(s) H(s)}{1 + G_1(s) G_2(s) H(s)} \frac{A}{s^2} \right] = -\frac{A}{\lim\limits_{s \to 0} s G_1(s)} \qquad (3\text{-}104)$$

显然，为使斜坡扰动作用下的稳态误差为零，在误差信号与扰动作用点之间至少应设置两个积分环节。但积分环节的增多，使系统的阶数升高，将会降低系统的稳定性。

由于实际的控制系统一般受到的干扰信号多为阶跃信号，所以通常在 $G_1(s)$ 中设置一个积分环节，并且多数为比例积分调节器，其传递函数为

$$K_1 \frac{\tau_i s + 1}{\tau_i s} = K_1 \left(1 + \frac{1}{\tau_i s} \right)$$

这样，既可以使阶跃扰动作用下的稳态误差为零，又可以将斜坡扰动作用下的稳态误差限制在一定范围之内。

3.6.4 用动态误差系数法计算系统的稳态误差（Calculating the Steady-State Error by Using Dynamic Error Coefficient Method）

利用静态误差系数求稳态误差，是计算 $t \to \infty$ 时系统误差的极限值，它无法反映误差随时间变化的规律。也就是说，稳态误差随时间变化的规律不能用计算误差终值的方法求得。另外，K_p、K_v、K_a 针对的是阶跃、斜坡、抛物线三种给定的信号，当输入信号为其他形式的函数时，如脉冲函数、正弦函数等，静态误差系数的方法便无法应用。为此，引入动态误差系数（dynamic error coefficient）的概念。利用动态误差系数法，可以研究输入信号几乎为任意时间函数时系统的稳态误差。两个静态误差系数完全相同的系统，在同样形式的输入信号下，稳态误差完全可能具有不同的变化规律，只有动态误差系数法才能对它进行完整描述。

由式（3-93）可知，系统在给定信号作用下的误差传递函数为

$$\Phi_e(s) = \frac{E(s)}{R(s)} = \frac{1}{1 + G_k(s)}$$

将 $\Phi_e(s)$ 在 $s=0$ 的邻域内展开为泰勒级数，即

$$\Phi_e(s) = \Phi_e(0) + \dot{\Phi}_e(0)s + \frac{1}{2!}\ddot{\Phi}_e(0)s^2 + \cdots \tag{3-105}$$

于是，误差可以表示为如下级数形式，即

$$E(s) = \Phi_e(s)R(s) = \Phi_e(0)R(s) + \dot{\Phi}_e(0)sR(s) + \frac{1}{2!}\ddot{\Phi}_e(0)s^2 R(s) + \cdots +$$

$$\frac{1}{l!}\Phi_e^{(l)}(0)s^l R(s) + \cdots \tag{3-106}$$

这一无穷级数称为误差级数，它的收敛域是 $s=0$ 的邻域，即相当于 $t \to \infty$。所以，当初始条件为零时，对式（3-106）求拉普拉斯反变换，可得到稳态误差的时域表达式为

$$e_{ss}(t) = \Phi_e(0)r(t) + \dot{\Phi}_e(0)\dot{r}(t) + \frac{1}{2!}\ddot{\Phi}_e(0)\ddot{r}(t) + \cdots + \frac{1}{l!}\Phi_e^{(l)}(0)r^{(l)}(t) + \cdots \tag{3-107}$$

令

$$C_i = \frac{1}{i!}\Phi_e^{(i)}(0) \quad (i=0, 1, 2, \cdots) \tag{3-108}$$

则稳态误差可以写成

$$e_{ss}(t) = C_0 r(t) + C_1 \dot{r}(t) + C_2 \ddot{r}(t) + \cdots + C_l r^{(l)}(t) + \cdots = \sum_{i=0}^{\infty} C_i r^{(i)}(t) \tag{3-109}$$

式中，C_0，C_1，C_2，$\cdots$ 称为动态误差系数。C_0 为动态位置误差系数；C_1 为动态速度误差系数；C_2 为动态加速度误差系数。

由式（3-109）可见，稳态误差 $e_{ss}(t)$ 与动态误差系数、输入信号及其各阶导数有关。由于输入信号是已知的，因此关键是求动态误差系数。但当系统阶次较高时，用式（3-108）确定动态误差系数不太方便，因此通常采用如下简便方法。

首先将系统的开环传递函数按 s 有理分式的形式写为

$$G_k(s) = \frac{b_0 s^m + b_1 s^{m-1} + \cdots + b_{m-1}s + b_m}{a_0 s^n + a_1 s^{n-1} + \cdots + a_{n-1}s + a_n} = \frac{M(s)}{N(s)} \tag{3-110}$$

然后写出有理分式形式的误差传递函数（按 s 的升幂次序排列）为

$$\Phi_e(s)=\frac{1}{1+G_k(s)}=\frac{N(s)}{N(s)+M(s)} \tag{3-111}$$

用上式的分母多项式去除它的分子多项式，得到一个 s 的升幂级数为

$$\Phi_e(s)=C_0+C_1 s+C_2 s^2+C_3 s^3+\cdots \tag{3-112}$$

于是有

$$E(s)=\Phi_e(s)R(s)=(C_0+C_1 s+C_2 s^2+\cdots)R(s)$$

所以

$$e_{ss}(t)=C_0 r(t)+C_1\dot r(t)+C_2\ddot r(t)+\cdots \tag{3-113}$$

【例 3-14】 已知两系统的开环传递函数分别为

$$G_{ka}(s)=\frac{10}{s(s+1)},\qquad G_{kb}(s)=\frac{10}{s(5s+1)}$$

1）试比较它们的静态误差系数和动态误差系数。

2）当 $r(t)=R_0+R_1 t+\frac{1}{2}R_2 t^2$ 时，试分别写出两系统的稳态误差表达式。

解　1）两系统均为 1 型系统，且具有相同的开环放大倍数，因此也就有完全相同的静态误差系数，即

$$K_{pa}=K_{pb}=\infty$$
$$K_{va}=K_{vb}=K=10$$
$$K_{aa}=K_{ab}=0$$

a 系统的给定误差传递函数为

$$\Phi_{ea}(s)=\frac{1}{1+G_{ka}(s)}=\frac{s+s^2}{10+s+s^2}$$

用长除法可求得

$$\Phi_{ea}(s)=0.1s+0.09s^2-0.019s^3+\cdots$$

于是可知，$C_0=0$，$C_1=0.1$，$C_2=0.09$，$C_3=-0.019$，$\cdots$

b 系统的给定误差传递函数为

$$\Phi_{eb}(s)=\frac{1}{1+G_{kb}(s)}=\frac{s+5s^2}{10+s+5s^2}=0.1s+0.49s^2-0.099s^3+\cdots$$

所以得，$C_0=0$，$C_1=0.1$，$C_2=-0.49$，$C_3=-0.099$，$\cdots$

可见，这两个系统虽具有完全相同的静态误差系数，但动态误差系数却不尽相同。

2）因为 $r(t)=R_0+R_1 t+\frac{1}{2}R_2 t^2$，所以有 $\dot r(t)=R_1+R_2 t$，$\ddot r(t)=R_2$，$r^{(3)}(t)=0$。

于是，a 系统的稳态误差表达式为

$$e_{ssa}(t)=0.1(R_1+R_2 t)+0.09R_2=0.1R_2 t+0.1R_1+0.09R_2$$

b 系统的稳态误差表达式为

$$e_{ssb}(t)=0.1(R_1+R_2 t)+0.49R_2=0.1R_2 t+0.1R_1+0.49R_2$$

可见，当 $R_2\ne0$ 时，尽管在 $t\to\infty$ 时两系统的 e_{ss} 都将趋于无穷大，但是在这个过程中，两者的稳态误差是不同的，且后者要大于前者。

顺便指出，扰动作用下的稳态误差也可用动态误差系数法确定，读者可自行论证。

3.6.5 提高系统稳态精度的措施（Measures to Improve the Accuracy of System Steady-State）

教学视频 3-19
提高系统稳态精
度的措施

由以上分析可知，增加前向通道积分环节的个数或增大开环放大倍数，均可减小系统的给定稳态误差；而增加误差信号到扰动作用点之间的积分环节个数或放大倍数，可减小系统的扰动稳态误差。系统的积分环节一般不能超过两个，放大倍数也不能随意增大，否则将使系统暂态性能变坏，甚至造成不稳定。因此，稳态精度与稳定性始终存在矛盾。为达到在保证稳定的前提下提高稳态精度的目的，可采用以下措施：

1）增大开环放大倍数和扰动作用点前系统前向通道增益 K_1 的同时，附加校正装置，以确保稳定性。校正问题将在第 6 章中介绍。

2）增加前向通道积分环节个数的同时，也要对系统进行校正，以防止系统不稳定，并保证具有一定的暂态响应速度。

3）采用复合控制。在按输出反馈的基础上，再增加按给定作用或主要扰动作用而进行的补偿控制，构成复合控制系统。

1. 按给定补偿的复合控制

如图 3-35 所示，在系统中引入前馈控制（feedforward control），即给定作用通过补偿环节 $G_r(s)$ 产生附加的开环控制作用，从而构成具有复合控制的随动系统。其传递函数为

$$\Phi(s) = \frac{C(s)}{R(s)} = \frac{G_2(s)\left[G_1(s) + G_r(s)\right]}{1 + G_1(s)G_2(s)H(s)}$$

给定误差为

$$E(s) = R(s) - B(s) = R(s) - H(s)\Phi(s)R(s) = \frac{1 - G_r(s)G_2(s)H(s)}{1 + G_1(s)G_2(s)H(s)}R(s) \qquad (3-114)$$

可见，若满足

$$G_r(s) = \frac{1}{G_2(s)H(s)} \qquad (3-115)$$

则 $E(s) = 0$，即系统完全复现给定输入作用。式（3-115）在工程上称为给定作用下实现完全不变性的条件，这种将误差完全补偿的作用称为全补偿。

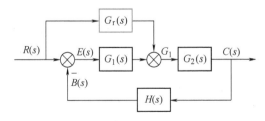

图 3-35 按给定补偿的复合控制系统

2. 按扰动补偿的复合控制

如图 3-36 所示，引入扰动补偿信号，即扰动作用通过补偿环节 $G_n(s)$ 产生附加的开环控制作用，构成复合控制系统。

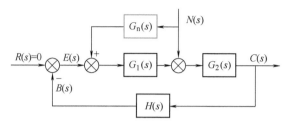

图 3-36　按扰动补偿的复合控制系统

此时，系统的扰动误差就是给定量为零时系统反馈量的负值，即

$$E(s) = -B(s) = -H(s)C(s) = -H(s)\frac{G_2(s)\left[1+G_n(s)G_1(s)\right]}{1+G_1(s)G_2(s)H(s)}N(s) \tag{3-116}$$

当满足

$$G_n(s) = -\frac{1}{G_1(s)} \tag{3-117}$$

时，$E(s)=0$ 且 $C(s)=0$，系统输出完全不受扰动的影响，即实现对外部扰动作用的完全补偿。式（3-117）称为扰动作用下实现完全不变性的条件。

顺便指出，由于 $G_r(s) = \dfrac{1}{G_2(s)H(s)}$ 和 $G_n(s) = -\dfrac{1}{G_1(s)}$，而 $G_1(s)$ 和 $G_2(s)H(s)$ 一般是 s 的有理真分式，尤其是 $G_2(s)$ 更是如此。所以 $G_r(s)$ 和 $G_n(s)$ 比较难以实现。也就是说，实际中很难实现全补偿。但即使采用部分补偿往往也可以取得显著效果。

例如，如图 3-37 所示为一引入微分环节的随动系统结构图。补偿前其开环传递函数为

$$G_k(s) = \frac{K_1K_2}{s(Ts+1)} = \frac{K}{s(Ts+1)} \quad (K=K_1K_2)$$

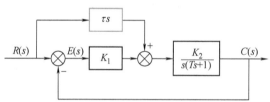

图 3-37　随动系统结构图

则闭环传递函数为

$$\Phi(s) = \frac{K}{s(Ts+1)+K}$$

因此，系统给定作用下的误差传递函数为

$$\Phi_e(s) = \frac{s(Ts+1)}{s(Ts+1)+K}$$

由于系统为 1 型系统，则对于阶跃输入，其稳态误差为零。但对于斜坡输入，系统的稳态误差为

$$e_{ss} = \frac{A}{K_v} = \frac{A}{K}$$

可见，这时系统将产生定值稳态误差，误差的大小取决于系统的速度误差系数 K_v。

为了补偿系统的速度误差，引入了给定量的微分，即

$$G_r(s) = \tau s$$

由此求得系统的闭环传递函数为

$$\Phi(s) = \frac{G_2(s)\left[\,G_r(s) + G_1(s)\,\right]}{1 + G_k(s)} = \frac{\dfrac{K_2}{s(Ts+1)}(\tau s + K_1)}{1 + \dfrac{K}{s(Ts+1)}} = \frac{K_2(\tau s + K_1)}{s(Ts+1) + K}$$

此时的给定误差为

$$E(s) = R(s) - C(s) = \left[\,1 - \Phi(s)\,\right]R(s)$$

$$= \frac{Ts^2 + s - K_2\tau s}{s(Ts+1) + K}R(s)$$

当输入斜坡信号时，$R(s) = \dfrac{A}{s^2}$，则系统的给定稳态误差为

$$e_{ss} = \lim_{s \to 0} sE(s) = \lim_{s \to 0}\frac{Ts + 1 - K_2\tau}{s(Ts+1) + K}A = \frac{1 - \tau K_2}{K}A$$

若取 $\tau = \dfrac{1}{K_2}$，则有 $e_{ss} = 0$。

因此可见，补偿校正装置 $G_r(s) = \tau s = \dfrac{1}{K_2}s$ 时，可使系统的速度误差为零，相当于将原来 1 型系统提高为 2 型系统。此时，由于

$$\Phi(s) = \frac{K_2(\tau s + K_1)}{s(Ts+1) + K} = \frac{s + K}{Ts^2 + s + K}$$

则其等效的单位反馈系统的开环传递函数为

$$G_k'(s) = \frac{\Phi(s)}{1 - \Phi(s)} = \frac{\dfrac{s+K}{Ts^2 + s + K}}{1 - \dfrac{s+K}{Ts^2 + s + K}} = \frac{s+K}{Ts^2}$$

应特别指出的是，加入 $G_r(s) = \tau s$ 后，系统的稳定性与未加前相同，因为它们的特征方程是相同的。这样，既提高了系统的稳态精度，又使系统的稳定性保持不变。

 3.7 用 MATLAB 进行时域响应分析（Time Domain Response Analysis by Using MATLAB）

运用相关的 MATLAB 函数可以对系统进行阶跃响应、脉冲响应和任意输入响应分析。下面介绍相关的函数及其在时域响应分析中的应用。

3.7.1　MATLAB 函数指令方式下的时域响应分析（Time Domain Response Analysis under MATLAB Function Instructions Mode）

1. 单位阶跃响应

MATLAB 中求单位阶跃响应的函数为 step( )，其调用格式如下，其中 sys 为给定系统的

数学模型。

step(sys)	%绘制系统的单位阶跃响应曲线,时间向量 t 的范围由系统自行设定
step(sys,tfinal)	%绘制系统的单位阶跃响应曲线,增加了响应终止时间变量 tfinal
step(sys,t1:dt:t2)	%绘制时间段 t1~t2 内系统的单位阶跃响应曲线,dt 为增量,通常取 0.01
step(sys1,sys2,…,t)	%在同一坐标系下绘制多个系统的单位阶跃响应曲线
[y,t,x]=step(sys)	%不作图,返回变量格式,y 为响应向量,t 为时间向量,x 为状态向量

2. 单位脉冲响应

MATLAB 中求取单位脉冲响应的函数为 impulse( )，其调用格式如下：

```
impulse(sys)
impulse(sys,tfinal)
impulse(sys,t1:dt:t2)
[y,t,x]=impulse(sys)
```

其中，sys 为给定系统的数学模型，各输入和返回变量的含义与单位阶跃响应相同，这里不再赘述。

3. 任意函数作用下的系统响应

MATLAB 可以实现已知任意函数作用下系统的响应，输入响应函数为 lsim( )，其调用格式如下：

```
lsim(sys,u,t)
lsim(sys,u,t,x0)
y=lsim(sys,u,t)
[y,t,x]=lsim(sys,u,t)
```

其中，u 为给定的输入向量，t 为输入的时间向量，x0 为初始条件。

MATLAB 没有直接调用系统斜坡响应的指令函数。当已知系统的传递函数为 $G(s)$，求其单位斜坡响应时，可先用 s 除 $G(s)$，得到一个新的系统 $G(s)/s$，然后再用阶跃指令即可求出系统的斜坡响应。

【例 3-15】　用 MATLAB 函数命令绘制一阶系统 $\Phi(s) = \dfrac{1}{s+1}$ 的单位阶跃响应曲线、单位脉冲响应曲线和单位斜坡响应曲线。

解　MATLAB 程序如下：

```
>>num=1;den=[1,1];
>>sys=tf(num,den);
>>step(sys)              %绘制单位阶跃响应曲线
>>figure(2)             %打开新的绘图窗口
>>impulse(sys)          %在新窗口中绘制单位脉冲响应曲线
>>figure(3)
>>den=[1,1,0];
>>step(1,[1,1,0])       %绘图单位斜坡响应曲线
>>title('Ramp Response')
```

程序运行后得到如图 3-38 所示的响应曲线。

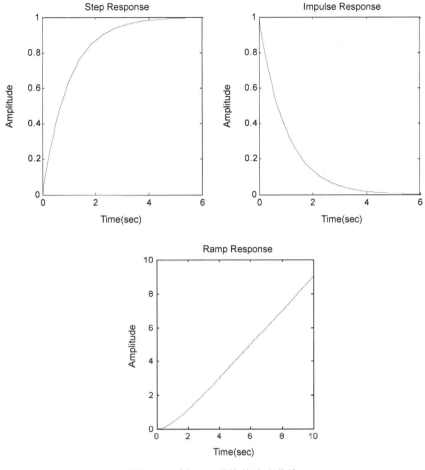

图 3-38 例 3-15 系统的响应曲线

【例 3-16】 已知一单位负反馈系统开环传递函数为 $G(s) = \dfrac{25}{s(s+6)}$，试绘制系统的单位阶跃响应曲线，并求其稳态误差 e_{ss}、超调量 $\sigma\%$ 和峰值时间 t_p。

解 MATLAB 程序如下：

```
>>num = 25;den = conv([1,0],[1,6]);
>>sys = tf(num,den);
>>sys1 = feedback(sys,1);
>>step(sys1)                    %绘制单位阶跃响应曲线
>>[y,t] = step(sys1);           %返回变量 y 和 t
>>ess = 1-y;
>>plot(t,ess)                   %绘制系统的误差曲线
>>ess1 = ess(length(ess))       %计算系统的稳态误差
```

程序运行结果：

```
ess1 = 0.0017
>>ymax = max(y);                %计算峰值
>>mp = (ymax-1) * 100           %计算超调量
```

程序运行结果：

mp = 9.4738

>>tp = spline(y,t,ymax)　　　　　　%计算峰值时间

程序运行结果：

tp = 0.7914

该系统的单位阶跃响应曲线如图 3-39 所示，误差曲线如图 3-40 所示。

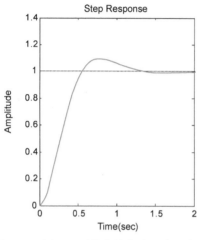

图 3-39　例 3-16 系统的单位阶跃响应曲线

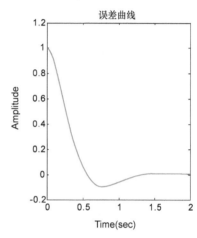

图 3-40　例 3-16 系统的误差曲线

【例 3-17】　已知系统的传递函数为

$$G(s) = \frac{1}{s^2 + 2s + 6}$$

试求系统的正弦输入响应。

解　MATLAB 程序如下：

```
>>n=1;d=[1,2,6];
>>sys=tf(n,d);
>>t=0:0.01:10;u=sin(t);
>>lsim(sys,u,t)
>>grid   %加网格线
```

系统正弦输入响应曲线如图 3-41 所示。

3.7.2　利用 Simulink 动态结构图的时域响应仿真（Time Domain Response Simulation by Using Simulink Dynamic Structure Diagram）

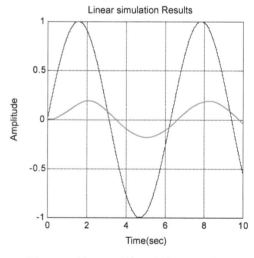

图 3-41　例 3-17 系统正弦输入响应曲线

Simulink 是 MATLAB 里的重要工具箱之一，其主要的功能是实现动态系统建模、仿真与分析。Simulink 为用户提供了强大的图形化功能模块，可以方便地通过简单的鼠标操作建立系统的直观模型并进行仿真。与在 MATLAB 命令窗口中逐行输入命令相比，这种输入更容易，分析更直观。下面通过实例简单介绍 Simulink 建立结构图模型的基本步骤与系统仿真的方法。

【例3-18】 已知系统动态结构图如图3-42所示。当 $\tau_1 = \tau_2 = 0$；$\tau_1 = 0.0625$、$\tau_2 = 0$；$\tau_1 = 0$、$\tau_2 = 0.0625$ 时，试用 Simulink 分别对系统进行仿真分析，并进行比较。

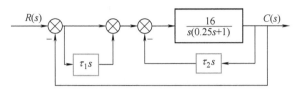

图 3-42 例 3-18 系统动态结构图

解 （1）当 $\tau_1 = \tau_2 = 0$ 时

1）在 MATLAB 命令窗口的工具栏中单击 按钮或者在命令提示符>>下键入 Simulink 命令后回车，即可启动 Simulink 程序。启动后软件自动打开 Simulink 模型库窗口，如图3-43所示。这一模型库中含有许多子模型库供用户选择使用。然后，选择 File→New 菜单中的 Model 选项打开一个空白的模型编辑窗口，如图 3-44 所示。

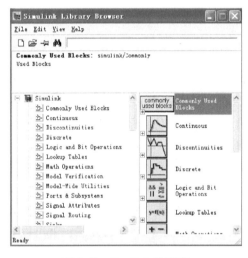

图 3-43 Simulink 模型库

图 3-44 模型编辑窗口

2）画出所需模块，并给出正确的参数。

① 在 Sources 子模块中选中阶跃输入（step）图标，将其拖入编辑窗口中，并双击该图标打开参数设定对话框，将参数 step time（阶跃时刻）设为 0。

② 在 Math（数学）子模块库中选中加法器（sum）图标，拖到编辑窗口，并双击该图标将参数 List of signs（符号列表）设为｜+-（表示一个输入为正，一个输入为负）。若设为｜++表示两个输入都为正。

③ 在 Continuous（连续）子模块库中选中传递函数（Transfer Fcn）图标，拖到编辑窗口，并将 Numerator（分子）改为 16，Denominator（分母）改为 [0.25, 1, 0]。

④ 在 Sink（输出）子模块库中选中 Scope（示波器）和 Out1（输出端口模块）图标，拖到编辑窗口。双击示波器模块打开示波器窗口，在菜单栏中选择 （Parameters）按钮打开一个对话框，在 General 选项卡中设置 Number of axel 为 1；Time range 为 auto；Tick labels 为 bottom axis only；sampling 为 sample time/0，单击 OK 按钮确定。在示波器窗口内单击右

键，打开快捷菜单，选择 Axes properties…项，设置输出范围：Y——min：0；Y——max：1.5，单击 OK 按钮确定。

3）将画出的模块按图 3-42 所示用鼠标操作连接起来，构成一个系统的框图描述，如图 3-45 所示。

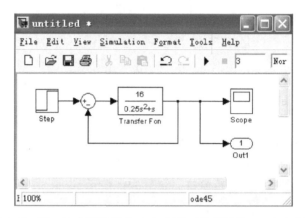

图 3-45　例 3-19 中满足条件（1）时的二阶系统的 Simulink 实现

4）选择仿真控制参数，启动仿真过程。

单击 Simulation 打开 Simulation parameters 菜单，在 Solver 模板中设置 Start Time 为 0.0；Stop Time 为 3。仿真步长范围 Max step size 为 0.005。最后单击 ▶（Start Simulation）按钮启动仿真。双击示波器，在弹出的图形上会"实时地"显示出仿真结果。如图 3-46 所示。

由于增加了 Out1 输出端口，在 MATLAB 命令窗口中输入 whos 命令后，会发现工作空间中增加了两个变量——tout 和 yout，这是因为 Simulink 中的 Out1 模块自动地将结果写到了MATLAB 的工作空间中。此时利用 MATLAB 命令 plot（tout，yout）可将结果绘制出来，如图 3-47 所示。比较图 3-46 和图 3-47 可以发现这两种输出结果是完全一致的，从而实现了多个工作环境间数据的交换。通过输入 MATLAB 指令，参考例 3-17 中的方法，就可以对所得到的系统进行时域分析，求出相应的时域性能指标。

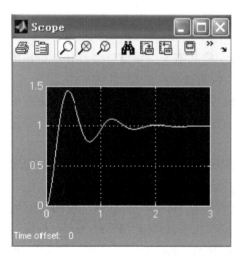

图 3-46　仿真结果的示波器显示

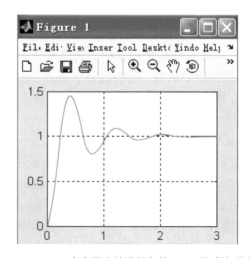

图 3-47　MATLAB 命令得出的满足条件（1）的系统响应曲线

（2）当 $\tau_1 = 0.0625$、$\tau_2 = 0$ 时

重复（1）中的步骤建立如图 3-48 所示系统的结构图，并进行仿真。为了进行比较，将（1）和（2）的仿真结果通过命令在同一图形窗口中显示，如图 3-49 所示，虚线所示为（2）响应曲线。

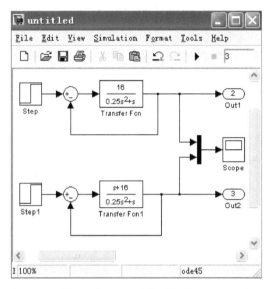

图 3-48 满足条件（2）时的系统的 Simulink 实现

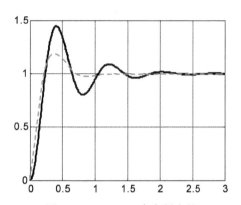

图 3-49 MATLAB 命令得出的
满足条件（2）的系统响应曲线

（3）当 $\tau_1 = 0$、$\tau_2 = 0.0625$ 时

同样的方法可得如图 3-50 所示系统的结构图及如图 3-51 所示的响应曲线，实线所示为（1）响应曲线，虚线所示为（3）响应曲线。

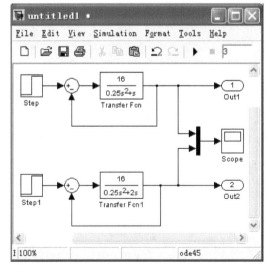

图 3-50 满足条件（3）时的系统的 Simulink 实现

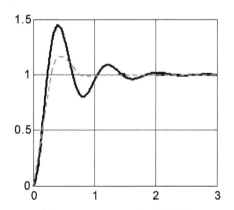

图 3-51 MATLAB 命令得出的
满足条件（3）的系统响应曲线

3.7.3 判别系统稳定性（Determine the System Stability）

在 3.5 节中已经证明了线性系统稳定的充分必要条件是闭环特征方程的所有根都严格位于 s 左半平面上。因此只要求解控制系统闭环特征方程的根并判断所有根的实部是否小于零，就可以判断系统的稳定性。在 MATLAB 中可以调用 roots( ) 函数来求特征方程的根。roots( ) 函数调用格式如下：

> roots(p)　%p 为特征多项式的系数向量,按降幂排列,空项补 0

【例3-19】　试用 MATLAB 指令判别例 3-10 中系统的稳定性。

解　MATLAB 程序如下：

>> >> p=[1 1 3 3 2 2];

>> roots(p)

程序运行结果为

```
ans =
-1.0000
-0.0000+1.4142i
-0.0000-1.4142i
-0.0000+1.0000i
-0.0000-1.0000i
```

根据计算数据可以看出系统具有两对纯虚根，没有在 s 右半平面的根，所以系统临界稳定。

【例3-20】　已知单位反馈系统的开环传递函数为

$$G_k(s)=\frac{100(s+3)}{s(s+1)(s+10)}$$

试判别闭环系统的稳定性。

解　MATLAB 程序如下：

>>k=100;z=-3;p=[0,-1,-10];

>>[num,den]=zp2tf(z,p,k);　%零极点模型转换成传递函数模型,并返回分子、分母向量

>>sys=tf(num,den);

>>p=num+den　　　　　　　　%闭环特征多项式等于开环传递函数的分子、分母多项式之和

>>r=roots(p)

程序运行结果为

```
p =
1    11   110  300
r =
-3.7007+8.3469i
    -3.7007-8.3469i
    -3.5986
```

根据计算数据可以看出系统的特征根均是负实部，所以该闭环系统是稳定的。

本章小结（Summary）

1. 内容归纳

1）常用的典型输入信号有阶跃函数、斜坡函数、抛物线函数、脉冲函数和正弦函数。

2）时域分析是通过直接求解系统在典型输入信号作用下的时域响应来分析系统性能的。通常是以系统阶跃响应的超调量、调节时间和稳态误差等性能指标来评价系统性能的优劣。

3）典型一、二阶系统的动态性能指标 $\sigma\%$ 和 t_s 等与系统的参数有严格的对应关系。

4）欠阻尼二阶系统的阶跃响应虽有振荡，但只要阻尼比取值适当（如 ζ 为 0.7 左右），则系统既有响应的快速性，又有过渡过程的平稳性，因而在控制工程中常把二阶系统设计为欠阻尼。

5）如果高阶系统中含有一对闭环主导极点，则该系统的暂态响应就可以近似地用这对主导极点所描述的二阶系统来表征。

6）稳定性是控制系统能正常工作的首要条件。线性定常系统的稳定性是系统本身的一种固有特性，它取决于系统的结构与参数，而与外作用信号的形式和大小无关。劳斯-赫尔维茨代数稳定判据只回答特征方程式的根在 s 平面上的分布情况，而不能确定根的具体数值。

7）稳态误差是系统控制精度的度量，更是系统的一个重要性能指标。它既与系统的结构参数有关，也与输入信号的形式、大小和作用点有关。计算稳态误差既可应用拉普拉斯变换的终值定理，也可由静态误差系数求得。

8）系统的稳态精度与动态性能在对系统的类型和开环增益的要求上是相矛盾的。解决这一矛盾的方法，除了在系统中设置校正装置外，还可用前馈补偿的方法来提高系统的稳态精度。

2. 知识结构

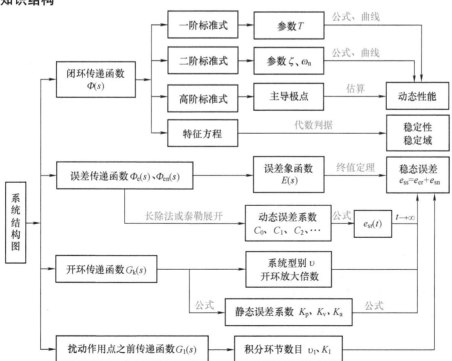

代表人物及事件简介（Leaders and Events）

1. 爱德华·约翰·劳斯（Edward John Routh，1831—1907），英国数学家，剑桥大学最著名的数学 Tripos 教练。生于加拿大的魁北克省，1842 年随家人回到英国伦敦，在 1847 年获得奖学金后进入伦敦大学学院学习，在德·摩根（De Morgan）的影响下从事数学职业。1849 年获得学士学位，1850 年 6 月 1 日与麦克斯韦同时进入彼得豪斯，1853 年获得文学硕士学位，并获数学和自然哲学金牌。1854 年，又在剑桥大学获得学士学位，1855 年当选为彼得豪斯学院院士。1856 年成为伦敦数学学会的创始成员，并于 1866 年和 1872 年分别当选为皇家天文学会和皇家学会的研究员，获得了格拉斯哥（1878

年）和都柏林（1892 年）等多所大学的荣誉学位。1883 年，被任命为彼得豪斯大学的荣誉研究员。

爱德华·约翰·劳斯最感兴趣的研究领域是几何、动力学、天文学、波动、振动和谐波分析。他在力学方面的工作尤其重要，1877 年发表的关于给定运动状态稳定性，尤其是稳态运动的论文获得了亚当斯奖。这部获奖作品的影响非常重大，其核心内容是经典控制理论中判断线性系统稳定性的常用代数稳定判据之一。他还出版了著名的高级论文，如刚体动力学论文（1860）、分析统计学论文（1891）和粒子动力学论文（1898），这些论文成为标准的应用数学教科书。

2. 阿道夫·赫尔维茨（Adolf Hurwitz，1859—1919），德国数学家。被法国数学家让·皮埃尔·塞尔（Jean Pierre Serre）美誉为"19 世纪下半叶数学界最重要的人物之一"。1868 年，阿道夫·赫尔维茨开始中等教育，跟随赫尔曼·舒伯特（Hermann Schubert）学习数学。从 1877 年起，先后到慕尼黑技术大学和柏林大学师从 E. E. 库默尔、K. 外尔斯特拉斯和 L. 克罗内克。1880 年，在慕尼黑技术大学成为 F. 克莱因的学生，以模函数的论文取得博士学位。此后在柏林大学和格丁根大学任教。1884—1892 年，应邀在柯尼斯堡大学工作期间，是 D. 希尔伯特和 H. 闵科夫斯基的老师，后来又成为终身的朋友。1892 年任瑞士苏黎世技术大学教授，直到逝世。

阿道夫·赫尔维茨早期研究模函数，并将它用于代数数论，讨论类数的关系。由于接受了 F. 克莱因几何直觉的影响，他们一起得出：亏格大于 1 的代数黎曼曲面的自同构群是有限的。著名的赫尔维茨定理给出多项式的所有根位于左半平面的一个条件，这在控制理论等稳定性研究中很有价值。他还在不变量理论、四元数和八元数理论、二元二次型理论等多方面有贡献。他的著作由他的同事 G. 波伊亚等人汇编成书。1895 年，建立了 Hurwitz 矩阵，其矩阵元素是来源于实数多项式的系数，该矩阵具有以下性质：①若多项式的所有根都有负实部，则由 Hurwitz 矩阵表示的多项式为稳定的；②当线性常系数微分方程的系数矩阵为 Hurwitz 矩阵时，该系统是渐近稳定的。

习题（Exercises）

3-1 已知单位反馈系统的开环传递函数为

$$G(s) = \frac{K}{s}$$

试确定 $K=1$、$K=2$、$K=4$ 时系统阶跃响应的调节时间 $t_s(\Delta = \pm 2\%)$，并说明 K 的增大对 t_s 的影响。

3-2 在零初始条件下，控制系统在输入信号 $r(t) = 1(t) + t \cdot 1(t)$ 作用下的输出响应为 $c(t) = t \cdot 1(t)$。求系统的传递函数，并确定系统的调节时间 $t_s(\Delta = \pm 2\%)$。

3-3 已知二阶系统的单位阶跃响应为

$$c(t) = 10 - 12.5e^{-1.2t}\sin(1.6t + 53.1°)$$

试求系统的超调量 $\sigma\%$、峰值时间 t_p 和调节时间 $t_s(\Delta = \pm 2\%)$。

3-4 控制系统结构图如图 3-52 所示，其中 $T = 0.2$，$K = 5$。当有一单位阶跃信号作用于系统时，试计算系统的 t_r、t_p、t_s 和 $\sigma\%$。

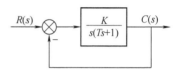

图 3-52 题 3-4 控制系统结构图

3-5 已知控制系统的单位阶跃响应为

$$c(t) = 1 + 0.2e^{-60t} - 1.2e^{-10t}$$

试确定系统的阻尼比 ζ 和自然频率 ω_n。

3-6 设二阶控制系统的单位阶跃响应曲线如图 3-53 所示。若该系统为单位反馈控制系统，试确定其开环传递函数。

3-7 一个质量–弹簧–阻尼器系统原理图如图 3-54 所示。施加 8.9 N 的力后，其阶跃响应峰值时间为 $t_p = 2\,\text{s}$，峰值为 0.0329 m，$x(\infty) = 0.03\,\text{m}$。试求该系统的质量 m、弹性系数 k 和阻尼系数 f 的数值。

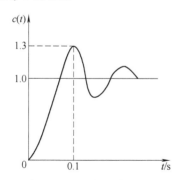

图 3-53 题 3-6 二阶系统的单位阶跃响应曲线

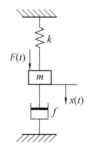

图 3-54 题 3-7 质量–弹簧–阻尼器系统原理图

3-8 图 3-55 所示为简化的飞行控制系统结构图，试选择 K_1 和 K_t，使系统的参数满足 $\omega_n = 6\,\text{rad/s}$，$\zeta = 1$。

3-9 设控制系统如图 3-56 所示，要求：

（1）取 $\tau_1 = 0$，$\tau_2 = 0.1\,\text{s}$，计算测速反馈控制系统的超调量和调节时间（$\Delta = \pm 2\%$）。

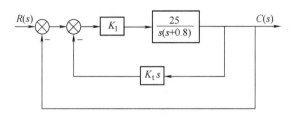

图 3-55 题 3-8 飞行控制系统结构图

（2）取 $\tau_1=0.1\,\text{s}$，$\tau_2=0$，计算比例微分控制系统的超调量和调节时间（$\Delta=\pm2\%$）。

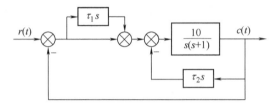

图 3-56 题 3-9 控制系统结构图

3-10 已知某系统的闭环传递函数为

$$\Phi(s)=\frac{C(s)}{R(s)}=\frac{7.6(s+2.1)}{(s+8)(s+2)(s^2+s+1)}$$

试估算系统的超调量 $\sigma\%$ 和调节时间 t_s（$\Delta=\pm2\%$）。

3-11 若设计一个三阶控制系统，使系统对阶跃输入的响应为欠阻尼特性，且

$$10\%<\sigma\%<20\%,\quad t_s<0.6\,\text{s}(\Delta=\pm2\%)$$

（1）试确定系统主导极点的配置位置。

（2）如果系统的主导极点为共轭复数极点，试确定第 3 个实数极点 p_3 的最大值。

（3）确定 $t_s=0.6\,\text{s}$，$\sigma\%=20\%$ 的单位负反馈系统的开环传递函数。

3-12 已知单位反馈系统的开环传递函数为

（1）$G(s)=\dfrac{50}{s(s+1)(s+5)}$

（2）$G(s)=\dfrac{8(s+1)}{s(s-1)(s+6)}$

（3）$G(s)=\dfrac{0.2(s+2)}{s(s+0.5)(s+0.8)(s+3)}$

（4）$G(s)=\dfrac{4}{s^2(s+2)(s+3)}$

试分别用代数判据判定闭环系统的稳定性。

3-13 已知系统的特征方程为

（1）$0.02s^3+0.8s^2+s+20=0$

（2）$s^4+2s^3+8s^2+4s+3=0$

（3）$s^5+s^4+3s^3+9s^2+16s+10=0$

（4）$s^6+3s^5+5s^4+9s^3+8s^2+6s+4=0$

试用劳斯判据判定系统的稳定性。若系统不稳定，指出在 s 平面右半部的特征根数目。

3-14　已知系统特征方程为 $s^6+4s^5-4s^4+4s^3-7s^2-8s+10=0$。试求系统在 s 右半平面的特征根数及纯虚根值。

3-15　已知系统的特征方程为

$$s^6+2s^5+8s^4+12s^3+20s^2+16s+16=0$$

试判断系统的稳定性并指出系统特征根的大致分布情况。

3-16　已知单位反馈系统的开环传递函数

$$G(s)=\frac{K(0.5s+1)}{s(s+1)(0.5s^2+s+1)}$$

试确定系统稳定时的 K 值范围。

3-17　某随动系统（单位反馈系统）的开环传递函数为

$$G(s)=\frac{K(s+1)}{s^3+as^2+2s+1}$$

当调节放大系数 K 至某一数值时，系统产生频率为 $\omega=2\,\text{rad/s}$ 的等幅振荡。试确定系统参量 K 和 a 的值。

3-18　已知控制系统结构图如图 3-57 所示，其中 $K_1>0$、$K_2>0$、$\beta\geq0$。试分析：

（1）β 值增大对系统稳定性的影响。

（2）β 值增大对系统阶跃响应动态性能的影响。

（3）β 值增大对系统斜坡响应稳态误差的影响。

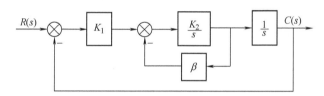

图 3-57　题 3-18 控制系统结构图

3-19　某反馈控制系统结构图如图 3-58 所示，其中

$$G(s)=\frac{K(s+40)}{s(s+10)},H(s)=\frac{1}{s+20}$$

（1）确定使系统稳定的 K 值范围。

（2）确定使系统临界稳定的 K 值，并计算系统的纯虚根。

（3）为保证系统极点全部位于 $s=-1$ 的左侧，试确定此时增益 K 的范围。

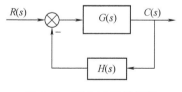

图 3-58　题 3-19 反馈控制系统结构图

3-20　已知单位反馈系统的开环传递函数

（1）$G(s)=\dfrac{100}{(0.1s+1)(s+5)}$

（2）$G(s)=\dfrac{50}{s(0.1s+1)(s+5)}$

（3）$G(s)=\dfrac{10(2s+1)}{s^2(s^2+6s+100)}$

试求输入分别为 $r(t) = 2t$ 和 $r(t) = 2+2t+t^2$ 时系统的稳态误差。

3-21 已知单位反馈系统的开环传递函数

(1) $G(s) = \dfrac{50}{(0.1s+1)(2s+1)}$

(2) $G(s) = \dfrac{K}{s(s^2+4s+200)}$

(3) $G(s) = \dfrac{10(2s+1)(4s+1)}{s^2(s^2+2s+10)}$

试求系统的位置误差系数 K_p、速度误差系数 K_v、加速度误差系数 K_a。

3-22 控制系统结构图如图 3-59 所示，试求：

(1) 当 $r(t) = 0, n(t) = 1(t)$ 时，系统的扰动稳态误差 e_{sn}。

(2) 当 $r(t) = 1(t)$，$n(t) = 1(t)$ 时，系统的给定稳态误差 e_{sr} 和总的稳态误差 e_{ss}。

(3) 若要减少总的稳态误差 e_{ss}，应如何调整 K_1、K_2？

(4) 如分别在扰动点之前或之后加入积分环节，对总的稳态误差 e_{ss} 有何影响？

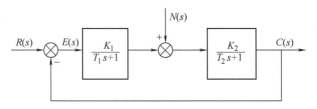

图 3-59 题 3-22 控制系统结构图

3-23 某复合控制系统结构图如图 3-60 所示。

(1) 要求闭环系统为最佳阻尼比，且调节时间不大于 0.4 s（取 $\Delta = \pm 2\%$）。

(2) 选取 $G_c(s)$ 实现一阶无静差。

(3) 选取 $G_c(s)$ 使输出 $C(s) = R(s)$。

(4) 选取 $G_n(s)$ 使对 $n(t)$ 作用下无稳态误差。

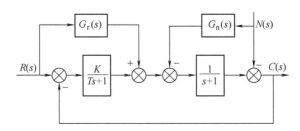

图 3-60 题 3-23 复合控制系统结构图

第 4 章 根轨迹分析法（Root Locus Analysis Method）

学习指南（Study Guide）

内容提要 根轨迹分析法是一种图解法，本章详细介绍了根轨迹的基本概念及根轨迹方程，绘制常规根轨迹的基本法则，包括零度根轨迹、参量根轨迹和多回路系统根轨迹在内的广义根轨迹绘制方法，控制系统的根轨迹分析与性能指标计算，增加开环零、极点对根轨迹的影响，以及如何利用 MATLAB 绘制系统的根轨迹。

能力目标 针对实际控制系统，根据系统开环传递函数或等效开环传递函数，能够熟练绘制并应用根轨迹图对控制系统的稳定性和性能指标进行分析计算；并能根据系统要求，通过增加开环零、极点的方法，调整根轨迹的形状和参数，达到预期效果；尤其是通过 MATLAB 绘制各种情况下的系统根轨迹图，具备分析和改善控制系统稳、快、准的能力。

学习建议 本章的学习重点首先是在熟练掌握根轨迹方程和绘制法则的基础上，能根据开环零、极点分布，快速绘制系统的常规根轨迹或零度根轨迹；应用等效开环传递函数概念，绘制参量根轨迹以及多回路系统的根轨迹。其次是根据根轨迹图正确判断系统的稳定性和稳定域，定性分析和定量计算系统的性能指标，确定要求的闭环极点位置；并能在要求的闭环极点没有处于根轨迹上时，通过增加开环零、极点调整根轨迹形状和参数的方法，来满足系统性能指标的要求。最后是利用 MATLAB 进行根轨迹绘制和系统分析设计。

　　闭环控制系统的稳定性可以由闭环传递函数的极点，即闭环系统特征方程的根所决定。系统动态响应的基本特征由闭环极点起主导作用，闭环零点则影响系统动态响应的形态。因此，对于反馈控制系统的研究，首先是在系统的结构和参数已知时，求解系统的闭环极点和闭环零点；其次，为了使得系统具有希望的控制性能，需要考察系统结构和参数的变化对其闭环极点和闭环零点的影响规律。系统的闭环极点是其闭环特征方程的根，对于高阶系统，采用解析法求解其闭环极点是比较困难的。尤其是考察系统的闭环极点随着结构和参数变化的一般规律时，更需要进行大量复杂的运算。

　　1948 年，伊文斯（W. R. Evans）根据反馈控制系统的开环传递函数与其闭环特征方程间的内在联系，提出了一种简单实用的求取闭环特征根的图解法（graphical method）——根轨迹法。根轨迹法在控制工程中得到了广泛应用，并成为经典控制理论的基本分析方法之一。

4.1　根轨迹的基本概念（Basic Concepts of Root Locus）

4.1.1　根轨迹的定义（Definition of Root Locus）

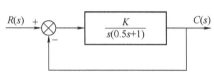

教学视频 4-1
根轨迹和根轨迹方程

下面通过一个例子来学习根轨迹的定义。

【例 4-1】 已知一个单位负反馈系统的结构如图 4-1 所示，试绘制其根轨迹。

解　系统的开环传递函数为

$$G_k(s)=\frac{K}{s(0.5s+1)}=\frac{2K}{s(s+2)}=\frac{K_g}{s(s+2)}$$

其中，K 为系统的开环放大倍数；K_g 为开环根轨迹增益，简称根轨迹增益，$K_g=2K$。

系统具有两个开环极点：$p_1=0$，$p_2=-2$；没有开环零点。

系统的闭环传递函数为

$$\Phi(s)=\frac{K_g}{s^2+2s+K_g}$$

闭环特征方程为

$$D(s)=s^2+2s+K_g=0$$

系统的两个闭环特征根为

$$s_{1,2}=-1\pm\sqrt{1-K_g}$$

两个闭环特征根将随着 K_g 取值的变化而变化。例如当 $K_g=0$ 时，$s_1=0$，$s_2=-2$；当 $K_g=1$ 时，$s_1=s_2=-1$；当 $K_g=2$ 时，$s_{1,2}=-1\pm j$；当 $K_g=5$ 时，$s_{1,2}=-1\pm j2$；当 $K_g=\infty$ 时，$s_{1,2}=-1\pm j\infty$。

在复平面（complex plane）上用平滑的曲线将计算结果连接起来，就可以得到 K_g 由 0→∞ 变化时闭环特征根变化的轨迹，即根轨迹（root locus），如图4-2所示。

根轨迹图全面描述了 K_g 对闭环特征根 $s_{1,2}$ 在复平面上的分布及系统性能的影响。

当 K_g 从 0→∞ 连续变化时，根轨迹均在 s 左半平面，所以系统对所有 $K_g>0$ 的值都稳定。

当 $0<K_g<1$ 时，特征根为两个互异的负实数，系统处于过阻尼状态，阶跃响应无超调。

当 $K_g=1$ 时，特征根为两个相等的负实数，系统处于临界阻尼状态，阶跃响应也无超调。

当 $K_g>1$ 时，特征根为一对负实部的共轭复根，系统处于欠阻尼状态，阶跃响应振荡衰减。

因此，所谓根轨迹，是指系统开环传递函数中的某个参数变化时，闭环特征根在复平面

图 4-1　单位负反馈系统结构图

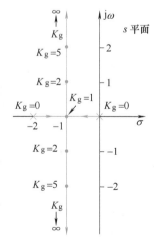

图 4-2　例 4-1 根轨迹图

上变化的轨迹。这里所说的某个参数，通常是指根轨迹增益 K_g。除 K_g 外，有时也可取其他的可变参数。

4.1.2 根轨迹方程（Root Locus Equation）

绘制根轨迹的实质是寻找系统闭环特征方程 $1+G_k(s)=0$ 的根。

对于如图 4-3 所示的一般闭环控制系统，其开环传递函数为

$$G_k(s) = G(s)H(s) = \frac{K_g \prod_{j=1}^{m}(s-z_j)}{\prod_{i=1}^{n}(s-p_i)} \tag{4-1}$$

式中，z_j 为系统的开环零点（$j=1,\ 2,\ \cdots,\ m$）；p_i 为系统的开环极点（$i=1,\ 2,\ \cdots,\ n$）；K_g 为系统的根轨迹增益。

显然，满足 $G_k(s)=-1$ 的点，即满足

$$\frac{K_g \prod_{j=1}^{m}(s-z_j)}{\prod_{i=1}^{n}(s-p_i)} = -1 \tag{4-2}$$

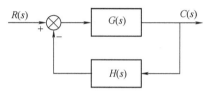

的点，都是系统的闭环特征根，必定在根轨迹上。所以称式（4-2）为系统的根轨迹方程（root locus equation）。

图 4-3 闭环控制系统

由式（4-2）可以看出，根轨迹法实质上是一种利用控制系统开环传递函数求取系统闭环极点，从而分析闭环系统性能的方法。

由于 $G_k(s)$ 是关于复数 s 的函数，故式（4-2）为一矢量方程。可由矢量的幅值运算和相角运算分别得到

$$\frac{K_g \prod_{j=1}^{m}|s-z_j|}{\prod_{i=1}^{n}|s-p_i|} = 1 \tag{4-3}$$

$$\sum_{j=1}^{m} \underline{/s-z_j} - \sum_{i=1}^{n} \underline{/s-p_i} = (2k+1)\pi,\ (k=0,\ \pm1,\ \pm2,\ \cdots) \tag{4-4}$$

式（4-3）称为根轨迹的幅值条件（amplitude condition）方程，式（4-4）称为根轨迹的相角条件（angle condition）方程。

式（4-3）也可写为以下形式，即

$$K_g = \frac{\prod_{i=1}^{n}|s-p_i|}{\prod_{j=1}^{m}|s-z_j|} \tag{4-5}$$

若 s 平面上的一点 s 是系统的闭环极点，则它必定满足式（4-3）和式（4-4），而且幅值条件方程与 K_g 有关，而相角条件方程与 K_g 无关。所以，把满足相角条件方程的 s 值代入幅值条件方程中，可以求得一个对应的 K_g 值，即 s 若满足相角条件方程，必定满足幅值条件方程。因此，相角条件方程是决定系统根轨迹的充分必要条件，而幅值条件方程只用来确定

根轨迹上各点的 K_g 值。

【**例 4-2**】 设单位反馈系统的开环传递函数为

$$G_k(s) = \frac{K_g(s+4)}{s(s+2)(s+6.6)}$$

试检验复平面上一点 $s_1 = -1.5 + \text{j}2.5$ 是否在根轨迹上。若在，则确定与它对应的 K_g 值。

解 系统有 3 个开环极点 $p_1 = 0$，$p_2 = -2$，$p_3 = -6.6$；有 1 个开环零点 $z_1 = -4$。

将这些零、极点及 $s_1 = -1.5 + \text{j}2.5$ 标注在复平面上。绘制从各零、极点到 s_1 的向量，如图 4-4 所示。

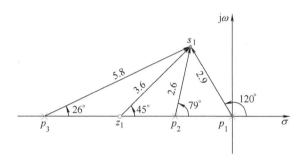

图 4-4 例 4-2 开环零、极点分布图

可计算得

$$\underline{/s_1 - z_1} - \underline{/s_1 - p_1} - \underline{/s_1 - p_2} - \underline{/s_1 - p_3}$$
$$= 45° - 120° - 79° - 26° = -180°$$

由相角条件方程式（4-4）可知，点 $s_1 = -1.5 + \text{j}2.5$ 在根轨迹上。

由幅值条件方程式（4-5），可得对应的 K_g 值为

$$K_g = \frac{|s_1 - p_1||s_1 - p_2||s_1 - p_3|}{|s_1 - z_1|} = \frac{2.9 \times 2.6 \times 5.8}{3.6} = 12.15$$

此例说明，通过选点试探法，可以判断复平面上某点是否落在根轨迹上。由那些满足相角条件的点就可以连成根轨迹。这种逐点试探的方法称为绘制根轨迹的试探法。

4.2 绘制根轨迹的基本法则（Basic Rules of Plotting Root Locus）

根据幅值条件方程和相角条件方程，利用解析法或试探法可以绘制低阶系统的根轨迹，但对于高阶系统，绘制过程是很烦琐的，不便于实际使用。在控制工程中，通常使用以两类条件方程为基础建立起来的一些基本法则来绘制根轨迹。使用这些法则能够迅速地绘制出根轨迹的大致形状和变化趋势。

满足相角条件方程式（4-4）的根轨迹，称为 180°根轨迹，也称为常规根轨迹。下面将讨论 180°根轨迹的绘制法则。

1. 根轨迹的连续性、对称性与分支数

由于实际控制系统闭环特征方程的系数或为已知实数，或为根轨迹增益 K_g 的函数，所以当 K_g 由 $0 \to \infty$ 连续变化时，闭环特征根的变化必然也是连续的，因此根轨迹具有连续性。

　　系统闭环特征方程的系数仅与系统的参数有关，对于实际控制系统而言，这些参数都是实数。具有实系数的闭环特征方程的根为共轭复数的形式，必然对称于实轴。因而，根轨迹也必然关于实轴对称。

　　根轨迹是系统开环传递函数中的某个参数变化时，闭环特征根在复平面上变化的轨迹。因此根轨迹的分支数必然与闭环特征根的数目相等。由式（4-1）可推出系统的闭环特征方程为

$$D(s) = \prod_{i=1}^{n} (s - p_i) + K_g \prod_{j=1}^{m} (s - z_j) = 0 \tag{4-6}$$

　　所以，根轨迹的分支数等于开环极点数 n 与开环零点数 m 中的大者。

2. 根轨迹的起点和终点

　　根轨迹的起点是指 $K_g = 0$ 时的根轨迹点，而终点是指 $K_g \to \infty$ 时的根轨迹点。

　　若系统具有 n 个开环极点，m 个开环零点（对于实际控制系统，一般均满足 $n > m$），则系统的 n 条根轨迹分支起始于开环极点，其中有 m 条终止于开环零点，其余（$n-m$）条终止于无穷远处。

　　当 $K_g = 0$ 时，由式（4-6）可得，$s = p_i$ 为闭环特征根。所以，开环极点是根轨迹的起点。

　　由式（4-6）可得

$$\frac{1}{K_g} \prod_{i=1}^{n} (s - p_i) + \prod_{j=1}^{m} (s - z_j) = 0 \tag{4-7}$$

当 $K_g \to \infty$ 时，$s = z_j$ 为闭环特征根。所以，有 m 条根轨迹分支终止于开环零点。

　　对于剩余的（$n-m$）条根轨迹，由式（4-7）可得

$$\lim_{s \to \infty} \frac{\prod_{j=1}^{m} (s - z_j)}{\prod_{i=1}^{n} (s - p_i)} = \lim_{s \to \infty} \frac{1}{s^{n-m}} = \lim_{K_g \to \infty} - \frac{1}{K_g} = 0$$

　　上式说明，当 $K_g \to \infty$ 时，$s \to \infty$ 为闭环特征根。所以（$n-m$）条根轨迹将终止于无穷远处。

　　通常，称无穷远处的根轨迹终点为无限开环零点。从这个意义上可以说，根轨迹起始于开环极点，终止于开环零点。

3. 根轨迹的渐近线

　　若 $n > m$，当 $K_g \to \infty$ 时，有（$n-m$）条根轨迹将沿着与实轴正方向夹角为 φ_a、交点为 σ_a 的渐近线（asymptote）趋于无穷远处，其中，渐近线与实轴正方向的夹角为

$$\varphi_a = \frac{(2k+1)\pi}{n-m}, k = 0, 1, \cdots, n-m-1 \tag{4-8}$$

　　渐近线与实轴正方向的交点为

$$\sigma_a = \frac{\sum_{i=1}^{n} p_i - \sum_{j=1}^{m} z_j}{n - m} \tag{4-9}$$

　　设系统的开环传递函数如式（4-1），可将其展开为如下形式：

$$G_k(s) = K_g \frac{s^m + b_1 s^{m-1} + \cdots + b_{m-1} s + b_m}{s^n + a_1 s^{n-1} + \cdots + a_{n-1} s + a_n} \tag{4-10}$$

式（4-10）可进一步整理为

$$G_k(s) = \frac{K_g}{s^{n-m} + (a_1 - b_1) s^{n-m-1} + \cdots} \tag{4-11}$$

式中，

$$b_1 = -\sum_{j=1}^{m} z_j \tag{4-12}$$

$$a_1 = -\sum_{i=1}^{n} p_i \tag{4-13}$$

设在根轨迹上无穷远处有一点 s，即 $s \to \infty$，则从复平面上所有有限的开环零、极点指向 s 的向量都可以认为是相等的。因此，可以将从所有有限的开环零、极点指向 s 的向量都用从某个固定点 σ_a 指向 s 的向量代替，即

$$s - z_j = s - p_i = s - \sigma_a \tag{4-14}$$

将式（4-14）代入式（4-1）可得

$$G_k(s) = \frac{K_g \prod_{j=1}^{m} (s - z_j)}{\prod_{i=1}^{n} (s - p_i)} = K_g \frac{(s - \sigma_a)^m}{(s - \sigma_a)^n}$$

$$= \frac{K_g}{(s - \sigma_a)^{n-m}} = \frac{K_g}{s^{n-m} + [-(n-m)\sigma_a] s^{n-m-1} + \cdots} \tag{4-15}$$

比较式（4-11）和式（4-15），可得

$$-(n-m)\sigma_a = a_1 - b_1$$

从而有

$$\sigma_a = \frac{a_1 - b_1}{-(n-m)} = \frac{\sum_{i=1}^{n} p_i - \sum_{j=1}^{m} z_j}{n-m}$$

同理，当 $s \to \infty$ 时，由式（4-14）可知

$$\underline{/s - z_j} = \underline{/s - p_i} = \varphi_a \tag{4-16}$$

将式（4-16）代入相角条件方程式（4-4），可得

$$m\varphi_a - n\varphi_a = (2k+1)\pi$$

从而有

$$\varphi_a = \frac{(2k+1)\pi}{n-m}, \quad k = 0, 1, \cdots, n-m-1$$

【例4-3】 若负反馈控制系统的开环传递函数为

$$G_k(s) = \frac{K_g}{s(s+1)(s+5)}$$

试确定根轨迹的分支数，根轨迹的起点和终点；若根轨迹的终点在无穷远处，试求渐近线与实轴的交点和夹角。

解 由法则 1 可知根轨迹有 3 条分支。由法则 2 可知 3 条根轨迹的起点分别在开环极点 0、−1 和−5 处。

因为没有开环零点，所以 3 条根轨迹分支沿 3 条渐近线趋向无穷远处，即根轨迹 3 条分支的终点均在无穷远处。

由法则 3 可求得渐近线与实轴正方向的夹角为

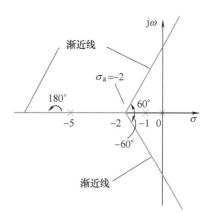

图 4-5 例 4-3 根轨迹的渐近线

$$\varphi_a = \frac{(2k+1)\pi}{n-m} = \begin{cases} \dfrac{\pi}{3} & k=0 \\ \pi & k=1 \\ -\dfrac{\pi}{3} & k=2 \end{cases}$$

渐近线与实轴的交点为

$$\sigma_a = \frac{\sum\limits_{i=1}^{n} p_i - \sum\limits_{j=1}^{m} z_j}{n-m} = \frac{(0-1-5)-0}{3-0} = -2$$

根轨迹的渐近线如图 4-5 所示。

4. 根轨迹的出射角与入射角

在开环极点处，根轨迹的切线方向与实轴正方向的夹角，称为根轨迹的出射角（angle of departure）。在开环零点处，根轨迹的切线方向与实轴正方向的夹角，称为根轨迹的入射角（angle of arrival）。

设系统开环传递函数如式（4-1），根轨迹在其 q 重开环极点 p_l 处的出射角为

$$\theta_{p_l} = \frac{1}{q}\left[(2k+1)\pi + \sum_{j=1}^{m} \underline{/(p_l - z_j)} - \sum_{\substack{i=1 \\ i \neq l}}^{n} \underline{/(p_l - p_i)}\right] \tag{4-17}$$

根轨迹在其 q 重开环零点 z_l 处的入射角为

$$\theta_{z_l} = \frac{1}{q}\left[(2k+1)\pi + \sum_{i=1}^{n} \underline{/(z_l - p_i)} - \sum_{\substack{j=1 \\ j \neq l}}^{m} \underline{/(z_l - z_j)}\right] \tag{4-18}$$

式（4-17）和式（4-18）中，$l=0$，1，$\cdots$，$q-1$；$k=0$，±1，±2，$\cdots$。

设系统的开环零、极点分布如图 4-6 所示。在根轨迹上靠近 q 重开环极点 p_2 处选择一点 s_1，它距 p_2 的距离为 ε。当 $\varepsilon \to 0$ 时，$\underline{/s_1-p_2} = \theta_{p_2}$，即为出射角，且

$$\underline{/p_2-p_i} = \underline{/s_1-p_i} \qquad i=1，3，4$$

$$\underline{/p_2-z_j} = \underline{/s_1-z_j} \qquad j=1$$

由相角条件方程式（4-4）可得

$$\underline{/s_1-z_1} - \underline{/s_1-p_1} - \underline{/s_1-p_3} - \underline{/s_1-p_4} - q\underline{/s_1-p_2} = (2k+1)\pi$$

上式整理得

$$q\theta_{p_2} = (2k+1)\pi + \underline{/s_1-z_1} - \underline{/s_1-p_1} - \underline{/s_1-p_3} - \underline{/s_1-p_4}$$

$$= (2k+1)\pi + \underline{/p_2-z_1} - \underline{/p_2-p_1} - \underline{/p_2-p_3} - \underline{/p_2-p_4} \tag{4-19}$$

将式（4-19）推广到系统具有 n 个开环极点、m 个开环零点时，就可以得到式（4-17）。同理可求得式（4-18）。

需要指出的是，根轨迹在开环实数极点处的出射角和在开环实数零点处的入射角多数情况下均为0°和180°。

【例4-4】　设某负反馈控制系统开环传递函数的零、极点分布如图4-7所示，试确定根轨迹离开开环共轭复数极点p_1和p_2的出射角。

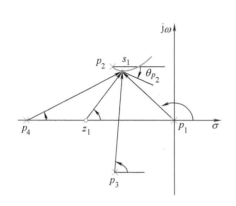

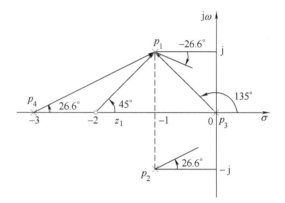

图4-6　开环极点处根轨迹的出射角　　　　图4-7　例4-4系统开环零、极点分布图

解　按式（4-17），由作图结果得

$$\theta_{p_1} = 180° + \underline{/p_1 - z_1} - \underline{/p_1 - p_2} - \underline{/p_1 - p_3} - \underline{/p_1 - p_4}$$
$$= 180° + 45° - 90° - 135° - 26.6° = -26.6°$$

考虑到根轨迹的对称性，根轨迹离开p_2点的出射角必为

$$\theta_{p_2} = -\theta_{p_1} = 26.6°$$

5. 实轴上的根轨迹

实轴上根轨迹区段的右侧，开环零、极点数目之和应为奇数。

上述结论可由根轨迹的相角条件方程式（4-4）证明。

在s平面的实轴上任取一个实验点s，其左侧的每个开环实数零点或开环实数极点到s的向量的相角均为0°。对于s平面上共轭复数形式的开环零、极点，每对共轭的开环零点或开环极点到s的向量的相角之和均为0°。实验点s右侧的每个开环实数零点或开环实数极点到s的向量的相角均为180°。因此，根据根轨迹的相角条件方程，如果实验点s所在的实轴段是根轨迹，则其右侧的开环零、极点数目之和应为奇数。

教学视频4-3
法则5、法则6

6. 根轨迹的分离点

两条或两条以上根轨迹分支在s平面上相遇又分开的点，称为根轨迹的分离点（breakaway point）或汇合分离点，用s_d表示。

根轨迹的分离点实质上就是闭环特征方程的重根，因此可以用求解方程式重根的方法确定其在s平面上的位置。

设系统的开环传递函数为

$$G_k(s) = \frac{K_g M(s)}{N(s)}$$

则系统的闭环特征方程为

$$D(s) = 1 + G_k(s) = 1 + \frac{K_g M(s)}{N(s)} = 0 \tag{4-20}$$

若 $s = s_d$ 为闭环特征方程的 q 重根（$q \geq 2$），则

$$D(s) = (s - s_d)^2 \alpha(s)$$

$D(s)$ 对 s 的一阶导数为

$$\begin{aligned}
\frac{\mathrm{d}D(s)}{\mathrm{d}s} &= 2(s - s_d)\alpha(s) + (s - s_d)^2 \alpha'(s) \\
&= (s - s_d)[2\alpha(s) + (s - s_d)\alpha'(s)]
\end{aligned}$$

必有

$$\left. \frac{\mathrm{d}D(s)}{\mathrm{d}s} \right|_{s = s_d} = 0$$

显然，上述一阶条件只是特征方程存在重根的必要条件。因此，若 s 平面上一点 $s = s_d$ 为根轨迹的分离点，必须同时满足条件

$$\begin{cases} \dfrac{\mathrm{d}D(s)}{\mathrm{d}s} = 0 \\ D(s) = 0 \end{cases} \tag{4-21}$$

由式（4-20）可以进一步推导出根轨迹的分离点应满足的条件为

$$\begin{cases} M'(s)N(s) - M(s)N'(s) = 0 \\ D(s) = 0 \end{cases} \tag{4-22}$$

一般来说，若实轴上两相邻开环极点（包括无限开环极点）之间或两相邻开环零点（包括无限开环零点）之间有根轨迹，则此段根轨迹上必有分离点；若实轴上相邻的开环极点（包括无限开环极点）与开环零点（包括无限开环零点）之间有根轨迹，则此段根轨迹上或无分离点，或分离点成对出现。需要指出的是，由于根轨迹的对称性，因此分离点多位于实轴上。虽然可能存在共轭复数形式的分离点，但此种情况较少出现。

另外，方程

$$\sum_{i=1}^{n} \frac{1}{s_d - p_i} = \sum_{j=1}^{m} \frac{1}{s_d - z_j} \tag{4-23}$$

的解 s_d 也是根轨迹的分离点。这一方程同样可按重根条件推导而得，在此不再证明。

应当指出的是，如果开环系统无有限零点，则在分离点方程式（4-23）中应取

$$\sum_{j=1}^{m} \frac{1}{s_d - z_j} = 0$$

即分离点方程式（4-23）可写为

$$\sum_{i=1}^{n} \frac{1}{s_d - p_i} = 0 \tag{4-24}$$

根轨迹离开（或进入）分离点处的切线方向与实轴正方向的夹角，称为分离角（break-away angle），用 θ_d 表示。分离角的实质是根轨迹在分离点处的出射角，因此可以通过对可变参数进行线性变换的方法，利用出射角公式进行计算。

需要特别强调的是，若分离点为实数，且仅有两支根轨迹分支在此处汇合或分离，由于根轨迹的对称性，对应的汇合角或分离角为

$$\theta_d = \pm \frac{\pi}{2} \tag{4-25}$$

【例 4-5】 已知负反馈控制系统的开环传递函数为

$$G_k(s) = \frac{K(0.25s+1)}{(s+1)(0.5s+1)}$$

试确定实轴上的根轨迹区段，并计算根轨迹的分离点和分离角（或汇合角），以及分离点处的根轨迹增益。

解　首先将系统的开环传递函数写为零、极点形式，即

$$G_k(s) = \frac{K_g(s+4)}{(s+1)(s+2)}$$

式中，$K_g = \dfrac{K}{2}$ 为根轨迹增益。

根据法则 5 可知实轴上的根轨迹区段应为 $(-\infty, -4]$ 和 $[-2, -1]$，而且在 $(-\infty, -4]$ 区段上有汇合点，在 $[-2, -1]$ 区段上有分离点。

为求根轨迹的分离（汇合）点，令

$$M(s) = s+4$$
$$N(s) = (s+1)(s+2) = s^2+3s+2$$

由分离点方程

$$M'(s)N(s) - M(s)N'(s) = 0$$

整理得

$$s^2 + 8s + 10 = 0$$

解得

$$s_{d1} = -1.55, \quad s_{d2} = -6.45$$

根据根轨迹在实轴上的分布，可知 s_{d1} 是实轴上的分离点，s_{d2} 是实轴上的汇合点。

分离点和汇合点对应的根轨迹增益分别为

$$K_{gd1} = \frac{|s_{d1}+1||s_{d1}+2|}{|s_{d1}+4|} = 0.1$$

$$K_{gd2} = \frac{|s_{d2}+1||s_{d2}+2|}{|s_{d2}+4|} = 9.9$$

由于分离点和汇合点为实数，且仅有两支根轨迹分支在此处分离，所以相应的分离角和汇合角均为

$$\theta_d = \pm \frac{\pi}{2}$$

教学视频 4-4
法则 7、法则 8

7. 根轨迹与虚轴的交点

根轨迹与虚轴相交时，交点为一对共轭纯虚根 $\pm j\omega$。需要指出的是，根轨迹与虚轴相交时对应的根轨迹增益，实质上即是确定系统稳定性的临界根轨迹增益 K_{gc}。下面介绍两种求解根轨迹与虚轴交点的方法。

（1）复数计算法

将 $s = j\omega$ 代入闭环特征方程 $D(s) = 1 + G(s)H(s) = 0$，并整理为如下形式：

$$D(j\omega) = \text{Re}[D(j\omega)] + \text{Im}[D(j\omega)] = 0$$

令
$$\begin{cases} \text{Re}[D(j\omega)] = 0 \\ \text{Im}[D(j\omega)] = 0 \end{cases}$$

解出 ω 及对应的根轨迹增益 K_{gc}，则共轭纯虚根 $\pm j\omega$ 即为根轨迹与虚轴的交点。

（2）劳斯判据法

写出系统的闭环特征方程，列出其劳斯表。由第 3 章可知，当劳斯表出现全零行时，系统存在关于原点对称的特征根。故令劳斯表满足条件的行的所有元素为零，解得相应的 K_{gc}。将其代入由全零行上一行元素构造的辅助方程中，解出对应的 ω，从而得到根轨迹与虚轴相交的一对共轭纯虚根 $\pm j\omega$。

【例 4-6】　对于例 4-3 所示系统的开环传递函数，试求根轨迹与虚轴的交点及对应的临界根轨迹增益 K_{gc}。

解　该系统的根轨迹方程为

$$\frac{K_g}{s(s+1)(s+5)} = -1$$

系统的闭环特征方程为

$$s^3 + 6s^2 + 5s + K_g = 0$$

下面用两种方法求根轨迹与虚轴的交点及对应的临界根轨迹增益 K_{gc}。

方法一：将 $s = j\omega$ 代入闭环特征方程得

$$(j\omega)^3 + 6(j\omega)^2 + 5(j\omega) + K_g = 0$$

整理得

$$(-6\omega^2 + K_g) + j(-\omega^3 + 5\omega) = 0$$

解得

$$K_{g1} = 0, \ \omega_1 = 0(\text{舍去})$$

$$K_{g2} = 30, \ \omega_{2,3} = \pm\sqrt{5} \ \text{rad/s}$$

可知根轨迹与虚轴的交点为 $\pm j\sqrt{5}$，对应的临界根轨迹增益为 $K_{gc} = 30$。

方法二：列出闭环特征方程的劳斯表如下：

$$\begin{array}{ccc} s^3 & 1 & 5 \\ s^2 & 6 & K_g \\ s^1 & \dfrac{30 - K_g}{6} & 0 \\ s^0 & K_g & 0 \end{array}$$

令劳斯表的 s^1 行全为零，有

$$\frac{30 - K_g}{6} = 0$$

解得 $K_{gc} = 30$。列辅助方程为 $6s^2 + K_{gc} = 0$，解得 $s = \pm j\sqrt{5}$。

由此可见，用上述两种方法得出的结果是一致的。

8. 闭环极点的和与积

设系统的开环传递函数为

$$G(s)H(s) = K_g \frac{s^m + b_1 s^{m-1} + \cdots + b_{m-1}s + b_m}{s^n + a_1 s^{n-1} + \cdots + a_{n-1}s + a_n}$$

可知，系统所有开环极点之和为

$$\sum_{i=1}^{n} p_i = -a_1 \tag{4-26}$$

系统所有开环极点之积为

$$\prod_{i=1}^{n} p_i = (-1)^n a_n \tag{4-27}$$

系统所有开环零点之和为

$$\sum_{j=1}^{m} z_j = -b_1 \tag{4-28}$$

系统所有开环零点之积为

$$\prod_{j=1}^{m} z_j = (-1)^m b_m \tag{4-29}$$

系统的闭环特征方程可写为

$$D(s) = s^n + a_1 s^{n-1} + \cdots + a_{n-1}s + a_n + K_g(s^m + b_1 s^{m-1} + \cdots + b_{m-1}s + b_m) = 0 \tag{4-30}$$

设系统的闭环极点为 s_i，则系统的闭环特征方程又可写为

$$D(s) = \prod_{i=1}^{n} (s - s_i) = s^n + A_1 s^{n-1} + \cdots + A_{n-1}s + A_n = 0 \tag{4-31}$$

则系统所有闭环极点之和为

$$\sum_{i=1}^{n} s_i = -A_1 \tag{4-32}$$

系统所有闭环极点之积为

$$\prod_{i=1}^{n} s_i = (-1)^n A_n \tag{4-33}$$

由此可以得到如下结论：

1）当 $n-m \geqslant 2$ 时，式（4-30）中 s^{n-1} 项的系数与 K_g 无关。对比式（4-30）和式（4-31）中 s^{n-1} 项的系数可知，系统的所有闭环极点之和与所有开环极点之和存在如下关系：

$$\sum_{i=1}^{n} p_i = \sum_{i=1}^{n} s_i = C \qquad （C \text{ 为常数}） \tag{4-34}$$

常数 C 称为系统闭环极点的重心。式（4-34）表明，当 K_g 变化时，若一部分闭环极点在 s 平面上向右移，则另一部分闭环极点必向左移。对于任意 K_g，闭环极点的重心保持不变。

上述结论也称为根轨迹的根之和定理。

2）对比式（4-30）和式（4-31）的常数项可知，系统所有闭环极点之积与所有开环零点之积和所有开环极点之积存在如下关系：

$$(-1)^n \prod_{i=1}^{n} s_i = (-1)^n \prod_{i=1}^{n} p_i + K_g(-1)^m \prod_{j=1}^{m} z_j \tag{4-35}$$

上述结论也称为根轨迹的根之积定理。

当系统具有零值的开环极点时，式（4-35）又可写为

$$(-1)^n \prod_{i=1}^{n} s_i = K_g(-1)^m \prod_{j=1}^{m} z_j \qquad (4\text{-}36)$$

由式（4-35）和式（4-36）可以看出，所有闭环极点之积不为常数，而是与 K_g 成正比关系。

进一步，当系统没有开环零点时，有

$$K_g = (-1)^n \prod_{i=1}^{n} s_i \qquad (4\text{-}37)$$

利用上述结论，可以计算根轨迹上某点的 K_g 值。对应于某一 K_g，若已求得闭环系统的某些极点，也可以利用上述结论求出其他极点。特别是当 $n-m \geqslant 2$ 时，可以借助根之和定理确定根轨迹的走向。

【例 4-7】 已知某负反馈控制系统的开环传递函数为

$$G(s)H(s) = \frac{K_g}{s(s+3)(s^2+2s+2)}$$

试绘制 K_g 从 $0 \to \infty$ 连续变化时系统的根轨迹。

解 系统具有 4 个开环极点 $p_1=0$，$p_2=-3$，$p_{3,4}=-1\pm j$；无开环零点。

实轴上的根轨迹位于 $[-3,0]$。根轨迹有 4 条渐近线，它们与实轴的交点为

$$\sigma_a = \frac{\sum_{i=1}^{n} p_i - \sum_{j=1}^{m} z_j}{n-m} = \frac{0-3-1+j-1-j}{4} = -\frac{5}{4} = -1.25$$

渐近线与实轴正方向的夹角为

$$\varphi_a = \frac{(2k+1)\pi}{n-m} = 45°, \ 135°, -45°, -135°$$

$$M(s) = 1$$
$$N(s) = s(s+3)(s^2+2s+2)$$

由分离点方程，令

$$M'(s)N(s) - M(s)N'(s) = 0$$

方程可整理为

$$4s^3 + 15s^2 + 16s + 6 = 0$$

可求得方程有 1 个实数根为 $s_{d1} = -2.28$ 和两个共轭复根 $s_{d2,3} = -0.73 \pm j0.37$。可以验证，$s_{d2,3} = -0.73 \pm j0.37$ 不满足系统的相角方程，故应舍去。所以，系统只在实轴上存在 1 个分离点 $s_d = -2.28$。

对于开环极点 $p_3 = -1+j$，根轨迹在此处的出射角为

$$\theta_{p_3} = 180° - (135°+26.6°+90°) = -71.6°$$

由对称性可知，根轨迹在开环极点 $p_4 = -1-j$ 处的出射角为

$$\theta_{p_4} = 71.6°$$

根据劳斯判据，可以求出根轨迹与虚轴的交点。系统的特征方程为

$$s^4 + 5s^3 + 8s^2 + 6s + K_g = 0$$

列劳斯表如下：

$$s^4 \qquad 1 \qquad \quad 8 \qquad K_g$$
$$s^3 \qquad 5 \qquad \quad 6$$
$$s^2 \qquad \frac{34}{5} \qquad \quad K_g$$
$$s^1 \qquad \frac{(204/5)-5K_g}{34/5}$$
$$s^0 \qquad K_g$$

令 s^1 行的第一个系数为零，可解得系统临界根轨迹增益为

$$K_{gc} = 8.16$$

由 s^2 行得到辅助方程为

$$\frac{34}{5}s^2 + K_g = 0$$

将 K_{gc} 代入辅助方程，可求得根轨迹与虚轴的交点为

$$s_{1,2} = \pm j1.09$$

系统的根轨迹如图 4-8 所示。

根据以上介绍的 8 个法则，不难绘出系统的概略根轨迹。为了便于查阅，所有绘制法则统一归纳在表 4-1 中。

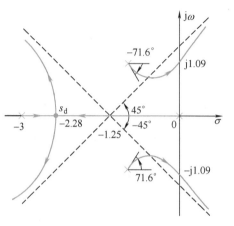

图 4-8 例 4-7 根轨迹图

表 4-1 常规根轨迹绘制法则

序号	内　容	法　则
1	根轨迹的连续性、分支数与对称性	根轨迹是连续的，且对称于实轴，根轨迹的分支数等于开环极点数与开环零点数中的大者
2	根轨迹的起点和终点	根轨迹起始于开环极点，终止于开环零点
3	根轨迹的渐近线	$(n-m)$ 条渐近线与实轴正方向的夹角与交点分别为 $$\varphi_a = \frac{(2k+1)\pi}{n-m}, k=0,1,\cdots,n-m-1$$ $$\sigma_a = \frac{\sum\limits_{i=1}^{n} p_i - \sum\limits_{j=1}^{m} z_j}{n-m}$$
4	根轨迹的出射角与入射角	1) 出射角：$\theta_{p_l} = \dfrac{1}{q}\left[(2k+1)\pi + \sum\limits_{j=1}^{m} \underline{/(p_l - z_j)} - \sum\limits_{\substack{i=1 \\ i \neq l}}^{n} \underline{/(p_l - p_i)}\right]$ 2) 入射角：$\theta_{z_l} = \dfrac{1}{q}\left[(2k+1)\pi + \sum\limits_{i=1}^{n} \underline{/(z_l - p_i)} - \sum\limits_{\substack{j=1 \\ j \neq l}}^{m} \underline{/(z_l - z_j)}\right]$ 式中，$l = 0,1,\cdots,q-1$；$k = 0,\pm 1,\pm 2,\cdots$
5	实轴上的根轨迹	实轴上根轨迹区段的右侧，开环零、极点数目之和应为奇数

（续）

序号	内　容	法　则
6	根轨迹的分离点	分离点方程 $\begin{cases} M'(s)N(s)-M(s)N'(s)=0 \\ D(s)=0 \end{cases}$ 或 $\sum_{i=1}^{n} \dfrac{1}{s_d-p_i} = \sum_{j=1}^{m} \dfrac{1}{s_d-z_j}$
7	根轨迹与虚轴的交点	1）劳斯判据法 2）复数计算法：将 $s=j\omega$ 代入闭环特征方程中，然后分别令实部和虚部为零，即可求出与虚轴交点的 K_g 和 ω
8	闭环极点的和与积	1）根之和：当 $n-m \geq 2$ 时，$\sum_{i=1}^{n} p_i = \sum_{i=1}^{n} s_i = C$（$C$ 为常数） 2）根之积：$(-1)^n \prod_{i=1}^{n} s_i = (-1)^n \prod_{i=1}^{n} p_i + K_g(-1)^m \prod_{j=1}^{m} z_j$ 当系统具有零值的开环极点且无开环零点时，$K_g = (-1)^n \prod_{i=1}^{n} s_i$

【例 4-8】 已知某负反馈控制系统的开环传递函数为

$$G(s)H(s)=\frac{K_g(s+1)}{s^2(s+9)}$$

试绘制 K_g 从 $0 \to \infty$ 连续变化时系统的根轨迹。

解 系统具有 3 个开环极点 $p_{1,2}=0$，$p_3=-9$；具有 1 个开环零点 $z_1=-1$。

实轴上的根轨迹位于 $[-9,-1]$。根轨迹有两条渐近线，它们与实轴的交点为

$$\sigma_a = \frac{\sum_{i=1}^{n} p_i - \sum_{j=1}^{m} z_j}{n-m} = \frac{0+0+(-9)-(-1)}{2} = -4$$

渐近线与实轴正方向的夹角为

$$\varphi_a = \frac{(2k+1)\pi}{n-m} = \frac{\pi}{2}, \frac{3\pi}{2}$$

若

$$M(s)=s+1$$
$$N(s)=s^2(s+9)$$

由分离点方程，令

$$M'(s)N(s)-M(s)N'(s)=0$$

方程可整理为

$$s(s^2+6s+9)=0$$

解得根轨迹具有两个实数分离点为

$$s_{d1}=0, \quad s_{d2}=-3$$

在分离点 $s_{d1}=0$ 处，根轨迹增益为

$$K_{gd1} = \frac{|s_{d1}|^2 |s_{d1}+9|}{|s_{d1}+1|} = 0$$

这说明分离点 $s_{d1}=0$ 为根轨迹的起始点。由于仅有两支根轨迹分支在此处分离，所以分离角为

$$\theta_d = \pm\frac{\pi}{2}$$

在分离点 $s_{d2}=-3$ 处，根轨迹增益为

$$K_{gd2} = \frac{|s_{d2}|^2 |s_{d2}+9|}{|s_{d2}+1|} = 27$$

此时，系统的特征方程为

$$D(s) = s^2(s+9) + K_{gd2}(s+1)$$
$$= s^3 + 9s^2 + K_{gd2}s + K_{gd2} = (s+3)^3 = 0$$

因此分离点 $s_{d2}=-3$ 为特征方程的 3 重根，说明此处有 3 支根轨迹分支相互分离。

令 $K_g = \tilde{K}_g + 27$，代入系统的特征方程得

$$D(s) = s^3 + 9s^2 + (\tilde{K}_g + 27)s + (\tilde{K}_g + 27)$$
$$= (s+3)^3 + \tilde{K}_g(s+1) = 0$$

整理得等效的根轨迹方程为

$$\frac{\tilde{K}_g(s+1)}{(s+3)^3} = -1$$

等效根轨迹在其 3 重开环极点 $p=-3$ 处的出射角为

$$\theta_p = \frac{(2k+1)\pi + \pi}{3} = \frac{2\pi}{3}, \frac{4\pi}{3}, 2\pi$$

由连续性可知，当 $\tilde{K}_g = 0$ 时等效根轨迹在其 3 重开环极点 $p=-3$ 处的出射角，即为当 $K_g = 27$ 时系统根轨迹在分离点 $s_{d2}=-3$ 处的分离角。

系统的根轨迹如图 4-9 所示。

在研究控制系统时，常常会碰到一种情况，就是系统仅具有两个开环极点和一个开环零点。这时的根轨迹有可能是直线，也有可能是圆弧。可以证明，若根轨迹一旦离开实轴，必然是沿着圆弧移动。

设系统开环传递函数为

$$G_k(s) = \frac{K_g(s-z)}{(s-p_1)(s-p_2)}$$

零极点分布如图 4-10a 所示。

取一试探点 s，若 s 点在根轨迹上，则应满足相角条件方程，即

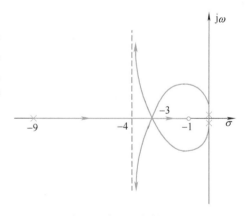

图 4-9　例 4-8 根轨迹图

$$\underline{/s-z} - \underline{/s-p_1} - \underline{/s-p_2} = 180°$$

用 $s = \sigma + j\omega$ 代入上式，得

$$\underline{/\sigma+\mathrm{j}\omega-z}\ -\underline{/\sigma+\mathrm{j}\omega-p_1}\ -\underline{/\sigma+\mathrm{j}\omega-p_2}=180°$$

若相角改用反正切表示，则

$$\arctan\frac{\omega}{\sigma-z}-\arctan\frac{\omega}{\sigma-p_1}-\arctan\frac{\omega}{\sigma-p_2}=180°$$

或者写为

$$\arctan\frac{\omega}{\sigma-z}-\arctan\frac{\omega}{\sigma-p_1}=180°+\arctan\frac{\omega}{\sigma-p_2}$$

对上式两边同时取正切，可得

$$\frac{\dfrac{\omega}{\sigma-z}-\dfrac{\omega}{\sigma-p_1}}{1+\dfrac{\omega}{\sigma-z}\dfrac{\omega}{\sigma-p_1}}=\frac{\omega}{\sigma-p_2}$$

整理得

$$\sigma^2-2z\sigma+\omega^2=p_1p_2-zp_1-zp_2$$

上式两边同时加上 z^2 项，得

$$\sigma^2-2z\sigma+\omega^2+z^2=p_1p_2-zp_1-zp_2+z^2$$

进一步整理可得标准圆弧方程为

$$(\sigma-z)^2+\omega^2=(p_1-z)(p_2-z)$$

可见，圆心正好在开环零点 $(z,\mathrm{j}0)$ 处，半径为开环零点 z 分别到两个开环极点 p_1、p_2 距离的几何平均值，即

$$R=\sqrt{(p_1-z)(p_2-z)}$$

其中，图 4-10b 所示为两个开环极点分布在实轴上的情况，图 4-10c 所示为两个开环极点是共轭复数的情况。

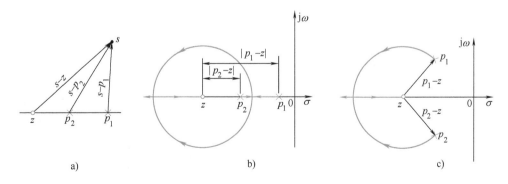

图 4-10　圆弧根轨迹

a）零极点分布图　b）两极点为负实数　c）两极点为共轭复数

表 4-2 给出了一些常见的开环零、极点分布及其对应的根轨迹图。

表 4-2   开环零、极点分布及对应的根轨迹

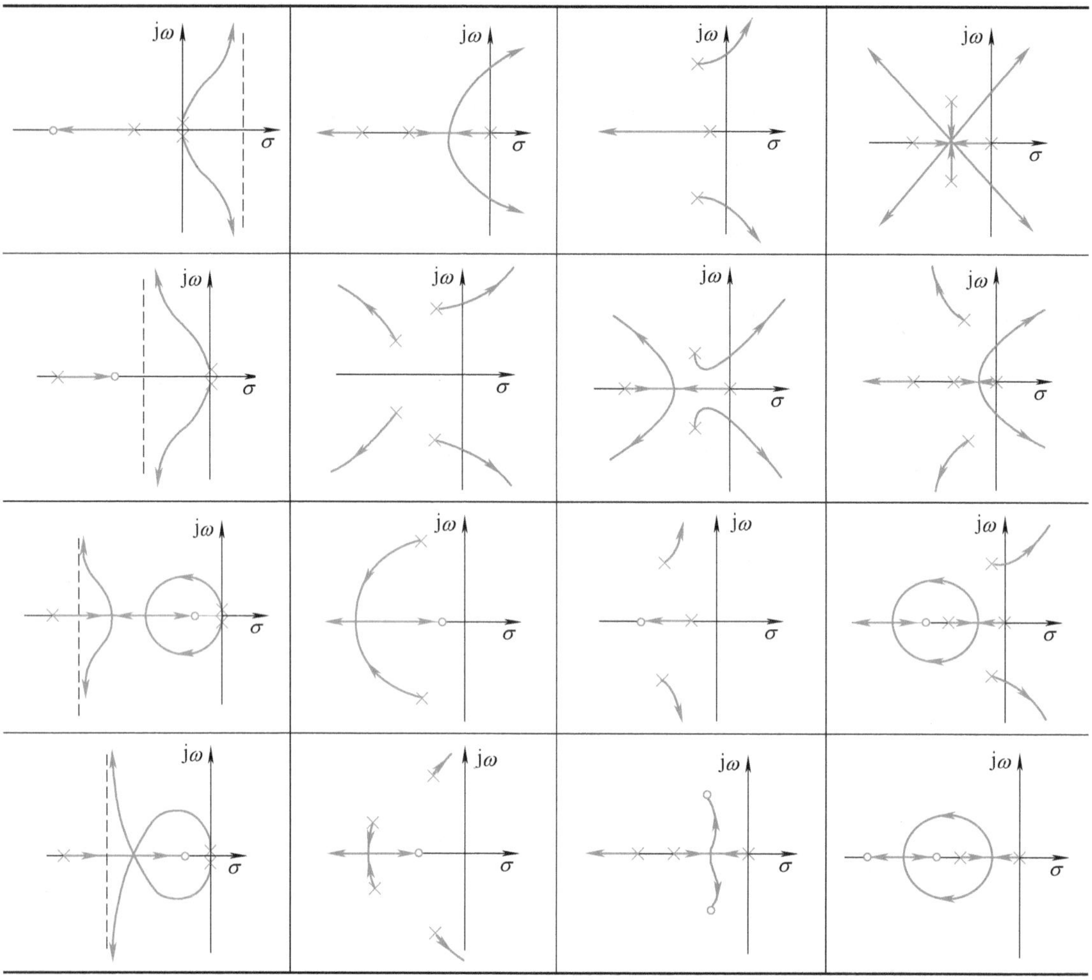

4.3   广义根轨迹（Generalized Root Locus）

在控制系统中，除根轨迹增益 K_g 以外，其他情形下的根轨迹统称为广义根轨迹。如参量根轨迹、零度根轨迹、多回路系统的根轨迹等均可列入广义根轨迹这个范畴。

教学视频 4-5
零度根轨迹

4.3.1   零度根轨迹（Zero–Degree Root Locus）

负反馈是自动控制系统的一个重要特点。但对于某些复杂系统，可能会出现局部正反馈结构，如图 4-11 所示。

这种局部正反馈的结构，可能是控制对象本身的特征，也可能是为满足系统的某种性能要求而在设计系统时附加的。

对于如图 4-12 所示的正反馈控制系统，设其开环传递函数如式（4-1）所示，则系统的闭环传递函数为

$$\Phi(s) = \frac{G(s)}{1 - G(s)H(s)}$$

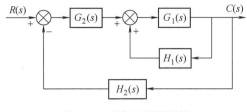

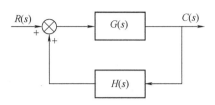

图 4-11 局部正反馈系统   图 4-12 正反馈控制系统

系统的闭环特征方程为

$$1 - G(s)H(s) = 0 \tag{4-38}$$

所以，系统的根轨迹方程为

$$\frac{K_g \prod\limits_{j=1}^{m}(s - z_j)}{\prod\limits_{i=1}^{n}(s - p_i)} = 1 \tag{4-39}$$

相应的根轨迹幅值条件方程和相角条件方程分别为

$$\frac{K_g \prod\limits_{j=1}^{m}|s - z_j|}{\prod\limits_{i=1}^{n}|s - p_i|} = 1 \tag{4-40}$$

$$\sum_{j=1}^{m}\underline{/s - z_j} - \sum_{i=1}^{n}\underline{/s - p_i} = 2k\pi \quad (k = 0,\ \pm 1,\ \pm 2,\ \cdots) \tag{4-41}$$

通过将式（4-3）与式（4-40）、式（4-4）与式（4-41）相互比较，可以看出两系统的幅值条件方程相同，但相角条件方程不同。通常将满足相角条件方程式（4-41）的根轨迹称为零度（0°）根轨迹。

通过以上分析可知，可以再次验证 4.1 节中得到的一个结论，即相角条件是确定根轨迹的充分必要条件，而幅值条件仅是必要条件。

由于 0°根轨迹和 180°根轨迹的幅值条件方程完全相同，因此在绘制 0°根轨迹时只需对 180°根轨迹绘制法则中与相角条件方程有关的 3 条法则做出相应的修改，其余 5 条法则对两类根轨迹是完全相同的。

需要修改的法则如下：

1）渐近线与实轴正方向的夹角：

$$\varphi_a = \frac{2k\pi}{n - m},\ k = 0,\ 1,\ \cdots,\ n - m - 1 \tag{4-42}$$

2）实轴上的根轨迹。实轴上根轨迹区段的右侧，开环零、极点数目之和应为偶数或零。

3）根轨迹的出射角与入射角。设系统开环传递函数如式（4-1），在其 q 重开环极点 p_l 处的出射角为

$$\theta_{p_l} = \frac{1}{q} \left[2k\pi + \sum_{j=1}^{m} \underline{/(p_l - z_j)} - \sum_{\substack{i=1 \\ i \neq l}}^{n} \underline{/(p_l - p_i)} \right] \tag{4-43}$$

在其 q 重开环零点 z_l 处的入射角为

$$\theta_{z_l} = \frac{1}{q} \left[2k\pi + \sum_{i=1}^{n} \underline{/(z_l - p_i)} - \sum_{\substack{j=1 \\ j \neq l}}^{m} \underline{/(z_l - z_j)} \right] \tag{4-44}$$

式 (4-43) 和式 (4-44) 中，$l = 0,1,\cdots,q-1$；$k = 0,\pm 1,\pm 2,\cdots$。

为了便于使用，表 4-3 列出了零度根轨迹的绘制法则。

表 4-3　零度根轨迹绘制法则

序号	内　容	法　则
1	根轨迹的连续性、分支数与对称性	根轨迹是连续的，且对称于实轴，根轨迹的分支数等于开环极点数与开环零点数中的大者
2	根轨迹的起点和终点	根轨迹起始于开环极点，终止于开环零点
3	根轨迹的渐近线	$(n-m)$ 条渐近线与实轴正方向的夹角与交点分别为 $\varphi_a = \dfrac{2k\pi}{n-m}$，$k = 0,1,\cdots,n-m-1$ $\sigma_a = \dfrac{\displaystyle\sum_{i=1}^{n} p_i - \sum_{j=1}^{m} z_j}{n-m}$
4	根轨迹的出射角与入射角	1）出射角：$\theta_{p_l} = \dfrac{1}{q} \left[2k\pi + \displaystyle\sum_{j=1}^{m} \underline{/(p_l - z_j)} - \sum_{\substack{i=1 \\ i \neq l}}^{n} \underline{/(p_l - p_i)} \right]$ 2）入射角：$\theta_{z_l} = \dfrac{1}{q} \left[2k\pi + \displaystyle\sum_{i=1}^{n} \underline{/(z_l - p_i)} - \sum_{\substack{j=1 \\ j \neq l}}^{m} \underline{/(z_l - z_j)} \right]$ 式中，$l = 0,1,\cdots,q-1$；$k = 0,\pm 1,\pm 2,\cdots$
5	实轴上的根轨迹	实轴上根轨迹区段的右侧，开环零、极点数目之和应为偶数或零
6	根轨迹的分离点	分离点方程 $\begin{cases} M'(s)N(s) - M(s)N'(s) = 0 \\ D(s) = 0 \end{cases}$ 或 $\displaystyle\sum_{i=1}^{n} \frac{1}{s_d - p_i} = \sum_{j=1}^{m} \frac{1}{s_d - z_j}$
7	根轨迹与虚轴的交点	1）劳斯判据法 2）复数计算法：将 $s = j\omega$ 代入闭环特征方程中，然后分别令实部和虚部为零，即可求出与虚轴交点的 K_g 和 ω
8	闭环极点的和与积	1）根之和：当 $n-m \geq 2$ 时，$\displaystyle\sum_{i=1}^{n} p_i = \sum_{i=1}^{n} s_i = C$（$C$ 为常数） 2）根之积：$(-1)^n \displaystyle\prod_{i=1}^{n} s_i = (-1)^n \prod_{i=1}^{n} p_i + K_g(-1)^m \prod_{j=1}^{m} z_j$ 当系统具有零值的开环极点且无开环零点时，$K_g = (-1)^n \displaystyle\prod_{i=1}^{n} s_i$

【例 4-9】　单位正反馈系统如图 4-13 所示，试绘制其根轨迹。

解　系统的开环传递函数为

$$G_k(s) = G(s)H(s) = \frac{K_g}{s(s+1)(s+2)}$$

系统的根轨迹方程为

$$\frac{K_g}{s(s+1)(s+2)}=1$$

系统的根轨迹应按照 0° 根轨迹的基本法则进行绘制。

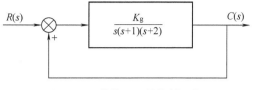

图 4-13　单位正反馈控制系统

系统具有 3 个开环极点 $p_1=0$，$p_2=-1$，$p_3=-2$；无开环零点。实轴上的根轨迹位于 $[-2,-1]$，$[0,\infty)$。根轨迹有 3 条渐近线，它们与实轴的交点为

$$\sigma_a=\frac{\sum_{i=1}^{n}p_i-\sum_{j=1}^{m}z_j}{n-m}=\frac{0-1-2}{3}=-1$$

渐近线与实轴正方向的夹角为

$$\varphi_a=\frac{2k\pi}{n-m}=0°,\ 120°,\ -120°$$

若

$$M(s)=1$$
$$N(s)=s(s+1)(s+2)$$

由分离点方程，令

$$M'(s)N(s)-M(s)N'(s)=0$$

上式可整理为

$$3s^2+6s+2=0$$

可求得方程有两个实数根为

$$s_{d1}=-0.423,\ s_{d2}=-1.577$$

显然，$s_{d1}=-0.423$ 不在根轨迹上，故应舍去。所以，系统只存在一个实数分离点 $s_d=-1.577$。

系统的根轨迹如图 4-14 所示。

需要特别强调的是，系统的根轨迹究竟是 180° 根轨迹还是 0° 根轨迹，并不取决于系统的结构是负反馈形式还是正反馈形式，而是取决于其标准的根轨迹方程的形式。若系统标准的根轨迹方程为式（4-2）的形式，则对应的根轨迹为 180° 根轨迹；若系统标准的根轨迹方程为式（4-39）的形式，则对应的根轨迹为 0° 根轨迹。例如，对于某些采用负反馈结构的非最小相位系统，其根轨迹可能是 0° 根轨迹。关于最小相位系统的概念，将在第 5 章中介绍。

【例 4-10】　设负反馈系统的开环传递函数为

$$(1)\ \ G(s)H(s)=\frac{K_g(s-1)}{s(s+1)(s+2)}$$

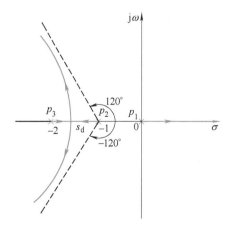

图 4-14　例 4-9 根轨迹图

（2）$G(s)H(s) = \dfrac{K_g(1-s)}{s(s+1)(s+2)}$

试确定系统根轨迹的类型。

　　解　系统（1）和系统（2）都在 s 平面右半部具有一个开环零点 $z = 1$。所以，系统均属于非最小相位系统。

　　对系统（1），其闭环特征方程为

$$D(s) = 1 + G(s)H(s) = 1 + \dfrac{K_g(s-1)}{s(s+1)(s+2)} = 0$$

其根轨迹方程为

$$\dfrac{K_g(s-1)}{s(s+1)(s+2)} = -1$$

满足式（4-2）的形式，系统的根轨迹是 180° 根轨迹。

　　对系统（2），其闭环特征方程为

$$D(s) = 1 + G(s)H(s) = 1 + \dfrac{K_g(1-s)}{s(s+1)(s+2)} = 0$$

其根轨迹方程为

$$\dfrac{K_g(s-1)}{s(s+1)(s+2)} = 1$$

满足式（4-39）的形式，系统的根轨迹是 0° 根轨迹。

4.3.2　参量根轨迹（Parametric Root Locus）

教学视频 4-6
参量根轨迹

　　上面介绍的绘制根轨迹的基本法则，都是以根轨迹增益 K_g 作为参变量而得出的，这种情况在实际系统分析中最为常见。但有时也需要绘制除根轨迹增益 K_g 以外的其他变量作为参变量的根轨迹。在控制系统中，这种以除根轨迹增益 K_g 以外的其他变量为参变量的根轨迹，被称作参量根轨迹。

　　设系统的开环传递函数为

$$G_k(s) = G(s)H(s) = f(s, K_g, a) \tag{4-45}$$

式中，K_g 为根轨迹增益；a 代表除根轨迹增益 K_g 以外的其他参变量。

　　当以 K_g 为参变量时，式（4-45）通常写作如下形式：

$$G_k(s) = \dfrac{K_g M(s)}{N(s)} \tag{4-46}$$

则系统的闭环特征方程为

$$N(s) + K_g M(s) = 0 \tag{4-47}$$

　　将式（4-47）左侧含有变量 a 的各项单独拿出，各项提出公因子 a 后的和记作 $Q(s)$。式（4-47）左侧所有不含参量 a 的项之和记作 $P(s)$。式（4-47）可整理为

$$P(s) + aQ(s) = 0 \tag{4-48}$$

实质上，式（4-47）和式（4-48）分别为系统闭环特征方程的两种不同形式。

　　式（4-48）等式两端同除以 $P(s)$，可得

$$\frac{aQ(s)}{P(s)} = \frac{a\prod_{j=1}^{m}(s-\tilde{z}_j)}{\prod_{i=1}^{n}(s-\tilde{p}_i)} = -1 \tag{4-49}$$

式（4-49）称为等效根轨迹方程，参变量 a 可视作系统的等效根轨迹增益，而 $\frac{aQ(s)}{P(s)}$ 称为系统的等效开环传递函数（equivalent open-loop transfer function）。此时，系统对应的以参变量 a 为等效根轨迹增益的根轨迹应为 180°根轨迹。

若系统的等效根轨迹方程为

$$\frac{aQ(s)}{P(s)} = \frac{a\prod_{j=1}^{m}(s-\tilde{z}_j)}{\prod_{i=1}^{n}(s-\tilde{p}_i)} = 1 \tag{4-50}$$

则系统对应的以参变量 a 为等效根轨迹增益的根轨迹应为 0°根轨迹。

这样，就可以分别用前面介绍的 180°根轨迹和 0°根轨迹的绘制法则，来绘制当参变量 a 从 $0\to\infty$ 变化时系统的参量根轨迹。

根据上面的讨论，可以将一般系统绘制参量根轨迹的步骤归纳如下：

1）列出原系统的闭环特征方程。

2）以特征方程中不含参量的项去除特征方程，得到系统的等效根轨迹方程。该方程中原系统的参变量即为等效系统的根轨迹增益。

3）绘制等效系统的根轨迹，即为原系统的参量根轨迹。

需要强调的是，等效开环传递函数是从式（4-49）和式（4-50）得来的，等效的意义仅在于其闭环极点与系统原闭环传递函数的极点相同，而闭环零点通常则不同。因此，仅采用系统的闭环极点去分析系统性能时，用等效传递函数是完全可以的，但零点则必须采用系统原来传递函数的零点。

【例 4-11】 已知某单位负反馈系统的开环传递函数为

$$G_k(s) = \frac{\frac{1}{4}(s+a)}{s^2(s+1)}$$

试绘制参数 a 从 $0\to\infty$ 连续变化时闭环系统的根轨迹。

解 系统的特征方程为

$$D(s) = 1 + G_k(s) = 1 + \frac{\frac{1}{4}(s+a)}{s^2(s+1)} = 0$$

即

$$4s^3 + 4s^2 + s + a = 0$$

上式可整理为系统等效的根轨迹方程为

$$\frac{a}{s(4s^2+4s+1)} = -1$$

故可按 180°根轨迹的绘制法则，绘制当参数 a 从 $0\to\infty$ 连续变化时闭环系统的根轨迹。

　　等效系统无开环零点，有 3 个开环极点 $p_1 = 0$ ，$p_{2,3} = -\dfrac{1}{2}$。实轴上的根轨迹为含原点的整个负实轴。根轨迹有 3 条渐近线，它们与实轴的交点为

$$\sigma_a = \frac{\displaystyle\sum_{i=1}^{n} p_i - \sum_{j=1}^{m} z_j}{n-m} = \frac{0 - \dfrac{1}{2} - \dfrac{1}{2}}{3-0} = -\frac{1}{3}$$

渐近线与实轴正方向的夹角为

$$\varphi_a = \frac{(2k+1)\pi}{n-m} = 60°, \ -60°, \ 180°$$

若

$$M(s) = 1$$
$$N(s) = s(4s^2 + 4s + 1)$$

由分离点方程，令

$$M'(s)N(s) - M(s)N'(s) = -(12s^2 + 8s + 1) = 0$$

可求得方程有两个实数根为 $s_1 = -\dfrac{1}{6}$，$s_2 = -\dfrac{1}{2}$，且均满足系统的相角方程。所以，系统在实轴上存在两个分离点 $s_{d1} = -\dfrac{1}{6}$，$s_{d2} = -\dfrac{1}{2}$。

　　根据劳斯判据，可以求出根轨迹与虚轴的交点。系统的特征方程为

$$4s^3 + 4s^2 + s + a = 0$$

列劳斯表如下：

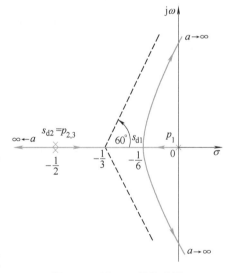

$$
\begin{array}{ccc}
s^3 & 4 & 1 \\
s^2 & 4 & a \\
s^1 & \dfrac{4-4a}{4} & \\
s^0 & a &
\end{array}
$$

令 s^1 行的第一个系数为零，可解得系统临界等效根轨迹增益为

$$a = 1$$

由 s^2 行得到辅助方程

$$4s^2 + a = 0$$

将 $a = 1$ 代入辅助方程，可求得根轨迹与虚轴的交点为

图 4-15　例 4-11 根轨迹图

$$s_{1,2} = \pm j\,\frac{1}{2}$$

系统的根轨迹如图 4-15 所示。

4.3.3　多回路系统的根轨迹与根轨迹族（Root Locus and Root Locus Cluster of Multi-Loop Systems）

　　前面介绍了单回路系统根轨迹的绘制。在实际控制工程中，通常会遇到结构更为复杂的

多回路控制系统，如图 4-16 所示。

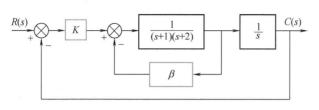

图 4-16　多回路控制系统

绘制多回路系统根轨迹的方法与绘制单回路系统根轨迹的方法相类似。通常是从系统的内环（inner loop）入手，由里到外，从局部到整体地多次绘制根轨迹。具体的做法可归纳如下：

1）根据局部闭环子系统的开环传递函数绘制其根轨迹，确定局部小闭环系统的极点分布。

2）由局部小闭环系统的零、极点和系统其他部分的零、极点所构成的整个多回路系统的开环零、极点的分布，绘制总系统的根轨迹。

由于多回路控制系统研究的变量往往多于一个，例如图 4-16 系统中就存在两个参变量 β 和 K，因此，多回路系统的根轨迹往往是一族曲线，形成一个根轨迹族（root locus cluster）。

【例 4-12】　已知多回路控制系统的结构如图 4-16 所示，试绘制当局部闭环参数 β 以及放大器放大倍数 K 连续变化时多回路系统的根轨迹。

解　系统局部闭环的传递函数为

$$\Phi_1(s) = \frac{1/(s+1)(s+2)}{1+[\beta/(s+1)(s+2)]} = \frac{1}{(s+1)(s+2)+\beta}$$

则全系统的开环传递函数为

$$G_k(s) = K\Phi_1(s)\frac{1}{s} = \frac{K}{s[(s+1)(s+2)+\beta]}$$

由于上式的分母未写成因式的形式，故不能在复平面上直观地标出系统的开环极点。为求解多回路系统的开环极点，须求解方程

$$(s+1)(s+2)+\beta = 0$$

上述方程实际上就是系统局部闭环部分的特征方程，对其可改写为

$$1+\frac{\beta}{(s+1)(s+2)} = 0$$

或

$$\frac{\beta}{(s+1)(s+2)} = -1$$

上式可视作局部闭环部分的等效根轨迹方程。其中，局部闭环部分的等效开环传递函数为

$$G_{k1}(s) = \frac{\beta}{(s+1)(s+2)}$$

可见，等效开环传递函数无开环零点，有两个开环极点 $p_1' = -1$，$p_2' = -2$。

当参数 β 从 $0 \rightarrow \infty$ 变化时，局部闭环系统的根轨迹如图 4-17 所示。

当 $\beta = 2.5$ 时，局部闭环系统的两个闭环极点分别为

$$s'_1 = -1.5+j1.5, \quad s'_2 = -1.5-j1.5$$

此时，局部闭环系统的特征多项式可以写成

$$(s+1)(s+2)+\beta = (s+1.5-j1.5)(s+1.5+j1.5)$$

将其代回 $G_k(s)$，得

$$G_k(s) = \frac{K}{s(s+1.5-j1.5)(s+1.5+j1.5)}$$

可见，此时多回路系统共有3个开环极点，其中两个正好是局部闭环系统的闭环极点，即

$$p_1 = s'_1 = -1.5+j1.5, p_2 = s'_2 = -1.5-j1.5, p_3 = 0$$

在 $\beta = 2.5$ 时，随着 K 从 $0 \to \infty$ 连续变化，多回路系统的根轨迹如图4-18实线部分所示。可见，随着 K 值的增大，系统的振荡程度将加剧，当 $K>13.5$ 时，系统将变得不稳定。

当 $\beta \neq 2.5$，而是其他数值时，随着 K 从 $0 \to \infty$ 连续变化，又可画出与其相对应的另一组根轨迹。最终形成一族根轨迹，如图4-18虚线部分所示。

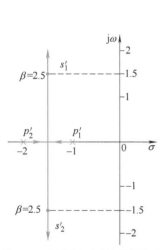

图4-17　局部闭环系统的根轨迹

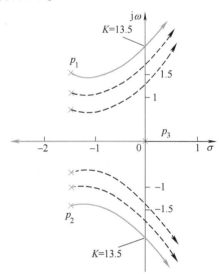

图4-18　例4-12的根轨迹族

4.4 控制系统的根轨迹分析（Root Locus Analysis of Control System）

4.4.1 闭环系统零、极点的确定（Determination of Zeros and Poles for the Closed-Loop System）

1. 闭环零点的确定

对于如图4-3所示的单回路闭环控制系统，设其前向通道的传递函数为

$$G(s) = \frac{K_G \prod\limits_{r=1}^{m_1} (s - z_{Gr})}{\prod\limits_{q=1}^{n_1} (s - p_{Gq})} \tag{4-51}$$

反馈通道的传递函数为

$$H(s) = \frac{K_{\mathrm{H}} \prod_{k=1}^{m_2} (s - z_{\mathrm{H}k})}{\prod_{l=1}^{n_2} (s - p_{\mathrm{H}l})} \tag{4-52}$$

式中，K_{G} 为前向通道的根轨迹增益；$z_{\mathrm{G}r}$ 为前向通道的零点；$p_{\mathrm{G}q}$ 为前向通道的极点；K_{H} 为反馈通道的根轨迹增益；$z_{\mathrm{H}k}$ 为反馈通道的零点；$p_{\mathrm{H}l}$ 为反馈通道的极点。

系统的开环传递函数为

$$G_k(s) = G(s)H(s) = \frac{K_{\mathrm{G}}K_{\mathrm{H}} \prod_{r=1}^{m_1} (s - z_{\mathrm{G}r}) \prod_{k=1}^{m_2} (s - z_{\mathrm{H}k})}{\prod_{q=1}^{n_1} (s - p_{\mathrm{G}q}) \prod_{l=1}^{n_2} (s - p_{\mathrm{H}l})} = \frac{K_{\mathrm{g}} \prod_{j=1}^{m} (s - z_j)}{\prod_{i=1}^{n} (s - p_i)}$$

式中，K_{g} 为开环根轨迹增益，$K_{\mathrm{g}} = K_{\mathrm{G}}K_{\mathrm{H}}$；$z_j$ 为开环零点，开环零点数为 $m = m_1 + m_2$；p_i 为开环极点，开环极点数为 $n = n_1 + n_2$。对于实际控制系统，一般满足 $n > m$。

系统的闭环传递函数为

$$\Phi(s) = \frac{G(s)}{1 + G(s)H(s)}$$

$$= \frac{K_{\mathrm{G}} \prod_{r=1}^{m_1} (s - z_{\mathrm{G}r}) \prod_{l=1}^{n_2} (s - p_{\mathrm{H}l})}{\prod_{q=1}^{n_1} (s - p_{\mathrm{G}q}) \prod_{l=1}^{n_2} (s - p_{\mathrm{H}l}) + K_{\mathrm{G}}K_{\mathrm{H}} \prod_{r=1}^{m_1} (s - z_{\mathrm{G}r}) \prod_{k=1}^{m_2} (s - z_{\mathrm{H}k})} \tag{4-53}$$

当系统满足 $n > m$ 时，由式（4-53）可以得到以下结论：

1）系统闭环根轨迹增益等于前向通道根轨迹增益。特别当系统为单位反馈时，其闭环根轨迹增益等于前向通道根轨迹增益，也等于开环根轨迹增益。

2）闭环零点由前向通道的零点和反馈通道的极点构成。特别当系统为单位反馈时，闭环零点就是开环零点。

2. 闭环极点的确定

本章所讨论的控制系统的根轨迹，描述了当系统开环传递函数中的某个参数变化时，闭环极点在复平面上变化的轨迹。因此，绘制根轨迹的过程实质上就是确定系统闭环极点的过程。

通过根轨迹对控制系统进行性能分析时，往往最为关注根轨迹上的某些特殊位置点及其对应的 K_{g} 值。这些特殊位置点通常包括以下几种。

（1）根轨迹与虚轴的交点

根轨迹与虚轴的交点，为一对共轭纯虚数 $\pm \mathrm{j}\omega$。由系统稳定的充要条件可知，此时系统处于临界稳定（critical stable）状态。通常称根轨迹与虚轴的交点为根轨迹上的临界稳定点。因此，通过求解根轨迹与虚轴的交点及所对应的 K_{gc} 值，可以确定一个条件稳定系统的参数取值范围。

【例 4-13】 若某闭环控制系统的开环传递函数为

$$G(s)H(s) = \frac{K_g(s+1)}{s(s-1)(s^2+4s+16)}$$

试绘制系统根轨迹,并求使系统稳定的 K_g 取值范围。

解 实轴上的根轨迹位于 $(-\infty, -1]$,$[0, 1]$。根轨迹有 3 条渐近线,它们与实轴的交点为

$$\sigma_a = \frac{\sum_{i=1}^n p_i - \sum_{j=1}^m z_j}{n-m} = \frac{0+1-2+j2\sqrt{3}-2-j2\sqrt{3}+1}{4-1} = -\frac{2}{3}$$

渐近线与实轴正方向的夹角为

$$\varphi_a = \frac{(2k+1)\pi}{n-m} = 60°, -60°, 180°$$

若

$$M(s) = s+1$$
$$N(s) = s(s-1)(s^2+4s+16)$$

由分离点方程知

$$M'(s)N(s) - M(s)N'(s) = 3s^4+10s^3+21s^2+24s-16 = 0$$

用试探法,可求得方程有两个实数根为 $s_1 = 0.46$,$s_2 = -2.22$,用长除法还可求得方程有两个共轭复根 $s_{3,4} = -0.79 \pm j2.16$。但可以验证,$s_{3,4} = -0.79 \pm j2.16$ 不满足系统的相角方程,故应舍去。所以,系统只在实轴上存在两个分离点 $s_{d1} = 0.46$,$s_{d2} = -2.22$。

对于开环极点 $p_3 = -2 + j2\sqrt{3}$,根轨迹在此处的出射角为

$$\theta_{p_3} = 180° + 106° - 120° - 130.5° - 90° = -54.5°$$

由对称性可知,根轨迹在开环极点 $p_4 = -2 - j2\sqrt{3}$ 处的出射角为

$$\theta_{p_4} = 54.5°$$

根据劳斯判据,可以求出根轨迹与虚轴的交点。系统的特征方程为

$$s^4 + 3s^3 + 12s^2 + (K_g - 16)s + K_g = 0$$

列劳斯表如下:

s^4	1	12	K_g
s^3	3	K_g-16	
s^2	$\dfrac{52-K_g}{3}$	K_g	
s^1	$\dfrac{-K_g^2+59K_g-832}{52-K_g}$		
s^0	K_g		

令 s^1 行的第一个系数为零,可解得系统临界开环根轨迹增益 K_{gc} 为

$$K_{gc1} = 23.3, \quad K_{gc2} = 35.7$$

由 s^2 行得到辅助方程为

$$\frac{52-K_g}{3}s^2+K_g=0$$

将 K_{gc1}、K_{gc2} 分别代入辅助方程，可求得根轨迹与虚轴的交点为

$$s_{1,2}=\pm j1.56,\quad s_{3,4}=\pm j2.56$$

系统的根轨迹如图 4-19 所示。

由根轨迹可知，当 $23.3<K_g<35.7$ 时，系统是稳定的；当 K_g 超出这一范围，系统不稳定。

（2）根轨迹在实轴上的分离点

根轨迹在实轴上的分离点为闭环特征方程的重实根。在其两侧，系统的闭环极点完成了由互异实数到共轭复数的变化，或者相反。因此，根轨迹在实轴上的分离点可以看作系统的阶跃响应形式有无振荡或有无超调量的分界点。

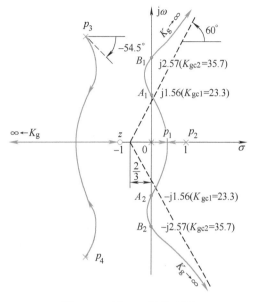

图 4-19　例 4-13 根轨迹图

（3）根轨迹与指定阻尼线的交点

在复平面上，通过原点且与实轴负方向的夹角为阻尼角 β 的直线称为阻尼线。有时，阻尼线也以指定阻尼比 ζ 的形式给出，由第 3 章可知，$\beta=\arccos\zeta$。在利用根轨迹进行系统分析时，常通过计算根轨迹与指定阻尼线的交点来确定高阶系统的闭环主导极点，从而可以用近似的二阶系统来估算高阶系统的性能。

【例 4-14】　已知单位负反馈系统的开环传递函数为

$$G_k(s)=\frac{K}{s(s+1)(0.25s+1)}$$

试用根轨迹法求取具有阻尼比 $\zeta=0.5$ 的共轭闭环主导极点和其他闭环极点，并估算此时系统的性能指标 $\sigma\%$ 和 t_s。

解　将开环传递函数改写成零、极点形式，得

$$G_k(s)=\frac{K_g}{s(s+1)(s+4)}$$

式中，根轨迹增益 $K_g=4K$，K 为开环放大倍数。

图 4-20 所示为当 K_g 从 $0\rightarrow\infty$ 变化时系统的根轨迹。其中，实轴上 $[-1,0]$ 及 $(-\infty,-4]$ 是根轨迹区段，根轨迹在实轴上存在分离点 $s_d=-0.465$。两条根轨迹分支与虚轴有交点，交点处对应的临界根轨迹增益 $K_{gc}=20$，即临界开环放大倍数 $K_c=5$。当 $K>5$ 时，根轨迹将引申至右半 s 平面，表明此时系统具有一对正实部的共轭复根，系统不稳定。因此，为使系统稳定，开环放大倍数 $0<K<5$。

为了确定满足 $\zeta=0.5$ 条件时系统的 3 个闭环极点，首先作出 $\zeta=0.5$ 的阻尼线 OA，它与负实轴的夹角为

$$\beta=\arccos\zeta=\arccos0.5=60°$$

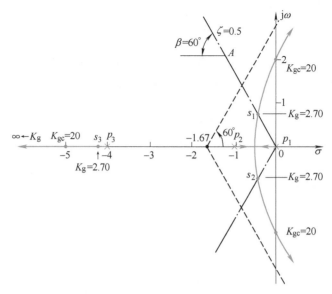

图 4-20 例 4-14 根轨迹图

如图 4-20 的点画线所示。设阻尼线 OA 与根轨迹的交点 $s_1 = -\sigma + j\omega$，则

$$\frac{\omega}{\sigma} = \tan 60° = \sqrt{3}$$

由系统相角条件方程，得

$$120° + \arctan\frac{\omega}{1-\sigma} + \arctan\frac{\omega}{4-\sigma} = 180°$$

解上述两式，得

$$\sigma = 0.4, \ \omega = 0.69$$

所以，满足 $\zeta = 0.5$ 的一对共轭复根为 $s_1 = -0.4 + j0.69$，$s_2 = -0.4 - j0.69$。

由闭环极点的根之和定理，即

$$\sum_{i=1}^{3} p_i = \sum_{i=1}^{3} s_i$$

可求得对应的第 3 个闭环极点为

$$s_3 = (0 - 1 - 4) - (-0.4 + j0.69 - 0.4 - j0.69) = -4.2$$

根据根轨迹的幅值条件方程，此时对应的根轨迹增益为

$$\begin{aligned}
K_g &= |s_1 - p_1||s_1 - p_2||s_1 - p_3| \\
&= |-0.4 + j0.69| \times |-0.4 + j0.69 + 1| \times |-0.4 + j0.69 + 4| \\
&= 0.8 \times 0.92 \times 3.67 = 2.7
\end{aligned}$$

对应的开环放大倍数为

$$K = 0.675$$

在所求得的 3 个闭环极点中，$s_1 = -0.4 + j0.69$，$s_2 = -0.4 - j0.69$ 和 $s_3 = -4.2$ 的实部之比为

$$\frac{\mathrm{Re}[s_3]}{\mathrm{Re}[s_1, s_2]} = \frac{4.2}{0.4} = 10.5 > 5$$

所以，共轭复根 $s_1 = -0.4 + j0.69$ 和 $s_2 = -0.4 - j0.69$ 可以看作系统的一对主导极点，并可以由以它们作为闭环主导极点的二阶系统来近似估算原三阶系统的性能指标。

此时，二阶系统的阻尼比为已知的 $\zeta = 0.5$，而自然振荡角频率为

$$\omega_n = \frac{\sigma}{\zeta} = \frac{\zeta \omega_n}{\zeta} = 0.8$$

在单位阶跃信号作用下，系统的动态性能指标为

$$\sigma\% = e^{-\pi\zeta/\sqrt{1-\zeta^2}} \times 100\% = e^{-0.5 \times 3.14/\sqrt{1-0.5^2}} = 16.3\%$$

$$t_s = \frac{4}{\zeta\omega_n} = \frac{4}{0.5 \times 0.8} = 10s$$

需要特别指出的是，对于如图 4-3 所示的闭环控制系统，确定其闭环极点时可能会遇到其前向通道传递函数 $G(s)$ 的极点与反馈通道传递函数 $H(s)$ 的零点相抵消的情况。此时系统的开环传递函数 $G_k(s) = G(s)H(s)$ 将存在相应的开环零点和开环极点相互对消，从而导致闭环特征方程 $D(s) = 0$ 阶次下降。于是，按照开环零、极点对消后的 $G_k(s)$ 绘制根轨迹所求得的闭环极点数将会减少。

由根轨迹的绘制法则可知，闭环系统的根轨迹起始于开环极点，终止于开环零点。从根轨迹的角度来看，系统存在开环零、极点对消，实质上是其根轨迹存在一个不随参数变化而变化的"点状"根轨迹分支，该"点状"根轨迹分支分别起始和终止于可对消的开环零、极点。因此，在对闭环系统进行根轨迹分析时，若将开环传递函数 $G_k(s) = G(s)H(s)$ 相应的开环零点和开环极点相互对消，即不考虑此"点状"根轨迹分支，就有可能造成系统的分析有误。

为了不因系统存在开环零、极点对消而丢失系统的闭环极点，可将原系统的结构图等效为图 4-21 的形式。这样，在系统的闭环传递函数

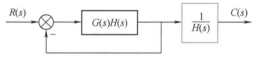

图 4-21　存在开环零、极点对消时系统的等效结构图

$$\Phi(s) = \frac{G(s)H(s)}{1 + G(s)H(s)} \frac{1}{H(s)} \qquad (4\text{-}54)$$

中，将包含系统的全部闭环极点。

4.4.2　闭环零、极点分布与阶跃响应关系的定性分析（Qualitative Analysis of the Relationship between Closed-Loop Zeros and Poles with Step Response）

利用根轨迹得到闭环零、极点在复平面上的分布情况，就可以写出系统的闭环传递函数，从而进行系统性能的分析。下面以系统的单位阶跃响应为例，考察闭环零、极点的分布对系统影响的一般规律。

设 n 阶系统的闭环传递函数为

$$\Phi(s) = \frac{K_{\phi g} \prod_{j=1}^{m} (s - z_j)}{\prod_{i=1}^{n} (s - s_i)} \qquad (4\text{-}55)$$

式中，$K_{\phi g}$ 为系统的闭环根轨迹增益；z_j 为闭环零点；s_i 为闭环极点。

系统单位阶跃响应的拉普拉斯变换为

$$C(s) = \Phi(s)R(s) = \frac{K_{\phi g} \prod\limits_{j=1}^{m} (s - z_j)}{\prod\limits_{i=1}^{n} (s - s_i)} \frac{1}{s}$$

$$= \frac{A_0}{s} + \sum_{i=1}^{n} \frac{A_i}{s - s_i} \tag{4-56}$$

由复变函数的留数定理可得

$$A_0 = \left. \frac{K_{\phi g} \prod\limits_{j=1}^{m} (s - z_j)}{\prod\limits_{i=1}^{n} (s - s_i)} \right|_{s=0} = \frac{K_{\phi g} \prod\limits_{j=1}^{m} (-z_j)}{\prod\limits_{i=1}^{n} (-s_i)} \tag{4-57}$$

$$A_i = \left. \frac{K_{\phi g} \prod\limits_{j=1}^{m} (s - z_j)}{s \prod\limits_{\substack{l=1 \\ l \neq i}}^{n} (s - s_l)} \right|_{s=s_i} = \frac{K_{\phi g} \prod\limits_{j=1}^{m} (s_i - z_j)}{s_i \prod\limits_{\substack{l=1 \\ l \neq i}}^{n} (s_i - s_l)} \tag{4-58}$$

系统的单位阶跃响应为

$$c(t) = L^{-1}[C(s)] = A_0 + \sum_{i=1}^{n} A_i e^{s_i t} \tag{4-59}$$

式（4-59）表明，系统的单位阶跃响应由 A_i、s_i 决定，即与系统闭环零、极点的分布有关。分析以上各式，可得闭环零、极点的分布对系统性能影响的一般规律如下：

1）稳定性。系统稳定，要求所有闭环极点 s_i 必须都位于 s 平面的左半部，因此要求系统的根轨迹都位于 s 平面的左半部。若系统的根轨迹在 s 平面的右半部有分布，则系统最多是条件稳定系统。稳定性与闭环零点 z_j 的分布无关。

2）运动形式。若闭环极点全为实数，且无闭环零点，则 $c(t)$ 一定单调变化。若闭环极点为复数，则 $c(t)$ 一般是振荡变化的。

3）快速性。在系统稳定的前提下，闭环极点 $s_i = \sigma + j\omega$ 越远离虚轴，即 $|\sigma|$ 越大，$c(t)$ 中的每个分量 $e^{s_i t}$ 衰减得越快，系统响应的快速性越好。

4）平稳性。系统响应的平稳性由阶跃响应的超调量来度量。欲使系统响应平稳，闭环复数极点的阻尼角应尽可能小。兼顾快速性因素，复数极点最好设置在 s 平面中与负实轴成 ±45°夹角的阻尼线附近，即阻尼角 $\beta = 45°$。

4.4.3　增加开环零、极点对根轨迹的影响（The Influence to Root Locus when Increasing Open-Loop Zeros or Poles）

教学视频 4-9
增加开环零、极点
对根轨迹的影响

由根轨迹的绘制法则可知，系统根轨迹的形状、位置完全取决于系统开环零、极点的分布情况。因此可通过增加开环零、极点的方法来改造根轨迹的形状，从而改善系统的品质。

1. 增加开环零点对根轨迹及系统性能的影响

首先通过一个例子分析一下增加开环零点对根轨迹及系统性能的影响。

【例 4-15】　设单位负反馈系统的开环传递函数为

$$G(s)H(s) = \frac{K_g(s+b)}{s^2(s+a)} \quad (a>0, \ b>0)$$

试绘制如下几种情况下 K_g 从 $0 \to \infty$ 连续变化时系统的根轨迹：

1） $b \to \infty$，a 为有限值；2） $b>a$；3） $b=a$；4） $a>b$；5） $b=0$，a 为有限值。

解　1） $b \to \infty$，a 为有限值时，相当于系统不存在有限的开环零点。系统起始于坐标原点的两条根轨迹始终位于右半 s 平面，系统不稳定。系统根轨迹如图 4-22a 所示。

2） $b>a$ 时，系统起始于坐标原点的两条根轨迹的渐近线位于右半 s 平面，系统结构不稳定。系统根轨迹如图 4-22b 所示。

3） $b=a$ 时，系统起始于坐标原点的两条根轨迹位于 s 平面的虚轴上，系统临界稳定。系统根轨迹如图 4-22c 所示。

4） $a>b$ 时，系统起始于坐标原点的两条根轨迹的渐近线位于左半 s 平面，系统稳定。系统根轨迹如图 4-22d 所示。

5） $b=0$，a 为有限值时，系统在原点处有一支点状根轨迹，即存在一个闭环极点 $s=0$。由于系统恰好有一个闭环零点 $z=0$，因此闭环极点 $s=0$ 对系统的影响可忽略。此时，系统的

开环传递函数可简化为 $G(s)H(s) = \dfrac{K_g}{s(s+a)}$，系统稳定。系统根轨迹如图 4-22e 所示。

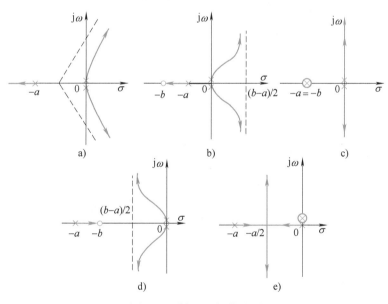

图 4-22　例 4-15 根轨迹图

从例 4-15 可以看出，增加一个开环零点，对根轨迹和系统性能的影响如下：

1） 改变了实轴上根轨迹的分布。

2） 改变了根轨迹渐近线的条数、与实轴交点的坐标及夹角。

3） 使根轨迹的走向向左偏移，提高了系统的稳定度，有利于改善系统的动态性能。而且，所加的零点越靠近原点，这种作用越大。

4） 开环零点和极点重合或相近时，二者构成一对开环偶极子。开环偶极子对系统性能

的影响可以忽略。因此，通过加入开环零点构成偶极子的方法可抵消有损系统性能的极点对系统产生的不利影响。

2. 增加开环极点对根轨迹的影响

通过相似的分析方法可以得到，增加一个开环极点，对根轨迹和系统性能的影响如下：

1) 改变了实轴上根轨迹的分布。

2) 改变了根轨迹渐近线的条数、与实轴交点的坐标及夹角。

3) 使根轨迹的走向向右偏移，降低了系统的稳定度，不利于改善系统的动态性能。而且，所加的极点越靠近原点，这种作用越大。

3. 增加开环偶极子对根轨迹的影响

开环偶极子是指一对距离很近的开环零、极点，当系统增加一对开环偶极子时，其效应如下：

1) 开环偶极子对离它们较远的根轨迹形状及根轨迹增益 K_g 没有影响。原因是从偶极子至根轨迹远处某点的向量基本相等，它们在幅值条件及相角条件中可以相互抵消。

2) 若开环偶极子位于 s 平面原点附近，而闭环主导极点离原点较远，则开环偶极子对系统主导极点的位置及增益 K_g 均无影响。但是，开环偶极子将显著地影响系统的静态误差系数，从而在很大程度上影响系统的稳态性能，其原因如下。

设系统开环传递函数用时间常数形式表示的通式为

$$G_k(s) = K \frac{\prod_{j=1}^{m} (\tau_j s + 1)}{s^v \prod_{i=1}^{n-v} (T_i s + 1)} \tag{4-60}$$

该传递函数若写成零、极点的表示形式，则有

$$G_k(s) = K_g \frac{\prod_{j=1}^{m} (s - z_j)}{s^v \prod_{i=1}^{n-v} (s - p_i)} \tag{4-61}$$

式中，v 为系统的型别；K 为系统的开环放大倍数，K 与系统的静态误差系数 K_p、K_v 及 K_a 有着密切的关系（见第3章的有关部分）；K_g 为系统的根轨迹增益。比较式（4-60）和式（4-61）不难看出

$$K = K_g \frac{\prod_{j=1}^{m} (-z_j)}{\prod_{i=1}^{n-v} (-p_i)} \tag{4-62}$$

如果在原系统零、极点的基础上增加一对开环极点比零点更靠近原点的实数开环偶极子，则按式（4-62）求得加入开环偶极子后系统的放大倍数为

$$K' = K_g \frac{\prod_{j=1}^{m} (-z_j)}{\prod_{i=1}^{n-v} (-p_i)} \cdot \frac{(-z_c)}{(-p_c)} = K \frac{z_c}{p_c} \tag{4-63}$$

式中，z_c、p_c 为偶极子的零、极点。

由于 $|z_c| > |p_c|$，所以 $K' > K$，即提高了系统的开环放大倍数，可以使系统的稳态性能得到改善。

【例 4-16】 已知随动系统的结构图如图 4-23 所示。其中 $G_0(s)$ 是被控对象的传递函数，$G_c(s)$ 是控制器的传递函数。为使系统的根轨迹通过 s 平面上 $A_{1,2} = -1.5 \pm j1.5$ 的点，问：

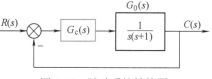

图 4-23 随动系统结构图

1）控制器传递函数 $G_c(s) = \dfrac{K_g(s - z_{c1})}{(s - p_{c1})}$ 的零、极点 z_{c1} 和 p_{c1} 应如何配置？

2）若欲使系统的闭环极点为 $s_{1,2} = -1.5 \pm j1.5$，且静态速度误差系数 $K_v \geqslant 12$，则控制器还需添加一对零、极点 z_{c2} 和 p_{c2}，它们应如何配置？

解 已知控制系统的对象传递函数为

$$G_0(s) = \frac{1}{s(s+1)}$$

1）选择 z_{c1} 和 p_{c1}，以使系统的根轨迹通过 $A_{1,2} = -1.5 \pm j1.5$ 点。

若控制器的传递函数为

$$G_c(s) = G_{c0}(s) = K_g$$

则系统的开环传递函数为

$$G_k(s) = \frac{K_g}{s(s+1)}$$

当 K_g 在 $0 \sim \infty$ 间变化时，系统的根轨迹除实轴 $[-1, 0]$ 区段以外的部分是一条通过 $(-0.5, j0)$ 点的垂直线，如图 4-24 中的粗虚线所示。

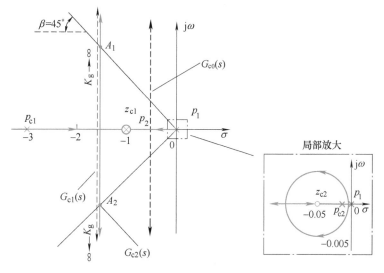

图 4-24 例 4-16 随动系统根轨迹图

显然，无论 K_g 取何值，根轨迹不会通过 $A_{1,2}$ 点。为了将实轴以外的根轨迹左移，最简便、直观的办法是要控制器提供一对开环零、极点，其参数配置成 $z_{c1} = -1$，$p_{c1} = -3$，即控制器的传递函数为

$$G_{c1}(s) = \frac{K_g(s-z_{c1})}{(s-p_{c1})} = \frac{K_g(s+1)}{(s+3)}$$

于是，系统的开环传递函数变为

$$G_{k1}(s) = G_{c1}(s)G_0(s) = \frac{K_g(s+1)}{s(s+1)(s+3)}$$

系统的根轨迹除实轴 [-3，0] 区段外，其余部分左移，是一条通过 (-1.5，j0) 点的垂直线，如图 4-24 中的细虚线所示。显然根轨迹刚好通过 $A_{1,2}$ 点。由于根轨迹左移，提高了系统的相对稳定性和瞬态响应的快速性。

根据幅值条件方程，可得对应于根轨迹 $A_{1,2}$ 点的 K_g 值为

$$K_{g1} = |-1.5+j1.5| \cdot |-1.5+j1.5+3| = 2.12 \times 2.12 = 4.5 \tag{4-64}$$

相应的开环放大倍数为

$$K_1 = K_{g1} \times \frac{1}{3} = 4.5 \times \frac{1}{3} = 1.5 \tag{4-65}$$

2）选择 z_{c2} 和 p_{c2}，以满足 $K_v \geqslant 12$ 的要求。

从以上分析可知，系统的根轨迹已通过 $-1.5\pm j1.5$ 点，但在该点上的速度误差系数为 $K_{v1} = K_1 = 1.5$，未能满足要求。根据题目要求，开环放大倍数必须提高 12/1.5 = 8 倍以上。为了达到此目的，可以在控制器中再增加一对开环零、极点 z_{c2} 和 p_{c2}，其相应的传递函数为 $\frac{s-z_{c2}}{s-p_{c2}}$，且必须满足 $\frac{|z_{c2}|}{|p_{c2}|} \geqslant 8$。

为了使增加这对零、极点后不致影响实轴以外的根轨迹形状，这对零、极点必须选择在负实轴上很靠近原点的地方，以组成一对偶极子。因此可选定为

$$\frac{s-z_{c2}}{s-p_{c2}} = \frac{s+0.05}{s+0.005}$$

这样，控制器的传递函数进一步改进为

$$G_{c2}(s) = \frac{K_g(s-z_{c1})(s-z_{c2})}{(s-p_{c1})(s-p_{c2})} = \frac{K_g(s+1)(s+0.05)}{(s+3)(s+0.005)} \tag{4-66}$$

采用这种控制器时，随动系统的开环传递函数为

$$G_{k2}(s) = G_{c2}(s)G_0(s) = \frac{K_g(s+1)(s+0.05)}{s(s+1)(s+3)(s+0.005)}$$

由此绘制出系统的根轨迹如图 4-24 中的粗实线所示。

下面用根轨迹法校验随动系统是否已满足 $K_v \geqslant 12$ 的要求。

对应于闭环极点 $s_{1,2} = -1.5\pm j1.5$，根轨迹增益可用幅值条件求出为

$$K_{g2} = \frac{|-1.5+j1.5||-1.5+j1.5+3||-1.5+j1.5+0.005|}{|-1.5+j1.5+0.05|}$$

$$= \frac{2.1213 \times 2.1213 \times 2.118}{2.086} = 4.57 \tag{4-67}$$

比较式 (4-64) 和式 (4-67) 可见，加入开环偶极子 z_{c2}、p_{c2} 后，闭环极点 $s_{1,2} = -1.5\pm j1.5$ 的根轨迹增益 K_{g2} 基本不变。但相应的开环放大倍数 K 却有显著的变化，其值为

$$K_2 = \frac{K_{g2} \times 0.05}{3 \times 0.005} = \frac{4.57 \times 0.05}{3 \times 0.005} = 15.2 \tag{4-68}$$

比较式（4-65）和式（4-68）可见，加入开环偶极子后，系统的开环放大倍数增大了 10 倍。所以 $K_{v2} = K_2 = 15.2$，满足了 $K_v \geqslant 12$ 的要求。

必须指出的是，本随动系统采用式（4-66）表示的控制器后，闭环特征方程由四阶方程降为三阶方程，因为其中的一个闭环极点 $s = -1$ 正好与闭环零点 $z = -1$ 相抵消了。另外，当 $K_g = 4.57$ 时，闭环极点除了 $s_{1,2} = -1.5 \pm j1.5$ 外，尚有一个闭环极点 s_3（其值约为 -0.052）。由于闭环极点 s_3 与另一个闭环零点 $z_{c2} = -0.05$ 非常靠近，从而构成一对闭环偶极子，这对偶极子对系统的动态性能影响甚微，故系统的动态性能主要由 $s_{1,2}$ 这对闭环主导极点所决定，即系统的动态性能指标为

$$\sigma\% \approx e^{-0.707\pi / \sqrt{1-0.707^2}} \times 100\% = 4.3\%$$

$$t_s \approx \frac{4}{1.5} s = 2.67 s$$

 ## 4.5　用 MATLAB 绘制系统根轨迹图（Plotting System Root Locus by Using MATLAB）

使用 MATLAB 提供的根轨迹函数，可以方便、准确地绘制控制系统的根轨迹图，并可利用根轨迹图对控制系统进行分析。下面介绍与根轨迹绘图有关的函数。

1. 根轨迹函数 rlocus( )

该函数用于绘制系统的根轨迹图，其调用格式如下：

```
rlocus(sys)
rlocus(sys,k)
r = rlocus(sys,k)
[r,k] = rlocus(sys)
```

式中，输入变量 k 为人工给定的增益；输出变量 r 为返回的闭环根；输出变量 k 为返回的增益。

2. 计算根轨迹上点的增益函数 rlocfind( )

该函数用于确定根轨迹上某一点的增益值 k 和该点对应的 n 个闭环根，其调用格式如下：

```
[k,poles] = rlocfind(sys)
[k,poles] = rlocfind(sys,p)
```

式中，p 为根轨迹上某点坐标值；k 为返回的根轨迹上某点的增益；poles 为返回该点的 n 个闭环根。

3. 网格线函数 sgrid( )

该函数用于在根轨迹图中添加网格线，其调用格式如下：

```
sgrid
```

下面通过具体实例说明这些函数的应用。

【例4-17】　已知系统的开环传递函数为

$$G_k(s) = \frac{K_g}{s(s+4)(s^2+4s+20)}$$

试绘制系统的根轨迹图。

解　MATLAB 程序如下:

```
%example 4-17
>>num=1;
>>den=conv([1,0],conv([1,4],[1,4,20]));
>>rlocus(num,den)
```

系统的根轨迹如图4-25所示。

【例4-18】　已知系统的开环传递函数为

$$G_k(s) = \frac{K_g}{(s+1)(s^2+2s+9)}$$

试绘制系统的根轨迹图, 并确定系统临界稳定的根轨迹增益 K_{gc}。

解　MATLAB 程序如下:

```
%example 4-18
>>num=1;
>>den=conv([1,1],[1,2,9]);
>>sys=tf(num,den);
>>rlocus(sys)
```

系统的根轨迹如图4-26所示。

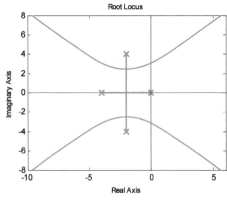

图4-25　例4-17系统的根轨迹图

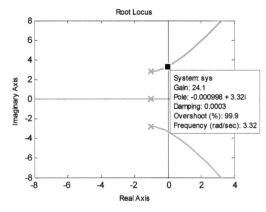

图4-26　例4-18的根轨迹图

由图可知临界稳定的根轨迹增益 $K_{gc}=24$。

另外, 临界增益的值还可通过函数 rlocfind( ) 获得。

【例4-19】　控制系统的开环传递函数为

$$G_k(s) = \frac{K_g}{s(s+1)(s+3.5)(s^2+6s+13)}$$

试绘制系统的根轨迹图, 并确定根轨迹的分离点及相应的根轨迹增益 K_g。

解 MATLAB 程序如下：

```
%example 4-19
>>num=[1];
>>den=conv([1,0],conv([1,1],conv([1,3.5],[1,6,13])));
>>rlocus(num,den)
>>axis equal
>>[kg,p]=rlocfind(num,den)
Select a point in the graphics window
selected_point =
    -0.4030-0.0001i
kg= 8.0058
p =-3.6816
   -3.0062+2.0861i
   -3.0062-2.0861i
   -0.4030+0.0001i
   -0.4030-0.0001i
```

由运算结果可知，分离点 $s_d = -0.403$，相应的根轨迹增益 $K_g = 8$。由程序生成的根轨迹如图 4-27 所示。

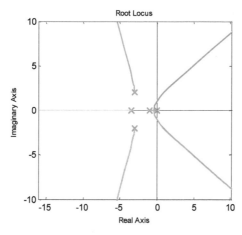

图 4-27 例 4-19 的根轨迹

本章小结（Summary）

1. 内容归纳

1）所谓根轨迹，就是当系统中某个参数从 0→∞ 变化时，闭环特征根在 s 平面上移动的轨迹。实质上根轨迹法就是对闭环特征方程的一种图解求根法。根轨迹法的基本思路是：在已知系统开环零、极点分布的情况下，依据绘制根轨迹的基本法则，研究系统参数变化时对闭环极点分布的影响。再利用闭环主导极点和偶极子的概念，对控制系统的性能进行定性分析和定量估算。

2）绘制根轨迹是用根轨迹分析系统的基础。应用绘制根轨迹的基本法则，就可迅速地绘制出根轨迹的大致形状。应特别注意绘制 180° 根轨迹与 0° 根轨迹基本法则的异同。一般情况下，以开环根轨迹增益 K_g 为绘制根轨迹的参变量。但当参变量不是 K_g 时，应绘制以指定参数为参变量的参量根轨迹。

3）在控制系统中适当增加一些开环零、极点，可以改变根轨迹的形状，从而达到改善系统性能的目的。一般情况下，增加开环零点可使根轨迹左移，有利于改善系统的相对稳定性和动态性能；相反，增加开环极点则使根轨迹右移，不利于系统的相对稳定性和动态性能。如果在原点附近的实轴上增加一对由零、极点构成的偶极子，且极点比零点更靠近原点，则系统的稳态性能将大为改善。

2. 知识结构

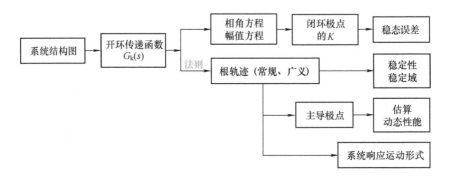

代表人物及事件简介（Leaders and Events）

1. 沃尔特·理查德·伊文斯（Walter Richard Evans，1920—1999），出生于美国加利福尼亚，1941 年在密苏里圣路易斯华盛顿大学获得电气工程学士学位，1951 年在美国加州大学洛杉矶分校获得电气工程硕士学位。曾受聘于通用电气公司、罗克韦尔国际公司、福特航空公司等。1954 年出版了《控制系统动力学》一书。

伊文斯是著名的控制理论家和根轨迹法的创始人。他的两篇论文 "Graphical Analysis of Control system"（AIEE Trans，Part II，67（1948）：547-551）和 "Control System Synthesis by Root Locus Method"（AIEE Trans，Part II，67（1950）：66-69）基本建立了根轨迹法的完整理论。他利用系统参数变化时特征方程根的变化轨迹来研究系统性能，开创了新的思维和研究方法。由于伊文斯在控制领域的突出贡献，1987 年获得了美国机械工程师学会 Rufus Oldenburger 奖章，1988 年获得了美国控制学会 Richard E. Bellman Control Heritage 奖章。

2. 北斗精神

北斗精神是中国航天人在建设北斗全球卫星导航系统过程中表现出来的"自主创新、开放融合、万众一心、追求卓越"的新时代精神。以国为重是"北斗精神"的核心价值观。

从 1994 年北斗一号工程立项开始，到 2020 年北斗三号全球卫星导航系统建成开通，该系统已经向"一带一路"沿线国家和地区亿级以上用户提供服务，相关产品出口 120 余个国家和地区。在此期间，一代代航天人一路披荆斩棘、不懈奋斗，始终秉承航天报国、科技强国的使命情怀，以"祖国利益高于一切、党的事业大于一切、忠诚使命重于一切"的责任担当，克服了各种难以想象的艰难险阻，在陌生领域从无到有进行全新探索，在高端技术空白地带白手起家，用信念之火点燃了北斗之光，推动北斗全球卫星导航系统闪耀浩
瀚星空、服务中国与世界。从北斗一号、二号、三号"三步走"发展战略决策，到有别于世界其他国家技术路径设计，再到用两年多时间高密度发射 18 箭 30 星，北斗卫星导航系统经历了从无到有、从有到优、从区域到全球的发展历程。

北斗全球卫星导航系统是中国迄今为止规模最大、覆盖范围最广、服务性能最高、与人民生活关联最紧密的巨型复杂航天系统。北斗三号全球卫星导航系统的建成开通，是中国攀登科技高峰、迈向航天强国的重要里程碑，是中国为全球公共服务基础设施建设做出的重大贡献，是中国特色社会主义进入新时代取得的重大标志性战略成果，凝结着一代代航天人接续奋斗的心血，饱含着中华民族自强不息的本色，对推进我国社会主义现代化建设和推动构建人类命运共同体具有重大而深远的意义。

习题（Exercises）

4-1　设单位负反馈控制系统的开环传递函数为

$$G(s) = \frac{K_g}{s+1}$$

试判断下列点是否是系统根轨迹上的点。若是根轨迹上的点，则说明 K_g 值多大时根轨迹经过它。

（1）a 点（-2+j0）；（2）b 点（0+j1）；（3）c 点（-3+j2）。

4-2　设单位负反馈控制系统的开环传递函数为

$$G(s) = \frac{K(3s+1)}{s(2s+1)}$$

试用解析法绘出 K 从 0→+∞ 变化时系统的根轨迹图。

4-3　设单位负反馈控制系统的开环传递函数如下，试概略绘出相应的系统根轨迹图。

（1）$G(s) = \dfrac{K}{s(0.2s+1)(0.5s+1)}$

（2）$G(s) = \dfrac{K_g(s+2)}{(s+1+j2)(s+1-j2)}$

（3）$G(s) = \dfrac{K_g}{s(s+4)(s^2+4s+20)}$

4-4　设单位负反馈控制系统的开环传递函数为

$$G(s) = \frac{6.9(s^2+6s+25)}{s(s^2+8s+25)}$$

试用根轨迹法计算系统闭环极点的位置。

4-5　设单位负反馈系统的开环传递函数如下，试绘出参变量 b 从 $0 \to +\infty$ 变化时的系统根轨迹图。

（1）$G(s) = \dfrac{20}{(s+4)(s+b)}$

（2）$G(s) = \dfrac{30(s+b)}{s(s+10)}$

4-6　设单位负反馈控制系统的开环传递函数为

$$G(s) = \frac{K_g(1-s)}{s(s+2)}$$

试绘制其根轨迹图，并求出使系统产生重实根和纯虚根的 K_g 值。

4-7　设控制系统的开环传递函数为

$$G_k(s) = \frac{K_g(s+1)}{s^2(s+2)(s+4)}$$

试分别画出该系统分别采用正反馈和负反馈时的根轨迹图，并指出它们的稳定情况有何不同。

4-8　设单位负反馈控制系统的开环传递函数为

$$G(s) = \frac{K_g(s+z)}{s^2(s+10)(s+20)}$$

试确定使系统的特征根存在一对共轭纯虚根 $\pm j1$ 时的 z 值和 K_g 值。

4-9　实系数多项式函数为

$$A(s) = s^3+5s^2+(6+a)s+a$$

试确定参数 a 的范围，使 $A(s)=0$ 的根皆为实数。

4-10　设单位负反馈控制系统的开环传递函数为

$$G(s) = \frac{K}{s(0.01s+1)(0.02s+1)}$$

（1）绘出系统的根轨迹图。

（2）确定使系统处于临界稳定时的根轨迹增益 K_{gc} 和开环放大倍数 K_c。

（3）确定使系统处于临界阻尼状态时的根轨迹增益 K_g 和开环放大倍数 K。

4-11　已知系统的开环传递函数为

$$G_k(s) = \frac{K_g}{s(s+2)(s+7)}$$

（1）绘制系统的根轨迹图。

（2）确定系统稳定时 K_g 的最大值。

（3）确定阻尼比 $\zeta = 0.707$ 时的 K_g 值。

4-12　已知单位负反馈系统的闭环传递函数为

$$\Phi(s) = \frac{as}{s^2+as+16} \quad (a>0)$$

（1）绘出闭环系统的根轨迹（$0<a<\infty$）。

（2）由根轨迹求出使闭环系统阻尼比 $\zeta=0.5$ 时的 a 值。

4-13　设单位负反馈控制系统的开环传递函数为

$$G(s)=\frac{K_{\mathrm{g}}}{s(s+2)}$$

若要求系统的性能满足 $\sigma\leqslant5\%$，$t_{\mathrm{s}}\leqslant8$（s），试求根轨迹增益 K_{g} 的取值范围。

4-14　系统的开环传递函数为

$$G_{\mathrm{k}}(s)=\frac{K_{\mathrm{g}}(s+3)}{(s+1)(s+5)(s+15)}$$

绘制系统根轨迹图，确定使闭环传递函数具有阻尼比 $\zeta=0.5$ 的复数极点的 K_{g} 值，并写出此时的闭环传递函数。

4-15　已知单位负反馈系统的开环传递函数为 $G(s)=\dfrac{K(0.5s-1)^{2}}{(0.5s+1)(2s-1)}$

（1）当 K 从 $0\rightarrow+\infty$ 变化时，概略绘制系统的闭环根轨迹图。

（2）确定保证系统稳定的 K 取值范围。

（3）求出系统在单位阶跃输入作用下稳态误差可能达到的最小绝对值 $|e_{\mathrm{ss}}|_{\min}$。

4-16　设闭环控制系统如图 4-3 所示，其中

$$G(s)=\frac{K_{\mathrm{g}}}{s^{2}(s+2)(s+5)},H(s)=1$$

（1）概略绘制系统根轨迹图，判断系统的稳定性。

（2）如果改变反馈通路传递函数，使 $H(s)=1+2s$，试判断 $H(s)$ 改变后对系统的稳定性和动态性能所产生的影响。

4-17　已知单位反馈系统的开环传递函数为

$$G(s)=\frac{K}{s\left(\dfrac{1}{2.5}s+1\right)\left(\dfrac{1}{6}s+1\right)}$$

（1）绘出 K 由 $0\rightarrow+\infty$ 变化时系统的根轨迹图（根轨迹的分离点、渐近线、与虚轴交点的数值要求精确算出）。

（2）用根轨迹法分析：

1）能否通过调整 K 使系统阶跃响应的超调量 $\sigma\%<25\%$，为什么？

2）能否通过调整 K 使系统的静态速度误差系数 $K_{\mathrm{v}}\geqslant15$，为什么？

第 5 章　频率特性分析法（Frequency Characteristic Analysis Method）

学习指南（Study Guide）

　　内容提要　频率特性分析法是研究控制系统的一种经典工程方法。它是一种图解方法，以控制系统的频率特性作为数学模型，伯德图或其他图表作为分析工具，采用典型化、对数化等处理方法，间接地分析控制系统的稳态性能和动态性能。主要内容有：频率响应与频率特性的概念，典型环节的频率特性，开环频率特性的绘制，最小相位系统和非最小相位系统，奈奎斯特稳定判据及其应用，稳定裕度的计算，频率特性与时域响应的关系，闭环频域指标、开环频域指标与时域指标的关系，传递函数的实验确定法，MATLAB 在频域分析中的应用。

　　能力目标　结合实际工程的影响因素，根据控制系统的频率特性，能够应用频域分析法有效判定系统的稳定性，熟练计算系统的开环和闭环频域指标，并根据它们与时域指标的对应关系，对控制系统的稳态性能、动态性能和抗高频干扰能力进行多角度综合评价；同时，能够根据最小相位系统的开环幅频特性获取其传递函数，具备利用实验法辨识系统数学模型的能力。

　　学习建议　频率特性法是一种工程上广为采用的分析和设计系统的间接方法，也是下一章控制系统校正的基础。本章的学习重点首先是在熟悉频率特性基本概念的前提下，用频率特性法计算正弦信号作用下的稳态误差；在熟悉每一种典型环节频率特性的基础上，熟练绘制开环系统的极坐标图和伯德图，清楚最小相位系统和非最小相位系统的特点与区别。其次是在极坐标图和伯德图上均能应用奈奎斯特判据正确判别闭环系统的稳定性，熟练计算系统的幅值裕度和相角裕度，运用三频段概念分析系统的稳态性能、动态性能和抗高频干扰能力，以及系统参数对系统性能的影响，并用 MATLAB 仿真验证。最后是根据由实验测得的最小相位系统开环对数幅频特性，辨识出其渐近线形式，准确写出系统的传递函数。

　　从工程角度考虑，控制系统的性能用时域特性度量最为直观。但是，一个控制系统，特别是高阶系统的时域特性是很难用解析法确定的。尤其在系统设计方面，到目前为止还没有直接按时域指标进行系统设计的通用方法。

　　频率特性法是一种工程上广为采用的分析和综合系统的间接方法，利用系统的频率响应

（frequency response）图以及频率响应与时域响应之间的某些关系进行系统的分析和设计。

频率特性法不用求解系统的特征根，只要求出系统的开环频率特性就可以迅速判断闭环系统的稳定性。而且系统的频率特性可用实验方法测出来，这对于那些难以用解析法确定其数学模型的系统来说是非常有用的。用频率特性法设计系统还可以考虑噪声的影响，并且在一定的前提条件下，对某些非线性系统也适用。

5.1　频率特性的基本概念（Basic Concepts of Frequency Characteristics）

5.1.1　频率特性的定义（Definition of Frequency Characteristics）

设一个 RC 网络如图 5-1 所示，其输入电压和输出电压分别为 $u_r(t)$ 和 $u_c(t)$，其相应的拉普拉斯变换分别为 $U_r(s)$ 和 $U_c(s)$。该电路的传递函数为

$$G(s)=\frac{U_c(s)}{U_r(s)}=\frac{1}{Ts+1} \tag{5-1}$$

式中，T 为时间常数，$T=RC$。

若 $u_r(t)=U_r\sin\omega t$，当初始条件为零时，输出电压的拉普拉斯变换为

$$U_c(s)=G(s)U_r(s)=\frac{1}{Ts+1}\frac{\omega U_r}{s^2+\omega^2}$$

对上式取拉普拉斯反变换有

$$u_c(t)=\frac{\omega TU_r}{1+\omega^2T^2}e^{-\frac{t}{T}}+\frac{U_r}{\sqrt{1+\omega^2T^2}}\sin(\omega t-\arctan\omega T) \tag{5-2}$$

式（5-2）的第一项为暂态分量，第二项为稳态分量。当 $t\to\infty$ 时，暂态分量趋于 0，这时电路的稳态输出为

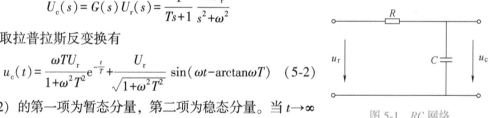

图 5-1　RC 网络

$$u_c(t)\big|_{t\to\infty}=\frac{U_r}{\sqrt{1+\omega^2T^2}}\sin(\omega t-\arctan\omega T)=U_c\sin(\omega t+\varphi_c) \tag{5-3}$$

式中，U_c 为输出电压的幅值，$U_c=\dfrac{U_r}{\sqrt{1+\omega^2T^2}}$；$\varphi_c$ 为输出电压的相角，$\varphi_c=-\arctan\omega T$。

由式（5-3）可知，网络对正弦输入信号的稳态响应仍然是一个同频率的正弦信号，但幅值和相角发生了变化，其变化取决于频率 ω。这一结论可以推广到任意线性定常系统。

如果用 $A(\omega)$ 表示输入输出正弦信号的幅值比，即

$$A(\omega)=\frac{U_c}{U_r}=\frac{1}{\sqrt{1+\omega^2T^2}} \tag{5-4}$$

用 $\varphi(\omega)$ 表示输入输出正弦信号的相角差，即

$$\varphi(\omega)=\varphi_c-\varphi_r=-\arctan\omega T \tag{5-5}$$

则不难发现，$A(\omega)$ 和 $\varphi(\omega)$ 只与系统参数及正弦输入信号的频率有关。在系统结构和参数给定的情况下，$A(\omega)$ 和 $\varphi(\omega)$ 仅仅是 ω 的函数。因此，称 $A(\omega)=\dfrac{1}{\sqrt{1+\omega^2T^2}}$ 为 RC 网络的幅

频特性 （magnitude-frequency characteristic）；$\varphi(\omega) = -\arctan\omega T$ 为 RC 网络的相频特性 （phase-frequency characteristic）。

若频率 ω 连续取不同的值，可绘出 RC 网络的幅频特性曲线和相频特性曲线，如图 5-2 所示。可见，当输入电压的频率 ω 较低时，输出电压与输入电压幅值几乎相等，两电压间 的相角滞后也不大。随着 ω 的增高，输出电压的幅值迅速减小，相角滞后也随之增加。当 $\omega \to \infty$ 时，输出电压的幅值趋向于 0，而相角滞后接近 90°。

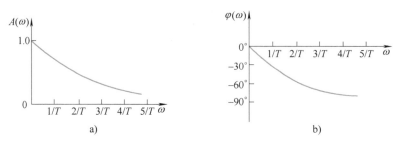

图 5-2 RC 网络的频率特性曲线
a）幅频特性　b）相频特性

由于输入、输出信号（稳态时）均为正弦函数，故可用电路理论的符号法将其表示为 复数形式，即输入为 $U_r e^{j0}$，输出为 $U_c e^{j\varphi_c}$。则输出与输入之比为

$$\frac{U_c e^{j\varphi_c}}{U_r e^{j0}} = \frac{U_c}{U_r} e^{j\varphi_c} = A(\omega) e^{j\varphi(\omega)} \tag{5-6}$$

由式（5-6）可知，输出与输入之比既有幅值 $A(\omega)$，又有相角 $\varphi(\omega)$，因此，在复平面 上构成了一个完整的向量，即

$$\frac{1}{\sqrt{1+\omega^2 T^2}} e^{-j\arctan\omega T} = \left| \frac{1}{1+j\omega T} \right| e^{j\left| \frac{1}{1+j\omega T} \right.} = \frac{1}{1+j\omega T} \tag{5-7}$$

称为频率特性，通常用 $G(j\omega)$ 表示，即

$$G(j\omega) = A(\omega)\underline{/\varphi(\omega)} = \frac{U_c}{U_r}\underline{/\varphi_c - \varphi_r} \tag{5-8}$$

综上所述，可对频率特性的定义作如下陈述：线性定常系统在正弦信号作用下，稳态输 出与输入之比对频率的关系特性称为系统的频率特性 （frequency characteristic），记为 $G(j\omega)$，即

$$G(j\omega) = \frac{C(j\omega)}{R(j\omega)} = A(\omega)\underline{/\varphi(\omega)} \tag{5-9}$$

5.1.2 频率特性与传递函数的关系 （Relationship between Frequency Characteristics and Transfer Function）

设系统的输入信号、输出信号分别为 $r(t)$ 和 $c(t)$，其拉普拉斯变换分别为 $R(s)$ 和 $C(s)$，则系统的传递函数为

$$G(s) = \frac{C(s)}{R(s)}$$

设传递函数具有如下形式：

$$G(s) = \frac{N(s)}{D(s)} = \frac{N(s)}{(s-p_1)(s-p_2)\cdots(s-p_n)} \tag{5-10}$$

式中，p_1、p_2、$\cdots$、p_n 为传递函数的极点。为方便讨论并且不失一般性，设所有极点均为互异实数，即没有重根。

若输入信号为正弦函数，即 $r(t) = R\sin\omega t$，其拉普拉斯变换为

$$R(s) = \frac{R\omega}{s^2 + \omega^2} = \frac{R\omega}{(s-j\omega)(s+j\omega)} \tag{5-11}$$

则有

$$C(s) = G(s)R(s) = \frac{N(s)}{(s-p_1)(s-p_2)\cdots(s-p_n)} \cdot \frac{R\omega}{(s-j\omega)(s+j\omega)}$$

$$= \sum_{i=1}^{n} \frac{C_i}{s - p_i} + \frac{B_1}{s - j\omega} + \frac{B_2}{s + j\omega} \tag{5-12}$$

式中，C_i、B_1、B_2 均为待定常数。

对式（5-12）求拉普拉斯反变换，可得输出为

$$c(t) = \sum_{i=1}^{n} C_i e^{p_i t} + B_1 e^{j\omega t} + B_2 e^{-j\omega t} \tag{5-13}$$

对于稳定系统，闭环极点均为负实数。当 $t \to \infty$ 时，则有 $\lim\limits_{t\to\infty} \sum\limits_{i=1}^{n} C_i e^{p_i t} \to 0$。所以，输出的稳态分量为

$$c_s(t) = B_1 e^{j\omega t} + B_2 e^{-j\omega t} \tag{5-14}$$

式中，
$$B_1 = \lim_{s\to j\omega} G(s) \frac{R\omega}{s+j\omega} = G(j\omega)R\frac{1}{2j} \tag{5-15}$$

$$B_2 = \lim_{s\to -j\omega} G(s) \frac{R\omega}{s-j\omega} = G(-j\omega)R\frac{1}{-2j} \tag{5-16}$$

由于 $G(j\omega)$ 为复数，可写为

$$G(j\omega) = |G(j\omega)| e^{j\underline{/G(j\omega)}} = A(\omega)e^{j\varphi(\omega)} \tag{5-17}$$

而且，$G(j\omega)$ 与 $G(-j\omega)$ 是共轭的，故 $G(-j\omega)$ 可写成

$$G(-j\omega) = A(\omega)e^{-j\varphi(\omega)} \tag{5-18}$$

将式（5-17）、式（5-18）分别代回式（5-15）、式（5-16）得

$$B_1 = \frac{R}{2j}A(\omega)e^{j\varphi(\omega)}$$

$$B_2 = -\frac{R}{2j}A(\omega)e^{-j\varphi(\omega)}$$

再将 B_1、B_2 之值代入式（5-14），则有

$$c_s(t) = RA(\omega)\frac{e^{j[\omega t+\varphi(\omega)]} - e^{-j[\omega t+\varphi(\omega)]}}{2j}$$

$$= RA(\omega)\sin[\omega t + \varphi(\omega)] = C\underline{/\varphi_c(\omega)} \tag{5-19}$$

式中，$A(\omega) = \dfrac{C}{R} = |G(j\omega)|$，恰好是系统的幅频特性；而 $\varphi(\omega) = \varphi_c - \varphi_r = \underline{/G(j\omega)}$，也恰好是系统的相频特性。因此，系统的频率特性与传递函数之间存在如下关系：

$$G(\mathrm{j}\omega)\underset{s=\mathrm{j}\omega}{\overset{\mathrm{j}\omega=s}{\rightleftarrows}}G(s) \tag{5-20}$$

需要指出的是，频率特性只适用于线性定常系统，否则不能使用拉普拉斯变换。上述理论是在系统稳定的前提下推出来的，如果系统不稳定，则暂态分量不趋向于 0，系统响应也不趋向于稳态分量，无法观察系统的稳态响应。但理论上，系统的稳态分量总是可以分离出来的，并不依赖于系统的稳定性。另外，由 $G(\mathrm{j}\omega)=G(s)\big|_{s=\mathrm{j}\omega}$ 可知，系统的频率特性包含了系统的全部运动规律，因此也是控制系统的一种数学模型，并成为系统频域分析的理论根据。

5.1.3　正弦输入信号下稳态误差的计算（Calculation of Steady−State Error under Sinusoidal Input Signal）

当 $r(t)=R\sin\omega t$ 时，有 $R(s)=\dfrac{R\omega}{s^2+\omega^2}$，输入函数在虚轴上不解析。因此，这种情况下不能用终值定理求解系统的稳态误差，但此时可用频率特性法进行分析。

【例 5-1】　某系统结构图如图 5-3 所示。已知 $r(t)=5\sin 2t$，试求系统的稳态误差。

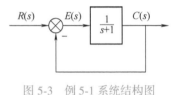

解　由结构图可求得系统误差传递函数为

$$\varPhi_e(s)=\frac{E(s)}{R(s)}=\frac{1}{1+G_k(s)}=\frac{s+1}{s+2}$$

图 5-3　例 5-1 系统结构图

所以有

$$\varPhi_e(\mathrm{j}\omega)=\frac{E(\mathrm{j}\omega)}{R(\mathrm{j}\omega)}=\frac{1+\mathrm{j}\omega}{2+\mathrm{j}\omega}=\sqrt{\frac{1+\omega^2}{2^2+\omega^2}}\bigg/\!\!\arctan\omega-\arctan\frac{\omega}{2}$$

此题 $\omega=2\,\mathrm{rad/s}$，所以

$$\varPhi_e(\mathrm{j}\omega)=\frac{\sqrt{10}}{4}\bigg/\!\!63.4°-45°\;=0.79\bigg/\!\!18.4°$$

则有

$$E(\mathrm{j}\omega)=\varPhi_e(\mathrm{j}\omega)R(\mathrm{j}\omega)=0.79\bigg/\!\!18.4°\times5\bigg/\!\!0°=3.95\bigg/\!\!18.4°$$

即

$$e_{ss}(t)=3.95\sin(2t+18.4°)$$

5.1.4　频率特性的表示方法（Representation Methods of Frequency Characteristics）

在工程分析和设计中，通常把线性系统的频率特性绘成曲线，再运用图解法进行研究。频率特性曲线一般有以下 4 种形式。

教学视频 5-2
频率特性的表示方法

1. 一般坐标特性曲线

此时，系统的幅频特性 $A(\omega)$ 和相频特性 $\varphi(\omega)$ 分开绘制，而且横坐标和纵坐标的刻度都是常用的线性刻度。例如 RC 网络的幅频特性和相频特性曲线，如图 5-2 所示。

2. 极坐标特性曲线

极坐标特性曲线（polar plot）也称作幅相频率特性曲线（magnitude-versus-phase plot）。以横轴为实轴、纵轴为虚轴，构成复数平面。对于任一给定的频率 ω，频率特性值为复数。若将频率特性表示为实数和虚数和的形式，则实部为实数坐标值，虚部为虚数坐标值。若将频率特性表示为复数指数形式，则为复平面上的向量，而向量的长度为频率特性的幅值，向量与实轴正方向的夹角等于频率特性的相角。在系统幅相频率特性曲线中，频率 ω 为参变量，一般用小箭头表示 ω 增大时幅相曲线的变化方向。

由于幅频特性为 ω 的偶函数，相频特性为 ω 的奇函数，则 ω 从零变化至 $+\infty$ 和 ω 从零变化至 $-\infty$ 的幅相曲线关于实轴对称。因此，一般只绘制 ω 从零变化至 $+\infty$ 的幅相曲线，而且称 ω 从零变化至 $-\infty$ 的幅相曲线为 ω 从零变化至 $+\infty$ 幅相曲线的镜像曲线。当 ω 的取值为 $-\infty$ 到 $+\infty$ 时，幅相曲线又称为奈奎斯特（Nyquist）曲线。

例如，RC 网络组成的惯性环节，其频率特性可表示为

$$G(j\omega) = \frac{1}{\sqrt{1+\omega^2 T^2}} e^{-j\arctan\omega T}$$

当 $\omega = 0$ 时，$A(0) = 1$，$\varphi(0) = 0°$；当 $\omega \to \infty$ 时，$A(\infty) = 0$，$\varphi(\infty) = -90°$。由此绘制出的频率特性是一个圆心在 $(0.5, j0)$、半径为 0.5 的半圆，如图 5-4 所示。

3. 对数频率特性曲线

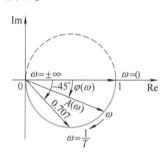

对数频率特性曲线（logarithmic frequency characteristic plot）又称为伯德图（bode diagram），它由对数幅频特性曲线和对数相频特性曲线组成，是工程中广泛使用的一组曲线。

对数频率特性曲线的横坐标表示频率 ω，单位为弧度/秒（rad/s），但按 $\lg\omega$ 线性分度。对数幅频特性曲线的纵坐标按

$$L(\omega) = 20\lg A(\omega) \tag{5-21}$$

线性分度，单位是分贝（dB）；对数相频特性曲线的纵坐标按 $\varphi(\omega)$ 线性分度，单位为度（°）。由此构成的坐标系称为半对数坐标系。

图 5-4　惯性环节的幅相频率特性曲线

对数分度和线性分度如图 5-5 所示。在线性分度中，当变量增大或减小 1 时，坐标间距离变化一个单位长度；而在对数分度中，当变量增大或减小 10 倍，称为 10 倍频程（dec），坐标间距离变化一个单位长度。

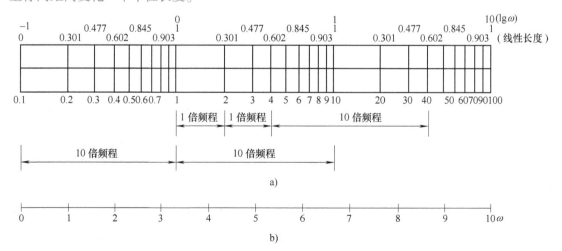

图 5-5　对数分度与线性分度

a）对数分度　b）线性分度

在工程设计和绘图中，采用伯德图法具有十分明显的优点。

1）频率 ω（横坐标）按对数分度，实现了非线性压缩，便于在较大频率范围反映频率特性的变化情况。而且这种对数分度使低频部分排列稀疏，分辨精细，而高频部分排列密集，分辨粗略，这正适合工程实际的需要。

2）对数幅频特性采用 $[20\lg|G(j\omega)|]$，将幅值的乘除运算化为加减运算，大大简化了绘图过程，使设计和分析变得容易。

例如，RC 网络组成的惯性环节，其对数频率特性可表示为

$$L(\omega) = 20\lg A(\omega) = 20\lg \frac{1}{\sqrt{1+\omega^2 T^2}}$$

$$\varphi(\omega) = -\arctan\omega T$$

取 $T=1$，其伯德图如图 5-6 所示。

4. 对数幅相特性曲线

将对数幅频特性和相频特性合并为一条曲线，称作对数幅相特性曲线。横坐标为相频特性 $\varphi(\omega)$，纵坐标为对数幅频特性 $L(\omega)$，频率 ω 作为参变量标在曲线上相应点的旁边，此曲线又称为尼柯尔斯图（Nichols chart）。图 5-7 所示为 RC 网络 $T=0.5$ 时的对数幅相特性曲线。

上述 4 种频率特性曲线中，极坐标特性曲线和对数频率特性曲线最为常用。

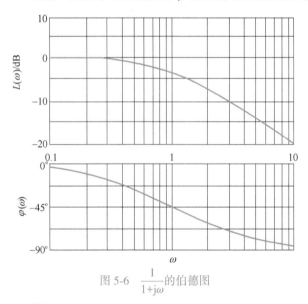

图 5-6　$\dfrac{1}{1+j\omega}$ 的伯德图

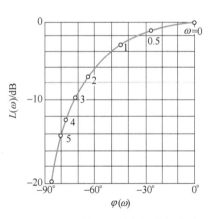

图 5-7　RC 网络的对数幅相特性曲线

5.2　典型环节的频率特性（Classical Elements of Frequency Characteristics）

在第 2 章中曾经述及，控制系统通常由若干典型环节组成，常见的典型环节有比例环节、积分环节、微分环节、惯性环节、一阶微分环节、振荡环节、二阶微分环节和延迟环节等。

下面分别讨论典型环节的频率特性。

1. 比例环节

比例环节的传递函数为

$$G(s) = K$$

其频率特性表达式为

$$G(j\omega) = K \tag{5-22}$$

显然有 $A(\omega) = K$，$\varphi(\omega) = 0°$。

（1）幅相频率特性

由于比例环节的频率特性可表示为

$$G(j\omega) = Ke^{j0°} \tag{5-23}$$

所以，其幅相频率特性仅仅是实轴上的一个固定点 $(K, j0)$，如图 5-8 所示。

（2）对数频率特性

由式（5-23）可知

$$L(\omega) = 20\lg K \tag{5-24}$$

$$\varphi(\omega) = 0° \tag{5-25}$$

可见，比例环节的对数幅频特性是一条高度等于 $20\lg K(\mathrm{dB})$ 的水平线，而对数相频特性为一条与横坐标相重合的直线，如图 5-9 所示。

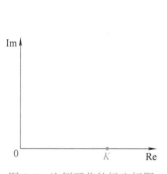

图 5-8　比例环节的极坐标图

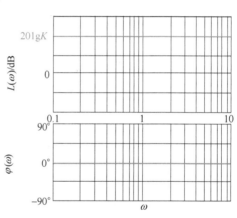

图 5-9　比例环节的伯德图

2. 积分环节

积分环节的传递函数为 $G(s) = \dfrac{1}{s}$，其相应的频率特性表达式为

$$G(j\omega) = \frac{1}{j\omega} \tag{5-26}$$

显然有 $A(\omega) = \dfrac{1}{\omega}$，$\varphi(\omega) = -90°$。

（1）幅相频率特性

由于积分环节的频率特性可表示为

$$G(j\omega) = \frac{1}{\omega}e^{-j90°} \tag{5-27}$$

所以, 其幅相频率特性沿负虚轴从无穷远处指向原点, 即曲线与负虚轴相重合, 如图 5-10
所示。

（2）对数频率特性

由式 (5-27) 可知

$$L(\omega) = 20\lg\frac{1}{\omega} = -20\lg\omega \qquad (5-28)$$

这是一个线性方程, 在伯德图上表现为一条斜线, 其斜率为 [-20 dB/dec]。这就意味
着积分环节的对数幅频特性是一条通过横轴 $\omega = 1\,\mathrm{rad/s}$ 点, 且斜率为每 10 倍频程下降 20 dB
的斜线, 如图 5-11 所示。需要说明的是, 斜率 [-20 dB/dec] 通常用 [-20] 表示。

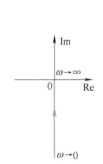

图 5-10　积分环节的极坐标图

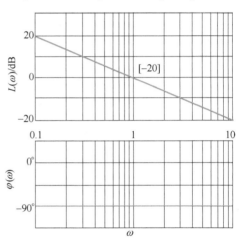

图 5-11　积分环节的伯德图

积分环节的对数相频特性由

$$\varphi(\omega) = -90° \qquad (5-29)$$

所描述, 不论 ω 取何值, $\varphi(\omega)$ 恒为-90°, 是一条纵坐标为-90°的水平线, 如图 5-11 所示。

3. 微分环节

微分环节的传递函数为 $G(s) = s$, 其相应的频率特性表达式为

$$G(j\omega) = j\omega \qquad (5-30)$$

显然有 $A(\omega) = \omega$, $\varphi(\omega) = 90°$。

（1）幅相频率特性

由于微分环节的频率特性可表示为

$$G(j\omega) = \omega e^{j90°} \qquad (5-31)$$

所以, 其幅相频率特性沿正虚轴从原点指向无穷远处, 即曲线与正虚轴相重合, 如图 5-12
所示。

（2）对数频率特性

由式 (5-31) 可知

$$L(\omega) = 20\lg\omega \qquad (5-32)$$

这说明微分环节的对数幅频特性与积分环节相比只差一负号, 是一条通过横轴 $\omega = 1\,\mathrm{rad/s}$
点, 且斜率为每 10 倍频程增加 20 dB 的斜线, 通常用 [+20] 表示, 如图 5-13 所示, 微分

环节与积分环节的对数幅频特性曲线以 0 dB 线互为镜像。

微分环节的对数相频特性由

$$\varphi(\omega) = 90° \tag{5-33}$$

所描述，$\varphi(\omega)$ 恒为 90°，与频率 ω 无关，是一条纵坐标为 90° 的水平线，如图 5-13 所示。

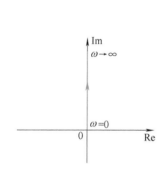

图 5-12 微分环节的极坐标图

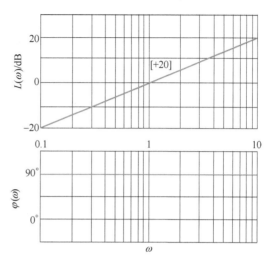

图 5-13 微分环节的伯德图

4. 惯性环节

惯性环节的传递函数为 $G(s) = \dfrac{1}{Ts+1}$，其相应的频率特性表达式为

$$G(j\omega) = \frac{1}{1+j\omega T} = \frac{1}{\sqrt{1+\omega^2 T^2}} e^{-j\arctan\omega T} \tag{5-34}$$

显然有 $A(\omega) = \dfrac{1}{\sqrt{1+\omega^2 T^2}}$，$\varphi(\omega) = -\arctan\omega T$。

（1）幅相频率特性

参考 RC 网络的幅相频率特性曲线，如图 5-4 所示。

（2）对数频率特性

由式（5-34）可知

$$L(\omega) = -20\lg\sqrt{1+\omega^2 T^2} \tag{5-35}$$

在时间常数 T 已知的情况下，将 ω 由 $0 \to \infty$ 取值，并计算出相应的 $L(\omega)$ 值，即可绘出惯性环节的伯德图，如图 5-14 所示。这种方法的特点是所绘曲线精确，但很费时，工程上一般不采用，而是代之以简便的近似方法，即用渐近线分段表示对数幅频特性。渐近线近似法的思路如下：

在低频段，ω 很小。当 $\omega \ll \dfrac{1}{T}$，即 $\omega T \ll 1$ 时，式（5-35）可略去根号内的 $\omega^2 T^2$ 项，这时对数幅频特性可近似为 $L(\omega) \approx 0$ dB，这是一条与横坐标 ω 轴相重合的水平线，称为低频渐近线。

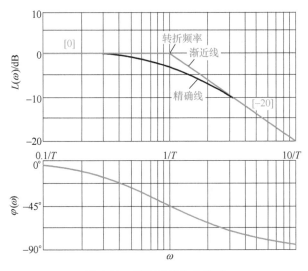

图 5-14 惯性环节的伯德图

在高频段，ω 很大。当 $\omega \gg \dfrac{1}{T}$，即 $\omega T \gg 1$ 时，式（5-35）可略去根号内的 1，于是，对数幅频特性可近似为

$$L(\omega) \approx -20\lg\omega T \tag{5-36}$$

这是一个线性方程，意味着 $\omega \gg \dfrac{1}{T}$ 的高频段可用一条斜率为 [-20] 的斜线来表示，称为高频渐近线。由式（5-36）还可看出，当 $\omega = \dfrac{1}{T}$ 时，$L(\omega) = 0$ dB，即高频渐近线在 $\omega = \dfrac{1}{T}$ 时正好与低频渐近线相交，交点处的频率称为转折频率（corner frequency）。因此，渐近线由两段

组成，以 $\omega = \dfrac{1}{T}$ 为转折点。渐近线与实际的 $L(\omega)$ 曲线之间的最大误差发生在转折频率处，其值约为 3 dB，如图 5-14 所示。

可见，用渐近线代替实际对数幅频特性曲线，误差并不大，若需要绘制精确的对数幅频特性时，可按误差对渐近线加以修正。惯性环节的误差曲线如图 5-15 所示。

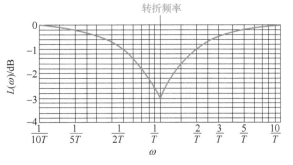

图 5-15 惯性环节的误差曲线

惯性环节的对数相频特性为

$$\varphi(\omega) = -\arctan\omega T \tag{5-37}$$

当 $\omega = 0$ 时，$\varphi(\omega) = 0°$；当 $\omega = \dfrac{1}{T}$ 时，$\varphi(\omega) = -45°$；当 $\omega = \infty$ 时，$\varphi(\omega) = -90°$。由于对数相角是 ωT 的反正切函数，所以对数相频特性关于 $\left[\omega = \dfrac{1}{T}, \; \varphi(\omega) = -45°\right]$ 这一点是奇对称的，如图 5-14 所示。

顺便指出，惯性环节的对数幅频特性和对数相频特性均是 ω 和 T 乘积的函数。对于不

同时间常数的惯性环节，对数幅频特性和对数相频特性左右移动，但其形状保持不变。

5. 一阶微分环节

一阶微分环节的典型实例是工业上常用的比例微分控制器。其传递函数为

$$G(s) = \tau s + 1$$

式中，τ 是时间常数。其相应的频率特性表达式为

$$G(j\omega) = 1 + j\omega\tau \tag{5-38}$$

显然有 $A(\omega) = \sqrt{1+\omega^2\tau^2}$，$\varphi(\omega) = \arctan\omega\tau$。

（1）幅相频率特性

由于一阶微分环节的频率特性可表示为

$$G(j\omega) = \sqrt{1+\omega^2\tau^2}\, e^{j\arctan\omega T} \tag{5-39}$$

因而，其幅相频率特性曲线是一条由（1，j0）点出发、平行于虚轴而一直向上引申的直线，如图 5-16 所示。

（2）对数频率特性

由式（5-39）可知

$$L(\omega) = 20\lg\sqrt{1+\omega^2\tau^2} \tag{5-40}$$

可见，一阶微分环节的对数幅频特性与惯性环节相比也是只差一负号，二者的对数幅频特性曲线也关于 0 dB 线互为镜像。其渐近线由两段组成，低频段斜率为 [0]，高频段斜率为 [+20]，以 $\omega = \dfrac{1}{\tau}$ 为转折频率。最大误差同样发生在转折频率处，其值约为 3 dB，如图 5-17 所示。

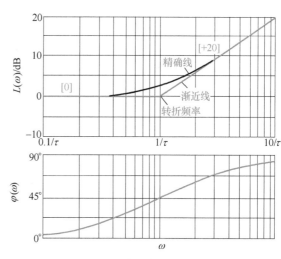

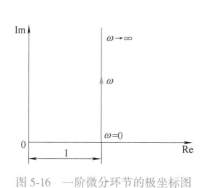

图 5-16　一阶微分环节的极坐标图　　　　图 5-17　一阶微分环节的伯德图

一阶微分环节的对数相频特性为

$$\varphi(\omega) = \arctan\omega\tau \tag{5-41}$$

当 $\omega = 0$ 时，$\varphi(\omega) = 0°$；当 $\omega = \infty$ 时，$\varphi(\omega) = +90°$。同样与惯性环节的对数相频特性差一负号，因此关于 $\left[\omega = \dfrac{1}{\tau},\ \varphi(\omega) = +45°\right]$ 这一点是奇对称的，如图 5-17 所示。

6. 振荡环节

振荡环节的传递函数为

$$G(s)=\frac{1}{T^2s^2+2\zeta Ts+1}=\frac{\omega_n^2}{s^2+2\zeta\omega_n s+\omega_n^2}$$

其相应的频率特性为

$$G(j\omega)=\frac{\omega_n^2}{\omega_n^2-\omega^2+j2\zeta\omega_n\omega}=\frac{1}{1-\left(\dfrac{\omega}{\omega_n}\right)^2+j2\zeta\dfrac{\omega}{\omega_n}}\tag{5-42}$$

显然有

$$A(\omega)=\frac{1}{\sqrt{\left[1-\left(\dfrac{\omega}{\omega_n}\right)^2\right]^2+\left(2\zeta\dfrac{\omega}{\omega_n}\right)^2}}\tag{5-43}$$

与

$$\varphi(\omega)=\begin{cases}-\arctan\dfrac{2\zeta\dfrac{\omega}{\omega_n}}{1-\left(\dfrac{\omega}{\omega_n}\right)^2}, & \omega\le\omega_n\\[3em]-180°+\arctan\dfrac{2\zeta\dfrac{\omega}{\omega_n}}{\left(\dfrac{\omega}{\omega_n}\right)^2-1}, & \omega>\omega_n\end{cases}\tag{5-44}$$

（1）幅相频率特性

根据式（5-43）和式（5-44），以阻尼比 ζ 为参变量，频率 ω 由 $0\to\infty$ 取一系列数值，计算出相应的幅值和相角，即可绘出振荡环节的极坐标图，如图 5-18 所示。

当 $\omega=0$ 时，幅值 $A(\omega)=1$，相角 $\varphi(\omega)=0°$，所有特性曲线均起始于（1，j0）点；当 $\omega=\omega_n$ 时，$A(\omega_n)=\dfrac{1}{2\zeta}$，$\varphi(\omega_n)=-90°$，特性曲线与负虚轴相交；阻尼比越小，虚轴上的交点离原点越远。当 $\omega\to\infty$ 时，$A(\omega)\to0$，$\varphi(\omega)\to-180°$，特性曲线在第 3 象限沿负实轴趋向坐标原点。

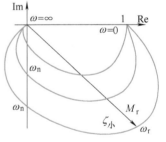

图 5-18　振荡环节的极坐标图

（2）对数频率特性

这时有

$$L(\omega)=20\lg A(\omega)=-20\lg\sqrt{\left[1-\left(\frac{\omega}{\omega_n}\right)^2\right]^2+\left(2\zeta\frac{\omega}{\omega_n}\right)^2}\tag{5-45}$$

阻尼比 ζ 取不同的数值，可作出振荡环节的伯德图如图 5-19 所示。但工程上仍然采用渐近线，方法如下：

低频段：当 $\omega\ll\omega_n$，即 $\dfrac{\omega}{\omega_n}\ll1$ 时，式（5-45）中略去 ω/ω_n 项，近似取

$$L(\omega)\approx-20\lg1=0\text{ dB}\tag{5-46}$$

这是一条与横坐标 ω 轴相重合的水平线。

教学视频 5-4
振荡、二阶微分和延迟环节的频率特性

高频段：当 $\omega \gg \omega_n$，即 $\dfrac{\omega}{\omega_n} \gg 1$ 时，同时略去 1 和 $2\zeta\omega/\omega_n$ 项，近似取

$$L(\omega) \approx -20\lg\left(\frac{\omega}{\omega_n}\right)^2 = -40\lg\left(\frac{\omega}{\omega_n}\right) \tag{5-47}$$

式（5-47）表明，高频段是一条斜率为 [−40] 的直线，并在转折频率 ω_n 处与作为低频渐近线的 0 dB 线衔接。

可见，振荡环节的渐近线是由 0 dB 线和斜率为 [−40] 的斜线交接而成，转折频率为 $\omega = \omega_n$，如图 5-19 所示。

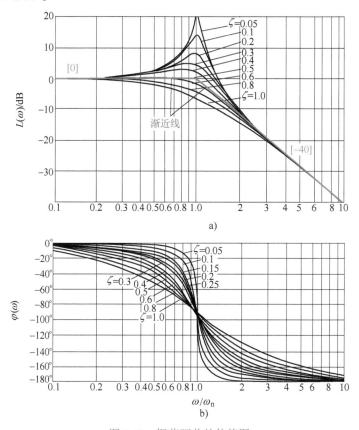

图 5-19 振荡环节的伯德图

用渐近线代替准确曲线，在 $\omega = \omega_n$ 附近会导致较大的误差。因为当 $\omega = \omega_n$ 时，由渐近线方程式（5-47）得 $L(\omega) \approx -40\lg 1 = 0$ dB，而按准确方程式（5-45）得 $L(\omega) = -20\lg(2\zeta)$。两者之差（即误差）与阻尼比 ζ 有关，只有当 $\zeta = 0.5$ 时，误差才等于 0。若 ζ 在 $0.4 \sim 0.7$ 之间，误差仍比较小，不超过 3 dB，所得频率特性渐近线不必修正。若 ζ 超出上述范围，则必须对曲线加以修正。振荡环节对数幅频特性渐近线的误差修正曲线如图 5-20 所示。

振荡环节的对数相频特性仍用式（5-44）描述，对于不同的 ζ 值，作出的伯德图如图 5-19 所示。曲线的形状因阻尼比 ζ 不同而异。但无论 ζ 取何值，曲线均存在下列关系：

$\omega = 0$ 时，$\varphi(\omega) = 0°$；

$\omega = \omega_n$ 时，$\varphi(\omega_n) = -90°$；

$\omega \to \infty$ 时，$\varphi(\omega) \to -180°$。

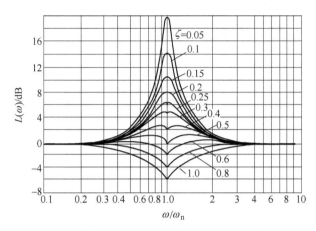

图 5-20　振荡环节对数幅频特性渐近线的误差修正曲线

而且，由图 5-19 可见，振荡环节的对数相频特性关于 $[\omega=\omega_n,\ \varphi(\omega)=-90°]$ 这一点奇对称。

7. 二阶微分环节

二阶微分环节的传递函数为 $G(s)=T^2s^2+2\zeta Ts+1$，其相应的频率特性为

$$G(j\omega)=(1-T^2\omega^2)+j2\zeta T\omega \tag{5-48}$$

显然有

$$A(\omega)=\sqrt{(1-T^2\omega^2)^2+(2\zeta T\omega)^2} \tag{5-49}$$

与

$$\varphi(\omega)=\begin{cases}\arctan\dfrac{2\zeta T\omega}{1-\omega^2T^2}, & \dfrac{\omega}{\omega_n}\leqslant 1\\[3mm]180°-\arctan\dfrac{2\zeta T\omega}{\omega^2T^2-1}, & \dfrac{\omega}{\omega_n}>1\end{cases} \tag{5-50}$$

（1）幅相频率特性

根据式（5-49）和式（5-50），以阻尼比 ζ 为参变量，频率 ω 由 $0\to\infty$ 取一系列数值，计算出相应的幅值和相角，即可绘出二阶微分环节的极坐标图，如图 5-21 所示。

当 $\omega=0$ 时，幅值 $A(\omega)=1$，相角 $\varphi(\omega)=0°$，所有特性曲线均起始于$(1,\ j0)$ 点；当 $\omega=1/T$ 时，$A(1/T)=2\zeta$，$\varphi(1/T)=90°$，特性曲线与正虚轴相交；阻尼比越大，虚轴上的交点离原点越远。当 $\omega\to\infty$ 时，$A(\omega)\to\infty$，

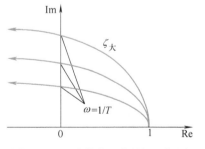

图 5-21　二阶微分环节的极坐标图

$\varphi(\omega)\to180°$，特性曲线在第 2 象限沿负实轴方向趋向于无穷远处。

（2）对数频率特性

由式（5-49）可知

$$L(\omega)=20\lg\sqrt{(1-T^2\omega^2)^2+(2\zeta T\omega)^2} \tag{5-51}$$

显然，二阶微分环节的对数幅频特性与振荡环节相比只差一个负号，特性曲线与振荡环节互

为镜像，如图 5-22 所示。转折频率为 $\omega_{折} = 1/T$，其渐近线由两段组成：当 $\omega < \omega_{折}$ 时，$L(\omega) = 0\,dB$；当 $\omega > \omega_{折}$ 时，$L(\omega) = 40\lg\omega T$，是一条斜率为 [+40] 的斜线，如图 5-22 所示。

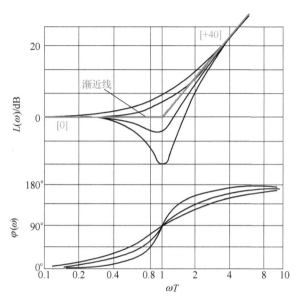

图 5-22　二阶微分环节的伯德图

二阶微分环节的对数相频特性仍用式（5-50）描述，对于不同的 ζ 值，作出的曲线簇如图 5-22 所示。曲线的形状因阻尼比 ζ 不同而异。但无论 ζ 取何值，曲线均存在下列关系：

$\omega = 0$ 时，$\varphi(\omega) = 0°$；

$\omega = 1/T$ 时，$\varphi(1/T) = 90°$；

$\omega \to \infty$ 时，$\varphi(\omega) \to 180°$。

而且，由图 5-22 可见，二阶微分环节的对数相频特性曲线关于 [$\omega = 1/T$，$\varphi(\omega) = +90°$] 这一点奇对称。

8. 延迟环节

延迟环节的传递函数为 $G(s) = e^{-\tau s}$，式中，τ 为延迟时间。其相应的频率特性为

$$G(j\omega) = e^{-j\tau\omega} \tag{5-52}$$

显然有 $A(\omega) = 1$，$\varphi(\omega) = -\tau\omega(rad) = -57.3\tau\omega(°)$。

（1）幅相频率特性

由于延迟环节的幅值为常数 1，与 ω 无关，而相角与 ω 成正比。因此，延迟环节的幅相频率特性为圆心在原点半径为 1 的单位圆，如图 5-23 所示。

（2）对数频率特性

这时有

$$L(\omega) = 20\lg1 = 0\,dB \tag{5-53}$$

因此，延迟环节的对数幅频特性曲线为一条与 0 dB 线重合的直线，而对数相频特性曲线随 ω 增大而减小（$0° \to -\infty$），如图 5-24 所示。

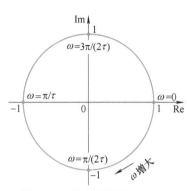

图 5-23　延迟环节的极坐标图

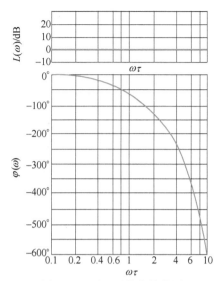

图 5-24　延迟环节的伯德图

5.3　系统开环频率特性的绘制（Drawing Open-Loop Frequency Characteristics of a System）

5.3.1　开环幅相频率特性（极坐标图）的绘制（Drawing Open-Loop Magnitude-Phase Frequency Characteristics（Polar Plot））

根据系统开环频率特性的表达式，可以通过取点、计算和作图绘制系统开环幅相特性曲线。本节着重介绍绘制概略开环幅相特性曲线的方法。

设控制系统的开环传递函数为

教学视频 5-5
开环幅相频率特
性曲线的绘制

$$G_k(s) = \frac{K(\tau_1 s+1)(\tau_2 s+1)\cdots(\tau_m s+1)}{s^v(T_1 s+1)(T_2 s+1)\cdots(T_{n-v} s+1)}$$

$$= \frac{b_0 s^m + b_1 s^{m-1} + \cdots + b_{m-1} s + b_m}{a_0 s^n + a_1 s^{n-1} + \cdots + a_{n-1} s + a_n} \quad (n \geq m) \quad (5\text{-}54)$$

1）$\omega \to 0$ 时的低频起始段。当 $\omega \to 0$ 时，频率特性 $G_k(j\omega)$ 的低频段表达式为

$$\lim_{\omega \to 0} G_k(j\omega) = \lim_{\omega \to 0} \frac{K}{(j\omega)^v} = \lim_{\omega \to 0} \frac{K}{\omega^v} \bigg| -v\frac{\pi}{2} \quad (5\text{-}55)$$

显然，$A(\omega) = \dfrac{K}{\omega^v}$，$\varphi(\omega) = -v\dfrac{\pi}{2}$。

可见，低频起始段的幅值和相角均与积分环节的数目 v 有关，或者说与系统的型别有关。v 不同，低频起始段的差异很大。如：

0 型系统，$v=0$：$A(0)=K$，$\varphi(0)=0°$；

1 型系统，$v=1$：$A(0)=\infty$，$\varphi(0)=-90°$；

2 型系统，$v=2$：$A(0)=\infty$，$\varphi(0)=-180°$。

依此类推，图 5-25 所示为 0 型、1 型、2 型和 3 型系统的开环幅相特性曲线起始段的一般形状。

2）$\omega \to \infty$ 的高频终止段。当 $\omega \to \infty$ 时，频率特性 $G_k(j\omega)$ 的高频段表达式为

$$\lim_{\omega \to \infty} G_k(j\omega) = \lim_{\omega \to \infty} \frac{b_0 s^m}{a_0 s^n}\Big|_{s=j\omega} = \lim_{\omega \to \infty} \frac{b_0}{a_0 s^{n-m}}\Big|_{s=j\omega}$$

$$= \lim_{\omega \to \infty} \frac{b_0}{a_0 \omega^{n-m}} \underline{\Big/ -(n-m)\frac{\pi}{2}} = 0 \underline{\Big/ -(n-m)\frac{\pi}{2}} \tag{5-56}$$

可见，开环幅相特性的高频段是以确定的角度收敛于原点，如图 5-26 所示。

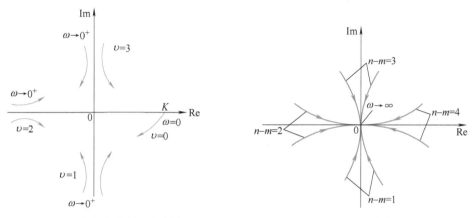

图 5-25　开环幅相频率特性的低频段　　　图 5-26　开环幅相频率特性的高频段

3）确定幅相特性曲线与实轴的交点。令 $\text{Im}[G_k(j\omega)] = 0$，求得 ω，代入 $\text{Re}[G_k(j\omega)]$ 中，即可得到特性曲线与实轴的交点。

4）确定幅相特性曲线与虚轴的交点。令 $\text{Re}[G_k(j\omega)] = 0$，求得 ω，代入 $\text{Im}[G_k(j\omega)]$ 中即可得到特性曲线与虚轴的交点。

用平滑的曲线将上述特殊点连接起来，就可得到系统概略的开环幅相频率特性曲线。

【例 5-2】　已知控制系统的开环传递函数为

$$G_k(s) = \frac{10}{s(1+0.2s)(1+0.05s)}$$

试绘制系统的极坐标特性曲线。

解　系统为 1 型系统，$\upsilon = 1$，而且 $n = 3$，$m = 0$，所以有 $G_k(j0) = \infty \underline{/-90°}$，$G_k(j\infty) = 0 \underline{/-270°}$。

由于 $G_k(j\omega) = \dfrac{10}{j\omega(1+j0.2\omega)(1+j0.05\omega)}$

$$= \frac{-j10(1-j0.2\omega)(1-j0.05\omega)}{\omega(1+j0.2\omega)(1-j0.2\omega)(1+j0.05\omega)(1-j0.05\omega)}$$

$$= \frac{-10[0.25\omega + j(1-0.01\omega^2)]}{\omega[(0.25\omega)^2 + (1-0.01\omega^2)^2]}$$

令 $\text{Im}[G_k(j\omega)] = 0$，即 $1 - 0.01\omega^2 = 0$，所以 $\omega = \pm 10 \, \text{rad/s}$，取 $\omega = 10 \, \text{rad/s}$。代入 $\text{Re}[G(j\omega)]$ 中，有

$$\text{Re}[G(j\omega)] = \frac{-10 \times 0.25 \times 10}{10(0.25 \times 10)^2} = -0.4$$

即极坐标特性曲线与实轴的交点为（-0.4，j0）。

令 $\mathrm{Re}[\,G_\mathrm{k}(\mathrm{j}\omega)\,]=0$，求得 $\omega=\infty$，即曲线仅在终点处与虚轴有交点。系统的极坐标图如图 5-27 所示。

5.3.2　开环对数频率特性（伯德图）的绘制（Drawing Open-Loop Logarithmic Frequency Characteristics（Bode Diagram））

设系统前向通道由两个环节串联而成，环节的传递函数分别为 $G_1(s)$、$G_2(s)$，如图 5-28所示。则系统的开环传递函数为

教学视频 5-6
开环对数频率特性曲线的绘制

$$G_\mathrm{k}(s)=G_1(s)G_2(s)$$

相应的开环频率特性为

$$G_\mathrm{k}(\mathrm{j}\omega)=G_1(\mathrm{j}\omega)G_2(\mathrm{j}\omega)=A_1(\omega)\mathrm{e}^{\mathrm{j}\varphi_1(\omega)}\times A_2(\omega)\mathrm{e}^{\mathrm{j}\varphi_2(\omega)}$$
$$=A_1(\omega)A_2(\omega)\mathrm{e}^{\mathrm{j}[\varphi_1(\omega)+\varphi_2(\omega)]}$$

由此得到系统的对数幅频特性和相频特性分别为

$$L(\omega)=20\lg A_1(\omega)+20\lg A_2(\omega)$$
$$\varphi(\omega)=\varphi_1(\omega)+\varphi_2(\omega)$$

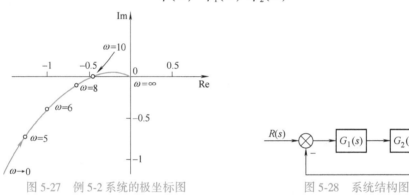

图 5-27　例 5-2 系统的极坐标图　　　　图 5-28　系统结构图

可见，系统的开环对数幅频特性等于各环节对数幅频特性之代数和，系统的开环对数相频特性等于各环节对数相频特性之代数和。

推而广之，若系统的开环传递函数为 n 个环节传递函数的乘积，则只要将 n 个环节的对数幅频特性和对数相频特性画出，再行叠加，即可求得系统的开环对数频率特性。

控制系统一般由多个环节组成，在绘制对数频率特性时，应先将系统的开环传递函数分解成典型环节乘积的形式，再进行绘制。下面介绍两种常见的绘制系统伯德图的方法。

1. 环节曲线叠加法

【例 5-3】 已知系统开环传递函数为 $G(s)=\dfrac{100(s+2)}{s(s+20)}$，试绘制其开环对数频率特性。

解　将系统开环传递函数表示成时间常数的形式，即

$$G(s)=\frac{100(s+2)}{s(s+20)}=\frac{10\left(\dfrac{1}{2}s+1\right)}{s\left(\dfrac{1}{20}s+1\right)}$$

可见，系统由以下 4 个典型环节组成：

1）比例环节 $G_1(s) = 10$：$L_1(\omega) = 20\lg 10 = 20\,\text{dB}$，高度为 20 dB 的直线；$\varphi_1(\omega) = 0°$，与横坐标轴重合。

2）积分环节 $G_2(s) = \dfrac{1}{s}$：$L_2(\omega) = -20\lg\omega$，是一条过 $\omega = 1\,\text{rad/s}$、斜率为 $[-20]$ 的直线；$\varphi_2(\omega) = -90°$，高度为 $-90°$ 的直线。

3）一阶微分环节 $G_3(s) = \dfrac{1}{2}s + 1$：$L_3(\omega) = 20\lg\sqrt{\left(\dfrac{1}{2}\omega\right)^2 + 1}$，是转折频率为 2 rad/s 的一阶微分环节对数幅频特性；$\varphi_3(\omega) = \arctan\dfrac{\omega}{2}$，关于 $[\omega = 2\,\text{rad/s},\ \varphi(\omega) = +45°]$ 点奇对称。

4）惯性环节 $G_4(s) = \dfrac{1}{\dfrac{1}{20}s + 1}$：$L_4(\omega) = -20\lg\sqrt{\left(\dfrac{1}{20}\omega\right)^2 + 1}$，是转折频率为 20 rad/s 的惯性环节对数幅频特性；$\varphi_4(\omega) = -\arctan\dfrac{\omega}{20}$，关于 $[\omega = 20\,\text{rad/s},\ \varphi(\omega) = -45°]$ 点奇对称。

先将 $L_1(\omega) \sim L_4(\omega)$ 依次画在对数幅频特性坐标图上，再把它们叠加起来求得开环对数幅频特性 $L(\omega)$；同样，先将 $\varphi_1(\omega) \sim \varphi_4(\omega)$ 依次画在对数相频特性坐标图上，再把它们叠加起来求得开环对数相频特性 $\varphi(\omega)$。系统的伯德图如图 5-29 所示。

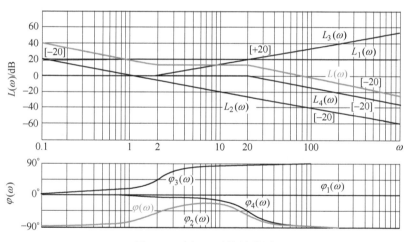

图 5-29　例 5-3 系统伯德图

2. 顺序斜率叠加法

由例 5-3 可知，由于开环传递函数是由若干个典型环节串联而成，而且典型环节的对数幅频特性曲线均为不同斜率的直线或折线，因此叠加后的开环对数幅频特性仍为由不同斜率的线段所组成的折线群。所以，只要能确定低频起始段的位置和斜率，并能确定线段转折频率以及转折后线段斜率的变化量，就可以从低频到高频将整个系统的开环对数幅频特性曲线顺序绘出。

（1）低频渐近线的确定

惯性、振荡、一阶微分、二阶微分等环节的对数幅频特性，在 $\omega < \omega_{折}$ 时均为 0 dB。所以，系统低频段（最低的转折频率以前）的对数幅频特性只取决于积分环节和比例环节，即

$$L(\omega) = 20\lg K - 20\lg\omega^{\upsilon} = 20\lg K - 20\upsilon\lg\omega \qquad (5\text{-}57)$$

式（5-57）表明，无论 υ 为何值，当 $\omega = 1$ 时总有

$$L(\omega) = 20\lg K(\ \mathrm{dB}) \qquad (5\text{-}58)$$

故低频渐近线（或其延长线）在 $\omega = 1\ \mathrm{rad/s}$ 处的高度必定是 $20\lg K(\mathrm{dB})$，其中 K 是系统的开环放大倍数。

式（5-57）是线性方程，易知直线的斜率为 $[-20\upsilon]$，即低频渐近线的斜率与积分环节的数目 υ 有关。因此低频渐近线为在 $\omega = 1\ \mathrm{rad/s}$ 处、过 $20\lg K(\mathrm{dB})$、斜率为 $[-20\upsilon]$ 的斜线，如图 5-30 所示。

（2）转折频率及转折后斜率变化量的确定

1）惯性环节：转折后斜率变化量为 $[-20]$。

2）振荡环节：转折后斜率变化量为 $[-40]$。

3）一阶微分环节：转折后斜率变化量为 $[+20]$。

4）二阶微分环节：转折后斜率变化量为 $[+40]$。

根据上述特点，可归纳出绘制系统开环对数频率特性的一般步骤和方法如下：

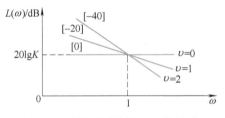

图 5-30 低频段的斜率与 υ 的关系

1）将系统开环频率特性 $G_k(j\omega)$ 写成时间常数形式，且为典型环节频率特性乘积的形式。

2）求出各环节的转折频率，并从小到大依次标在对数坐标图的横坐标轴上。

3）按开环放大倍数 K 计算 $20\lg K$ 的分贝值，过 $[\omega = 1\ \mathrm{rad/s}, L(\omega) = 20\lg K]$ 这一点，绘出斜率为 $[-20\upsilon]$ 的直线，此即为低频段的渐近线（或其延长线）。

4）从低频渐近线开始，沿 ω 轴从左到右即沿着频率增大的方向，每遇到一个转折频率，对数幅频特性 $L(\omega)$ 就按对应典型环节的特性改变相应的斜率，直到经过全部转折频率为止。必要时可利用误差修正曲线，对转折频率附近的曲线进行修正，以求得更精确的特性。

5）对数相频特性 $\varphi(\omega)$ 可直接利用相频特性表达式逐点计算而得。

【例 5-4】 已知系统的开环传递函数为

$$G_k(s) = \frac{10(0.1s+1)}{s(0.25s+1)(0.25s^2+0.4s+1)}$$

试绘制其伯德图。

解

$$G_k(s) = \frac{10\left(\dfrac{1}{10}s+1\right)}{s\left(\dfrac{1}{4}s+1\right)\left[\left(\dfrac{1}{2}s\right)^2+0.4s+1\right]}$$

1）由题意知 $\upsilon = 1$，$K = 10$，所以有 $20\lg K = 20\ \mathrm{dB}$。

2）转折频率依次为 $\omega_1 = 2\ \mathrm{rad/s}$，$\omega_2 = 4\ \mathrm{rad/s}$，$\omega_3 = 10\ \mathrm{rad/s}$。

3）低频渐近线为过（$\omega = 1\ \mathrm{rad/s}$，20 dB）这一点、斜率为 $[-20]$ 的斜线，画到 $\omega_1 = 2\ \mathrm{rad/s}$ 时斜率变为 $[-60]$，画到 $\omega_2 = 4\ \mathrm{rad/s}$ 时斜率变为 $[-80]$，到 $\omega_3 = 10\ \mathrm{rad/s}$ 时，斜率再次变为 $[-60]$。至此已绘出系统的开环对数幅频特性渐近线 $L(\omega)$，如图 5-31 所示。

4）系统的开环相频特性表达式为

$$\varphi(\omega) = \arctan 0.1\omega - 90° - \arctan 0.25\omega - \arctan\frac{0.4\omega}{1-0.25\omega^2}$$

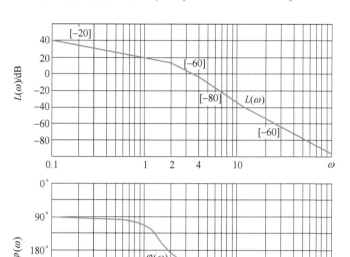

图 5-31　例 5-4 系统的伯德图

系统开环相频特性逐点计算结果见表 5-1。

表 5-1　例 5-4 系统开环相频特性逐点计算结果

$\omega/(\mathrm{rad/s})$	0.1	0.2	0.4	1	2	4	10	20	40
$\varphi(\omega)/(°)$	−93.16	−96.34	−102.88	−126.40	−195.26	−265.12	−283.74	−280.64	−276.03

根据表 5-1 所给数据绘制的系统开环相频特性曲线如图 5-31 所示。

5.3.3　最小相位系统与非最小相位系统（Minimum Phase System and Non-Minimum Phase System）

系统开环传递函数在 s 右半平面上没有零、极点，也没有延迟因子的系统称为最小相位系统（minimum phase system），否则，为非最小相位系统（non-minimum phase system）。

"最小相位"和"非最小相位"的概念来源于网络理论。它指出在具有相同幅频特性的一类系统中，当 ω 从 0 变至 ∞ 时，最小相位系统的相角变化范围最小，而非最小相位系统的相角变化范围通常要比前者大，故而得名。

例如，两个系统的开环传递函数分别为

$$G_1(s) = \frac{1+\tau s}{1+Ts} \qquad (T>\tau)$$

$$G_2(s) = \frac{1-\tau s}{1+Ts} \qquad (T>\tau)$$

显然，$G_1(s)$ 没有位于右半 s 平面上的零、极点，故系统 1 是最小相位系统；而 $G_2(s)$ 则有一个位于右半 s 平面上的零点（$z_1 = 1/\tau$），故系统 2 属于非最小相位系统。

两系统的对数幅频特性和对数相频特性的表达式分别为

$$L_1(\omega) = L_2(\omega) = 20\lg\sqrt{1+\tau^2\omega^2} - 20\lg\sqrt{1+T^2\omega^2}$$

$$\varphi_1(\omega) = \arctan\tau\omega - \arctan\omega T$$

$$\varphi_2(\omega) = \arctan(-\tau\omega) - \arctan\omega T$$

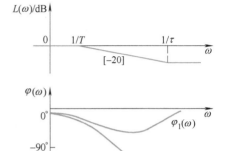

两系统的伯德图如图 5-32 所示。可见，两系统的对数幅频特性相同，但相频特性则差异甚大。在 ω 从 0 变至 ∞ 的整个频率区间，$\varphi_1(\omega)$ 由 0° 开始，经历一个不太大的相角滞后，然后又回到 0°，相角变化范围很小。而系统 2 的相角 $\varphi_2(\omega)$ 则从 0° 开始，一直变至 $-180°$，显然比 $\varphi_1(\omega)$ 的变化范围大得多。

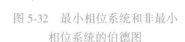

最小相位系统的相频特性 $\varphi(\omega)$ 与幅频特性 $A(\omega)$ 之间存在着一一对应的关系，当 $\omega \to \infty$ 时，$\varphi(\infty) = -90°(n-m)$。因此对系统进行校正时，只需画出其对数幅频特性 $L(\omega)$ 即可。对于非最小相位系统，必须分别画出相频特性 $\varphi(\omega)$ 与幅频特性 $L(\omega)$，而且 $\varphi(\infty) \neq -90°(n-m)$。

图 5-32　最小相位系统和非最小相位系统的伯德图

5.4　奈奎斯特稳定判据（Nyquist Stability Criterion）

奈奎斯特稳定判据是由 H·Nyquist 于 1932 年提出的，在 1940 年后得到了广泛应用。这一判据是利用系统的开环幅相频率特性，来判断闭环系统的稳定性。因此，它不同于代数判据，可认为是一种几何判据。

5.4.1　奈奎斯特判据的数学基础（Mathematical Basis for the Nyquist Criterion）

奈奎斯特稳定判据的理论基础是复变函数理论中的辐角定理，又称映射定理（mapping theorem）。

1. 辅助函数

对于图 5-33 所示的控制系统结构图，易知系统的开环传递函数为

$$G_k(s) = G(s)H(s) = \frac{M_k(s)}{N_k(s)} \tag{5-59}$$

式中，$N_k(s)$ 和 $M_k(s)$ 分别为 s 的 n 阶和 m 阶多项式，$n \geq m$；且 $N_k(s)$ 为开环特征多项式。

系统的闭环传递函数为

$$\Phi(s) = \frac{G(s)}{1+G_k(s)} = \frac{G(s)N_k(s)}{N_k(s)+M_k(s)} = \frac{G(s)N_k(s)}{N_b(s)} \tag{5-60}$$

式中，$N_b(s)$ 为闭环特征多项式。

设辅助函数

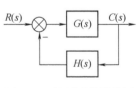

图 5-33　控制系统结构图

$$F(s) = 1 + G_k(s) = \frac{N_k(s)+M_k(s)}{N_k(s)} = \frac{N_b(s)}{N_k(s)} \tag{5-61}$$

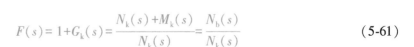

由式（5-61）可知：第一，辅助函数 $F(s)$ 的极点等于系统的开环极点，而 $F(s)$ 的零点等于系统的闭环极点；第二，$F(s)$ 的零、极点个数相等；第三，$F(s)$ 与开环传递函数 $G_k(s)$ 只差常数 1。

2. 映射定理

在式（5-61）中，s 为复变量，以 s 复平面上的 $s=\sigma+j\omega$ 来表示。$F(s)$ 为复变函数，以 $F(s)$ 复平面上的 $F(s)=u+jv$ 表示。

根据复变函数理论可知，若对于 s 平面上除了有限奇点（不解析的点）之外的任一点 s，复变函数 $F(s)$ 为解析函数，即单值、连续的正则函数，那么，对于 s 平面上的每一点，在 $F(s)$ 平面上必有一个对应的映射点，如图 5-34 所示。因此，如果在 s 平面上作一条闭封曲线 Γ，并使其不通过 $F(s)$ 的任一奇点，则在 $F(s)$ 平面上必有一条对应的映射曲线 Γ'，如图 5-35 所示。

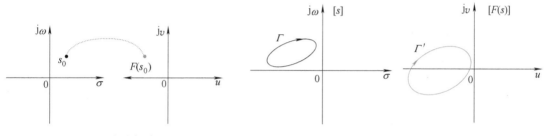

图 5-34　点映射关系　　　　　图 5-35　s 平面与 $F(s)$ 平面的映射关系

我们感兴趣的不是映射曲线的形状，而是它包围坐标原点的次数和运动方向，因为二者与系统的稳定性密切相关。

由式（5-61）可知，$F(s)$ 在 s 平面上的零点对应 $F(s)$ 平面上的原点，而 $F(s)$ 在 s 平面上的极点对应 $F(s)$ 平面上的无穷远处。当 s 绕 $F(s)$ 的零点顺时针旋转一周时，对应在 $F(s)$ 平面上则为绕原点顺时针旋转一周；当 s 绕 $F(s)$ 的极点顺时针旋转一周时，对应在 $F(s)$ 平面上则是绕无穷远处顺时针旋转一周，而对于原点则为逆时针旋转一周。

映射定理：设 s 平面上不通过 $F(s)$ 任何奇点的封闭曲线 Γ 包围 s 平面上 $F(s)$ 的 z 个零点和 p 个极点。当 s 以顺时针方向沿着封闭曲线 Γ 移动一周时，则在 $F(s)$ 平面上相对应于封闭曲线 Γ 的映射曲线 Γ' 将以顺时针方向围绕原点旋转 N 圈，$N=z-p$；或 Γ' 以逆时针方向围绕原点旋转 N 圈，$N=p-z$。映射定理如图 5-36 所示。

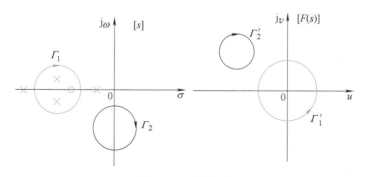

图 5-36　映射定理

5.4.2　奈奎斯特判据（Nyquist Criterion）

教学视频 5-9
奈奎斯特判据的
基本情况

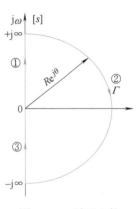

由于 $F(s)$ 的零点等于系统的闭环极点，而系统稳定的充要条件是特征根均位于 s 左半平面上，即 $F(s)$ 的零点都位于 s 左半平面上。因此，需要检验 $F(s)$ 是否具有位于 s 右半平面的零点。为此，选择一条包围整个 s 右半平面的按顺时针方向运动的封闭曲线 Γ，称为奈氏回线，如图 5-37 所示。Γ 曲线由以下 3 段所组成：

① 正虚轴 $s = j\omega$：$\omega = 0 \rightarrow \infty$。

② 半径为无限大的右半圆：$s = Re^{j\theta}$，$R \rightarrow \infty$，$\theta = +90° \rightarrow -90°$。

③ 负虚轴 $s = j\omega$：$\omega = -\infty \rightarrow 0$。

设 $F(s)$ 在右半 s 平面有 z 个零点和 p 个极点，根据映射定理，当 s 沿着奈氏回线顺时针移动一周时，在 $F(s)$ 平面上的映射曲线 Γ' 将按顺时针方向绕原点旋转 $N = z - p$ 圈。

已知系统稳定的充要条件是 $z = 0$。因此，当 s 沿奈氏回线顺时针移动一周时，在 $F(s)$ 平面上的 Γ' 若围绕原点顺时针旋转 $N = -p$ 圈（即逆时针旋转 p 圈），则系统稳定，否则系统不稳定。

由于 $G_k(s) = F(s) - 1$，所以 $F(s)$ 的 Γ' 曲线围绕原点运动相当于 $G_k(j\omega)$ 的封闭曲线绕（-1，$j0$）点运动。而且对应于 3 段奈氏回线，映射曲线 $G_k(j\omega)$ 如下：

图 5-37　s 平面上的奈氏回线

① $\omega = 0 \rightarrow +\infty$。

② 半径 $R \rightarrow \infty$，而开环传递函数的分母阶次 n 大于或等于分子阶次 m，所以 $G_k(\infty)$ 为零或常数。这表明，s 平面上半径为无穷大的右半圆，映射到 $G_k(s)$ 平面上为原点或（K，$j0$）点，这对于 $G_k(j\omega)$ 曲线是否包围（-1，$j0$）点无影响。

③ $\omega = -\infty \rightarrow 0$。

显然，$G_k(s) = G(s)H(s)$ 的封闭曲线即为 $\omega = -\infty \rightarrow +\infty$ 时的奈奎斯特曲线。

$F(s)$ 的极点等于开环极点，所以 p 就是开环极点在 s 右半平面上的个数。因此，若 s 沿着奈氏回线顺时针移动一周，在 $G_k(s)$ 平面上的奈奎斯特曲线绕（-1，$j0$）点顺时针旋转 $N = -p$ 圈，且 $G_k(s)$ 在 s 右半平面的极点恰好为 p，则系统稳定。

奈奎斯特判据：设 $G_k(s)$ 在 s 右半平面的极点数为 p，则闭环系统稳定的充要条件是在 $G_k(s)$ 平面上的幅相特性曲线 $G_k(j\omega)$ 及其镜像当 ω 从 $-\infty \rightarrow +\infty$ 时，将逆时针绕（-1，$j0$）点旋转 p 圈，即

$$N = p \tag{5-62}$$

当系统开环传递函数 $G_k(s)$ 在 s 平面的原点及虚轴上没有极点时，奈奎斯特判据叙述如下：

1）若系统开环稳定，则 $p = 0$。若 $G_k(j\omega)$ 曲线及其镜像不包围（-1，$j0$）点，则闭环系统稳定，否则不稳定。

2）若系统开环不稳定，则 $p \neq 0$。若 $G_k(j\omega)$ 曲线及其镜像逆时针包围（-1，$j0$）点 p 圈，则闭环系统稳定，否则不稳定。

3）若闭环系统不稳定，则系统在 s 右半平面的特征根数目为

$$z = p - N \tag{5-63}$$

式中，N 为开环幅相特性曲线 $G_k(j\omega)$ 及其镜像以逆时针包围（-1，j0）点的圈数。

5.4.3 开环传递函数中有积分环节时奈奎斯特判据的应用（Applications of Nyquist Criterion when there Exist Integral Elements in the Open-Loop Transfer Function）

若系统开环传递函数为

$$G_k(s) = \frac{K \prod_{j=1}^{m}(s - z_j)}{s^v \prod_{i=1}^{n-v}(s - p_i)}$$

教学视频 5-10
奈奎斯特判据的
特殊情况

则 $G_k(s)$ 在原点具有 v 重极点，而 $F(s)$ 的极点等于 $G_k(s)$ 的极点。所以，$F(s)$ 在原点具有 v 重极点。这时，奈氏回线经过原点即经过了 $F(s)$ 不解析的点，故不能直接应用图 5-37 所示的奈氏回线。这时可对奈氏回线稍作改动，就可以既不经过原点又能包围右半 s 平面。具体方法是以原点为圆心作一半径 ε 为无穷小的右半圆逆时针绕过原点，如图 5-38 所示。修正后的奈氏回线由以下 4 段组成：

① 由 j0⁺ 沿正虚轴到 +j∞。
② 半径为无限大的右半圆：$s = Re^{j\theta}$，$R \to \infty$，$\theta = +90° \to -90°$。
③ 由 -j∞ 到 j0⁻ 的负虚轴。
④ 半径为无穷小的右半圆：$s = \varepsilon e^{j\varphi}$，$\varepsilon \to 0$，$\varphi = -90° \to +90°$。

对应于上述 4 段奈氏回线，在 $G_k(s)$ 平面上的映射曲线即奈奎斯特曲线如下：

① $\omega = 0^+ \to +\infty$。
② $G_k(s)$ 平面上的原点或（K，j0）点。
③ $\omega = -\infty \to 0^-$。
④ $\omega = 0^- \to 0^+$，映射在 $G_k(s)$ 平面上就是沿着半径为无穷大的圆弧

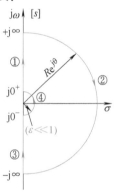
图 5-38 修正的
奈氏回线

按顺时针方向从 $v\dfrac{\pi}{2} \to (0°) \to -v\dfrac{\pi}{2}$，如图 5-39 所示。

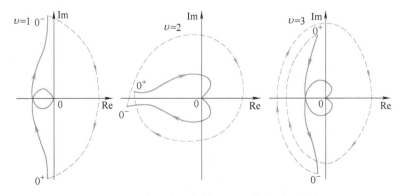

图 5-39 含有积分环节的 $G_k(j\omega)$ 曲线及其镜像

因此，在开环幅相特性曲线 $G_k(j\omega)$ 及其镜像曲线上补一个半径为无穷大的圆弧，即从镜像曲线终点 $\omega=0^-$ 顺时针补一个半径为无穷大、转角为 $\upsilon\pi$ 的大圆弧，与 $G_k(j\omega)$ 曲线的起点 $\omega=0^+$ 连接，再应用奈奎斯特判据，条件不变。

【例 5-5】 某系统的开环幅相特性曲线 $G_k(j\omega)$ 如图 5-40 中曲线①所示，系统为 1 型。已知系统开环稳定，即 $p=0$。试判断其闭环系统的稳定性。

解 先绘制 $G_k(j\omega)$ 的镜像曲线如图 5-40 中曲线②所示，再补大圆弧如图 5-40 中曲线③所示。可见，$G_k(j\omega)$ 曲线及其镜像不包围 $(-1, j0)$ 点，即 $N=0$。则 $z=p-N=0$，即 $p=N$，故闭环系统稳定。

【例 5-6】 某系统的开环幅相特性曲线 $G_k(j\omega)$ 如图 5-41 中曲线①所示，系统为 2 型。已知系统开环稳定，即 $p=0$。试判断其闭环系统的稳定性。

解 先绘制 $G_k(j\omega)$ 的镜像曲线如图 5-41 中曲线②所示，再补大圆弧如图 5-41 中曲线③所示。可见，$G_k(j\omega)$ 曲线及其镜像顺时针包围 $(-1, j0)$ 点两周，即 $N=-2$，则 $z=p-N=2$，故闭环系统不稳定，且有两个位于右半 s 平面的根。

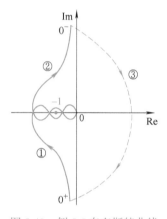

图 5-40 例 5-5 奈奎斯特曲线

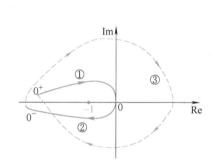

图 5-41 例 5-6 奈奎斯特曲线

顺便指出，在利用极坐标图判别闭环系统的稳定性时，为简便起见，往往只要画出 $\omega=0\rightarrow+\infty$ 变化的幅相特性曲线就可作出判断。由于频率变化范围缩小一半，故前述的有关公式及图形需作适当修改，闭环系统稳定的充要条件即式 (5-62) 应修改为

$$N'=\frac{p}{2} \tag{5-64}$$

闭环不稳定的系统，其在右半 s 平面上的极点数即式 (5-63) 修改为

$$z=p-2N' \tag{5-65}$$

为了判断 $G_k(j\omega)$ 曲线是否包围 $(-1, j0)$ 点，只绘出开环幅相特性曲线 $G_k(j\omega)$ 是不够的，因为这时 $G_k(j\omega)$ 曲线是开口的。为组成封闭曲线，可从坐标原点沿着实轴向 $\omega=0$ 处作一条辅助线。若开环传递函数 $G_k(s)$ 中含有积分环节，则需要补画一半的大圆弧，即负转 $\upsilon\frac{\pi}{2}$，再判断闭环系统的稳定性，如图 5-42 所示。

在使用 $\omega=0\rightarrow+\infty$ 变化的幅相特性曲线进行稳定性判断时，有时会遇到如图 5-43 所示的情况。此时，$G_k(j\omega)$ 曲线只逆时针包围 $(-1, j0)$ 点半圈，可记为 $N'=0.5$，而 $p=1$，所

以有 $N' = \dfrac{p}{2}$，闭环系统稳定。

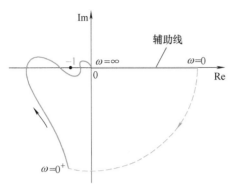

图 5-42　在极坐标图上加辅助线

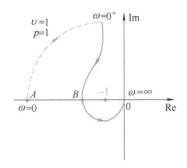

图 5-43　系统开环半闭环曲线

5.4.4　对数稳定判据（Logarithmic Stability Criterion）

教学视频 5-11
奈奎斯特对数
稳定判据

　　对数频率特性的稳定判据，实际上是奈奎斯特稳定判据的另一种形式，即利用系统的开环对数频率特性曲线（伯德图）来判别闭环系统的稳定性。而伯德图又可通过实验获得，因此在工程上获得了广泛应用。

　　系统开环幅相特性（奈奎斯特曲线）与系统开环对数频率特性（伯德图）之间存在着一定的对应关系。

　　1）奈奎斯特图中，幅值 $|G(j\omega)H(j\omega)| = 1$ 的单位圆，与伯德图中的 0 dB 线相对应。

　　2）奈奎斯特图中单位圆以外，即 $|G(j\omega)H(j\omega)| > 1$ 的部分，与伯德图中 0 dB 线以上部分相对应；单位圆以内，即 $0 < |G(j\omega)H(j\omega)| < 1$ 的部分，与 0 dB 线以下部分相对应。

　　3）奈奎斯特图中的负实轴与伯德图相频特性图中的 $-\pi$ 线相对应。

　　4）奈奎斯特图中发生在负实轴上（$-\infty$，-1）区段的正、负穿越，在伯德图中映射成为在对数幅频特性曲线 $L(\omega) > 0$ dB 的频段内，沿频率 ω 增加方向，相频特性曲线 $\varphi(\omega)$ 从下向上穿越 $-\pi$ 线，称为正穿越；而从上向下穿越 $-\pi$ 线，称为负穿越。

　　奈奎斯特图与伯德图的对应关系如图 5-44 所示。

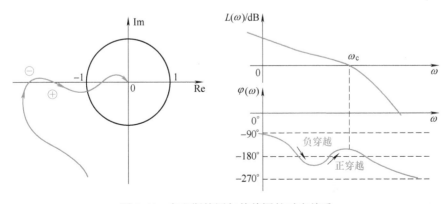

图 5-44　奈奎斯特图与伯德图的对应关系

顺便指出，对于图 5-43 中的 B 点为一次正穿越，而对于 A 点则记为半次负穿越。

综上所述，采用对数频率特性曲线（伯德图）时，奈奎斯特稳定判据可表述为：设系统开环传递函数 $G_k(s)$ 在 s 右半平面的极点数为 p，当 ω 由 $0 \to +\infty$ 变化时，在开环对数幅频特性曲线 $L(\omega) > 0\ \mathrm{dB}$ 的频段内，相频特性曲线 $\varphi(\omega)$ 对 $-\pi$ 线的正穿越与负穿越次数之差为 $\dfrac{p}{2}$，则闭环系统稳定，否则不稳定。

5.5　控制系统的相对稳定性（Relative Stability of Control Systems）

从奈奎斯特稳定判据可知，若系统开环传递函数没有右半 s 平面的极点，且闭环系统是稳定的，那么开环系统的奈奎斯特曲线在 $(-1, j0)$ 点的右侧且离 $(-1, j0)$ 点越远，则闭环系统的稳定程度越高；反之，开环系统的奈奎斯特曲线离 $(-1, j0)$ 点越近，则闭环系统的稳定程度越低。这就是通常所说的相对稳定性（relative stability），即稳定裕度（stability margin）。它通过奈奎斯特曲线对 $(-1, j0)$ 点的靠近程度来度量，其定量表示为幅值裕度 h_g 和相角裕度 γ。

教学视频 5-12
控制系统的
相对稳定性

图 5-45 所示为幅值裕度 h_g 和相角裕度 γ 的定义，图 5-46 所示为稳定裕度在伯德图上的表示。

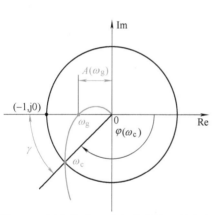

图 5-45　幅值裕度 h_g 和相角裕度 γ 的定义

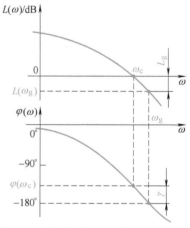

图 5-46　稳定裕度在伯德图上的表示

1. 幅值裕度

幅值裕度（gain margin）用于表示 $G_k(j\omega)$ 曲线在负实轴上相对于 $(-1, j0)$ 点的靠近程度。$G_k(j\omega)$ 曲线与负实轴相交点的频率为 ω_g，称为相位穿越频率（phase crossover frequency）。此时，ω_g 处的相角 $\varphi(\omega_g) = -180°$，幅值为 $A(\omega_g)$，如图 5-45 所示。开环频率特性幅值 $A(\omega_g)$ 的倒数称为幅值裕度，用 h_g 表示，即

$$h_g = \frac{1}{A(\omega_g)} \tag{5-66}$$

对于幅值裕度也可在对数频率特性曲线上确定，图 5-45 中的相位穿越频率 ω_g 在伯德图中对应相频特性上相角为 $-180°$ 的频率，如图 5-46 所示。这时，幅值裕度用分贝数来表示，即

$$L_g = 20\lg h_g = -20\lg A(\omega_g) \tag{5-67}$$

幅值裕度的物理意义：稳定系统在相位穿越频率 ω_g 处幅值增大 h_g 倍或 $L(\omega)$ 曲线上升 $L_g\,\mathrm{dB}$，系统将处于临界稳定。若大于 h_g 倍，则闭环系统不稳定。或者说在不破坏系统稳定的条件下，开环频率特性的幅值尚可允许增大的倍数。

2. 相角裕度

为了表示系统相角变化对系统稳定性的影响，引入相角裕度的概念。系统开环幅相频率特性曲线如图 5-45 所示，$G_k(j\omega)$ 曲线与单位圆相交点的频率为 ω_c，称为幅值穿越频率（gain crossover frequency），又称为截止频率或剪切频率（cut off rate）。此时，$|G_k(j\omega_c)| = 1$，相角为 $\varphi(\omega_c)$。

相角裕度（phase margin）是指幅相频率特性的幅值 $|G_k(j\omega_c)| = 1$ 时的向量与负实轴的夹角，用 γ 表示，如图 5-45 所示。按定义有

$$\gamma = 180° + \varphi(\omega_c) \tag{5-68}$$

通常情况下，对于稳定系统，$\gamma > 0$；不稳定系统，$\gamma < 0$。为使最小相位系统稳定，相角裕度必须为正值。

对于相角裕度同样也可在对数频率特性上确定，图 5-45 中的截止频率 ω_c 在伯德图中对应幅频特性上幅值为 0 dB 的频率，即为对数幅频特性 $L(\omega)$ 与横轴交点处的频率，如图 5-46 所示。则相角裕度就是对数相频特性上对应截止频率 ω_c 处的相角与 $-\pi$ 线的差值。

相角裕度的物理意义：稳定系统在截止频率 ω_c 处相角滞后增大 γ 度，系统将处于临界稳定。若超过 γ 度，则系统不稳定。或者说在不破坏系统稳定的条件下，尚可允许增大的开环频率特性的滞后相角。

幅值裕度和相角裕度通常作为设计和分析系统的频域指标，一般系统要求 $\gamma = 30° \sim 60°$，$h_g \geq 2$，即 $L_g \geq 6\,\mathrm{dB}$。

【例 5-7】　某单位反馈系统的开环传递函数为

$$G_k(s) = \frac{K}{s(s+1)(0.2s+1)}$$

试分别计算 $K = 2$ 和 $K = 20$ 时系统的幅值裕度 L_g 和相角裕度 γ。

解　系统为 1 型系统，转折频率分别为 $\omega_1 = 1\,\mathrm{rad/s}$ 和 $\omega_2 = 5\,\mathrm{rad/s}$。

1) $K = 2$ 时，$20\lg K = 6\,\mathrm{dB}$，伯德图如图 5-47a 所示。

由渐近法知 $\dfrac{2}{\omega_{c1}\omega_{c1} \cdot 1} \approx 1$，所以 $\omega_{c1} = \sqrt{2}\,\mathrm{rad/s}$，故有

$$\begin{aligned}
\gamma_1 &= 180° - 90° - \arctan\omega_{c1} - \arctan\frac{\omega_{c1}}{5} \\
&= 90° - \arctan1.414 - \arctan0.2828 \\
&= 90° - 54.7° - 15.8° = 19.5°
\end{aligned}$$

又因为 $-90° - \arctan\omega_g - \arctan\dfrac{\omega_g}{5} = -180°$，所以解得 $\omega_g = 2.24\,\mathrm{rad/s}$，则有 $L_1(\omega_g) = 6 - 20\lg\omega_g - 20\lg\omega_g = -8\,\mathrm{dB}$，即 $L_{g1} = -L_1(\omega_g) = 8\,\mathrm{dB}$，系统为最小相位系统，所以闭环系统稳定。

2) $K = 20$ 时，$20\lg K = 26\,\mathrm{dB}$，伯德图如图 5-47b 所示。

由渐近法知 $\dfrac{20}{\omega_{c2}\omega_{c2} \cdot 1} \approx 1$，所以 $\omega_{c2} = \sqrt{20}\,\mathrm{rad/s} = 4.47\,\mathrm{rad/s}$，则有

$$\gamma_2 = 180° - 90° - \arctan\omega_{c2} - \arctan\frac{\omega_{c2}}{5}$$

$$= 90° - \arctan4.47 - \arctan\frac{4.47}{5} = 90° - 77.4° - 41.8° = -29.2°$$

而 ω_g 仍为 $2.24\,\text{rad/s}$，则有 $L_2(\omega_g) = 26 - 20\lg\omega_g - 20\lg\omega_g = 12\,\text{dB}$，即 $L_{g2} = -L_2(\omega_g) = -12\,\text{dB}$，所以闭环系统不稳定。

以上结果表明，系统在 $K = 2$ 时，$L_g > 0$，$\gamma > 0$，闭环系统稳定。当 $K = 20$ 时，$L_g < 0$，$\gamma < 0$，闭环系统不稳定。显然，开环放大倍数 K 越小，闭环系统的稳定裕度越大，但同时将导致系统稳态误差加大，另外系统的动态过程也不令人满意。

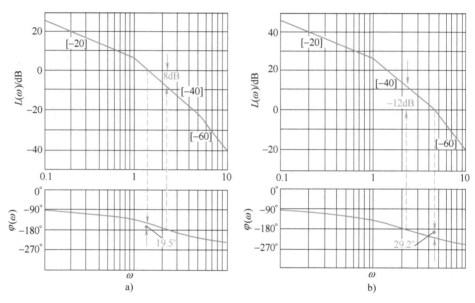

图 5-47 例 5-7 系统伯德图

a）$K = 2$ 时的伯德图 b）$K = 20$ 时的伯德图

 5.6 用频率特性分析系统品质（Analysis of System Quality with Frequency Characteristics）

5.6.1 闭环频率特性及其特征量（Closed-Loop Frequency Characteristics and its Feature Values）

由于系统的开环和闭环频率特性之间有着确定的关系，因而可以通过开环频率特性求取系统的闭环频率特性。对于单位反馈系统，其闭环传递函数为

$$\Phi(s) = \frac{G_k(s)}{1 + G_k(s)}$$

对应的闭环频率特性为

$$\Phi(j\omega) = \frac{G_k(j\omega)}{1+G_k(j\omega)} = M(\omega)e^{j\alpha(\omega)} \tag{5-69}$$

式（5-69）描述了开环频率特性和闭环频率特性之间的关系。如果已知 $G_k(j\omega)$ 曲线上的一点，就可由式（5-69）确定闭环频率特性曲线上的一点。用这种方法逐点绘制闭环频率特性曲线，显然既烦琐又很费时间。为此，过去工程上用图解法绘制闭环频率特性曲线的工作，现在已由计算机 MATLAB 软件来代替，从而大大提高了绘图的效率和精度。

一般系统的闭环频率特性如图 5-48 所示。图中，$M(0)$ 为频率特性的零频幅值；ω_b 为频率特性的带宽（bandwidth）频率，它是系统的幅频值为零频幅值的 0.707 倍时的频率，$0 \leq \omega \leq \omega_b$ 通常称为系统的频带宽度；M_r 为频率特性的谐振峰值（resonant peak），$M_r = \dfrac{M_m}{M(0)}$；ω_r 为频率特性的谐振频率（resonant frequency）。

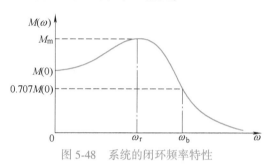

图 5-48　系统的闭环频率特性

需要指出的是，系统的频带宽度反映了系统复现输入信号的能力。频带宽度越宽，暂态响应的速度越快，调节时间也就越短。但是，频带宽度越宽，系统抗高频干扰的能力越低。因此在设计系统时，对于频带宽度的确定必须兼顾到系统的响应速度和抗高频干扰的要求。

5.6.2　频域性能指标与时域性能指标的关系（Relationship between Frequency Domain Performance Index and Time Domain Performance Index）

1. 开环频域指标与时域指标的关系

（1）二阶系统

典型二阶系统的开环传递函数为

$$G_k(s) = \frac{\omega_n^2}{s(s+2\zeta\omega_n)}$$

其相应的开环频率特性为

$$G_k(j\omega) = \frac{\omega_n^2}{j\omega(j\omega+2\zeta\omega_n)} \tag{5-70}$$

1）γ 与 $\sigma\%$ 的关系。系统的开环幅频特性和相频特性分别为

$$A(\omega) = \frac{\omega_n^2}{\omega\sqrt{\omega^2+(2\zeta\omega_n)^2}} \tag{5-71}$$

$$\varphi(\omega) = -90° - \arctan\frac{\omega}{2\zeta\omega_n} \tag{5-72}$$

在 $\omega = \omega_c$ 时，$A(\omega_c) = |G_k(j\omega_c)| = 1$，即

$$A(\omega_c) = \frac{\omega_n^2}{\omega_c\sqrt{\omega_c^2+(2\zeta\omega_n)^2}} = 1$$

解得

$$\omega_c = \omega_n\sqrt{\sqrt{4\zeta^4+1}-2\zeta^2} \tag{5-73}$$

此时，可求得

$$\gamma = 180° + \varphi(\omega_c) = 90° - \arctan \frac{\omega_c}{2\zeta\omega_n} = \arctan \frac{2\zeta\omega_n}{\omega_c} \tag{5-74}$$

将式（5-73）代入式（5-74）得

$$\gamma = \arctan \frac{2\zeta}{\sqrt{\sqrt{4\zeta^4+1} - 2\zeta^2}} \tag{5-75}$$

从而得到 γ 与 ζ 的关系，其关系曲线如图 5-49 所示。

在时域分析中可知

$$\sigma\% = e^{-\frac{\zeta\pi}{\sqrt{1-\zeta^2}}} \times 100\% \tag{5-76}$$

为便于比较，将式（5-76）的关系也绘于图 5-49 中。

由图明显看出，γ 越大，$\sigma\%$ 越小；γ 越小，$\sigma\%$ 越大。为使二阶系统不至于振荡得太剧烈以及调节时间太长，一般希望 $30° \leqslant \gamma \leqslant 60°$。

2）γ、ω_c 与 t_s 的关系。在时域分析中可知

$$t_s = \frac{4}{\zeta\omega_n} \tag{5-77}$$

将式（5-73）代入式（5-77）得

$$\omega_c t_s = \frac{4}{\zeta}\sqrt{\sqrt{4\zeta^4+1} - 2\zeta^2} \tag{5-78}$$

由式（5-75）和式（5-78）可得

$$\omega_c t_s = \frac{8}{\tan\gamma} \tag{5-79}$$

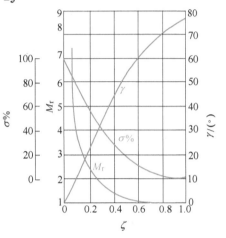

图 5-49　二阶系统 $\sigma\%$、γ、M_r 与 ζ 的关系曲线

（2）高阶系统

对于高阶系统，开环频域指标与时域指标之间没有准确的关系式。但是大多数实际系统，开环频域指标 γ 和 ω_c 能反映暂态过程的基本性能。为了说明开环频域指标与时域指标的近似关系，介绍如下两个经验公式：

$$\sigma\% = \left[0.16 + 0.4\left(\frac{1}{\sin\gamma} - 1\right)\right] \times 100\% \quad (35° \leqslant \gamma \leqslant 90°) \tag{5-80}$$

$$t_s = \frac{k\pi}{\omega_c} \tag{5-81}$$

式中

$$k = 2 + 1.5\left(\frac{1}{\sin\gamma} - 1\right) + 2.5\left(\frac{1}{\sin\gamma} - 1\right)^2 \quad (35° \leqslant \gamma \leqslant 90°) \tag{5-82}$$

将式（5-80）和式（5-81）表示的关系绘成曲线如图 5-50 所示。可以看出，超调量 $\sigma\%$ 随相角裕度 γ 的减小而增大；调节时间 t_s 随 γ 的减小而增大，但随 ω_c 的增大而减小。

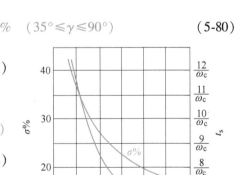

图 5-50　高阶系统 $\sigma\%$、t_s 与 γ 的关系曲线

2. 闭环频域指标与时域指标的关系

（1）二阶系统

典型二阶系统的闭环传递函数为

$$\Phi(s)=\frac{\omega_n^2}{s^2+2\zeta\omega_n s+\omega_n^2} \tag{5-83}$$

其相应的闭环频率特性为

$$\Phi(j\omega)=\frac{\omega_n^2}{(j\omega)^2+2\zeta\omega_n(j\omega)+\omega_n^2}=\frac{\omega_n^2}{(\omega_n^2-\omega^2)+j2\zeta\omega_n\omega} \tag{5-84}$$

1）M_r 与 $\sigma\%$ 的关系。典型二阶系统的闭环幅频特性为

$$M(\omega)=\frac{\omega_n^2}{\sqrt{(\omega_n^2-\omega^2)^2+(2\zeta\omega_n\omega)^2}} \tag{5-85}$$

其谐振频率为

$$\omega_r=\omega_n\sqrt{1-2\zeta^2}\quad(0<\zeta\leqslant0.707) \tag{5-86}$$

其幅频特性峰值即谐振峰值为

$$M_r=\frac{1}{2\zeta\sqrt{1-\zeta^2}}\quad(0<\zeta\leqslant0.707) \tag{5-87}$$

当 $\zeta>0.707$ 时，ω_r 为虚数，说明不存在谐振峰值，幅频特性单调衰减。当 $\zeta=0.707$ 时，$\omega_r=0$，$M_r=1$。当 $\zeta<0.707$ 时，$\omega_r>0$，$M_r>1$。当 $\zeta\to0$ 时，$\omega_r\to\omega_n$，$M_r\to\infty$。

将式（5-87）表示的 M_r 与 ζ 的关系也绘于图 5-49 中。由图明显看出，M_r 越小，$\sigma\%$ 越小，即系统的阻尼性能越好。如果谐振峰值较高，系统动态过程超调大，收敛慢，平稳性及快速性都差。

2）M_r、ω_r、ω_b 与 t_s 的关系。在带宽频率 ω_b 处，典型二阶系统闭环频率特性的幅值为

$$M(\omega_b)=\frac{\omega_n^2}{\sqrt{(\omega_n^2-\omega_b^2)^2+(2\zeta\omega_n\omega_b)^2}}=0.707$$

解得

$$\omega_b=\omega_n\sqrt{1-2\zeta^2+\sqrt{2-4\zeta^2+4\zeta^4}} \tag{5-88}$$

$$t_s=\frac{4}{\zeta\omega_b}\sqrt{1-2\zeta^2+\sqrt{2-4\zeta^2+4\zeta^4}} \tag{5-89}$$

又因为 $\omega_r=\omega_n\sqrt{1-2\zeta^2}$，所以有

$$t_s=\frac{4}{\zeta\omega_r}\sqrt{1-2\zeta^2} \tag{5-90}$$

（2）高阶系统

对于高阶系统，难以找出闭环频域指标和时域指标之间的确切关系。但如果高阶系统存在一对共轭复数闭环主导极点，可针对二阶系统建立的关系近似采用。

通过大量的系统研究，归纳出以下两个近似的数学关系式，即

$$\sigma\%=[0.16+0.4(M_r-1)]\times100\%\quad(1\leqslant M_r\leqslant1.8) \tag{5-91}$$

$$t_s=\frac{k\pi}{\omega_b} \tag{5-92}$$

式中

$$k=2+1.5(M_r-1)+2.5(M_r-1)^2 \quad (1\leqslant M_r\leqslant 1.8) \tag{5-93}$$

式（5-91）表明，高阶系统的 $\sigma\%$ 随着 M_r 的增大而增大。式（5-92）则表明，调节时间 t_s 随 M_r 增大而增大，且随 ω_b 增大而减小。

5.6.3　开环对数频率特性与时域响应的关系（Relationship between Open-Loop Logarithmic Frequency Characteristics and Time Domain Response）

教学视频 5-14
开环对数频率特性
与时域响应的关系

系统开环频率特性的求取比闭环频率特性的求取方便，而且对于最小相位系统，对数幅频特性和相频特性之间有着确定的对应关系。那么，能否由开环对数频率特性来分析和设计系统的动态响应和稳态性能呢？

开环对数频率特性与时域响应的关系通常分为 3 个频段加以分析，下面介绍"三频段"的概念。

1. 低频段

低频段通常指 $L(\omega)=20\lg|G(j\omega)|$ 的渐近线在第一个转折频率以前的频段。由系统开环对数频率特性的绘制方法可知，低频段的斜率由开环传递函数中积分环节的数目 v 决定，而高度则由系统的开环放大倍数 K 来决定。

由第 3 章分析可知，系统的稳态误差 e_{ss} 与 K、v 有关。因此，根据开环对数幅频特性的低频段可确定系统的稳态误差。下面讨论由给定的开环对数幅频特性曲线来确定系统的静态误差系数和求出稳态误差的方法。

若用 λ 表示对数幅频特性低频段的斜率，则有

$$v=\frac{\lambda}{-20} \tag{5-94}$$

若用 L_1 表示 $\omega=1\,\mathrm{rad/s}$ 时的对数幅频特性值，即 $L_1=L(1)=20\lg K$，则有

$$K=10^{\frac{L_1}{20}} \tag{5-95}$$

（1）0 型系统

图 5-51 所示为 0 型系统的开环对数幅频特性，$\lambda=0$，高度为 $L_1=20\lg K$，所以 $K=10^{\frac{L_1}{20}}$。此时 $K_p=K$，$K_v=K_a=0$，因此，在单位阶跃输入信号下有 $e_{ss}=\dfrac{1}{1+K}$。

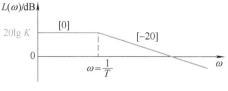

图 5-51　0 型系统的开环对数幅频特性

（2）1 型系统

图 5-52 所示为 1 型系统的开环对数幅频特性，$\lambda=[-20]$，低频段对数幅频特性为

$$L(\omega)\approx 20\lg\frac{K}{\omega}=20\lg K-20\lg\omega$$

当 $\omega=K$ 时，$L(\omega)=0$，用 ω_v 表示，即 $\omega_v=K$，分以下两种情况：

1）$\omega_1>K$ 时 $[-20]$ 斜率线与 ω 轴的交点是 $\omega_v=K=\omega_c$，如图 5-52a 所示。

2）$\omega_1<K$ 时 $[-20]$ 斜率线与 ω 轴无交点，其延长线与 ω 轴的交点是 $\omega_v=K$，如图 5-52b 所示。

1 型系统时，$K_p = \infty$，$K_v = K$，$K_a = 0$。因此，在单位阶跃输入信号下有 $e_{ss} = 0$；在单位斜坡输入信号下，则有 $e_{ss} = \dfrac{1}{K}$。

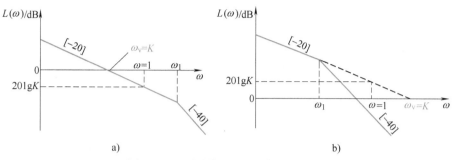

图 5-52　1 型系统的开环对数幅频特性

a) $\omega_1 > K$　b) $\omega_1 < K$

（3）2 型系统

图 5-53 所示为 2 型系统的开环对数幅频特性，$\lambda = [-40]$，低频段对数幅频特性为

$$L(\omega) \approx 20\lg \frac{K}{\omega^2} = 20\lg K - 40\lg\omega$$

当 $\omega = \sqrt{K}$ 时，$L(\omega) = 0$，用 ω_a 表示，即 $\omega_a = \sqrt{K}$，也分为两种情况：

1）$\omega_1 > \sqrt{K}$ 时 $[-40]$ 斜率线与 ω 轴的交点是 $\omega_a = \sqrt{K} = \omega_c$，如图 5-53a 所示。

2）$\omega_1 < \sqrt{K}$ 时 $[-40]$ 斜率线与 ω 轴无交点，其延长线与 ω 轴的交点是 $\omega_a = \sqrt{K}$，如图 5-53b 所示。

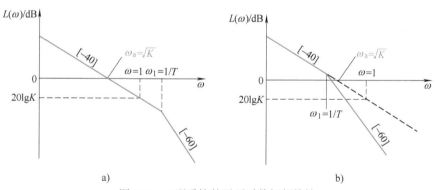

图 5-53　2 型系统的开环对数幅频特性

a) $\omega_1 > \sqrt{K}$　b) $\omega_1 < \sqrt{K}$

2 型系统时，$K_p = K_v = \infty$，$K_a = K$。因此，在单位阶跃和单位斜坡输入信号下有 $e_{ss} = 0$；在单位抛物线输入信号下，则有 $e_{ss} = \dfrac{1}{K}$。

综上所述，根据系统开环对数幅频特性曲线的低频段，可以确定开环传递函数中积分环节的数目 v 和系统的开环放大倍数 K，求得系统稳态误差 e_{ss}。低频段的斜率越小，对应系统开环传递函数中积分环节的数目越多，则在闭环系统稳定的条件下，其稳态误差越小，动态响应的跟踪精度越高。而且在阶跃信号输入下使 $e_{ss} = 0$ 的条件是低频段必须具有负斜率。

2. 中频段

中频段是指开环对数幅频特性曲线在截止频率 ω_c 附近（0 dB 附近）的区段。由开环频域指标与时域指标的关系可知，超调量 $\sigma\%$ 只与 γ 有关，调节时间 t_s 与 ω_c、γ 都有关系。而 ω_c 和 γ 都由开环对数频率特性曲线的中频段所决定，所以说，中频段集中反映了闭环系统动态响应的平稳性和快速性。

在最小相位系统中，开环对数幅频特性曲线 $L(\omega)$ 与相频特性曲线 $\varphi(\omega)$ 一一对应。因此，γ 取决于对数幅频特性曲线 $L(\omega)$ 的形状。而且，开环截止频率 ω_c 的大小决定系统的快速性，ω_c 越大，系统过渡过程时间越短。

反映中频段形状的 3 个参数为截止频率 ω_c、中频段的斜率和中频段的宽度。下面对开环对数幅频特性曲线 $L(\omega)$ 中频段的斜率和宽度分两种情况进行分析。

1）中频段斜率为 [−20]，且占据的频率区域较宽，开环对数幅频特性如图 5-54 所示。则系统的相频特性为

$$\varphi(\omega) = -180° + \arctan\frac{\omega}{\omega_1} - \arctan\frac{\omega}{\omega_2}$$

相角裕度为

$$\gamma = 180° + \varphi(\omega_c) = \arctan\frac{\omega_c}{\omega_1} - \arctan\frac{\omega_c}{\omega_2}$$

可见，中频段越宽，即 ω_2 比 ω_1 大的越多，则系统的相角裕度 γ 越大，即系统的平稳性越好。

2）中频段斜率为 [−40]，且占据的频率区域较宽，如图 5-55 所示。则系统的相频特性为

$$\varphi(\omega) = -90° - \arctan\frac{\omega}{\omega_1} + \arctan\frac{\omega}{\omega_2}$$

相角裕度为

$$\gamma = 180° + \varphi(\omega_c) = 90° - \arctan\frac{\omega_c}{\omega_1} + \arctan\frac{\omega_c}{\omega_2}$$

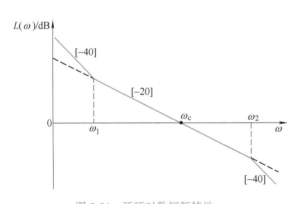

图 5-54　开环对数幅频特性一

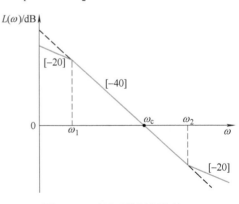

图 5-55　开环对数幅频特性二

可见，中频段越宽，即 ω_2 比 ω_1 大的越多，则系统的相角裕度 γ 越接近于 0°，系统将处于临界稳定状态，动态响应持续振荡。

可以推断，中频段斜率更陡，则闭环系统将难以稳定。因此，为使系统稳定，且有足够的稳定裕度，一般希望截止频率 ω_c 位于开环对数幅频特性斜率为 [−20] 的线段上，且中频段要有足够的宽度；或位于开环对数幅频特性斜率为 [−40] 的线段上，但中频段较窄。在

上述情况下，尽量增大截止频率 ω_c，提高动态响应的快速性。

3. 高频段

高频段指开环对数幅频特性在中频段以后的频段。由于这部分特性是由系统中一些时间常数很小的环节决定的，所以高频段的形状主要影响时域响应的起始段。因高频段远离截止频率 ω_c，所以对系统的动态特性影响不大。故在分析时，将高频段作近似处理，即把多个小惯性环节等效为一个小惯性环节来代替，而且等效小惯性环节的时间常数等于被代替的多个小惯性环节的时间常数之和。

另外，从系统抗干扰能力来看，高频段开环幅值一般较低，即 $L(\omega) = 20\lg|G_k(j\omega)| \ll 0$，则 $|G_k(j\omega)| \ll 1$。故对单位反馈系统有

$$|\Phi(j\omega)| = \frac{|G_k(j\omega)|}{|1+G_k(j\omega)|} \approx |G_k(j\omega)|$$

显然，在高频时闭环幅频特性近似等于开环幅频特性。因此，开环对数幅频特性 $L(\omega)$ 在高频段的幅值，直接反映了系统对高频干扰信号的抑制能力。高频部分的幅值越低，系统的抗干扰能力越强。

由以上分析可知，为使系统满足一定的稳态和动态要求，对开环对数幅频特性的形状有如下要求：低频段要有一定的高度和斜率；中频段的斜率最好为 $[-20]$，且具有足够的宽度，ω_c 应尽量大；高频段采用迅速衰减的特性，以抑制不必要的高频干扰。

三频段的划分并没有很严格的确定性准则，但是三频段的概念为直接运用开环频率特性判别稳定的闭环系统动静态性能指出了原则和方向。

5.7　系统传递函数的实验确定法（Experimental Determination of System Transfer Function）

在分析和设计系统时，首先是建立系统的数学模型。系统的数学模型可以利用基本的物理定理、化学定律等解析法求取，但有时是困难的。所以，工程上可以采用频率响应实验法来确定系统的数学模型。

5.7.1　用正弦信号相关分析法测试频率特性（Measuring Frequency Characteristics by Sinusoidal Signal Correlation Analysis）

在做频率响应实验时，必须采用规范的正弦信号，即无谐波分量和畸变，通常频率范围为 $0.001 \sim 1000\,\text{Hz}$。对超低频信号（$0.01\,\text{Hz}$ 以下）可采用机械式正弦信号发生器，而对于频率范围为 $0.01 \sim 1000\,\text{Hz}$ 的信号，可采用电子式信号发生器。

相关分析法能从被测系统的输出信号中分检出正弦波的一次谐波，同时抑制直流分量、高次谐波和噪声。

5.7.2　由伯德图确定系统的传递函数（Determining the System Transfer Function from a Bode Diagram）

由频率特性测试仪记录的数据，可以绘制出系统的对数频率特性曲线，然后由此频率特性确定系统的传递函数。尤其是对于最小相位系统，

教学视频 5-15
由伯德图确定
系统的传递函数

只根据其对数幅频特性就可确定系统的传递函数。

前面曾讨论过根据系统开环传递函数绘制伯德图，而在这里问题正相反，是由实验测得的伯德图，经过分析和测算，确定系统所包含的各环节，从而建立真实系统的数学模型。在此只针对最小相位系统，根据其开环对数幅频特性确定传递函数，具体方法步骤如下：

1）确定渐近线形式。对由实验测得的系统开环对数幅频特性进行分析，用斜率为 [±20] 的倍数的直线段来近似，即辨识出系统的对数频率特性的渐近线形式。

2）确定转折频率，即确定典型环节。由前面讨论过的典型环节对数频率特性图知，当某 ω 处系统对数幅频特性渐近线的斜率发生变化时，此 ω 即为某个环节的转折频率。当频率变化 [+20] 时，可知此 ω 处加入了一阶微分环节 $\tau s+1$；若斜率变化了 [-20] 时，可知此 ω 处加入了一个惯性环节 $\dfrac{1}{Ts+1}$；若斜率变化了 [-40] 时，可知此 ω 处加入了一个振荡环节 $\dfrac{1}{T^2s^2+2\zeta Ts+1}$ 或两个惯性环节 $\left(\dfrac{1}{Ts+1}\right)^2$。

3）积分环节的确定。开环对数幅频特性低频段的斜率是由积分环节的数目 υ 决定的，当低频段斜率为 [$-\upsilon20$] 时，系统即为 υ 型系统。

4）开环增益 K 的确定。开环增益 K 与开环对数幅频特性低频段的幅值有关。

① 低频段为一水平线时，即幅值为 $20\lg K(\mathrm{dB})$，由此求得 K 值。

② 低频段斜率为 [-20] 时，此线（或其延长线）与 0 dB 线交点处的 ω 值等于开环增益 K。或由 $\omega=1\,\mathrm{rad/s}$ 作 0 dB 线的垂线，与 [-20] 斜率线（或其延长线）交点处的分贝数即可对应求得 K 值。

③ 当低频段斜率为 [-40] 时，此线（或其延长线）与 0 dB 线交点处的 ω 值即等于 $\sqrt{K}$。其他几种常见系统开环对数幅频特性的 K 值见表 5-2。

表 5-2　几种常见系统开环对数幅频特性的 K 值

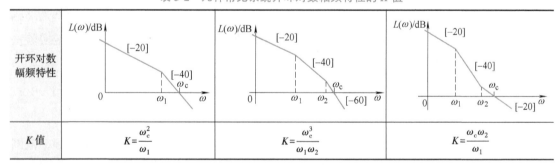

开环对数幅频特性		
K 值	$K=\dfrac{\omega_{\mathrm{c}}^2}{\omega_1}$	$K=\dfrac{\omega_{\mathrm{c}}^3}{\omega_1\omega_2}$	$K=\dfrac{\omega_{\mathrm{c}}\omega_2}{\omega_1}$

【例 5-8】　已知某系统为最小相位系统，其开环对数幅频特性如图 5-56 所示，试求系统的开环传递函数 $G_{\mathrm{k}}(s)$。

解　由图 5-56 可知，系统为 0 型系统，由 $20\lg K=-10$ dB，得 $K=10^{-\frac{10}{20}}=0.316$。在 $\omega=2\,\mathrm{rad/s}$ 处斜率变化 [-20]，为惯性环节。在 $\omega=8\,\mathrm{rad/s}$ 处斜率变化 [-40]，可认为是双惯性环节。最后得到系统的开环传递函数为

$$G(s)=\frac{K}{\left(\dfrac{1}{2}s+1\right)\left(\dfrac{1}{8}s+1\right)^2}=\frac{0.316}{(0.5s+1)(0.125s+1)^2}$$

【例 5-9】 通过实验获得的最小相位系统的开环对数幅频特性如图 5-57 所示，试确定系统的开环传递函数 $G_k(s)$。

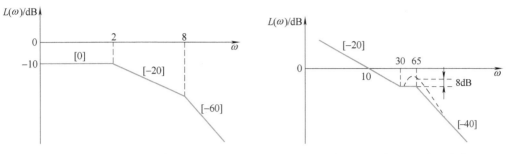

图 5-56　例 5-8 系统开环对数幅频特性　　　图 5-57　例 5-9 系统开环对数幅频特性

解　由图 5-57 可知，系统为 1 型系统，低频渐近线与 0 dB 线的交点即为开环增益 K，所以 $K=10$。系统在 $\omega=30$ rad/s 处斜率变化 [+20]，为一阶微分环节。转折频率为 65 的典型环节为振荡环节，而且 $A(65)=1/2\zeta$，则有 $20\lg A(65)=-20\lg 2\zeta=8$ dB，解得 $\zeta=0.2$。因此，系统的开环传递函数为

$$G_k(s)=\frac{10\times 65^2\left(\dfrac{s}{30}+1\right)}{s(s^2+2\times 0.2\times 65 s+65^2)}=\frac{42250(0.033s+1)}{s(s^2+26s+4225)}$$

【例 5-10】 已知最小相位系统的开环对数幅频特性如图 5-58 所示，试求系统的开环传递函数 $G_k(s)$。

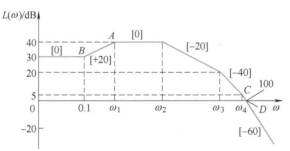

图 5-58　例 5-10 系统开环对数幅频特性

解　由图 5-58 可知系统开环传递函数的基本形式为

$$G_k(s)=\frac{K\left(\dfrac{s}{0.1}+1\right)}{\left(\dfrac{s}{\omega_1}+1\right)\left(\dfrac{s}{\omega_2}+1\right)\left(\dfrac{s}{\omega_3}+1\right)\left(\dfrac{s}{\omega_4}+1\right)}$$

1）$20\lg K=30$ dB，$K=10^{\frac{30}{20}}=10^{1.5}=31.6$。

2）从 $B\rightarrow A$ 的斜率为 [+20]，但 $L_A-L_B=10$ dB，故 ω_1 在 $\omega=0.1\sim 1$ rad/s 段的几何中点上，即 $\dfrac{1}{\omega_1}=\dfrac{\omega_1}{0.1}$，所以有 $\omega_1=0.316$ rad/s。

3）因为 $\omega_D=100$，$\omega_C=\omega_4$，且此区段为 [-60] 的斜率，即 $\alpha=-60$；又有 $L_C=5$ dB，$L_D=0$ dB，所以有

$$\frac{L_\mathrm{D}-L_\mathrm{C}}{\lg\omega_\mathrm{D}-\lg\omega_4}=\alpha$$

即

$$\lg\omega_\mathrm{D}-\lg\omega_4=\frac{L_\mathrm{D}-L_\mathrm{C}}{\alpha}=\frac{-5}{-60}=\frac{1}{12}$$

所以

$$\omega_\mathrm{C}=\omega_4=\omega_\mathrm{D}/10^{\frac{1}{12}}=100\times10^{-\frac{1}{12}}=82.5\ \mathrm{rad/s}_\circ$$

4) 同理 $\omega_3=\omega_4\times10^{\frac{20-5}{-40}}=82.5\times10^{-\frac{15}{40}}=34.8\ \mathrm{rad/s}_\circ$

5) 同理 $\omega_2=\omega_3\times10^{\frac{40-20}{-20}}=34.8\times10^{-1}=3.48\ \mathrm{rad/s}_\circ$

故系统的开环传递函数为

$$
G_\mathrm{k}(s)=\frac{31.6\left(\dfrac{s}{0.1}+1\right)}{\left(\dfrac{s}{0.316}+1\right)\left(\dfrac{s}{3.48}+1\right)\left(\dfrac{s}{34.8}+1\right)\left(\dfrac{s}{82.5}+1\right)}
$$

$$
=\frac{31.6(10s+1)}{(3.16s+1)(0.29s+1)(0.029s+1)(0.012s+1)}
$$

$$
=\frac{10^6(s+0.1)}{(s+0.316)(s+3.48)(s+34.8)(s+82.5)}
$$

 5.8 MATLAB 在频域分析中的应用（Applications of MATLAB in Frequency Domain Analysis）

MATLAB 中用于系统频域分析的函数，可方便地绘制伯德图、奈奎斯特图和尼可尔斯图，并可避免烦琐的计算，十分容易得到系统的幅值裕度和相角裕度。下面介绍相关的函数指令。

1. 奈奎斯特图（Nyquist）函数

MATLAB 中奈奎斯特频率曲线绘图函数为 nyquist( )，其调用格式如下：

nyquist(sys)%绘制给定开环系统模型 sys 的奈奎斯特曲线,频率向量 w 自动给定($-\infty$,$+\infty$)

nyquist(sys,w)%绘制给定开环系统模型 sys 的奈奎斯特曲线,频率 w 的范围人工给定

[re,im,w]=nyquist(sys)%不绘图,返回变量格式。re 为 $G(j\omega)$ 的实部向量,im 为 $G(j\omega)$ 的虚部向量

2. 伯德图（Bode）函数

MATLAB 中伯德图绘制函数为 bode( )，其调用格式如下：

bode(sys)   %绘制给定开环系统模型 sys 的伯德图,频率向量 w 自动给定($-\infty$,$+\infty$)

bode(sys,w)   %绘制给定开环系统模型 sys 的伯德图,频率 w 的范围人工给定

[m,p,w]=bode(sys)   %不绘图,返回变量格式。m,p,w 分别为返回的幅值向量、相角向量和频率向量

注意：$m=|G(j\omega)|$。

3. 稳定裕度函数

MATLAB 提供了非常方便计算系统相角裕度和幅值裕度的函数 margin( )，其调用格式如下：

margin(sys)%绘制给定开环系统模型 sys 的伯德图,并在图上标注幅值裕度 Gm 和对应的频率 wg,
相角裕度 pm 和对应的频率 wp

[gm,pm,wg,wp]=margin(sys)%不绘图,返回变量格式。返回幅值裕度 gm(若用分贝表示,需进行 Gm=
20lg(gm)的换算)和对应的频率 wg,相角裕度 pm 和对应的频率 wp

注意：$gm = \left| \dfrac{1}{G(j\omega_g)} \right|$，$Gm = 20\lg(gm)$。用 MATLAB 语言定义两变量之间的关系应为
$Gm = 20\log10(gm)$。

【例 5-11】 已知两单位反馈系统的开环传递函数分别为

（1）$G(s) = \dfrac{1}{s+1}$，（2）$G(s) = \dfrac{1}{s-1}$

试在同一图上分别用 MATLAB 绘制两系统的奈奎斯特曲线。

解 MATLAB 程序如下：

```
>> num1 = 1;den1 = [1,1];num2 = 1;den2 = [1,-1];
>> sys1 = tf(num1,den1);sys2 = tf(num2,den2);
>> nyquist(sys1)
>> hold on
>> nyquist(sys2)
```

由程序生成的奈奎斯特曲线如图 5-59 所示。

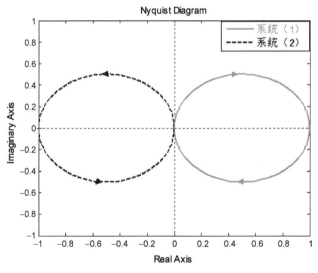

图 5-59 例 5-11 系统的奈奎斯特曲线

【例 5-12】 试用 MATLAB 绘制例 5-4 所示系统的伯德图。

解 MATLB 程序如下：

```
>> num = [1,10];den = conv([1,0],conv([0.25,1],[0.25,0.4,1]));
>> sys = tf(num,den);
>> bode(sys)
>> grid on
```

由程序生成的伯德图如图 5-60 所示。

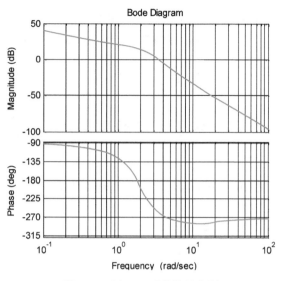

图 5-60　例 5-12 系统的伯德图

【例 5-13】　已知控制系统同例 5-7，求系统的幅值裕度和相角裕度，并判断系统的稳定性。

解　MATLAB 程序如下：

```
>> num1 = 2;num2 = 20;den = conv([1,0],conv([1,1],[0.2,1]));
>> sys1 = tf(num1,den);sys2 = tf(num2,den);
>> margin(sys1)
>> [gm,pm,wg,wp] = margin(sys1)
```

程序运行结果为

```
gm = 3.0000
pm = 25.3898
wg = 2.2361
wp = 1.2271
>> margin(sys2)
>> [gm,pm,wg,wp] = margin(sys2)
```

程序运行结果为

```
gm = 0.3000
pm = -23.6504
wg = 2.2361
wp = 3.9073
```

由程序绘制的伯德图如图 5-61 和 5-62 所示，图中 Gm = 20lg(gm)。由计算结果可知：当 $K = 2$ 时，系统的幅值裕度和相角裕度都大于 0，所以闭环系统稳定；当 $K = 20$ 时，系统的幅值裕度和相角裕度都小于 0，所以闭环系统不稳定。

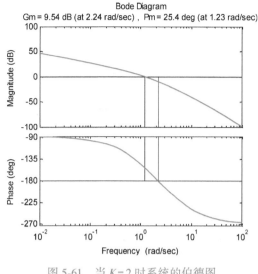

图 5-61　当 $K=2$ 时系统的伯德图

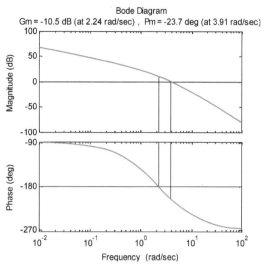

图 5-62　当 $K=20$ 时系统的伯德图

【例 5-14】　已知单位反馈系统的开环传递函数为

$$G(s)=\frac{12(s+1)}{s(s-1)(s^2+4s+16)}$$

试用奈奎斯特判据判别闭环系统的稳定性。

解　MATLAB 程序如下：

```
>> num=[12,12];den=conv([1,0],conv([1,
-1],[1,4,16]));
>> sys=tf(num,den);
>> nyquist(sys)
```

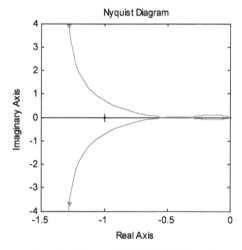

由程序生成的奈奎斯特曲线如图 5-63 所示。由于系统的开环传递函数中有一个开环极点位于 s 的右半平面，所以，$p=1$。同时，此系统开环传递函数中包含 1 个积分环节，因此需要从 $\omega=0^-$ 开始顺时针补一个半径为无穷大、转角为 π 的大圆弧与 $\omega=0^+$ 连接，构成封闭的曲线。此封闭的曲线顺时针包围 $(-1,j0)$ 点 1 圈，$N=-1$。根据奈奎斯特判据可得 $z=p-N=2$。所以闭环系统不稳定，有两个闭环极点位于 s 右半平面。

图 5-63　例 5-14 系统的奈奎斯特曲线

本章小结（Summary）

1. 内容归纳

1）频率特性是线性定常系统在正弦函数作用下，稳态输出与输入之比和频率之间的函数关系。频率特性是系统的一种数学模型，它既反映出系统的静态性能，又反映出系统的动态性能。

2）频率特性是传递函数的一种特殊形式。将系统传递函数中的复数 s 换成纯虚数 $j\omega$，即可得出系统的频率特性。

3）频率特性法是一种图解分析法，用频率法研究和分析控制系统时，可免去许多复杂而困难的数学运算。对于难以用解析方法求得频率特性曲线的系统，可以改用实验方法测得其频率特性，这是频率法的突出优点之一。

4）频率特性图形因其采用的坐标系不同而分为一般坐标图、极坐标图、伯德图及尼可尔斯图等几种形式。各种形式之间是相互联系的，而每种形式却有其特定的适用场合。

5）奈奎斯特稳定判据是用频率法分析与设计控制系统的基础。利用奈奎斯特稳定判据，可用开环频率特性判别闭环系统的稳定性。同时可用相角裕度和幅值裕度来反映系统的相对稳定性。

6）开环对数频率特性曲线（伯德图）是控制工程设计的重要工具。开环对数幅频特性 $L(\omega)$ 低频段的斜率表征了系统的型别，其高度则表征了系统开环放大倍数的大小；$L(\omega)$ 中频段的斜率、宽度以及截止频率 ω_c 则表征着系统的动态性能；而高频段表征了系统的抗高频干扰能力。利用三频段概念可以分析系统时域响应的动态和稳态性能，并可分析系统参数对系统性能的影响。

7）利用开环频率特性和闭环频率特性的某些特征量，均可对系统的时域性能指标作出间接的评估。其中开环频域指标是相角裕度 γ 和截止频率 ω_c。闭环频域指标是谐振峰值 M_r、谐振频率 ω_r 以及系统带宽 ω_b。它们与时域指标 $\sigma\%$、t_s 之间有密切的关系。这种关系对于二阶系统是确切的，而对于高阶系统是近似的，但在工程设计中已完全满足要求。

8）对于最小相位系统，幅频和相频特性之间存在唯一的对应关系，即根据对数幅频特性可以唯一地确定相频特性和传递函数。而对于非最小相位系统则不然。

9）许多系统或元件的频率特性可用实验方法确定。最小相位系统的传递函数可由其对数幅频特性的渐近线来确定。

2. 知识结构

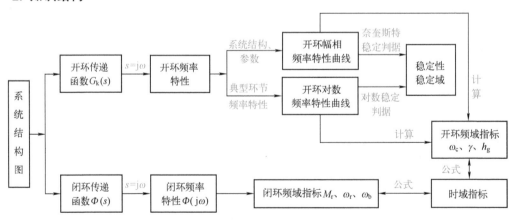

代表人物及事件简介（Leaders and Events）

1. 哈利·奈奎斯特（Harry Nyquist，1889—1976），美国通信工程师。出生于瑞典的尼尔斯比，1907 年移居美国，1914 年在北达科他大学电气工程系获理学学士学位，1915 年获理学硕士学位，1917 年在耶鲁大学物理系获哲学博士学位。

奈奎斯特在 20 世纪 20 年代以研究电话传输问题闻名。1924 年在一篇关于电报的论文中蕴含了信息论的思想，1928 年发现信道带宽和传输速率间的关系，提出著名的奈奎斯特定理，1927 年在研究热噪声问题时提出的偏差理论，1932 年发现负反馈放大器的稳定性条件，即著名的奈奎斯特稳定判据。他还是卓越的发明家，在美国有 138 项专利，涉及电话、电报、图像传输系统、电测量、传输线均衡、回波抑制、保密通信等方面。由于他突出的成就，曾获美国无线电工程师学会（1960）、富兰克林学会（1960）、电气和电子工程师学会（IEEE）（1961）、美国工程科学院（1969）、美国机械工程师学会（1975）的多项奖章。

2. 亨德里克·韦德·伯德（Hendrik Wade Bode，1905—1982），美籍荷兰人，贝尔电话实验室的应用数学家、现代控制理论与电子通信先驱。伯德从小就表现出不凡的学习天赋，14 岁就从乌尔班纳高中毕业，并进入父亲任教的俄亥俄州立大学，1924 年获得了学士学位和 1926 年获得了硕士学位。然后，

他在纽约市的贝尔电话实验室开始了 41 年的职业生涯，并在哥伦比亚大学兼职攻读博士学位，于 1935 年获得了哥伦比亚大学物理学博士学位。1967 年从贝尔电话实验室退休后，他被任命为哈佛大学系统工程 Gordon McKay 项目的教授。1974 年第二次退休后，担任哈佛大学名誉教授。

1940 年，伯德在自动控制分析的频率法中引入对数坐标系，使频率特性的绘制工作更加适用于工程设计。1945 年，伯德在《网络分析和反馈放大器设计》一书中提出了频率响应分析方法，即简便而实用的控制系统频域设计方法——"伯德图"法。伯德在滤波器和均衡器以及通信传输等领域的研究成果在《贝尔系统技术期刊》上发表了许多论文，并获得了 25 项专利，涉及传输网络、变压器系统、电波放大、宽带放大器和火炮计算等方面。伯德获得了许多荣誉，包括美国电气和电子工程师协会（IEEE）、美国物理学会（American Physical Society）和美国艺术与科学学院（American Academy of Arts and Sciences）的研究员。同时，他当选为国家科学院院士，是国家工程院的特许成员。此外，他在 1969 年获得了 IEEE 爱迪生奖章，1979 年获得了美国自动控制委员会的第一个控制遗产奖（Control Heritage Award），1975 年获得了美国机械工程师学会的 Rufus Oldenberger 奖。

习题（Exercises）

5-1　某系统的闭环传递函数为 $\dfrac{4}{3s+2}$，当输入为 $r(t)=A_0\sin\left(\dfrac{2}{3}t+45°\right)$ 时，试求其稳态输出。

5-2　设系统结构图如图 5-64 所示，试确定在输入信号 $r(t)=\sin(t+30°)-\cos(2t-45°)$ 作用下，系统的稳态误差 $e_{ss}(t)$。

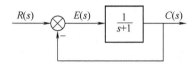

图 5-64 题 5-2 控制系统结构图

5-3 典型二阶系统的开环传递函数为

$$G(s) = \frac{\omega_n^2}{s(s+2\zeta\omega_n)}$$

当 $r(t) = 2\sin t$ 时，系统的稳态输出为 $c_{ss}(t) = 2\sin(t-45°)$，试确定系统参数 ω_n、ζ。

5-4 已知系统开环传递函数为

$$G_k(s) = \frac{K(\tau s+1)}{s^2(Ts+1)} \quad (K、\tau、T>0)$$

试分析并绘制 $\tau>T$ 和 $T>\tau$ 情况下的概略开环幅相特性曲线。

5-5 已知系统开环传递函数为

$$G_k(s) = \frac{10}{s(2s+1)(s^2+0.5s+1)}$$

试概略绘制开环幅相特性曲线。

5-6 绘制下列传递函数对应的对数幅频渐近特性曲线：

（1） $G(s) = \dfrac{2}{(2s+1)(8s+1)}$；

（2） $G(s) = \dfrac{8\left(\dfrac{s}{0.1}+1\right)}{s(s^2+s+1)\left(\dfrac{s}{2}+1\right)}$；

（3） $G(s) = \dfrac{200}{s^2(s+1)(10s+1)}$；

（4） $G(s) = \dfrac{100}{s(s^2+s+1)(6s+1)}$。

5-7 已知下列系统开环传递函数（参数 $K、T、T_i>0$，$i=1，2，\cdots，6$）

（1） $G(s) = \dfrac{K}{(T_1s+1)(T_2s+1)(T_3s+1)}$；

（2） $G(s) = \dfrac{K}{s(T_1s+1)(T_2s+1)}$；

（3） $G(s) = \dfrac{K}{s^2(Ts+1)}$；

（4） $G(s) = \dfrac{K(T_1s+1)}{s^2(T_2s+1)}$；

（5） $G(s) = \dfrac{K}{s^3}$；

（6）$G(s) = \dfrac{K(T_1 s + 1)(T_2 s + 1)}{s^3}$；

（7）$G(s) = \dfrac{K(T_5 s + 1)(T_6 s + 1)}{s(T_1 s + 1)(T_2 s + 1)(T_3 s + 1)(T_4 s + 1)}$；

（8）$G(s) = \dfrac{K}{Ts - 1}$；

（9）$G(s) = \dfrac{-K}{-Ts + 1}$；

（10）$G(s) = \dfrac{K}{s(Ts - 1)}$。

其系统开环幅相曲线分别如图 5-65（1）～（10）所示。试根据奈奎斯特判据判定各系统的闭环稳定性。若系统闭环不稳定，确定其位于 s 右半平面的闭环极点数。

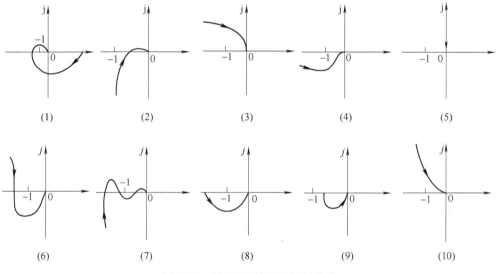

图 5-65　题 5-7 系统开环幅相曲线

5-8　若单位反馈系统的开环传递函数为

$$G(s) = \frac{K e^{-0.8s}}{s + 1}$$

试确定使系统稳定的 K 值范围。

5-9　设单位反馈系统的开环传递函数为

$$G(s) = \frac{5 s^2 e^{-\tau s}}{(s + 1)^4}$$

试确定闭环系统稳定时，延迟时间 τ 的范围。

5-10　设单位反馈控制系统的开环传递函数为

$$G(s) = \frac{as + 1}{s^2}$$

试确定相角裕度为 45° 时参数 a 的值。

5-11　对于典型二阶系统，已知参数 $\omega_n = 3\,\mathrm{rad/s}$，$\zeta = 0.7$，试确定截止频率 ω_c 和相角裕度 γ。

5-12　对于典型二阶系统，已知 $\sigma\% = 15\%$，$t_s = 3\,\mathrm{s}$，试计算相角裕度 γ。

5-13　求题 5-6 中各系统的相角裕度，并判断其稳定性。

5-14　已知某单位负反馈系统的开环频率特性如图 5-66 所示，试：

（1）写出开环传递函数。

（2）确定 ω_1，ω_2 及 ω_3 数值。

（3）求出闭环系统 ζ 和 ω_n 值。

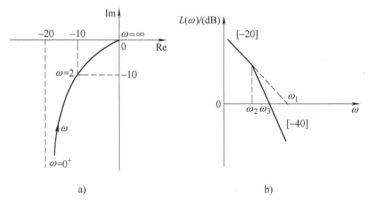

图 5-66　题 5-14 开环频率特性

a）极坐标图　b）对数幅频特性

5-15　某控制系统的结构图如图 5-67 所示，试确定该系统的相角裕度和幅值裕度。

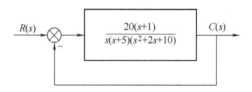

图 5-67　题 5-15 控制系统结构图

5-16　已知单位反馈系统的开环传递函数为

$$G(s) = \frac{48(s+1)}{s(8s+1)(0.05s+1)}$$

试按 γ 和 ω_c 之值估算系统的时域指标 $\sigma\%$ 和 t_s。

5-17　已知单位反馈系统的开环传递函数为

$$G(s) = \frac{14}{s(0.1s+1)}$$

试求开环频率特性的 γ、ω_c 值以及闭环频率特性的 M_r、ω_b 值，并分别用两组特征量计算出系统的时域指标 $\sigma\%$ 和 t_s。

5-18　设最小相位系统的开环对数幅频特性分段直线近似表示如图 5-68 所示。试写出其开环传递函数。

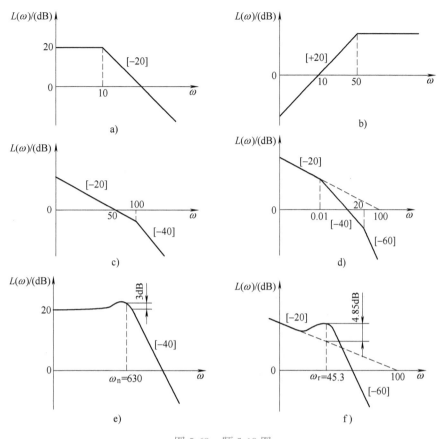

图 5-68　题 5-18 图

第 6 章　控制系统的校正（Compensation of Control Systems）

学习指南（Study Guide）

内容提要　为改善系统的动态和稳态性能，常常需要进行系统校正。本章主要介绍控制系统校正的基本概念、方式和方法，常用校正装置及其特性，分析法串联校正和 PID 校正，期望特性法串联校正，反馈校正以及 MATLAB 在系统校正中的应用。

能力目标　针对自动化领域内的工程问题，具备分析和解释系统性能，确定影响因素和待改善环节的能力；通过校正手段进行系统改进和设计，合理选择实施技术方案所需的控制系统、单元部件，并能在设计中体现创新意识，提升工程素养。

学习建议　系统校正也称为系统综合设计，是自动控制理论"建模、分析、设计"三大步骤的最后一个环节。本章学习的重点首先是在熟悉超前、滞后和滞后-超前校正装置的频率特性及其对系统改进作用的前提下，将系统性能要求与原系统性能进行比较，从而应用分析法在伯德图上对系统进行超前校正和滞后校正，并能分析校正前后系统性能的变化。其次是在熟悉了工程应用中的 PID 控制规律后，能根据实际要求选择合理的调节器结构，计算调节器参数。对于最小相位系统，则可运用期望特性法在其开环对数幅频特性曲线上进行串联校正与反馈校正，获得容易实现的校正装置。需要注意的是，在设计校正装置的电路参数时，应结合工程案例进行成本核算和性价比衡量；对于校正前后的系统性能，也可以借助 MATLAB 和 Simulink 进行仿真验证；另外，不论是分析法还是综合法，所得结果不唯一且必须进行性能指标的校验。

对于一个控制系统来说，如果它的元器件及其参数已经给定，就要分析它能否满足所要求的各项性能指标。一般把解决这类问题的过程称为系统的分析。在实际工程控制问题中，还有另一类问题需要考虑，即往往事先确定了要求满足的性能指标，设计一个系统并选择适当的参数来满足性能指标的要求；或考虑对原已选定的系统增加某些必要的元件或环节，使系统能够全面地满足所要求的性能指标，同时也要照顾到工艺性、经济性、使用寿命和体积等。这类问题称为系统的综合与校正（synthesis and compensation），或者称为系统的设计。

常用的校正方法有根轨迹法和频率特性法。校正的实质是在原有系统中设计合适的校正装置，引进新的零点、极点以改变原系统的根轨迹和（或）伯德图的形状，使其满足性能指标要求。本章主要介绍频率特性法校正。

6.1　系统校正的基本概念（Basic Concepts of System Compensation）

6.1.1　校正的一般概念（General Concepts of Compensation）

如前所述，自动控制系统是由被控对象和控制器两大部分组成的。控制对象是指其中某个物理量需要自动控制的机器、设备或生产过程。控制器则是指对被控对象起控制作用的装置总体，其中包括信号检测及转换装置、信号放大装置、功率放大装置以及实现控制指令的执行机构等基本组成部分。

通常，在控制系统的设计中，被控对象是已知的，而其他元器件则是根据对象的特点、技术要求以及经济性、可靠性、维修方便性等方面的要求而选定的。这些元器件选定之后，就可与被控对象组合成最基本的控制系统，称为"固有系统（inherent system）"。由于固有系统中除放大器的放大系数可作适当改变外，其余部分连同对象的参数在设计过程中往往是不变的，故又称为"不可变部分"。

一般说来，"固有系统"的性能较差，难以满足对系统提出的技术要求，必须选择合适的校正装置，并计算、确定其参数，以使系统满足各项性能指标的要求。

控制系统的设计主要是特性设计，而特性的设计实质上是通过校正装置的特性设计来实现的。可以说，控制系统设计的中心是校正。设计者的具体任务是选择校正方式，确定校正装置的类型以及计算出具体参数等。校正装置的设计自始至终都是围绕技术性能要求而进行的，这些要求通常都是以性能指标的形式给出的。

6.1.2　系统的性能指标（Performance Index of System）

控制系统常用的性能指标，按其类型可分为时域性能指标，包括稳态性能指标和暂态性能指标；频域性能指标，包括开环频域指标和闭环频域指标。

1. 时域性能指标

评价控制系统性能的优劣，常用时域性能指标来衡量。

1）稳态指标包括静态位置误差系数 K_p、静态速度误差系数 K_v、静态加速度误差系数 K_a、稳态误差 e_{ss}。

2）暂态指标包括上升时间 t_r、峰值时间 t_p、调节时间 t_s、最大超调量 $\sigma\%$。

2. 频域性能指标

1）开环频域指标包括截止频率 ω_c、相角裕度 γ、幅值裕度 h_g 或 $L_g(\mathrm{dB})$。

2）闭环频域指标包括谐振频率 ω_r、谐振峰值 M_r、带宽频率 ω_b。

3. 两类性能指标之间的关系

（1）二阶系统时域性能指标和频域性能指标之间的关系

时域性能指标和频域性能指标是从不同的角度表征系统性能的，它们之间存在必然的内在联系。对于二阶系统，时域性能指标和频域性能指标之间能用准确的数学式表示出来。

二阶系统的时域指标如下：

$$t_r = \frac{\pi - \arctan\dfrac{\sqrt{1-\zeta^2}}{\zeta}}{\omega_n\sqrt{1-\zeta^2}} \tag{6-1}$$

$$t_p = \frac{\pi}{\omega_n\sqrt{1-\zeta^2}} \tag{6-2}$$

$$\sigma\% = e^{-\frac{\zeta\pi}{\sqrt{1-\zeta^2}} \times 100\%} \tag{6-3}$$

$$t_s = \frac{4}{\zeta\omega_n} \quad (\Delta = \pm 2\%) \tag{6-4}$$

二阶系统的频域指标如下：

$$\omega_c = \omega_n\sqrt{\sqrt{1+4\zeta^4}-2\zeta^2} \tag{6-5}$$

$$\gamma = \arctan\frac{2\zeta}{\sqrt{\sqrt{1+4\zeta^4}-2\zeta^2}} \tag{6-6}$$

$$M_r = \frac{1}{2\zeta\sqrt{1-\zeta^2}} \quad (0 < \zeta \leqslant 0.707) \tag{6-7}$$

$$\omega_r = \omega_n\sqrt{1-2\zeta^2} \quad (0 < \zeta \leqslant 0.707) \tag{6-8}$$

$$\omega_b = \omega_n\sqrt{\sqrt{2-4\zeta^2+4\zeta^4}+1-2\zeta^2} \tag{6-9}$$

$$\omega_c t_s = \frac{8}{\tan\gamma} \quad (\Delta = \pm 2\%) \tag{6-10}$$

（2）高阶系统时域性能指标和频域性能指标之间的近似关系

高阶系统时域性能指标和开环频域性能指标之间的近似关系如下：

$$\sigma\% = \left[0.16 + 0.4\left(\frac{1}{\sin\gamma}-1\right)\right] \times 100\% \quad (35° \leqslant \gamma \leqslant 90°) \tag{6-11}$$

$$t_s = \frac{\pi\left[2 + 1.5\left(\dfrac{1}{\sin\gamma}-1\right) + 2.5\left(\dfrac{1}{\sin\gamma}-1\right)^2\right]}{\omega_c} \quad (35° \leqslant \gamma \leqslant 90°) \tag{6-12}$$

高阶系统时域性能指标和闭环频域性能指标之间的近似关系如下：

$$\sigma\% = [0.16 + 0.4(M_r - 1)] \times 100\% \quad (1 \leqslant M_r \leqslant 1.8) \tag{6-13}$$

$$t_s = \frac{\pi[2 + 1.5(M_r - 1) + 2.5(M_r - 1)^2]}{\omega_b} \quad (1 \leqslant M_r \leqslant 1.8) \tag{6-14}$$

6.1.3 系统的校正方式（Compensation Approach of System）

按照校正装置在系统中的连接方式，控制系统常用的校正方式可分为串联校正、并联（反馈）校正和复合控制。

1. 串联校正

串联校正（cascade compensation）一般将校正装置串接于系统前向通道之中，如图6-1所示。图中 $G_c(s)$ 是校正装置的传递函数。由于串联校正装置位于低能源端，从设计到具体实现都比较简单，成本低、功耗比较小，因此设计中常常使用这种方式。但也因为串联校正装置通常安置在前向通道的前端，其主要问题是对参数变化比较敏感。

2. 并联（反馈）校正

反馈校正一般将校正装置接于系统局部反馈通道之中，也称为并联校正（parallel compensation），如图 6-2 所示。反馈校正装置的信号直接取自系统的输出信号，是从高能端得到的，一般不需要附加放大器，但校正装置费用高。若适当地调整反馈校正回路的增益，可以使校正后系统的性能主要取决于校正装置，因而反馈校正的一个显著优点是可以抑制系统的参数波动及非线性因素对系统性能的影响；缺点是调整不方便，设计相对较复杂。

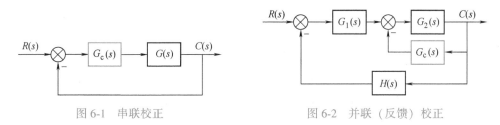

图 6-1　串联校正　　　　　　　　　图 6-2　并联（反馈）校正

3. 复合控制

复合控制有按给定补偿和按扰动补偿两种方式，如图 6-3 所示。关于复合控制已在 3.6.5 节中详细阐述，在此不再赘述。

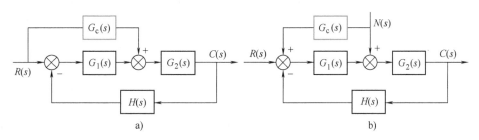

图 6-3　复合控制系统的校正

a）按给定补偿　b）按扰动补偿

在控制系统设计中，常用的校正方式为串联校正和反馈校正两种。究竟选用哪种校正方式，取决于系统中的信号性质、技术实现的方便性、可供选用的元件、抗干扰性要求、经济性要求、环境使用条件以及设计者的经验等因素。

对于校正装置的具体形式，常常采用比例、微分、积分等基本控制规律，或者采用这些基本控制规律的某些组合，如比例-微分、比例-积分、比例-积分-微分等组合控制规律，利用它们的相位超前或滞后以及幅值增加或衰减等作用以实现对被控对象的有效控制。

需要指出的是，由于现代控制理论的发展和计算机控制技术的广泛应用，许多控制系统的校正装置已由计算机来取代，上述两种校正结构形式在硬件装置与价格上的区别已经渐渐模糊，但是从系统的结构关系上还是各具特色的。

6.1.4　校正装置的设计方法（Design Methods of Compensator）

系统校正的主要工作是按照性能指标的要求选择合适的校正装置并确定其参数，即设计校正装置。常用的工程设计方法有根轨迹法、频率特性法和计算机辅助设计等。

1. 根轨迹法

根轨迹法的设计思想是假定校正后的闭环系统具有一对主导共轭复数极点，系统的性能主要由这一对主导极点的位置所决定。设计过程是在根平面上进行的，因此是一种图解设计方法。

如果原系统的性能指标不满足要求，可以引入适当的校正装置，利用其零、极点去改变原来根轨迹的形状，迫使校正后系统的根轨迹通过所期望的主导极点的应有位置，以达到校正的目的。

2. 频率特性法

频率特性法的设计思想是利用校正装置改变原系统频率特性的形状，使其具有合适的低频段、中频段和高频段，从而获得满意的静态和动态性能。

频率法校正是一种简便的图解设计方法，既可以在奈奎斯特曲线上进行，又可以在伯德图或尼可尔斯图上进行，但采用伯德图校正的居多。原因有两个：一是因为伯德图易于绘制，二是因为在伯德图上能够清楚地看出影响系统性能的因素是什么，特性曲线应如何改变，应当引入何种形式的校正装置等，从而通过作图较方便地求得校正装置的形式和参数。

在频率法中，校正装置的设计有分析法和综合法两种设计方法。

（1）分析法

首先在对原系统进行分析的基础上，根据要求的性能指标选取校正装置的基本形式，然后计算校正装置的参数，并检验是否满足要求的性能指标。若满足要求，则设计完成，否则重新计算校正装置的参数，直到得到满足要求的性能指标为止。因此，分析法在一定程度上带有试探的性质，故又称为试探法。用分析法设计校正装置比较直观，在物理上易于实现，但要求设计者有一定的工程设计经验。

（2）综合法

综合法又称期望特性法。这种设计方法从闭环系统性能与系统开环对数频率特性密切相关这一思路出发，根据规定的性能指标要求，确定系统期望的开环对数幅频特性曲线形状，然后与系统原有开环对数幅频特性曲线相比较，从而确定校正方式以及校正装置的形式和参数。综合法有广泛的理论意义，但期望的校正装置传递函数可能相当复杂，在物理上难以准确实现。

应当指出的是，无论是分析法还是综合法，都带有经验的成分，所得结果往往不是最优的。最优控制系统需要用最优控制理论来设计。

3. 计算机辅助设计

随着计算机技术的发展，各种相关软件如计算机辅助分析、计算机辅助设计、计算机仿真等软件相继出现，为采用计算机作为辅助手段对系统进行设计奠定了良好的基础。

计算机辅助设计的基础是系统响应特性的计算机仿真。仿真过程既可在模拟计算机上进行，也可在数字计算机上进行。它把设计者的分析、判断、推理和决策能力与计算机的快速运算、准确的信息处理和存储能力结合起来，以完成预期的设计任务。

计算机辅助设计通常都带有试探的性质，但由于计算机运算速度快、计算精度高等突出优点，使设计质量大幅提高，因而受到人们的普遍重视和欢迎。

6. 2　常用校正装置及其特性（Commonly Used Compensators and its Characteristics）

6. 2. 1　超前校正装置（Lead Compensator）

教学视频 6-2
超前校正装置及
其特性

　　超前校正又称微分校正。超前校正装置既可用无源网络组成，又可用由运算放大器加入适当电路的有源网络组成。前者称为无源超前网络，后者称为有源超前网络。

1. 无源超前网络

　　图 6-4 所示为一个无源超前校正网络。设 u_i、u_o 分别为网络的输入、输出电压，则网络传递函数可写为

$$G_c(s) = \frac{R_2}{R_1 + R_2} \frac{R_1 Cs + 1}{\dfrac{R_2}{R_1 + R_2} R_1 Cs + 1}$$

设 $T = R_1 C$ 及 $\alpha = \dfrac{R_2}{R_1 + R_2}(<1)$，则有

$$G_c(s) = \alpha \frac{Ts + 1}{\alpha Ts + 1} \tag{6-15}$$

　　图 6-4 所示无源超前校正网络的频率特性为

$$G_c(j\omega) = \alpha \frac{j\omega T + 1}{j\omega \alpha T + 1}$$

$$= \alpha \sqrt{\frac{1 + \omega^2 T^2}{1 + \alpha^2 \omega^2 T^2}} \underline{/\arctan \omega T - \arctan \alpha \omega T}$$

其伯德图如图 6-5 所示。

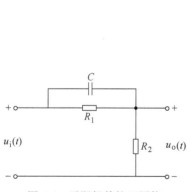

图 6-4　无源超前校正网络

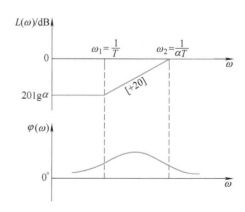

图 6-5　无源超前校正网络的伯德图

　　由式（6-15）或图 6-5 可知，采用超前网络对系统作串联校正时，校正后系统的开环放大倍数要下降 α 倍，这就导致稳态误差的增加，可能满足不了对系统稳态性能的要求。为使系统在校正前后的开环放大倍数保持不变，需由提高放大器的放大倍数来补偿。校正后网络放大倍数衰减 α 倍，放大器的放大倍数就得增大 $1/\alpha$ 倍。补偿后相当于在系统中串入

$$\frac{1}{\alpha}G_c(s) = \frac{Ts+1}{\alpha Ts+1} \tag{6-16}$$

补偿后的伯德图如图 6-6 所示。其中，幅频特性表明在频率 ω 由 $1/T$ 至 $1/(\alpha T)$ 之间，$L(\omega)$ 曲线的斜率为 $[+20]$，与纯微分环节的对数幅频特性的斜率完全相同，这意味着在 $[1/T \sim 1/(\alpha T)]$ 频率范围内对输入信号有微分作用，故这种网络称为微分校正网络。相频特性则表明在 $\omega = 0 \rightarrow \infty$ 的所有频率下，均有 $\varphi(\omega) > 0$，即网络的输出信号在相位上总是超前于输入信号的，超前网络（phase-lead network）的名称由此而得。

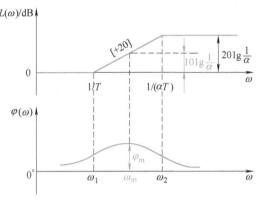

图 6-6　补偿后无源超前网络的伯德图

此外，相频特性还表明，在转折频率 $\omega_1 = 1/T$ 和 $\omega_2 = 1/(\alpha T)$ 之间存在着最大值 φ_m。根据超前网络的相频特性表达式，即

$$\varphi(\omega) = \arctan \omega T - \arctan \alpha \omega T \tag{6-17}$$

由 $\dfrac{\mathrm{d}\varphi(\omega)}{\mathrm{d}\omega} = 0$ 可求得最大超前角频率为

$$\omega_m = \frac{1}{\sqrt{\alpha}\,T} \tag{6-18}$$

由于 $\omega_1 = 1/T$，$\omega_2 = 1/(\alpha T)$，故 ω_m 可表示为

$$\omega_m = \sqrt{\omega_1 \omega_2} \tag{6-19}$$

式（6-19）表明，网络的最大超前角正好出现在两个转折频率 ω_1 和 ω_2 的几何中点。将式（6-18）代回式（6-17），即可求得网络的最大超前角为

$$\varphi_m = \arctan \frac{1-\alpha}{2\sqrt{\alpha}} \tag{6-20}$$

由式（6-20）得

$$\tan\varphi_m = \frac{1-\alpha}{2\sqrt{\alpha}} \tag{6-21}$$

于是，有

$$\sin\varphi_m = \frac{\tan\varphi_m}{\sqrt{1+\tan^2\varphi_m}} = \frac{1-\alpha}{1+\alpha} \tag{6-22}$$

则有

$$\alpha = \frac{1-\sin\varphi_m}{1+\sin\varphi_m} \tag{6-23}$$

或

$$\frac{1}{\alpha} = \frac{1+\sin\varphi_m}{1-\sin\varphi_m} \tag{6-24}$$

式（6-23）和式（6-24）表明，φ_m 仅与 α 值有关。α 值选得越小，则超前网络的微分作用越强，网络提供的最大超前相角 φ_m 也就越大，但随之而来的副作用是干扰也会增大。通常，为了使系统保持较高的信噪比，实际选用的 α 值一般不小于 0.05。

此外，从图 6-6 还可看出，当 $\omega=\omega_{\mathrm{m}}$ 时，网络的对数幅值为

$$L_{\mathrm{c}}(\omega_{\mathrm{m}})=10\lg\frac{1}{\alpha} \tag{6-25}$$

2. 有源超前网络

有源校正网络通常由运算放大器组成。图 6-7 所示为一个反相输入的超前（微分）校正网络原理图。

网络的传递函数为

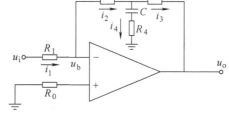

$$G_{\mathrm{c}}(s)=K_{\mathrm{c}}\frac{\tau s+1}{Ts+1} \tag{6-26}$$

式中，$K_{\mathrm{c}}=\dfrac{R_2+R_3}{R_1}$；$\tau=\left(\dfrac{R_2R_3}{R_2+R_3}+R_4\right)C$；$T=R_4C$；其中 $\tau>T$。

若适当选择电阻值，使 $R_2+R_3=R_1$，则 $K_{\mathrm{c}}=1$。

图 6-7　反向输入的超前（微分）校正网络原理图

6.2.2　滞后校正装置（Lag Compensator）

滞后校正又称积分校正。滞后校正装置同样可用电阻、电容所组成的无源网络来实现，或由运算放大器构成的有源网络来实现。前者称为无源滞后网络，后者称为有源滞后网络。

教学视频 6-3
滞后校正装置及其特性

1. 无源滞后网络

图 6-8 给出一个由电阻、电容组成的无源滞后校正网络，图中 u_{i}、u_{o} 分别为网络的输入、输出电压。网络的传递函数为

$$G_{\mathrm{c}}(s)=\frac{R_2Cs+1}{(R_1+R_2)Cs+1}$$

设 $T=R_2C$ 及 $\beta=\dfrac{R_1+R_2}{R_2}(>1)$，则有

$$G_{\mathrm{c}}(s)=\frac{Ts+1}{\beta Ts+1} \tag{6-27}$$

图 6-8 所示超前网络的频率特性为

$$
\begin{aligned}
G_{\mathrm{c}}(\mathrm{j}\omega) &= \frac{\mathrm{j}\omega T+1}{\mathrm{j}\omega\beta T+1}\\
&= \sqrt{\frac{1+\omega^2T^2}{1+\beta^2\omega^2T^2}}\underline{/\arctan\omega T-\arctan\beta\omega T}
\end{aligned}
\tag{6-28}
$$

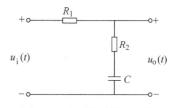

图 6-8　无源滞后校正网络

其伯德图如图 6-9 所示。由对数幅频特性可见，滞后网络对低频信号无衰减，但对高频信号却有明显的削弱作用。β 值越大，衰减越甚，通过网络的高频噪声电平就越低。$L(\omega)$ 曲线还表明在频率 ω 由 $1/(\beta T)$ 至 $1/T$ 之间，曲线的斜率为 $[-20]$，与积分环节的对数幅频特性的斜率完全相同，这意味着在 $[1/(\beta T)\sim 1/T]$ 频率范围内对输入信号有积分作用，故这种网络称为积分校正网络。相频特性则表明在 $\omega=0\to\infty$ 的所有频率下，均有 $\varphi(\omega)<0$，意即网络的输出信号在相位上是滞后于输入信号的，这正是滞后网络（phase-lag network）名称的由来。

2. 有源滞后网络

一种由运算放大器构成的有源滞后网络如图 6-10 所示。该网络的传递函数为

$$G_c(s) = K_c \frac{\tau s+1}{Ts+1} \tag{6-29}$$

式中，$K_c = \dfrac{R_2+R_3}{R_1}$；$\tau = \dfrac{R_2 R_3}{R_2+R_3}C$；$T=R_3 C$；其中 $\tau < T$。

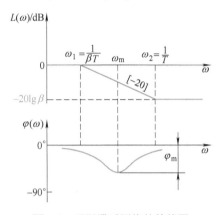

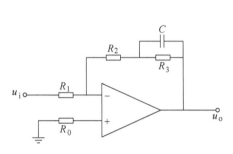

图 6-9　无源滞后网络的伯德图　　　　图 6-10　有源滞后网络

若适当选择电阻值，使 $R_2+R_3 = R_1$，则 $K_c = 1$。

6.2.3　滞后-超前校正装置（Lag-Lead Compensator）

滞后-超前校正又称为积分-微分校正。滞后-超前校正装置同样可用无源网络来实现，或由运算放大器组成的有源网络来实现，分别称为无源滞后-超前网络（phase-lag-lead network）和有源滞后-超前网络。

串联滞后-超前校正兼有串联积分校正和串联微分校正的优点，因而适合在稳态和动态性能均要求很高的系统中作为校正之用。

1. 无源滞后-超前网络

图 6-11 为一种无源滞后-超前网络。网络的传递函数为

$$G_c(s) = \frac{(R_1 C_1 s+1)(R_2 C_2 s+1)}{R_1 C_1 R_2 C_2 s^2+(R_1 C_1+R_2 C_2+R_1 C_2)s+1} \tag{6-30}$$

设 $T_1=R_1 C_1$，$T_2=R_2 C_2$，$T_{12}=R_1 C_2$ 及 $T_1+T_2+T_{12}=\beta T_1+\dfrac{T_2}{\beta}$，

图 6-11　无源滞后-超前网络

且 $\beta>1$，则式（6-30）可写为

$$G_c(s) = \frac{(T_1 s+1)(T_2 s+1)}{(\beta T_1 s+1)\left(\dfrac{T_2}{\beta}s+1\right)} = \frac{T_1 s+1}{\beta T_1 s+1}\frac{T_2 s+1}{\dfrac{T_2}{\beta}s+1} \tag{6-31}$$

由于 $\beta>1$，若 $T_1>T_2$，则有

$$\beta T_1>T_1>T_2>\frac{T_2}{\beta} \tag{6-32}$$

图 6-11 所示无源滞后–超前网络的频率特性为

$$G_c(j\omega) = \frac{j\omega T_1+1}{j\omega\beta T+1}\cdot\frac{j\omega T_2+1}{j\omega\frac{T_2}{\beta}+1}$$

$$= \sqrt{\frac{1+\omega^2 T_1{}^2}{1+\beta^2\omega^2 T_1{}^2}}\sqrt{\frac{1+\omega^2 T_2{}^2}{1+\frac{\omega^2 T_2{}^2}{\beta^2}}}\;\underline{\Big/\arctan\omega T_1-\arctan\beta\omega T_1+\arctan\omega T_2-\arctan\frac{\omega T_2}{\beta}}$$

$$(6\text{-}33)$$

根据式（6-33）绘出的伯德图如图 6-12 所示。可见，当 $\omega=\omega_1=1/\sqrt{T_1 T_2}$ 时，相角 $\varphi(\omega_1)=0°$；在 $0<\omega<\omega_1$ 范围内，相角 $\varphi(\omega)<0$，具有相角滞后的特性；在 $\omega_1<\omega<\infty$ 范围内，相角 $\varphi(\omega)>0$，具有相角超前的特性。同一网络，既具有积分（相角滞后）作用，又具有微分（相角超前）作用。随着频率由小到大变化，网络先出现积分作用，后出现微分作用，故称为积分–微分校正网络或滞后–超前校正网络。

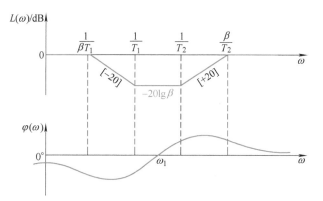

图 6-12　无源滞后–超前网络的伯德图

2. 有源滞后–超前网络

一种由反相输入运算放大器构成的有源滞后–超前网络如图 6-13 所示。网络的传递函数为

$$G_c(s) = K_c\frac{(\tau_1 s+1)(\tau_2 s+1)}{(T_1 s+1)(T_2 s+1)} \tag{6-34}$$

式中，$K_c=\dfrac{R_4+R_5}{R_1+R_2}$；$\tau_1=\dfrac{R_4 R_5}{R_4+R_5}C_1$；$\tau_2=R_2 C_2$；$T_1=R_5 C_1$；$T_2=\dfrac{R_1 R_2}{R_1+R_2}C_2$。

网络的伯德图如图 6-14 所示。可见，相角曲线也是先滞后后超前，且当 $\omega=\omega_1$ 时相角为 0。

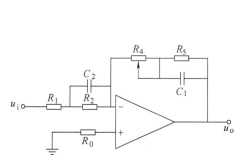

图 6-13　有源滞后–超前网络

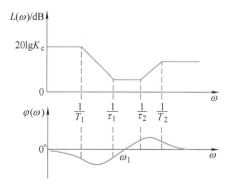

图 6-14　有源滞后–超前网络的伯德图

校正网络的形式众多，表6-1列出了常用无源校正装置的多种电路、对数幅频特性和参数之间的关系。表6-2列出了由运算放大器组成的多种有源校正装置的电路、对数幅频特性和参数之间的关系，以供设计者选用。

表 6-1　常用无源校正装置的多种电路、对数幅频特性和参数之间的关系

电 路 图	传 递 函 数	对数幅频特性
	$G(s)=\alpha\dfrac{Ts+1}{\alpha Ts+1}$ $T=R_1C,\quad \alpha=\dfrac{R_2}{R_1+R_2}$	$L(\omega)/\mathrm{dB}$，转折频率 $1/T$、$1/(\alpha T)$，[+20]
	$G(s)=\alpha_1\dfrac{Ts+1}{\alpha_2 Ts+1}$ $\alpha_1=\dfrac{R_2}{R_1+R_2+R_3},\quad T=R_1C$ $\alpha_2=\dfrac{R_2+R_3}{R_1+R_2+R_3}$	$L(\omega)/\mathrm{dB}$，转折频率 $1/T$、$1/(\alpha_1 T)$，[+20]
	$G(s)=\dfrac{\alpha Ts+1}{Ts+1}$ $T=(R_1+R_2)C,\quad \alpha=\dfrac{R_2}{R_1+R_2}$	$L(\omega)/\mathrm{dB}$，转折频率 $1/T$、$1/(\alpha T)$，[-20]
	$G(s)=\alpha\dfrac{\tau s+1}{Ts+1}$ $T=\left(R_2+\dfrac{R_1R_3}{R_1+R_3}\right)C$ $\tau=R_2C,\quad \alpha=\dfrac{R_3}{R_1+R_3}$	$L(\omega)/\mathrm{dB}$，转折频率 $1/T$、$1/\tau$，$20\lg\alpha$，[-20]
	$G(s)=\dfrac{T_1T_2s^2+(T_1+T_2)s+1}{T_1T_2s^2+(T_1+T_2+T_{12})s+1}$ $T_1=R_1C_1,\quad T_2=R_2C_2$ $T_{12}=R_1C_2$	$L(\omega)/\mathrm{dB}$，转折频率 $1/T_1$、$1/T_2$，[-20]、[+20]，$20\lg\dfrac{T_1+T_2}{T_1+T_2+T_{12}}$
	$G(s)=\dfrac{(T_1s+1)(T_2s+1)}{T_1(T_2+T_{32})s^2+(T_1+T_2+T_{12}+T_{32})s+1}$ $T_1=R_1C_1,\quad T_2=R_2C_2$ $T_{12}=R_1C_2,\quad T_{32}=R_3C_2$	$L(\omega)/\mathrm{dB}$，转折频率 $1/T_0$、$1/T_1$、$1/T_2$、$1/T_3$，[-20]、[+20]，$20\lg K_\infty$，$K_\infty=\dfrac{R_2}{R_2+R_1}$

表 6-2 由运算放大器组成的多种有源校正装置的电路、对数幅频特性和参数之间的关系

电 路 图	传 递 函 数	对数幅频特性
	$G(s) = \dfrac{K}{Ts+1}$ $K = \dfrac{R_2}{R_1}, \quad T = R_2 C_2$	
	$G(s) = \dfrac{(\tau_1 s + 1)(\tau_2 s + 1)}{Ts}$ $\tau_1 = R_1 C_1, \quad \tau_2 = R_2 C_2$ $T = R_1 C_2$	
	$G(s) = \dfrac{\tau s + 1}{Ts}$ $\tau = \dfrac{R_2 R_3}{R_2 + R_3} C_2, \quad T = \dfrac{R_1 R_3}{R_2 + R_3} C_2$	
	$G(s) = K(\tau s + 1)$ $\tau = \dfrac{R_2 R_3}{R_2 + R_3} C_2, \quad K = \dfrac{R_2 + R_3}{R_1}$	
	$G(s) = \dfrac{K(\tau s + 1)}{Ts + 1}$ $K = \dfrac{R_2 + R_3}{R_1}, \quad T = R_4 C_2$ $\tau = \left(\dfrac{R_2 R_3}{R_2 + R_3} + R_4\right) C_2$	
	$G(s) = \dfrac{K(\tau_1 s + 1)(\tau_2 s + 1)}{(T_1 s + 1)(T_2 s + 1)}$ $K = \dfrac{R_4 + R_5}{R_1 + R_2}$ $\tau_1 = \dfrac{R_4 R_5}{R_4 + R_5} C_1, \quad \tau_2 = R_2 C_2$ $T_1 = R_5 C_1, \quad T_2 = \dfrac{R_1 R_2}{R_1 + R_2} C_2$	

6.3　频率法串联校正（Frequency Cascade Compensation）

频率法校正是经典控制理论中的一种基本校正方法。在大多数情况下，这种方法是在系统开环对数频率特性曲线（伯德图）上进行的，因此具有简单易行的优点，从而成为目前应用最广泛的校正方法。

一般地，用频率法校正系统时，是以频域指标作为设计依据的。如果给出的是时域指标，则应根据两类性能指标之间的近似关系，将时域指标转化为频域指标，然后在伯德图上进行校正装置的设计。

6.3.1　串联超前校正（Cascade Lead Compensation）

教学视频 6-4
超前校正的设计
步骤与方法

利用超前网络或 PD 控制器进行串联校正的基本原理，是利用超前网络或 PD 控制器的相角超前特性。只要正确地将超前网络的转折频率 $1/T$ 和 $1/(\alpha T)$ 选在待校正系统截止频率的两旁，并适当选择参数 α 和 T，就可以使已校正系统的截止频率和相角裕度满足性能指标的要求，从而改善闭环系统的动态性能。闭环系统的稳态性能要求，可通过选择已校正系统的开环增益来保证。用频率法设计超前网络的步骤如下：

1）根据稳态误差要求，确定开环增益 K。

2）根据已确定的开环增益 K，绘制原系统的对数频率特性 $L_0(\omega)$、$\varphi_0(\omega)$，计算其稳定裕度 γ_0、L_{g0}。

3）确定校正后系统的截止频率 ω_c' 和网络的 α 值。

① 若事先已对校正后系统的截止频率 ω_c' 提出要求，则可按要求值选定 ω_c'。然后在伯德图上查得原系统的 $L_0(\omega_c')$ 值。取 $\omega_m = \omega_c'$，使超前网络的对数幅频值 $L_c(\omega_m) = 10\lg\dfrac{1}{\alpha}$（正值）与 $L_0(\omega_c')$（负值）之和为 0，即令

$$L_0(\omega_c') + 10\lg\frac{1}{\alpha} = 0 \tag{6-35}$$

进而求出超前网络的 α 值。

② 若事先未提出对校正后系统截止频率 ω_c' 的要求，则可从给出的相角裕度 γ 要求出发，通过以下的经验公式求得超前网络的最大超前角 φ_m 为

$$\varphi_m = \gamma - \gamma_0 + \Delta \tag{6-36}$$

式中，φ_m 为超前网络的最大超前角；γ 为校正后系统所要求的相角裕度；γ_0 为校正前系统的相角裕度；Δ 为校正网络引入后使截止频率右移（增大）而导致相角裕度减小的补偿量，Δ 值的大小视原系统在 ω_c 附近的相频特性形状而定，一般取 $\Delta = 5° \sim 10°$ 即可满足要求。

求出超前网络的最大超前角 φ_m 以后，就可根据式（6-23）计算出 α 值；然后在未校正系统的 $L_0(\omega)$ 特性曲线上查出其幅值等于 $-10\lg(1/\alpha)$ 所对应的频率，这就是校正后系统的截止频率 ω_c'，且 $\omega_m = \omega_c'$。

4）确定校正网络的传递函数。根据第 3 步所求得的 ω_m 和 α 两值，利用式（6-18）可求出时间常数为

$$T = \frac{1}{\omega_m\sqrt{\alpha}} \tag{6-37}$$

即可写出校正网络的传递函数为

$$G_c(s) = \frac{Ts+1}{\alpha Ts+1}$$

5）绘制校正网络和校正后系统的对数频率特性曲线 $L_c(\omega)$、$\varphi_c(\omega)$、$L(\omega)$、$\varphi(\omega)$。

6）校验校正后系统是否满足给定指标的要求。若校验结果证实系统经校正后已全部满足性能指标的要求，则设计工作结束。反之，若校验结果发现系统校正后仍不满足要求，则需再重选一次 φ_m 和 ω_c'，重新计算，直至完全满足给定的指标要求为止。

7）根据超前网络的参数 α 和 T 之值，确定网络各电气元件的数值。

【例 6-1】　设控制系统结构图如图 6-15 所示。若要求系统在单位斜坡输入信号作用时，稳态误差 $e_{ss} \leqslant 0.1$，相角裕度 $\gamma \geqslant 45°$，幅值裕度 $L_g \geqslant 10\,dB$，试设计串联无源超前网络。

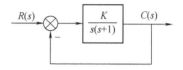

图 6-15　例 6-1 控制系统结构图

解　1）因为系统为 1 型系统，$K_v = K$，$e_{ss} = \dfrac{1}{K} \leqslant 0.1$，所以 $K \geqslant 10$，取 $K = 10$，则待校正系统的开环传递函数为

$G_0(s) = \dfrac{10}{s(s+1)}$，相应的伯德图如图 6-16 中的曲线 $L_0(\omega)$、$\varphi_0(\omega)$ 所示。

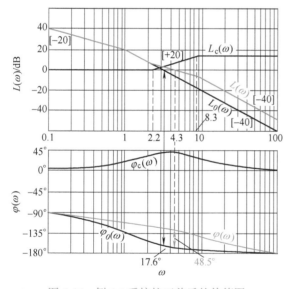

图 6-16　例 6-1 系统校正前后的伯德图

2）由图 6-16 可知，原系统的截止频率 $\omega_c = 3.16\,rad/s$，相角裕度 $\gamma_0 = 17.6°$，幅值裕度 $L_g = \infty$。显然，$\gamma_0 = 17.6°$ 与题目要求的 $\gamma \geqslant 45°$ 相差甚远。为了在不减小 K 值的前提下，获得 45° 的相角裕度，必须在系统中串入超前校正网络。

3）确定校正后系统的截止频率 ω_c' 和网络的 α 值。根据题目对相角裕度的要求，采用经验公式（6-36）求得网络的 φ_m 值为 $\varphi_m = \gamma - \gamma_0 + \Delta = 45° - 17.6° + 7.6° = 35°$，再按式（6-23）求得网络的 α 值为 $\alpha = \dfrac{1-\sin 35°}{1+\sin 35°} = 0.27$，故有 $-10\lg\dfrac{1}{\alpha} = -10\lg\dfrac{1}{0.27} = -5.6\,dB$。

从图 6-16 所示的原系统 $L_0(\omega)$ 曲线上查得幅值为 $-5.6\,dB$ 时所对应的频率为 $4.3\,rad/s$，故选校正后系统的截止频率 $\omega_{\mathrm{c}}' = 4.3\,\mathrm{rad/s}$，且有 $\omega_{\mathrm{m}} = \omega_{\mathrm{c}}' = 4.3\,\mathrm{rad/s}$。

4）确定校正网络的传递函数。根据（6-37）算出网络的时间常数为 $T = \dfrac{1}{\omega_{\mathrm{m}}\sqrt{\alpha}} = $

$\dfrac{1}{4.3\sqrt{0.27}} = 0.45\,\mathrm{s}\left(\text{取}\ \omega_1 = \dfrac{1}{T} = 2.2\,\mathrm{rad/s}\right)$，而 $\alpha T = 0.27\times0.45 = 0.12\,\mathrm{s}\left(\text{取}\ \omega_2 = \dfrac{1}{\alpha T} = 8.3\,\mathrm{rad/s}\right)$，故

采用无源超前校正网络时，需考虑补偿校正损失 $K' = \dfrac{1}{\alpha} = 3.7$，则校正网络的传递函数应为

$G_{\mathrm{c}}(s) = \dfrac{0.45s+1}{0.12s+1}$。所以，校正后系统的开环传递函数为 $G_{\mathrm{k}}(s) = \dfrac{10(0.45s+1)}{s(s+1)(0.12s+1)}$。

5）根据求得的校正网络传递函数和校正后系统的开环传递函数，绘制校正网络和校正后系统的对数频率特性曲线 $L_{\mathrm{c}}(\omega)$、$\varphi_{\mathrm{c}}(\omega)$、$L(\omega)$、$\varphi(\omega)$，如图6-16所示。

6）校验校正后系统是否满足给定指标的要求。由图6-16可见，校正后系统的截止频率由 $3.16\,\mathrm{rad/s}$ 增大至 $4.3\,\mathrm{rad/s}$，从而提高了系统的响应速度。由 $\omega_{\mathrm{c}}' = 4.3\,\mathrm{rad/s}$ 可算出校正后系统的相角裕度为 $\gamma = 180° + \varphi(\omega_{\mathrm{c}}') = 180° - 90° + \arctan0.45\times4.3 - \arctan4.3 - \arctan0.12\times4.3 = 48.5° > 45°$，已满足题目的要求。此外，校正后系统的幅值裕度仍然是 $L_{\mathrm{g}} = \infty$，也已满足要求。

7）校正网络的实现，具体如下：

$$\alpha = \frac{R_2}{R_1 + R_2} = 0.27$$
$$T = R_1 C = 0.45$$

若选 $C = 22\,\mu\mathrm{F}$，可算得 $R_1 = 20.5\,\mathrm{k}\Omega$，$R_2 = 7.58\,\mathrm{k}\Omega$。选用标准值 $R_1 = 20\,\mathrm{k}\Omega$，$R_2 = 7.5\,\mathrm{k}\Omega$。

应当指出的是，串联超前校正是利用超前校正装置的相位超前特性，增大系统的相角裕度，使系统的超调量减小；同时，还增大了系统的截止频率，从而使系统的调节时间减小。但对提高系统的稳态精度作用不大，而且还使系统的抗高频干扰能力有所降低。一般地，串联超前校正适于稳态精度已满足要求，而且噪声信号也很小，但超调量和调节时间不满足要求的系统。

6.3.2　串联滞后校正（Cascade Lag Compensation）

利用滞后网络或PI控制器进行串联校正的基本原理，是利用滞后网络或PI控制器的高频衰减特性，使已校正系统的截止频率下降，从而使系统获得足够的相角裕度。因此，滞后网络的最大滞后角应力求避免发生在系统截止频率附近。在系统响应速度要求不高而抑制噪声电平性能要求较高的情况下，可考虑采用串联滞后校正。用频率法设计滞后网络的步骤如下：

1）根据稳态误差要求，确定开环增益 K。

2）根据已确定的开环增益 K，绘制原系统的对数频率特性 $L_0(\omega)$、$\varphi_0(\omega)$，计算其稳定裕度 γ_0、$L_{\mathrm{g}0}$。

3）确定校正后系统的截止频率 ω_{c}' 值。

① 若事先已对校正后系统的截止频率 ω_{c}' 提出要求，则可按要求值选定 ω_{c}'。

教学视频6-6
滞后校正的设计
步骤与方法

② 若事先未提出对校正后系统截止频率 ω'_c 的要求，则可从给出的相角裕度 γ 要求出发，按下述经验公式求出一个新的相角裕度 $\gamma(\omega'_c)$，并依此作为求 ω'_c 的依据。

$$\gamma(\omega'_c) = \gamma + \Delta \tag{6-38}$$

式中，$\gamma(\omega'_c)$ 为原系统在新的截止频率 ω'_c 处应有的相角裕度，它是既考虑题目的要求，又考虑到滞后网络的副作用而提出的新相角裕度；γ 为设计要求达到的相角裕度；Δ 为补偿滞后校正装置的副作用而增添的相角裕量，一般取 $5°\sim15°$。

根据 $\gamma(\omega'_c)$ 值，在原系统的相频特性曲线上查找到对应于 $\gamma(\omega'_c)$ 值的频率，并以该点的频率作为校正后系统的新截止频率 ω'_c。

4）求滞后网络的 β 值。找到原系统在 ω'_c 处的对数幅频值 $L_0(\omega'_c)$，并由式（6-39）求出网络的 β 值：

$$L(\omega'_c) - 20\lg\beta = 0 \tag{6-39}$$

5）确定校正网络的传递函数。选取校正网络的第二个转折频率为

$$\omega_2 = \frac{1}{T} \approx \left(\frac{1}{10} \sim \frac{1}{5}\right)\omega'_c \tag{6-40}$$

由此可计算出 T 之值及 βT 之值，即可求得网络的传递函数为

$$G_c(s) = \frac{Ts+1}{\beta Ts+1}$$

6）绘制校正网络和校正后系统的对数频率特性曲线 $L_c(\omega)$、$\varphi_c(\omega)$、$L(\omega)$、$\varphi(\omega)$。

7）校验校正后的系统是否满足给定指标的要求。若未达到要求，可进一步左移 ω'_c 后重新计算，直至完全满足给定的指标要求为止。

8）根据滞后网络的参数 β 和 T 之值，确定网络各电气元件的数值。

【例 6-2】 设控制系统结构图如图 6-17 所示。若要求校正后系统的静态速度误差系数 $K_v = 30$，相角裕度 $\gamma \geqslant 40°$，幅值裕度 $L_g \geqslant 10\ \text{dB}$，截止频率不小于 2.3 rad/s，试设计串联校正装置。

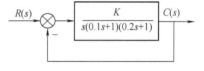

图 6-17　例 6-2 控制系统结构图

解　1）确定开环增益 K。系统为 1 型系统，则有

$K = K_v = 30$。所以，系统的开环传递函数为 $G_0(s) = \dfrac{30}{s(0.1s+1)(0.2s+1)}$，相应的伯德图如图 6-18 中的曲线 $L_0(\omega)$、$\varphi_0(\omega)$ 所示。

教学视频 6-7
滞后校正的设计
实例分析

2）由图 6-18 可知，原系统的截止频率 $\omega_c = 12\ \text{rad/s}$，相角裕度 $\gamma_0 = -27.6°$，相位穿越频率 $\omega_g = 7.07\ \text{rad/s}$，幅值裕度 $L_g = -9.55\ \text{dB}$，说明待校正系统是不稳定的。若采用超前校正，经计算当 $\alpha = 0.01$ 时相角裕度 γ 仍不满 $30°$，但需补偿放大倍数 100 倍，所以超前校正难以奏效，现采用滞后校正。

3）根据题目给出的 $\gamma \geqslant 40°$ 的要求，并取 $\Delta = 6°$，则由式（6-38）得 $\gamma(\omega'_c) = \gamma + \Delta = 46°$，由校正前系统的相频特性曲线 $\varphi_0(\omega)$ 知，当 $\omega = 2.7\ \text{rad/s}$ 附近时，$\varphi_0(\omega) = -134°$，即相角裕度 $\gamma = 46°$，故初选 $\omega'_c = 2.7\ \text{rad/s}$。

4）求滞后网络的 β 值。未校正系统在 $\omega'_c = 2.7\ \text{rad/s}$ 处的对数幅频值 $L_0(\omega'_c) = 21\ \text{dB}$，由式（6-39）令 $21 - 20\lg\beta = 0$，解得 $\beta \approx 11$。

5）求校正网络的传递函数。按式（6-40）选 $\omega_2 = \dfrac{1}{T} = \dfrac{1}{10} \times 2.7 = 0.27\,\text{rad/s}$，故得 $T=$

3.7，$\beta T = 41.7\left(\text{取 }\omega_1 = \dfrac{1}{\beta T} = 0.024\,\text{rad/s}\right)$，滞后校正装置的传递函数为 $G_c(s) = \dfrac{3.7s+1}{41.7s+1}$。所

以，校正后系统的开环传递函数为 $G_k(s) = \dfrac{30(3.7s+1)}{s(0.1s+1)(0.2s+1)(41.7s+1)}$。

6）根据求得的校正网络传递函数和校正后系统的开环传递函数，绘制校正网络和校正后系统的对数频率特性曲线 $L_c(\omega)$、$\varphi_c(\omega)$、$L(\omega)$、$\varphi(\omega)$ 如图 6-18 所示。

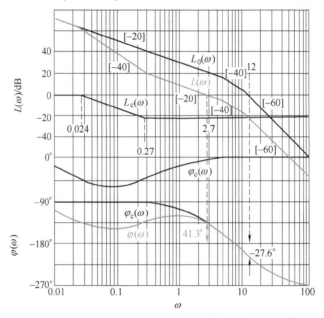

图 6-18　例 6-2 系统校正前后的伯德图

7）校验校正后系统是否满足给定指标的要求。由 $\omega_c' = 2.7\,\text{rad/s}$ 可算出校正后系统的相角裕度为

$$\gamma = 180° + \varphi(\omega_c')$$
$$= 180° - 90° + \arctan 3.7 \times 2.7 - \arctan 0.27 - \arctan 0.54 - \arctan 41.7 \times 2.7$$
$$= 41.3° > 40°$$

已满足题目的要求。此外，当 $\varphi'(\omega) = -\pi$ 时，$\omega_g \approx 7.07\,\text{rad/s}$，所以幅值裕度为 $L_g = |L(7.07)| = 12\,\text{dB} > 10\,\text{dB}$，也已满足要求。

8）校正网络的实现，具体如下：$T = R_2 C$，$\beta = \dfrac{R_1 + R_2}{R_2}$。若选 $C = 220\,\mu\text{F}$，可算得 $R_2 = 17.7\,\text{k}\Omega$，$R_1 = 177\,\text{k}\Omega$。选用标准值 $R_1 = 200\,\text{k}\Omega$，$R_2 = 20\,\text{k}\Omega$。

应当指出的是，串联滞后校正是利用滞后校正装置的高频幅值衰减特性，以牺牲快速性换取稳定裕度的提高，使系统的超调量减小；同时，还使系统的抗高频干扰能力有所增强。另外，当未校正系统具有较好的动态特性而稳态精度不够时，用滞后校正加一个放大倍数为 β 的放大器，即

$$G_c(s) = \beta \frac{Ts+1}{\beta Ts+1}$$

则其幅频特性的形状不变，只上移了 $20\lg\beta$dB，对系统的相角裕度 γ 和截止频率 ω_c 没有任何影响，但可以使开环放大倍数 K 增大 β 倍，从而提高系统的稳态精度。一般地，串联滞后校正适于对快速性要求不高而对抗高频干扰能力要求较高的系统。

6.3.3 串联滞后-超前校正（Cascade Lag-Lead Compensation）

这种校正方法兼有滞后校正和超前校正的优点，即校正后系统的响应速度较快，超调量较小，抑制高频噪声的性能也较好。当待校正系统不稳定，且要求校正后系统的响应速度、相角裕度和稳态精度较高时，以采用串联滞后-超前校正为宜。其基本原理是利用滞后-超前网络的超前部分来增大系统的相角裕度，同时利用滞后部分来改善系统的稳态性能。串联滞后-超前校正的设计步骤如下：

1）根据稳态误差要求，确定开环增益 K。

2）根据已确定的开环增益 K，绘制原系统的对数频率特性 $L_0(\omega)$、$\varphi_0(\omega)$，计算其稳定裕度 γ_0、L_{g0}。

3）在待校正系统的对数幅频特性曲线上，选择斜率从 $[-20]$ 变为 $[-40]$ 的转折频率作为校正网络超前部分的第一个转折频率 $\omega_3 = 1/T_2$。

ω_3 的这种选法，可以降低校正后系统的阶次，且可保证中频区斜率为期望的 $[-20]$，并占据较宽的频带。

4）根据响应速度要求，选择系统的截止频率 ω_c' 和校正网络衰减因子 β 值。要保证校正后系统的截止频率为所选的 ω_c'，下列等式应成立：

$$-20\lg\beta + L_0(\omega_c') + 20\lg(\omega_c'/\omega_3) = 0$$

即有

$$20\lg\beta = L_0(\omega_c') + 20\lg(\omega_c'/\omega_3) \tag{6-41}$$

式中，$L_0(\omega_c') + 20\lg(\omega_c'/\omega_3)$ 可由待校正系统对数幅频特性的 $[-20]$ 延长线在 ω_c' 处的数值确定。因此，由式（6-41）可以求出 β 值。

5）确定滞后部分的转折频率。一般在下列范围内选取滞后部分的第二个转折频率，即

$$\omega_2 = \frac{1}{T_1} \approx \left(\frac{1}{10} \sim \frac{1}{5}\right)\omega_c' \tag{6-42}$$

再根据已求得的 β 值，就可确定滞后部分的第一个转折频率 $\omega_1 = 1/(\beta T_1)$。

6）确定超前部分的转折频率。超前部分的第一个转折频率 $\omega_3 = 1/T_2$ 已选定，第二个转折频率 $\omega_4 = \beta/T_2$。

7）校验校正后系统的各项性能指标。

【例 6-3】 设系统的开环传递函数为

$$G_0(s) = \frac{K}{s(0.5s+1)(0.167s+1)}$$

要求设计滞后-超前校正装置，使系统满足如下性能指标：速度误差系数 $K_v \geq 180$，相角裕度 $\gamma \geq 45°$，动态过程调节时间不超过 3s。

解 1）确定开环增益。系统为 1 型系统，由题意取 $K = K_v = 180$。所以，系统的开环传递函数为 $G_0(s) = \dfrac{180}{s(0.5s+1)(0.167s+1)}$，相应的伯德图如图 6-19 中的曲线 $L_0(\omega)$、$\varphi_0(\omega)$ 所示。

2）由图6-19可知，原系统的截止频率 $\omega_c = 12.6\ \text{rad/s}$，相角裕度 $\gamma_0 = -55.5°$，说明待校正系统是不稳定的。

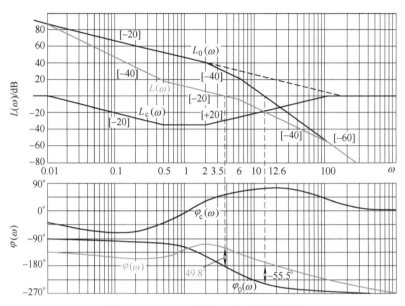

图 6-19 例 6-3 系统校正前后的伯德图

3）选取校正网络超前部分的第一个转折频率为 $\omega_3 = 1/T_2 = 2\ \text{rad/s}$。

4）选择系统的截止频率 ω_c' 和校正网络衰减因子 β 值。根据 $\gamma \geqslant 45°$ 和 $t_s \leqslant 3s$ 的指标要求，利用式（6-12）可算出

$$\omega_c' \geqslant \frac{\pi\left[2+1.5\left(\dfrac{1}{\sin 45°}-1\right)+2.5\left(\dfrac{1}{\sin 45°}-1\right)^2\right]}{3} = 3.2\ \text{rad/s}$$

故 ω_c' 应在 $3.2 \sim 6\ \text{rad/s}$ 范围内选取。由于 [-20] 的中频区应占据一定的宽度，故选 $\omega_c' = 3.5\ \text{rad/s}$，相应的 $L_0(\omega_c') + 20\lg(\omega_c'/\omega_3) = 34\ \text{dB}$。由式（6-41）可算出 $\beta = 50$。

5）确定滞后部分的转折频率：$\omega_2 = \dfrac{1}{T_1} = \dfrac{1}{7}\omega_c' = 0.5\ \text{rad/s}$，$\omega_1 = \dfrac{1}{\beta T_1} = 0.01\ \text{rad/s}$。

6）确定超前部分的转折频率：$\omega_3 = 1/T_2 = 2\ \text{rad/s}$，$\omega_4 = \beta/T_2 = 100\ \text{rad/s}$。

7）校验校正后系统的各项性能指标，具体如下：

滞后-超前校正装置的传递函数为

$$G_c(s) = \frac{2s+1}{100s+1}\ \frac{0.5s+1}{0.01s+1}$$

所以，校正后系统的开环传递函数为

$$G_k(s) = \frac{180(2s+1)}{s(0.01s+1)(0.167s+1)(100s+1)}$$

由 $\omega_c' = 3.5\ \text{rad/s}$ 可算出校正后系统的相角裕度为

$\gamma = 180° + \varphi(\omega_c')$

$\quad = 180° - 90° + \arctan 2 \times 3.5 - \arctan 0.01 \times 3.5 - \arctan 0.167 \times 3.5 - \arctan 100 \times 3.5$

$\quad = 49.8° > 45°$

系统的调节时间为

$$t_s = \frac{\pi\left[2+1.5(1.31-1)+2.5(1.31-1)^2\right]}{3.5} = 2.2\,s < 3\,s$$

完全满足指标要求。

6.3.4 PID 校正（PID Compensation）

在工程设计中，常用比例、积分和微分控制规律组成串联校正装置，通常称为 PID 控制器或 PID 调节器（regulator）。因此，这种系统的校正也就称为 PID 校正。

前面述及的校正装置是根据其相频特性的超前或滞后来区分的，而 PID 控制（即 PID 校正）主要是从其数学模型的构成来考虑的，二者之间有一定的内在联系。PID 控制就是对误差信号进行比例、积分、微分运算后形成的一种控制规律，PID 控制系统结构如图 6-20 所示。

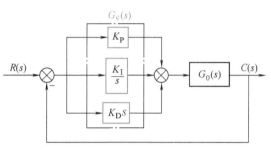

图 6-20 PID 控制系统结构

PID 调节器的传递函数为

$$G_c(s) = K_P + \frac{K_I}{s} + K_D s \qquad (6\text{-}43)$$

式中，K_P、K_I、K_D 分别是比例、积分和微分系数。由此可见，PID 调节器包含比例、积分、微分 3 种控制规律。

（1）比例（P）控制规律

具有比例控制（proportional control）规律的控制器，称为 P 控制器，其传递函数为

$$G_c(s) = K_P \qquad (6\text{-}44)$$

P 控制器实质上是一个具有可调增益的放大器。在信号变换过程中，P 控制器只改变信号的增益而不影响其相位。在串联校正中，加大控制器增益 K_p，可以提高系统的开环增益，减小系统稳态误差，从而提高系统的控制精度，但会降低系统的相对稳定性，甚至可能造成闭环系统不稳定。因此，在系统校正设计中，很少单独使用比例控制规律。

（2）积分（I）控制规律

具有积分控制（integral control）规律的控制器，称为 I 控制器，其传递函数为

$$G_c(s) = \frac{K_I}{s} \qquad (6\text{-}45)$$

由于 I 控制器的积分作用，当其输入消失后，输出信号有可能是一个不为零的常量。在串联校正时，采用 I 控制器可以提高系统的型别（无差度），有利于系统稳态性能的提高，但积分控制使系统增加一个位于原点的开环极点，使信号产生 90°的相角滞后，于系统的稳定性不利。因此，在控制系统的校正设计中，通常不宜采用单一的 I 控制器。

（3）微分（D）控制规律

具有微分控制（derivative control）规律的控制器，称为 D 控制器，其传递函数为

$$G_c(s) = K_D s \qquad (6\text{-}46)$$

D 控制器的特点是其输出信号与输入信号的变化率成正比，而与输入信号的大小无关。

也可以说 D 控制器的输出能反映其输入信号的变化规律。在串联校正时，采用 D 控制器可以在偏差信号值变得太大之前，引入一个有效的早期修正信号，从而加快系统的动作速度，减小调节时间；并使信号产生一个 90°的相角超前，于系统的稳定性有利。但微分控制对高频噪声过于敏感，所以在控制系统的校正设计中，通常不宜采用单一的 D 控制器。

综上所述，在实际生产过程中，一般都不单独使用比例、积分、微分 3 种控制规律，而是采用它们的各种组合控制规律，主要有 PI、PD 和 PID 这 3 种控制规律。

1. PI 控制（校正）

PI 控制是在比例控制的基础上叠加一个积分环节，其传递函数为

$$G_c(s) = K_P + \frac{K_I}{s} = \frac{K_I(\tau_I s + 1)}{s} \tag{6-47}$$

式中，$\tau_I = \dfrac{K_P}{K_I}$ 为积分时间常数。

PI 调节器的电路图如图 6-21 所示，利用复阻抗概念可以方便地求出其传递函数为

$$G_c(s) = \frac{U_c(s)}{U_r(s)} = \frac{R_2 + \dfrac{1}{Cs}}{R_1} = \frac{R_2 Cs + 1}{R_1 Cs} = \frac{\tau_I s + 1}{T_I s} \tag{6-48}$$

式中，$\tau_I = R_2 C$，$T_I = R_1 C$。比较式（6-47）和式（6-48）可以得到 $K_I = \dfrac{1}{T_I}$，$K_P = \dfrac{R_2}{R_1}$。

由式（6-48）可知，PI 调节器相当于一个比例环节、一个积分环节和一个一阶微分环节相串联，相应的伯德图如图 6-22 所示。

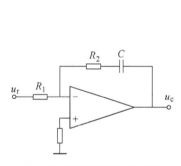

图 6-21 PI 调节器的电路图

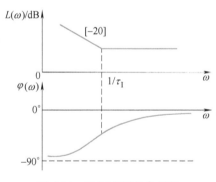

图 6-22 PI 调节器的伯德图

由图 6-22 可见，PI 校正装置具有负相移的特性，所以是一种滞后校正装置。积分环节的引入使系统的型别（即无差度）提高，从而使系统的稳态精度大为改善；但同时将引起-90°的相移，对系统的稳定性极为不利。而一阶微分环节的引入，又相当于给系统增加了一个 s 左半平面的开环零点，会使系统的稳定性和快速性得到改善。因此，引入 PI 校正后，只要适当地选择参数 τ_I 和 K_P，就可使系统的稳态性能和动态性能均满足要求。

【例 6-4】 系统结构图如图 6-23 所示。采用 PI 调节器串联校正，其传递函数为

$$G_c(s) = \frac{2(0.1s + 1)}{s}$$

试分析校正前后系统的性能。

解　1）校正前系统开环传递函数为

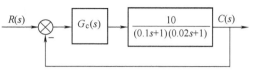

$$G_0(s) = \frac{10}{(0.1s+1)(0.02s+1)}$$

这是一个二阶系统，绘出校正前系统的伯德
图如图 6-24 中 $L_0(\omega)$ 和 $\varphi_0(\omega)$ 所示。

图 6-23　例 6-4 系统结构图

用渐近法求其截止频率：由 $A(\omega_c) = \dfrac{10}{0.1\omega_c \times 0.02\omega_c} = 1$，解得 $\omega_c = 70.7 \ \text{rad/s}$。

校正前系统的相角裕度为

$$\gamma = 180° + \varphi(\omega_c) = 180° - \arctan 7.07 - \arctan 1.414$$
$$= 180° - 81.95° - 54.73° = 43.3°$$

因此，校正前系统为 0 型系统，$K_p = K = 10$，而且系统的开环频域指标为 $\omega_c = 70.7 \ \text{rad/s}$，
$\gamma = 43.32°$。

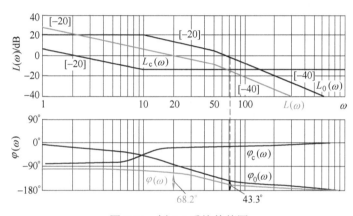

图 6-24　例 6-4 系统伯德图

2）校正后系统的开环传递函数为

$$G_k(s) = \frac{2(0.1s+1)}{s} \frac{10}{(0.1s+1)(0.02s+1)} = \frac{20}{s(0.02s+1)}$$

绘出校正后系统的伯德图如图 6-24 中 $L(\omega)$ 和 $\varphi(\omega)$ 所示。

用渐近法求其截止频率：由 $A(\omega_c') = \dfrac{20}{\omega_c' \times 1} = 1$，解得 $\omega_c' = 20 \ \text{rad/s}$。

校正后系统的相角裕度为

$$\gamma' = 180° + \varphi(\omega_c') = 180° - 90° - \arctan 0.4$$
$$= 90° - 21.8° = 68.2°$$

因此，校正后系统为 1 型系统，$K_v = K' = 20$，显著提高了系统的稳态性能。同时，校正后系
统的开环频域指标为 $\omega_c' = 20 \ \text{rad/s}$，$\gamma' = 68.2°$，具有较好的动态性能。

PI 调节器的伯德图如图 6-24 中 $L_c(\omega)$ 和 $\varphi_c(\omega)$ 所示。由本例可以看出 PI 调节器串联校
正的作用是，可将系统提高一个无差型号，显著改善系统的稳态性能；同时也可以保证系统
校正后是稳定的，且具有较好的动态性能，超调量减小，但响应速度可能会变慢。

2. PD 控制（校正）

PD 控制是在比例控制的基础上叠加一个微分环节，其传递函数为

$$G_c(s) = K_P + K_D s = K_P(\tau_D s + 1) \tag{6-49}$$

教学视频 6-9
PD 校正

式中，$\tau_D = \dfrac{K_D}{K_P}$ 为微分时间常数。

PD 调节器的电路图如图 6-25 所示，利用复阻抗概念可以方便地求出其传递函数为

$$G_c(s) = \frac{U_c(s)}{U_r(s)} = \frac{R_2\left(R_1 + \dfrac{1}{Cs}\right)}{R_1\dfrac{1}{Cs}} = \frac{R_2}{R_1}(R_1 Cs + 1) = K_P(\tau_D s + 1) \tag{6-50}$$

式中，$\tau_D = R_1 C$，$K_P = \dfrac{R_2}{R_1}$。

由式（6-50）可知，PD 调节器相当于一个比例环节和一个一阶微分环节相串联，相应的伯德图如图 6-26 所示。

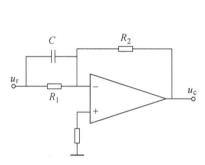

图 6-25　PD 调节器的电路图

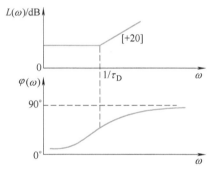

图 6-26　PD 调节器的伯德图

由图 6-26 可见，PD 校正装置具有相位超前特性，其高频段具有正斜率，所以是一种超前校正装置。由式（6-50）可知，PD 校正使系统增加了一个 s 左半平面的开环零点，从而使系统的稳定性和快速性得到改善。微分作用的强弱取决于微分时间常数 τ_D，τ_D 越大，微分作用越强。

【例 6-5】　系统结构图如图 6-27 所示。采用 PD 调节器串联校正，其传递函数为

$$G_c(s) = 2(0.1s + 1)$$

试分析校正前后系统的性能。

图 6-27　例 6-5 系统结构图

解　1）校正前系统开环传递函数为

$$G_0(s) = \frac{100}{s^2}$$

其伯德图如图 6-28 中 $L_0(\omega)$ 和 $\varphi_0(\omega)$ 所示。由图 6-28 易知 $\omega_c = 10\,\text{rad/s}$。校正前系统的相角裕度为

$$\gamma = 180° + \varphi(\omega_c) = 180° - 180° = 0°$$

因此，校正前系统为 2 型系统，$K_a = K = 100$，而且系统的开环频域指标为 $\omega_c = 10\ \text{rad/s}$，$\gamma = 0°$，系统处于临界稳定状态。

2）校正后系统的开环传递函数为

$$G_k(s) = 2(0.1s+1)\frac{100}{s^2} = \frac{200(0.1s+1)}{s^2}$$

绘出校正后系统的伯德图如图 6-28 中 $L(\omega)$ 和 $\varphi(\omega)$ 所示。

用渐近法求其截止频率：由 $A(\omega_c') = \dfrac{200 \times 0.1\omega_c'}{\omega_c'^2} = 1$，解得 $\omega_c' = 20\ \text{rad/s}$。

校正后系统的相角裕度为

$$\gamma' = 180° + \varphi(\omega_c') = 180° - 180° + \arctan 2 = 63.4°$$

因此，校正后系统仍然为 2 型系统，但 $K_a = K' = 200$，提高了系统的稳态性能。同时，校正后系统的开环频域指标为 $\omega_c' = 20\ \text{rad/s}$，$\gamma' = 63.4°$，显然大大改善了系统的动态性能。

PD 调节器的伯德图如图 6-28 中 $L_c(\omega)$ 和 $\varphi_c(\omega)$ 所示。由本例可以看出 PD 调节器串联校正的作用是加大系统的开环传递系数，改善系统的稳态性能；同时提高系统的截止频率，加快响应速度，且大大增加了系统的相角裕度，使超调量减小，即全面改善了系统的动态品质。

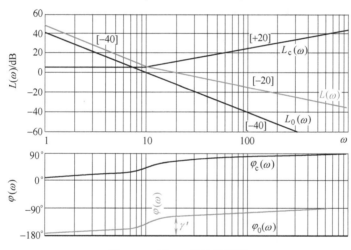

图 6-28 例 6-5 系统伯德图

3. PID 控制（校正）

PID 调节器的电路图如图 6-29 所示，利用复阻抗概念可以方便地求出其传递函数为

教学视频 6-10
PID 校正

$$G_c(s) = \frac{U_c(s)}{U_r(s)} = \frac{\left(R_2 + \dfrac{1}{C_2 s}\right)\left(R_1 + \dfrac{1}{C_1 s}\right)}{R_1 \dfrac{1}{C_1 s}} = \frac{(R_1 C_1 s + 1)(R_2 C_2 s + 1)}{R_1 C_2 s}$$

$$= K_c \frac{(\tau_1 s + 1)(\tau_2 s + 1)}{s} \tag{6-51}$$

式中，$\tau_1 = R_1 C_1$，$\tau_2 = R_2 C_2$，$K_c = \dfrac{1}{R_1 C_2}$。

由式（6-51）可知，PID调节器相当于一个比例环节、一个积分环节和两个一阶微分环节相串联，相应的伯德图如图6-30所示。

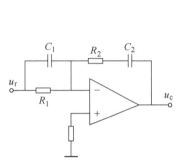

图6-29　PID调节器的电路图

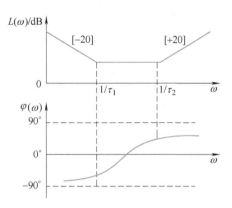

图6-30　PID调节器的伯德图

由图6-30可见，PID调节器是一种滞后-超前校正装置。积分环节的引入使系统的型别（即无差度）提高，从而使系统的稳态精度大为改善；两个微分环节的引入相当于给系统增加了两个s左半平面的开环零点，提高了系统的相对稳定性和快速性，改善了系统的动态性能。

PID控制器实际上结合了PI控制器和PD控制器的优点，因而在改善系统的动态性能方面更具有优越性。

【例6-6】　系统结构图如图6-31所示。要求加入单位斜坡信号时无误差，且$\omega'_\text{c} \geqslant$ 30 rad/s，$\gamma \geqslant 40°$，试设计校正装置。

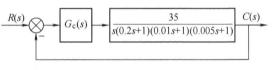

图6-31　例6-6系统结构图

解　1）绘制系统固有部分的伯德图如图6-32中的曲线$L_0(\omega)$、$\varphi_0(\omega)$所示。

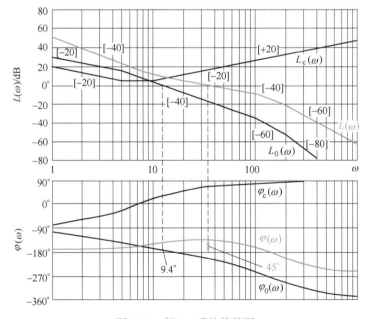

图6-32　例6-6系统伯德图

2）由图 6-32 可知，原系统的截止频率 $\omega_c = 13.2\,\text{rad/s}$，相角裕度 $\gamma_0 = 9.4°$。可见，待校正系统的指标都不满足要求，且相角裕度过小，稳定性较差。要使得单位斜坡信号输入无误差，且动、稳态性能都有所改善，可引入 PID 校正。

3）设 $G_c(s) = K_c \dfrac{(\tau_1 s+1)(\tau_2 s+1)}{s}$，为对消掉原系统中的大惯性环节，可取 $\tau_1 = 0.2$；按照中频宽度的要求，可取 $\tau_2 = 0.1$；为了使校正后系统的截止频率处于 $30 \sim 100\,\text{rad/s}$ 范围内，由渐近法可知应有 $35K_c > 300$，在此取 $K_c = 10$。则校正装置的传递函数为 $G_c(s) = \dfrac{10(0.2s+1)(0.1s+1)}{s}$，校正后系统的开环传递函数为

$$G_k(s) = G_c(s)G_0(s) = \frac{350(0.1s+1)}{s^2(0.01s+1)(0.005s+1)}$$

4）绘制校正装置和校正后系统的伯德图如图 6-32 中的曲线 $L_c(\omega)$、$\varphi_c(\omega)$ 和 $L(\omega)$、$\varphi(\omega)$ 所示。可见，校正后系统为 2 型系统，保证了单位斜坡信号输入无误差的要求；由图 6-32 可求得校正后 $\omega_c' = 35\,\text{rad/s} > 30\,\text{rad/s}$，相角裕度 $\gamma = 45° > 40°$，满足动态要求。

由本例可以看出 PID 调节器串联校正兼顾了系统稳态性能和动态性能的改善。在低频段，PID 校正中的积分部分起滞后校正的作用，使系统的无差度提高，从而大大改善系统的稳态性能；在中频段，PID 校正中的微分部分起超前校正的作用，使系统的截止频率和相角裕度增加，改善系统的动态性能。

由于 PID 控制参数调节范围大，操作简单，在工业控制中得到了广泛应用。只要合理选择控制器的参数 K_P、K_I（T_I）、K_D（T_D），即可全面提高系统的控制性能，实现有效控制。因此，在要求较高的场合，较多采用 PID 校正。PID 控制器的形式有多种，可根据系统的具体情况和要求选用。

6.3.5　串联综合法（期望特性法）校正（Cascade Synthesis Compensation）

综合校正方法将性能指标要求转化为系统期望的开环对数幅频特性，再与待校正系统的开环对数幅频特性相比较，从而确定校正装置的形式和参数。该方法只适用于最小相位系统。

教学视频 6-11
期望特性法
校正的原理与
典型期望特性

1. 典型的期望对数幅频特性

校正后系统的幅频特性应该具有以下特点：

1）低频段 K 应充分大，且具有负的斜率，保证稳态误差的要求。

2）中频段宜取 $[-20]$ 的斜率且具有足够的中频宽度，截止频率 ω_c 适当，保证动态性能的要求。

3）高频段应有较大的幅值衰减，抗高频干扰能力较强。

通常用到的典型期望对数幅频特性有如下几种：

（1）二阶期望特性

校正后系统成为典型的二阶系统，又称为典型 1 型系统，其开环传递函数为

$$G_k(s) = G_c(s)G_0(s) = \frac{K}{s(Ts+1)}$$

$$= \frac{\omega_n^2}{s(s+2\zeta\omega_n)} = \frac{\omega_n/2\zeta}{s\left(\dfrac{1}{2\zeta\omega_n}s+1\right)}$$

式中，$T=1/(2\zeta\omega_n)$，为时间常数；$K=\omega_n/(2\zeta)$，为开环增益。相应的二阶期望对数幅频特性曲线如图6-33所示。其截止频率 $\omega_c=K=\omega_n/(2\zeta)$；转折频率 $\omega_1=1/T=2\zeta\omega_n$。两者之比为

$$\frac{\omega_1}{\omega_c}=4\zeta^2 \tag{6-52}$$

由图6-33可知，$\omega_1>\omega_c$，故由式（6-52）得出 $\zeta>0.5$。工程上常以 $\zeta=0.707$ 时的二阶期望特性作为二阶工程最佳特性。此时，二阶系统的各项性能指标为

$$\sigma\%=4.3\%$$

$$t_s=\frac{4}{\zeta\omega_n}=8T \quad (\Delta=\pm2\%)$$

$$\omega_c=\omega_1/2$$

$$\gamma=63.4°$$

应当指出的是，二阶期望特性因系统性能指标和典型特性间关系较简单，便于计算而比较实用，但它比高阶期望特性的适应性差。

（2）三阶期望特性

校正后系统成为典型的三阶系统，又称为典型2型系统，其开环传递函数为

$$G_k(s)=\frac{K(T_1s+1)}{s^2(T_2s+1)}$$

式中，$\frac{1}{T_1}<\sqrt{K}<\frac{1}{T_2}$。相应的三阶期望对数幅频特性曲线如图6-34所示。其中，$\omega_1=1/T_1$，$\omega_2=1/T_2$。

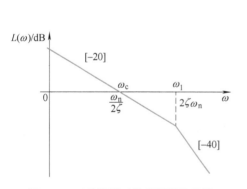

图6-33 二阶期望对数幅频特性曲线

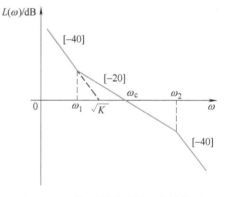

图6-34 三阶期望对数幅频特性曲线

三阶期望特性的暂态性能与截止频率 ω_c 有关，又和中频宽度 h 有关，即

$$h=\frac{\omega_2}{\omega_1}=\frac{T_1}{T_2} \tag{6-53}$$

可以证明：当 h 一定时，有

$$\omega_1=\frac{2\omega_c}{h+1} \tag{6-54}$$

$$\omega_2=\frac{2h\omega_c}{h+1} \tag{6-55}$$

表 6-3 列出了不同 h 值下的三阶期望特性的性能指标，以供设计时参考。

表 6-3　不同 h 值下三阶期望特性的性能指标

h	3	4	5	6	7	8	9	10
$\gamma/(°)$	30	36	42	46	49	51	53	55
$\sigma\%$	52.6	43.6	37.6	33.2	29.8	27.2	25	20.3
$\dfrac{t_s}{T_2}$	12	11	9	10	11	12	13	14

由表 6-3 可见，当 $h=5$ 时性能最好，调节时间 t_s 最短，此为工程推荐值。但若要求超调量 $\sigma\%\leqslant30\%$，则选 $h=7$ 较好。而且，三阶系统有

$$\gamma=180°+\varphi(\omega)=\arctan\frac{\omega}{\omega_1}-\arctan\frac{\omega}{\omega_2} \tag{6-56}$$

令 $\dfrac{\mathrm{d}\gamma}{\mathrm{d}\omega}=0$，可求得 $\omega_m=\sqrt{\omega_1\omega_2}$。所以，相角裕度最大值 γ_m 对应的 ω_m 在 ω_1 与 ω_2 的几何中点，并算得

$$\gamma_m=\arcsin\frac{\omega_2-\omega_1}{\omega_2+\omega_1}=\arcsin\frac{h-1}{h+1} \tag{6-57}$$

（3）四阶期望特性

校正后系统成为四阶系统，又称为 1 型四阶系统，其开环传递函数为

$$G_k(s)=\frac{K\left(\dfrac{s}{\omega_2}+1\right)}{s\left(\dfrac{s}{\omega_1}+1\right)\left(\dfrac{s}{\omega_3}+1\right)\left(\dfrac{s}{\omega_4}+1\right)}$$

相应的四阶期望对数幅频特性曲线如图 6-35 所示。其中，截止频率 ω_c 可由调节时间 t_s 和超调量 $\sigma\%$ 确定。转折频率 ω_2 和 ω_3 可近似确定为

$$\omega_2=\left(\frac{1}{10}\sim\frac{1}{5}\right)\omega'_c \tag{6-58}$$

$$\omega_3\geqslant2\omega'_c \tag{6-59}$$

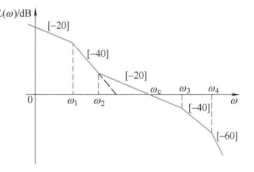

图 6-35　四阶期望对数幅频特性曲线

四阶期望特性由若干段组成：

低频段：$\omega<\omega_1$ 的区段，斜率为 $[-20]$，其高度由开环增益决定，要满足稳态误差的要求。

中频段：$\omega_2<\omega<\omega_3$ 的区段，斜率为 $[-20]$，而且要有一定的宽度，使系统具有较好的相对稳定性。

此外，还有低中频连接段：$\omega_1<\omega<\omega_2$；中高频的连接段：$\omega_3<\omega<\omega_4$；高频段：$\omega>\omega_4$。这些区段对系统的性能不会产生重要影响，因此在校正时，为使校正装置易于实现，应尽可能考虑采用校正前原系统的特性。也就是说，在绘制期望特性曲线时，应使这些频段尽可能等于或平行于原系统的相应频段，连转折频率也应尽可能取未校正系统相应的数值。

2. 期望特性法的设计步骤

教学视频 6-12
期望特性法校正
的方法与步骤

1）绘制未校正系统的对数幅频特性曲线 $L_0(\omega)$，并检验原系统的性能指标。为简化设计过程，通常按照已满足系统稳态性能的要求而绘制 $L_0(\omega)$ 曲线。

2）根据性能指标的要求，绘制系统的期望对数幅频特性曲线 $L(\omega)$。

① 低频段按稳态误差确定开环增益 K 和积分环节的数目 v。

② 中频段按超调量 $\sigma\%$ 和调节时间 t_s 确定 ω_c' 和 ω_3。

③ 高频段无特殊要求可保持原系统的斜率不变。

④ 低中频连接段与中频的交点频率 ω_2 不能靠近 ω_c'，可取 $\omega_2 = (0.1 \sim 0.2)\omega_c'$。

3）确定串联校正装置的传递函数。将期望对数幅频特性减去未校正系统的对数幅频特性，可求得串联校正装置的对数幅频特性。因而即可求得串联校正装置的传递函数。

4）校验校正后系统的性能指标是否满足要求。

5）确定串联校正装置的结构参数。

【例 6-7】 设系统的开环传递函数为

$$G(s) = \frac{K}{s(0.1s+1)(0.025s+1)}$$

对系统提出的性能指标要求为无差度阶数 $v=1$，静态速度误差系数 $K_v=200$，最大超调量 $\sigma\% \leqslant 30\%$，$t_s \leqslant 0.6\mathrm{s}$。试用期望特性法确定系统的串联校正装置。

解 1）原系统为 1 型系统，开环增益 $K=K_v=200$，则系统的开环传递函数为

$$G_0(s) = \frac{200}{s(0.1s+1)(0.025s+1)}$$

相应的对数幅频特性曲线如图 6-36 中的曲线 $L_0(\omega)$ 所示。由图 6-36 可知，原系统的截止频率 $\omega_c = 43\,\mathrm{rad/s}$，相角裕度 $\gamma_0 = -37°$，说明待校正系统是不稳定的。

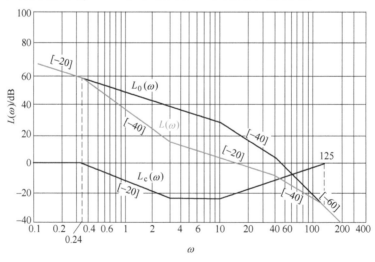

图 6-36 例 6-7 系统校正前后的对数幅频特性曲线

2）绘制期望特性 $L(\omega)$。

① 低频段按稳态性能的要求绘制。由于仍要求 $v=1$，故可与未校正系统采用相同的低频段特性。

② 中频段根据调节时间 t_s 和超调量 $\sigma\%$ 确定截止频率 ω'_c。根据 $\sigma\% \leqslant 30\%$ 的指标要求，利用式（6-11）可求 $\gamma \geqslant 47.8°$；取 $\gamma = 50°$，则有 $\sigma\% = 28\%$。所以，根据 $t_s \leqslant 0.6\,s$ 的指标要求，利用式（6-12）可求得

$$\omega'_c \geqslant \frac{\pi\left[2+1.5(1.3-1)+2.5(1.3-1)^2\right]}{0.6}\,\text{rad/s} = 14\,\text{rad/s}$$

取 $\omega'_c = 15\,\text{rad/s}$。

③ 确定 ω_2 和 ω_3。为方便起见，取 $\omega_3 = 40\,\text{rad/s}$，且满足 $\omega_3 \geqslant 2\omega'_c$ 的要求。按照式（6-58）计算 ω_2 得 $\omega_2 = \frac{1}{5}\omega'_c = 0.2 \times 15 = 3\,\text{rad/s}$。

④ 从 ω_2 向左作斜率为 [-40] 的线段交 $L_0(\omega)$ 曲线于 ω_1：$\omega_1 = 0.24\,\text{rad/s}$。

⑤ 从 ω_3 向右作斜率为 [-40] 的线段交 $L_0(\omega)$ 曲线于 ω_4：$\omega_4 = 125\,\text{rad/s}$，最后得到期望对数幅频特性曲线 $L(\omega)$ 如图 6-36 所示。

3）确定串联校正装置的传递函数。$L_c(\omega) = L(\omega) - L_0(\omega)$，绘出串联校正装置的对数幅频特性曲线 $L_c(\omega)$ 如图 6-36 所示。因而可求得串联校正装置的传递函数为

$$G_c(s) = \frac{\left(\dfrac{s}{3}+1\right)\left(\dfrac{s}{10}+1\right)}{\left(\dfrac{s}{0.24}+1\right)\left(\dfrac{s}{125}+1\right)} = \frac{(0.33s+1)(0.1s+1)}{(4.12s+1)(0.008s+1)}$$

4）校验校正后系统的性能指标。校正后系统的相角裕度为

$\gamma = 180° + \varphi(\omega'_c)$

$\quad = 180° - 90° + \arctan 0.33 \times 15 - \arctan 4.12 \times 15 - \arctan 0.008 \times 15 - \arctan 0.025 \times 15$

$\quad = 52.2°$

所以，系统的超调量为

$$\sigma\% = \left[0.16 + 0.4\left(\frac{1}{\sin 52.2°}-1\right)\right] \times 100\% = 26.6\% < 30\%$$

满足指标要求。系统的调节时间为

$$t_s = \frac{\pi\left[2+1.5\left(\dfrac{1}{\sin 52.2°}-1\right)+2.5\left(\dfrac{1}{\sin 52.2°}-1\right)^2\right]}{\omega'_c}\,\text{s} = 0.539\,\text{s} < 0.6\,\text{s}$$

也满足指标要求。

6.4 频率法反馈校正（Frequency Feedback Compensation）

在控制工程中，为了改善系统的性能，除采用串联校正外，反馈校正也是较常用的校正方法。实用中采用局部反馈校正较多，它可以改善反馈环节所包围的不可变部分的性能，减弱参数变化对控制系统性能的影响。系统采用反馈校正后，除了可以得到与串联校正相同的校正效果外，还可以获得某些改善系统性能的特殊功能。

6.4.1 反馈校正对系统特性的影响（Influence of Feedback Compensation on System Characteristics）

设反馈校正系统如图 6-37 所示，未校正系统前向通道由 $G_1(s)$ 和 $G_2(s)$ 两部分组成。反

馈校正装置 $G_c(s)$ 包围了 $G_2(s)$ 并形成局部闭环。
设局部闭环的传递函数为 $G_2'(s)$，则

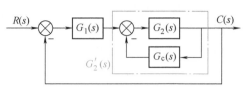

图 6-37　反馈校正系统结构图

$$G_2'(s) = \frac{G_2(s)}{1+G_2(s)G_c(s)}$$

相应的频率特性为

$$G_2'(j\omega) = \frac{G_2(j\omega)}{1+G_2(j\omega)G_c(j\omega)}$$

当满足

$$|G_2(j\omega)G_c(j\omega)| \ll 1 \tag{6-60}$$

时，则有

$$G_2'(j\omega) \approx G_2(j\omega) \tag{6-61}$$

此时，局部闭环的频率特性 $G_2'(j\omega)$ 与 $G_c(j\omega)$ 无关，即反馈校正装置不起作用。当满足

$$|G_2(j\omega)G_c(j\omega)| \gg 1 \tag{6-62}$$

时，则有

$$G_2'(j\omega) \approx \frac{1}{G_c(j\omega)} \tag{6-63}$$

即局部闭环的频率特性 $G_2'(j\omega)$ 为 $G_c(j\omega)$ 的倒数，而与 $G_2(j\omega)$ 无关。因此，适当选择校正装置的结构与参数，就能使开环频率特性发生所希望的变化，从而满足性能指标的要求。

6.4.2　综合法反馈校正（Synthesis Feedback Compensation）

教学视频 6-13
反馈校正的
方法与步骤

设设含反馈校正的控制系统如图 6-38 所示。由图可见，待校正系统的
开环传递函数为

$$G_0(s) = G_1(s)G_2(s)G_3(s) \tag{6-64}$$

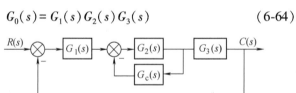

图 6-38　含反馈校正的控制系统

已校正系统的开环传递函数为

$$G_k(s) = \frac{G_1(s)G_2(s)G_3(s)}{1+G_2(s)G_c(s)} = \frac{G_0(s)}{1+G_2(s)G_c(s)} \tag{6-65}$$

在伯德图上，若满足

$$20\lg|G_2(j\omega)G_c(j\omega)| < 0 \tag{6-66}$$

则有

$$20\lg|G_k(j\omega)| \approx 20\lg|G_0(j\omega)| \tag{6-67}$$

表明在 $20\lg|G_2(j\omega)G_c(j\omega)| < 0$ 的频率范围内，已校正系统的开环幅频特性近似等于未校正系统的开环幅频特性，反馈校正装置不起作用。

　　若满足

$$20\lg|G_2(j\omega)G_c(j\omega)| > 0 \tag{6-68}$$

则有

$$20\lg|G_k(j\omega)| \approx 20\lg|G_0(j\omega)| - 20\lg|G_2(j\omega)G_c(j\omega)| \tag{6-69}$$

即

$$20\lg|G_2(j\omega)G_c(j\omega)| \approx 20\lg|G_0(j\omega)| - 20\lg|G_k(j\omega)| \tag{6-70}$$

表明在 $20\lg|G_2(j\omega)G_c(j\omega)| > 0$ 的频率范围内，未校正系统的开环幅频特性减去按性能指标要求求出的期望开环幅频特性，可以获得近似的 $20\lg|G_2(j\omega)G_c(j\omega)|$，由此求得 $G_2(s)G_c(s)$。由于 $G_2(s)$ 是已知的，因此反馈校正装置 $G_c(s)$ 可立即求得。

在反馈校正过程中，应当注意 3 点：一是在 $20\lg|G_2(j\omega)G_c(j\omega)| > 0$ 的受校正频段内，应使

$$20\lg|G_0(j\omega)| > 20\lg|G_k(j\omega)| \tag{6-71}$$

式（6-71）大得越多，则校正精度越高，这一要求通常均能满足；二是局部反馈回路必须稳定；三是在 $20\lg|G_2(j\omega)G_c(j\omega)| = 0$ 附近误差较大，而且由于截止频率 ω_c 附近对系统的稳定性和动态性能指标影响最大，所以应使 $20\lg|G_2(j\omega)G_c(j\omega)| = 0$ 点远离截止频率 ω_c 点。

综合法反馈校正设计步骤如下：

1）按稳态性能指标要求，绘制待校正系统的开环对数幅频特性 $L_0(\omega) = 20\lg|G_0(j\omega)|$。

2）按给定性能指标要求，绘制期望开环对数幅频特性 $L(\omega) = 20\lg|G_k(j\omega)|$。

3）由 $L(\omega) < L_0(\omega)$ 找出 $G_c(s)$ 起作用的频段，并在该频段内求得

$$L_c(\omega) = 20\lg|G_2(j\omega)G_c(j\omega)| = L_0(\omega) - L(\omega), \quad \forall [L_0(\omega) - L(\omega)] > 0$$

由于当 $20\lg|G_2(j\omega)G_c(j\omega)| < 0$ 时，$G_c(s)$ 不起作用，故此时 $L_c(\omega)$ 曲线可任取。通常，为使校正装置简单，可将校正装置起作用的频段中的 $L_c(\omega)$ 曲线延伸到校正装置不起作用的频段中去。

4）检验局部反馈回路的稳定性，并在期望开环截止频率 ω_c' 附近检查 $L_c(\omega) > 0$ 的程度。

5）由 $G_2(s)G_c(s)$ 确定 $G_c(s)$。

6）校验校正后系统的性能指标是否满足要求。

7）考虑 $G_c(s)$ 的工程实现。

必须指出的是，以上设计步骤与综合法串联校正设计过程一样，仅适用于最小相位系统。

【例 6-8】 设系统结构图如图 6-39 所示。试设计反馈校正装置 $G_c(s)$，使系统满足下列性能指标：超调量 $\sigma\% \leq 30\%$，调节时间 $t_s \leq 0.5\,\mathrm{s}$。

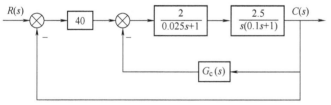

图 6-39 例 6-8 系统结构图

解 1）待校正系统的开环传递函数为 $G_0(s) = \dfrac{200}{s(0.1s+1)(0.025s+1)}$，相应的对数幅频特性如图 6-40 中的 $L_0(\omega)$ 曲线所示。并求得 $\omega_c \approx 43\,\mathrm{rad/s}$，$\gamma = -37°$；系统不稳定。

2）绘制期望对数幅频特性。与例 6-7 相同，将 $\sigma\%$ 和 t_s 转换为相应的频域指标。根据 $\sigma\% \leq 30\%$，求得 $\gamma \geq 48°$，取 $\gamma = 50°$，则有

$$\omega_c' \geqslant \frac{\pi\left[2+1.5\left(\frac{1}{\sin50°}-1\right)+2.5\left(\frac{1}{\sin50°}-1\right)^2\right]}{t_s}\,\mathrm{rad/s}=16.8\,\mathrm{rad/s}$$

取 $\omega_c'=18\,\mathrm{rad/s}$，并取 $\omega_2=0.1\omega_c'=1.8\,\mathrm{rad/s}$，从 ω_2 向左作斜率为 $[-40]$ 的线段交 $L_0(\omega)$ 曲线于 $\omega_1=0.15\,\mathrm{rad/s}$。为简单起见，$L(\omega)$ 曲线中频段斜率为 $[-20]$ 的线段一直延长交 $L_0(\omega)$ 曲线于 $\omega_3\approx63\,\mathrm{rad/s}$。期望对数幅频特性如图 6-40 中的 $L(\omega)$ 曲线所示。

因此，在 $0.15<\omega<63$ 的范围内，$L(\omega)<L_0(\omega)$，则 $G_c(s)$ 起作用，并由 $L_c(\omega)=L_0(\omega)-L(\omega)$ 求得 $L_c(\omega)$。在 $\omega<0.5$ 及 $\omega>63$ 的范围内，$L(\omega)=L_0(\omega)$，所以 $L_c(\omega)$ 曲线两边延伸即可。$L_c(\omega)$ 曲线如图 6-40 所示。

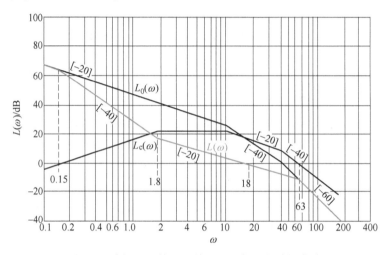

图 6-40　例 6-8 系统校正前后的对数幅频特性曲线

3）根据 $L_c(\omega)$ 求得

$$G_2(s)G_c(s)=\frac{K_1 s}{\left(\frac{s}{1.8}+1\right)\left(\frac{s}{10}+1\right)\left(\frac{s}{40}+1\right)}$$

式中，$K_1=1/0.15=6.7$。

4）检验局部反馈回路的稳定性，并在期望开环截止频率 ω_c' 附近检查 $L_c(\omega)>0$ 的程度。局部反馈回路的开环对数幅频特性为 $L_c(\omega)$，当 $\omega=\omega_3=63\,\mathrm{rad/s}$ 时，有

$$\gamma_2=180°+90°-\arctan\frac{63}{1.8}-\arctan\frac{63}{10}-\arctan\frac{63}{40}=43°$$

所以，局部反馈回路稳定。而且，当 $\omega=\omega_c'=18\,\mathrm{rad/s}$ 时，有

$$L_c(\omega)=20\lg\frac{6.7\times18}{\frac{18}{1.8}\times\frac{18}{10}\times1}=20\lg6.7=16.5\,\mathrm{dB}$$

基本满足 $20\lg|G_2(\mathrm{j}\omega)G_c(\mathrm{j}\omega)|\gg0$ 的要求，表明近似程度较高。

5）求取反馈校正装置的传递函数为 $G_c(s)=\dfrac{G_2(s)G_c(s)}{G_2(s)}=\dfrac{1.34s^2}{0.56s+1}$。

6）验算设计指标要求。由于近似条件能较好地满足，故可直接用期望特性来验算。

$$G_k(s) = \frac{200\left(\dfrac{s}{1.8}+1\right)}{s\left(\dfrac{s}{0.15}+1\right)\left(\dfrac{s}{63}+1\right)^2} = \frac{200(0.56s+1)}{s(6.7s+1)(0.016s+1)^2}$$

$$\gamma' = 90° + \arctan\frac{18}{1.8} - \arctan\frac{18}{0.15} - 2\arctan\frac{18}{63} = 53.1°$$

则 $\sigma\% = \left[0.16 + 0.4\left(\dfrac{1}{\sin 53.1°}-1\right)\right] \times 100\% = 26\% < 30\%$，满足指标要求。

而且 $t_s = \dfrac{\pi\left[2 + 1.5\left(\dfrac{1}{\sin 53.1°}-1\right) + 2.5\left(\dfrac{1}{\sin 53.1°}-1\right)^2\right]}{\omega_c'}$ s = 0.44 s < 0.5 s，也满足指标要求。

7）由于 $G_c(s) = \dfrac{1.34s^2}{0.56s+1}$ 有两个纯微分环节，不易实现，可将原结构图略作调整，如图 6-41 所示。

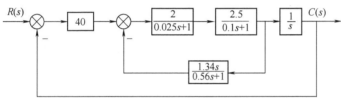

图 6-41 例 6-8 系统结构图的实现

6.5 MATLAB 在系统校正中的应用（Applications of MATLAB in System Compensation）

MATLAB 为控制系统的校正与设计提供了方便的工具。比如，在校正前后，经常要用到的阶跃响应曲线、伯德图和 margin( ) 函数等。加入或改变校正装置的参数，可以清楚、直观地看到校正环节对系统性能的影响。

6.5.1 超前校正（Lead Compensation）

【例 6-9】 已知一单位反馈系统的开环传递函数为

$$G(s) = \frac{K}{s(s+1)}$$

试设计超前校正装置 $G_c(s)$，使系统满足如下指标：在单位斜坡输入下的稳态误差 $e_{ss} \leq 0.1$；相角裕度 $\gamma \geq 45°$；幅值裕度 $L_g \geq 10$ dB。

解 MATLAB 程序如下：

%为满足稳态性能，取 k=10，作原系统的伯德图，如图 6-42 所示，并计算相角裕度和幅值裕度

```
>> n0 = 10;d0 = [1,1,0];sys0 = tf(n0,d0);
>> margin(sys0);
>> [gm0,pm0,wg0,wp0] = margin(sys0)
    gm0 = Inf
```

pm0 = 17.9642

wg0 = Inf

wp0 = 3.0842

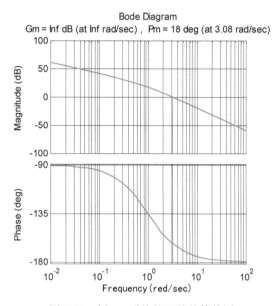

图 6-42   例 6-9 系统校正前的伯德图

%由结果可知原系统的截止频率 wp0 = 3.0842 rad/s，相角裕度 pm0 = 17.9642°<45°，不满足系统要求，可采用超前校正提高其相角裕度。设计超前校正网络 $G_c(s) = \dfrac{Ts+1}{aTs+1}$（$a<1$），计算期望的超前角 phim = 45° − 17.96° = 27.04°，考虑裕量取 phim = 36°。计算

$$a = \frac{1-\sin(\text{phim})}{1+\sin(\text{phim})}$$

>>phim = 36 * pi/180;alpha = (1−sin(phim))/(1+sin(phim))

alpha = 0.2596

%计算截止频率 ω_c'

>>[mag,phase,w] = bode(sys0);

>>[mu,pu] = bode(sys0,w);

>>adb = 20 * log10(mu);am = 10 * log10(alpha);wc = spline(adb,w,am)

wc = 4.3741

%计算 T，$T = 1/\sqrt{a}\,\omega_c'$

>>T = 1/sqrt(alpha)/wc

T = 0.4487

%得到校正环节的传递函数

>>nc = [T,1];dc = [alpha * T,1];

>>sysc = tf(nc,dc)

Transfer function：

  0. 4487s+1

----

  0. 1165s+1

%求校正后系统的传递函数

\>>sys = sys0 * sysc

  Transfer function：

4. 487s+10

----

 0. 1165s^ 3+1. 116 s^ 2+s

\>>hold on,margin(sys) ,grid on

\>>[gm,pm,wg,wp] = margin(sys)

   gm = Inf

   pm = 48. 8776

   wg = Inf

   wp = 4. 3741

\>>figure(2) ;sys1 = feedback(sys0,1) ;step(sys1)

\>>hold on;sys2 = feedback(sys,1) ;step(sys2)

\>>grid on

由计算结果可知，校正后系统的截止频率为 4. 3741 rad/s，相角裕度为 48. 8776°>45°，幅值裕度 Gm_dB = ∞ >10 dB，校正后的系统满足性能指标要求。校正前后的系统伯德图如图 6-43 所示。校正前后闭环系统的单位阶跃响应如图 6-44 所示。从图 6-44 中很容易看出校正后系统的动态性能有了很大改善。

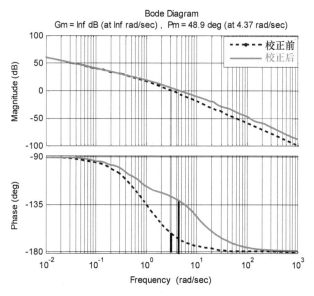

图 6-43　例 6-9 系统校正前后的伯德图

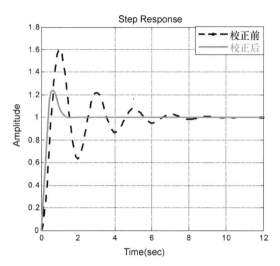

图 6-44 例 6-9 系统校正前后闭环系统的单位阶跃响应

6.5.2 滞后校正（Lag Compensation）

【例 6-10】 已知单位反馈系统的开环传递函数为

$$G(s) = \frac{K}{s(0.1s+1)(0.2s+1)}$$

试设计滞后校正装置 $G_c(s)$，使系统满足如下指标：$K_v = 30$；相角裕度 $\gamma \geqslant 40°$；幅值裕度 $L_g \geqslant 10\,\mathrm{dB}$。

解 MATLAB 程序如下：

%根据稳态性能指标要求，取 $K = 30$。绘制原系统的伯德图如图 6-45 所示，并计算相角裕度和幅值裕度

```
>>n0 = 30;d0 = conv([1,0],conv([0.1,1],[0.2,1]));
>>sys0 = tf(n0,d0);margin(sys0)
>>[gm0,pm0,wg0,wp0] = margin(sys0)
    Warning:The closed-loop system is unstable.
    gm0 = 0.5000
    pm0 = -17.2390
    wg0 = 7.0711
    wp0 = 9.7714
```

%相角裕度 pm0 = -17.2390° < 45°，幅值裕度 Gm0_dB = 20 * lg（gm0）= -6.02 dB < 10 dB，不满足系

统性能要求。需加滞后校正环节 $G_c(s) = \dfrac{Ts+1}{\beta Ts+1}$（$\beta > 1$）

%计算截止频率 ω_c'

```
>>gama=40;gama1=gama+6;
>>[mu,pu,w]=bode(sys0)
>>wc=spline(pu,w,(gama1-180))
   wc=2.7368
```

%计算 β 值

```
>>na=polyval(n0,j*wc);
>>da=polyval(d0,j*wc);
>>g=na/da;g1=abs(g);h=20*log10(g1);
>>beta=10^(h/20)
   beta=9.2746
```

%计算校正环节的传递函数

```
>>T=10/wc;sysc=tf([T,1],[beta*T,1])

   Transfer function：


   3.654s+1
   ----------
   33.89s+1
```

%求校正后系统的传递函数,并计算性能指标

```
>>sys=sys0*sysc

   Transfer function：

               109.6s+30
   --------------------------------------
   0.6778s^4+10.19s^3+34.19s^2+s
>>hold on
>>bode(sys),grid on
>>[gm,pm,wg,wp]=margin(sys)
   gm=4.2968
   pm=40.7812
   wg=6.8071
   wp=2.7470
>>figure(2);sys1=feedback(sys0,1);step(sys1)
>>hold on;sys2=feedback(sys,1);step(sys2),grid
```

由计算结果可知，校正后系统相角裕度 pm=40.48°>40°，幅值裕度 Gm_dB=20lg（gm）=12.7 dB>10 dB，满足设计要求。校正前后系统的伯德图如图6-46所示。该系统校正前后的情况也可通过系统闭环阶跃响应充分体现，如图 6-47 所示。

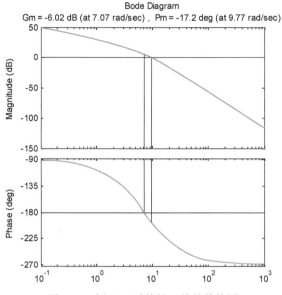

图 6-45 例 6-10 系统校正前的伯德图

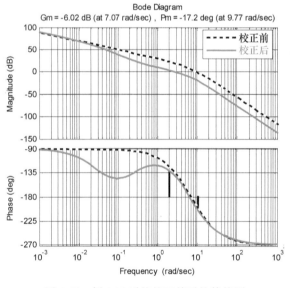

图 6-46 例 6-10 系统校正前后的伯德图

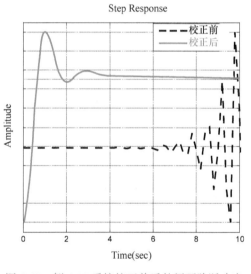

图 6-47 例 6-10 系统校正前后的闭环阶跃响应

6.5.3 PID 校正（PID Compensation）

PID 控制规律的传递函数为 $K_P\left(1+\dfrac{1}{T_I s}+T_D s\right)=\dfrac{K_P(T_I T_D s^2+T_I s+1)}{T_I s}$，它使原系统增加两个负实数零点和一个位于坐标原点的开环极点，可提高系统的稳态性能，改善系统的动态性能。下面举例说明其在校正中的应用。

【例 6-11】 已知单位反馈系统的开环传递函数为

$$G(s)=\frac{K}{s(1+0.5s)(1+0.1s)}$$

试设计 PID 校正装置，使系统 $K_v \geq 10$，$\gamma \geq 50°$，$\omega'_c \geq 4\,\text{rad/s}$。

解　MATLAB 程序如下：

```
%求原系统的性能指标,根据系统要求取 K=10
>>num=10;den=conv([1,0],conv([0.5,1],[0.1,1]));
>>sys0=tf(num,den);
>>margin(sys0),grid on
>>[gm0,pm0,wg0,wp0]=margin(sys0)
   gm0=1.2000
   pm0=3.9431
   wg0=4.4721
   wp0=4.0776
```

%由计算结果可知相角裕度 pm0=3.9413°<50°,不满足系统要求

%设计 PID 校正装置,根据系统要求,取 $K_P=1,T_I=10,T_D=0.5$,则 PID 传递函数为$\dfrac{5s^2+10s+1}{10s}$

```
>>numc=[5,10,1];denc=[10,0];
>>sysc=tf(numc,denc)
   Transfer function:
   5s^2+10s+1
   ------------
       10s
```

%求校正后系统的性能指标

```
>>sys=sys0*sysc
   Transfer function:
   50s^2+100s+10
   ----------------------
   0.5s^4+6s^3+10s^2
>>hold on
>>margin(sys)
>>[gm,pm,wg,wp]=margin(sys)
   gm=Inf
   pm=51.8447
   wg=Inf
   wp=7.8440
>>figure(2);sys1=feedback(sys0,1);subplot(1,2,1),step(sys1),grid
>>hold on;sys2=feedback(sys,1);subplot(1,2,2),step(sys2),grid
```

由计算结果可知校正后系统的相角裕度 pm=51.8447°>50°，截止频率 wp=7.84>4，满足性能指标要求。校正前后系统的伯德图如图 6-48 所示。该系统校正前后的情况也可通过系统闭环阶跃响应充分体现，如图 6-49 所示。当然，系统校正前后的情况也可通过 Simulink 仿真实现，限于篇幅，这里不再一一介绍。

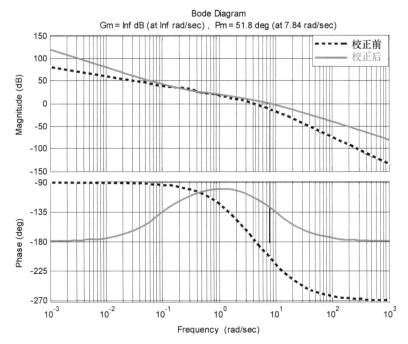

图 6-48　例 6-11 系统校正前后的伯德图

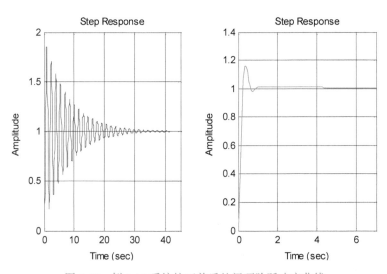

图 6-49　例 6-11 系统校正前后的闭环阶跃响应曲线

本章小结（Summary）

1. 内容归纳

1）为改善控制系统的性能，常附加校正装置，它是解决动态性能和稳态性能相互矛盾的有效方法。按照校正装置在系统中的连接方式，控制系统常用的校正方式可分为串联校正、反馈校正和复合控制。

2）串联校正方式是控制系统设计中最常用的一种。串联校正分为超前校正、滞后校正、滞后-超前校正 3 种形式。串联校正装置既可用 *RC* 无源网络来实现，又可用运算放大器组成的有源网络来实现。串联校正的设计方法较多，但最常用的是采用伯德图的频率特性设计法。此外，计算机辅助设计（CAD）也日趋成熟，越来越受到人们的关注和欢迎。无论采用何种方法设计校正装置，实质上均表现为修改描述系统运动规律的数学模型。

3）串联校正装置的高质量设计，是以充分了解校正网络的特性为前提的。

① 超前校正的优点是在新的截止频率 ω'_c 附近提供较大的正相角，从而提高了相角裕度，使超调量减小；同时又使得 ω_c 增大，对快速性有利。超前校正主要是改善系统的动态性能。

② 滞后校正的优点是在降低了截止频率 ω_c 的基础上，获得较好的相角裕度；在维持 γ 值不变的情况下，就可大大地提高开环放大倍数，以改善系统的稳态性能。

③ 滞后-超前校正同时兼有上述两种校正的优点，适用于高质量控制系统的校正。

4）期望对数频率特性设计法是工程上较常用的设计方法，它是以时域指标 $\sigma\%$、t_s 为依据的。可根据需要将系统设计成典型二阶、三阶或四阶期望特性。其优点是方法简单，使用灵活，但只适用于最小相位系统的设计。

5）反馈校正的本质是在某个频率区间内，以反馈通道传递函数的倒数特性来代替原系统中不希望的特性，以期达到改善控制性能的目的。反馈校正还可减弱被包围部分特性参数变化对系统性能的不良影响。

2. 知识结构

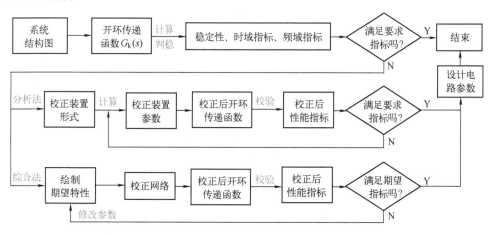

代表人物及事件简介（Leaders and Events）

1. PID 控制

PID 控制是 1936 年由英国的考伦德（Albert Callender）和斯蒂文森（Allan Stevenson）等人给出的一种控制方法，目前广泛应用于化工、冶金、机械、热工和轻工等工业过程控制系统中。据调查，世界上超过 90% 以上的控制系统具有 PID 结构。PID 控制可以提供反馈控制，通过积分作用消除稳态误差，通过微分作用预测将来。它的结构简单，容易理解和实现，许多高级控制都是以 PID 控制为基础的。

PID 参数的整定一般需要丰富的经验，耗时耗力。实际系统千差万别，带有滞后、非线性因素，使 PID 参数的整定有一定的难度，尼可尔斯（Nichols）在 20 世纪 40 年代提出了 Ziegler-Nichols 整定法。目前，仪表与过程控制的工程师们都熟悉 PID 控制，并且建立了良好的安装、整定和使用 PID 控制器的方法。但许多控制器在实际中仍处在手动状态，而那些处在自动状态的控制器由于微分作用不好调整往往把微分环节去掉，这就制约了 PID 控制器的理想

应用，为此人们提出了自整定 PID 控制器。自整定是指控制器的参数可以根据操作员的需要或一个外部信号的要求自动进行参数整定。

PID 控制器经历了从气动到电子管、晶体管和集成电路组成的微处理器的过程，微处理器对 PID 控制器具有深刻的影响。目前制造的 PID 控制器几乎都是基于微处理器的，这就给自整定、自适应和增益调度等附加特性提供了条件。实际上目前所有最新的 PID 控制器都具有一定的自整定功能。

长期的工程实践对一般 PID 控制器的参数整定总结了如下的调整口诀：

参数整定找最佳，从小到大顺序查。先是比例后积分，最后再把微分加。
曲线振荡很频繁，比例度盘要放大。曲线漂浮绕大弯，比例度盘往小扳。
曲线偏离回复慢，积分时间往下降。曲线波动周期长，积分时间再加长。
曲线振荡频率快，先把微分降下来。动差大来波动慢，微分时间应加长。
理想曲线两个波，前高后低四比一。一看二调多分析，调节质量不会低。

2. 载人航天精神

2003 年 10 月 15 日，神舟五号载人飞船发射成功，将中国首位航天员杨利伟送上太空。伟大的事业孕育伟大的精神，伟大的精神推动伟大的事业。载人航天工程是当今世界高新技术发展水平的集中体现，是衡量一个国家综合国力的重要标志。

发展载人航天事业是中国共产党和中华人民共和国长期关注、高度重视的一项伟大工程。1999 年 11 月 20 日—2002 年 12 月 30 日，成功进行了 4 次"神舟"号无人飞船飞行试验；2003 年 10 月 15 日，神舟五号载人飞船发射成功；2005 年 10 月 12 日，神舟六号载人飞船发射成功，航天员费俊龙、聂海胜经过 115 小时 32 分钟太空遨游后安全返回；2008 年 9 月 25 日，神舟七号载人飞船发射成功，航天员翟志刚、刘伯明、景海鹏在地面组织指挥和测控系统的协同配合下，顺利完成了空间出舱活动和一系列空间科学试验，实现了中国空间技术发展具有里程碑意义的重大跨越，标志着中国成为世界上第三个独立掌握空间出舱关键技术的国家；2012 年 6 月 16 日，神舟九号载人飞船发射成功，航天员景海鹏、刘旺和刘洋顺利完成了中国首次载人交会对接任务，标志着中国载人航天工程第二步战略目标取得了具有决定性意义的重要进展；2013 年 6 月 11 日，神舟十号载人飞船发射成功，航天员聂海胜、张晓光、王亚平顺利完成了与天宫一号目标飞行器两次交会对接任务；2016 年 10 月 17 日，神舟十一号载人飞船发射成功，在轨飞行期间与天宫二号空间实验室成功进行自动交会对接，航天员景海鹏、陈冬在天宫二号与神舟十一号组合体内驻留 30 天，完成了一系列空间科学实验和技术试验；2021 年 6 月 17 日，航天员聂海胜、刘伯明、汤洪波乘神舟十二号载人飞船成功飞天，成为中国空间站天和核心舱的首批入驻人员，于 2021 年 9 月 17 日顺利

返回地球；2021 年 10 月 16 日，搭载神舟十三号载人飞船的长征二号 F 遥十三运载火箭，顺利将翟志刚、王亚平、叶光富三名航天员送入太空，于 2022 年 4 月 16 日在东风着陆场成功着陆。半年"出差"，神舟十三号航天员乘组顺利完成全部既定任务，刷新了中国航天员连续在轨飞行时间纪录，创造了包括"实施径向交会对接""执行应急救援发射任务""实施快速返回流程""利用空间站机械臂操作大型在轨飞行器进行转位试验"和"航天员在轨进行手控遥操作天舟 2 号货运飞船与空间站组合体交会对接试验"在内的多项"首次"。

大力弘扬载人航天精神，对于积极推进中国特色军事变革、实现强军目标，对于全面建成小康社会、实现中华民族伟大复兴的强国梦，具有十分重要的意义。站在中国正式进入空间站时代的时间轴上，回眸中国航天人走过的不平凡历程，不由得发现：一次次托举起中华民族的民族尊严与自豪的正是一种精神。这种精神，就是载人航天精神——特别能吃苦、特别能战斗、特别能攻关、特别能奉献，也成为民族精神的宝贵财富，激励一代代航天人不忘初心、继续前行。

习题（Exercises）

6-1　设单位反馈系统的开环传递函数为

$$G(s) = \frac{K}{s(s+1)}$$

试设计一串联超前校正装置，使系统满足如下指标：

（1）相角裕度 $\gamma \geq 45°$。

（2）在单位斜坡输入下的稳态误差 $e_{ss} < \frac{1}{15}$。

（3）截止频率 $\omega_c \geq 7.5 \, \text{rad/s}$。

6-2　设有单位反馈的火炮指挥仪伺服系统，其开环传递函数为

$$G(s) = \frac{K}{s(0.2s+1)(0.5s+1)}$$

若要求系统最大输出速度为 $12°/\text{s}$，输出位置的容许误差小于 $2°$，试求：

（1）确定满足上述指标的最小 K 值，计算该 K 值下系统的相角裕度和幅值裕度。

（2）在前向通道中串接超前校正网络 $G_c(s) = \frac{0.4s+1}{0.08s+1}$，计算校正后系统的相角裕度和幅值裕度，并说明超前校正对系统动态性能的影响。

6-3　单位反馈系统的开环传递函数为

$$G(s) = \frac{4}{s(2s+1)}$$

设计一串联滞后校正装置，使系统的相角裕度 $\gamma \geq 40°$，并保持原有的开环增益。

6-4　单位反馈系统的开环传递函数为

$$G(s) = \frac{K}{s(0.2s+1)^2}$$

试设计一串联滞后校正装置，使系统满足如下指标：

（1）开环放大倍数 $K = 10$。

（2）相角裕度 $\gamma = 45°$。

（3）截止频率 $\omega_c \geqslant 1\ \text{rad/s}$。

6-5　某单位反馈控制系统，开环传递函数 $G(s) = \dfrac{K}{s(s+1)(0.2s+1)}$，当调整 $K = K_0 = 0.5$ 时，系统正好满足动态性能指标的要求，但在 $r(t) = t$ 时，稳态误差过大。为满足稳态要求，K 应为 $10K_0$，但又导致动态性能指标不满足。试问有什么办法可以解决这一矛盾？请写出设计过程，并绘制对数幅频特性曲线。

6-6　设单位反馈系统的开环传递函数为

$$G(s) = \frac{8}{s(2s+1)}$$

若采用滞后-超前校正装置

$$G_c(s) = \frac{(10s+1)(2s+1)}{(100s+1)(0.2s+1)}$$

对系统进行串联校正，试绘制校正前后的对数幅频渐近特性，并计算系统校正前后的相角裕度。

6-7　设单位反馈系统的开环传递函数为

$$G(s) = \frac{K}{s(s+1)(s+2)}$$

希望速度误差系数 $K_v \geqslant 10\ \text{rad/s}$，相角裕度 $\gamma \geqslant 50°$，幅值裕度 $L_g > 10\ \text{dB}$，试设计一滞后-超前校正装置。

6-8　已知单位反馈控制系统具有最小相位性质，其固定不变部分传递函数 $G_0(s)$ 和串联校正装置 $G_c(s)$ 的对数幅频特性分别如图 6-50a、b 所示。要求：

（1）写出校正后各系统的开环传递函数。

（2）分析各 $G_c(s)$ 对系统的作用，并比较其优缺点。

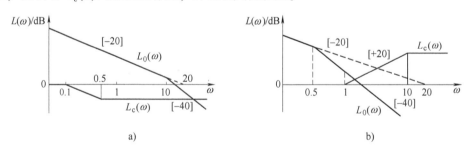

a)　　　　　　　　　　　　b)

图 6-50　题 6-8 系统的对数幅频特性

6-9　图 6-51 为 3 种推荐稳定系统的串联校正网络的对数幅频特性，它们均由最小相位环节组成。若控制系统为单位反馈系统，其开环传递函数为

$$G(s) = \frac{400}{s^2(0.01s+1)}$$

试问：

（1）这些校正网络中哪一种可使校正后系统的稳定程度最好？

（2）为了将 12 Hz 的正弦噪声削弱 10 倍左右，请确定采用哪种校正网络。

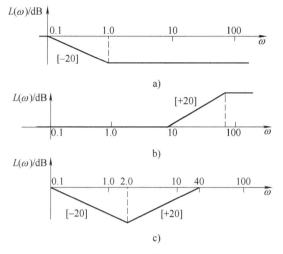

图 6-51　题 6-9 校正网络的对数幅频特性

6-10　图 6-52 所示为采用 PD 校正的控制系统。试计算：

（1）当 $K_P = 10$，$K_D = 1$ 时，求相角裕度 γ。

（2）若要求该系统截止频率 $\omega_c = 5\ \text{rad/s}$，相角裕度 $\gamma = 50°$，求 K_P、K_D 的值。

6-11　已知单位反馈的火炮指挥仪伺服系统的开环传递函数为

$$G_k(s) = \frac{K}{s\left(\dfrac{1}{10}s+1\right)\left(\dfrac{1}{100}s+1\right)}$$

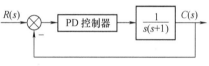

图 6-52　题 6-10 采用 PD 校正的控制系统

要求校正后系统在斜坡输入为 $1\ \text{s}^{-1}$ 时稳态误差不超过 1%，相角裕度 $\gamma \geqslant 50°$，截止频率 $\omega_c \geqslant 20\ \text{rad/s}$。试用期望特性法确定串联校正装置传递函数。

6-12　系统开环传递函数为

$$G_k(s) = \frac{K}{s\left(\dfrac{1}{10}s+1\right)\left(\dfrac{1}{100}s+1\right)}$$

若要求校正后的系统满足如下性能指标：

（1）静态速度误差系数 $K_v \geqslant 200$。

（2）在单位阶跃输入下的超调量 $\sigma\% \leqslant 20\%$。

（3）在单位阶跃输入下的调节时间 $t_s \leqslant 2\text{s}$（$\Delta = \pm 2\%$）。

试用期望特性法确定串联校正装置 $G_c(s)$。

6-13　设反馈校正系统的结构图如图 6-53 所示。图中

$$G_1(s) = K_1 = 200,\ G_2(s) = \frac{10}{(0.01s+1)(0.1s+1)},\ G_3(s) = \frac{0.1}{s}$$

若要求校正后系统在单位斜坡信号输入下的稳态误差 $e_{ss} = 1/200$，相角裕度 $\gamma \geqslant 45°$，试用综合法确定反馈校正装置 $G_c(s)$ 的形式与参数。

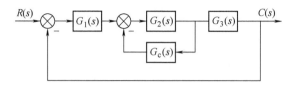

图 6-53 题 6-13 反馈校正系统结构图

6-14 在题 6-13 中，若要求校正后的系统满足如下性能指标：

（1）静态速度误差系数 $K_v \geq 200$。

（2）在单位阶跃输入下的超调量 $\sigma\% \leq 20\%$。

（3）在单位阶跃输入下的调节时间 $t_s \leq 2\mathrm{s}$（$\Delta = \pm 2\%$）。

试用综合法确定反馈校正装置 $G_c(s)$。

6-15 系统的结构图如图 6-54 所示。其中 $G_1(s) = 10$，$G_2(s) = \dfrac{10}{s(0.25s+1)(0.05s+1)}$，要求校正后系统的开环传递函数为

$$G(s) = \frac{100(1.25s+1)}{s(16.67s+1)(0.03s+1)^2}$$

试用综合法确定反馈校正装置 $G_c(s)$。

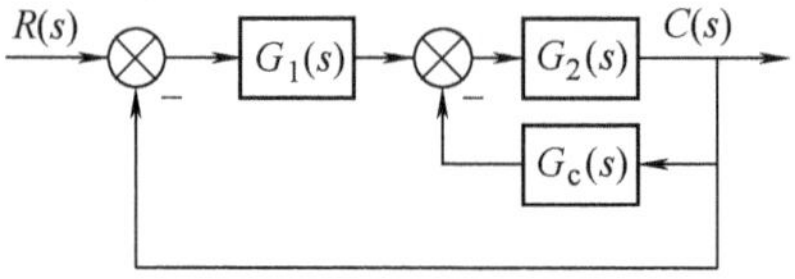

图 6-54 题 6-15 系统结构图

第 7 章　线性离散控制系统（Linear Discrete Control Systems）

学习指南（Study Guide）

内容提要　线性离散控制系统的理论是设计数字控制器和计算机控制系统的基础。本章主要介绍离散系统的基本概念，分析离散系统的数学基础，零阶保持器，z 变换，离散系统的数学模型，离散系统的动态性能分析、稳定性分析和稳态误差分析，离散系统的校正以及 MATLAB 在离散系统中的应用。

能力目标　针对离散工程问题，能够根据离散系统的数学基础建立其数学模型，并进行稳定性、动态性能和稳态性能的分析计算，具备评价离散控制系统的能力；能根据系统性能要求设计数字控制器对离散系统进行校正，并在设计过程中体现工程意识，具备一定的工程素养。

学习建议　本章学习的重点首先是通过分析信号采样与保持的数学描述，明确采样定理的条件，熟悉零阶保持器的传递函数及其频率特性，利用 z 变换及其定理，理解线性常系数差分方程及其求解过程，熟练求取线性离散系统的开环与闭环脉冲传递函数。其次是通过求解离散系统的阶跃响应，计算其性能指标，熟悉闭环极点分布与系统动态性能的关系；通过双线性变换应用劳斯判据判别离散系统的稳定性，熟练计算离散系统的稳态误差，并根据控制精度的要求选择系统参数。第三是在熟悉离散系统校正方式的基础上，根据最少拍系统的设计原则及要求，设计出合理的数字控制器，并能分析离散工程问题的影响因素与解决途径，得出有效结论。最后是针对以上建模、分析和设计三方面，都能用 MATLAB 仿真验证和分析设计。

离散时间系统与连续时间系统在数学分析工具、稳定性、动态性能、稳态性能和校正方法都具有一定的联系和区别。许多结论都具有相类同的形式，在学习时要注意对照和比较，特别要注意它们不同的地方。

前几章讨论的连续控制系统，其系统中各处的信号都是时间的连续函数。这种在时间上连续、在幅值上也连续的信号，称为连续信号，也称为模拟信号（analogue signal）。

若系统的一处或数处信号不是连续的模拟信号，而是脉冲序列，则称这种信号为离散信号。它通常是按照一定的时间间隔对连续的模拟信号进行采样而得到的，因此又称为采样信号。这样的系统称为离散系统或采样系统（sampled system），如计算机控制的各种系统。

随着数字计算机技术的迅速发展，离散控制系统得到了日益广泛的应用。

7.1 离散控制系统概述（Overview of Discrete Control Systems）

7.1.1 连续信号和离散信号（Continuous Signal and Discrete Signal）

教学视频 7-1
离散控制系统的
基本概念

信号是信息的物理表现。按照时间特征，可将信号分为两大类：连续时间信号和离散时间信号。

连续时间信号简称连续信号，是指信号为时间的连续函数，或者说信号是定义在整个连续时间范围的。连续控制系统中的信号均为连续信号。

离散时间信号简称离散信号，是指仅在离散的时间点处取值的信号，或者说信号是定义在离散的时间点上的。就其数值特征而言，离散时间信号又可分为采样信号和数字信号。采样信号是在各离散时刻对连续信号采样得到的、以脉冲序列形式出现的信号。采样信号可以在整个实数范围取值。数字信号是以数码或数字序列形式出现的信号。数字信号仅可取值为 0 或 1。

7.1.2 离散控制系统（Discrete Control Systems）

离散控制（discrete control）是一种断续控制方式，最早出现于某些惯性很大或具有较大延迟特性的控制系统中。

图 7-1 所示为工业炉温自动控制系统原理框图。炉子是一个具有延迟特性的惯性环节，时间常数较大，炉温变化很慢。炉温的误差信号经放大后驱动电动机去调整燃料阀门的开度以控制炉温。若系统的开环放大倍数很大，系统对误差信号将非常敏感，当炉温较低时，电动机将迅速旋转，开大阀门，给炉子供应更多的燃料。当炉温升高到给定值时，由于炉子本身的时间常数较大，炉温将继续上升从而造成超调。此时电动机将反方向旋转以关小阀门，降低炉温。根据同样的道理，又会造成炉温的反方向超调。由于炉子的延迟特性和较大的时间常数，可能引起炉温大幅度的振荡，甚至使系统不稳定。

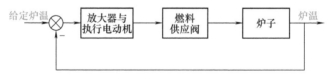

图 7-1　炉温自动控制系统原理框图

若系统的开环放大倍数取得很小，系统则很迟钝，只有当误差较大时，产生的控制作用才能克服电动机的"死区"而推动阀门动作。这样虽不引起振荡，但控制作用不及时，调节时间很长且误差较大。

上述炉温控制系统也可采用离散控制系统的形式，系统的原理框图如图 7-2 所示，在误差信号和电动机之间加一个采样开关，它周期性地闭合和断开。当炉温出现误差时，该信号只有在开关闭合时才能使电动机旋转，进行炉温调节。当开关断开时，电动机立刻停下来，阀门位置固定，让炉温自动变化，直到下一次采样开关闭合，再根据炉温的误差进行调节。由于电动机时转时停，炉温大幅度超调现象将受到抑制，即使采用较大的开环放大倍数，系统仍能保持稳定。

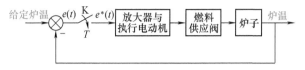

图 7-2　炉温离散控制系统原理框图

通过上例可以看出，在惯性很大或具有较大延迟特性的控制系统中，采用连续控制效果并不理想，而采用断续的离散控制方式反而取得较好的控制效果。

图 7-3 所示为一个典型的离散控制系统原理框图。系统由被控对象、采样开关、脉冲控制器和保持器等部分组成一个反馈控制系统。

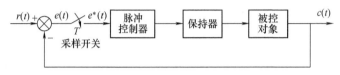

图 7-3　离散控制系统原理框图

随着数字计算机技术的发展，离散控制系统在控制精度、控制速度以及性价比等方面都比模拟控制系统表现出明显的优越性。图 7-4 所示为以数字计算机为核心组成的一个典型计算机控制系统原理框图。

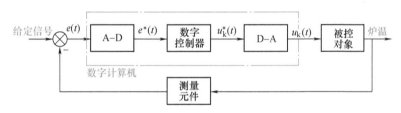

图 7-4　计算机控制系统原理框图

由于计算机内部参与运算的信号必须是二进制编码的数字信号，因此计算机控制系统也称作数字控制系统（digital control system）。通常需先将连续误差信号 $e(t)$ 经模-数转换装置 A-D 进行采样编码，转换成计算机能够识别的数字信号 $e^*(t)$，该信号经数字控制器处理后形成离散控制信号 $u_k^*(t)$，再经过数-模转换装置 D-A 恢复成连续控制信号 $u_k(t)$，作用于被控对象。

7.2　信号的采样与保持（Signal Sampling and Holding）

7.2.1　采样与采样方式（Sampling and Sampling Method）

采样就是通过采样开关的作用将连续信号变成脉冲序列的过程。图 7-5 所示为一种周期采样的方式。所谓周期采样，就是采样开关按一定的时间间隔开闭。该时间间隔称为采样周期（sampling period），通常用 T 表示。

除了周期采样以外，还有一些其他的采样方式。

1）等周期同步采样：多个采样开关等周期同时开闭。

教学视频 7-2
信号采样与采样定理

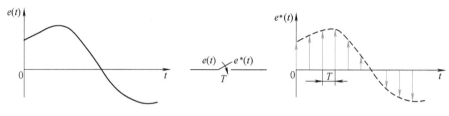

图 7-5　周期采样

2）等周期异步采样：多个采样开关等周期但不同时开闭。

3）多阶采样：各采样开关以不同的周期开闭。

4）随机采样：开关动作随机，没有周期性。

本书只讨论采样开关等周期同步采样的情况。

7.2.2　采样过程的数学描述（Mathematical Description of the Sampling Process）

在理想的采样过程中，连续信号经采样开关的周期性采样后，得到的每个采样脉冲的强度等于连续信号在采样时刻的幅值。因此，理想采样开关可以看作一个脉冲调制器，采样过程可以看作一个单位脉冲序列 $\delta_T(t)$ 被输入信号 $e(t)$ 进行幅值调制的过程，理想采样过程如图 7-6 所示。其中，单位脉冲序列 $\delta_T(t) = \sum_{k=-\infty}^{\infty} \delta(t - kT)$ 为载波信号，$e(t)$ 为调制信号。

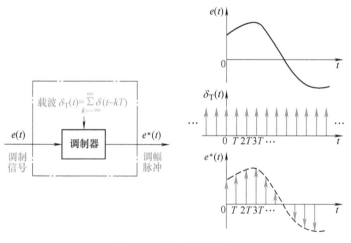

图 7-6　理想采样过程

当 $t \geq 0$ 时，输出信号可表示为

$$e^*(t) = e(t)\delta_T(t) = e(t) \sum_{k=0}^{\infty} \delta(t - kT) \tag{7-1}$$

式（7-1）为理想采样过程的数学表达式。

对于实际采样过程，将连续信号 $e(t)$ 加到采样开关的输入端，若采样开关每隔周期 T 闭合一次，每次闭合时间为 τ，则在采样开关的输出端得到脉宽为 τ 的调幅脉冲序列 $e^*(t)$。实际采样过程如图 7-7 所示。

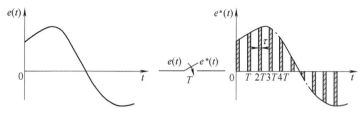

图 7-7 实际采样过程

由于采样开关闭合时间 τ 很小，远远小于采样周期 T，故 $e(t)$ 在 τ 时间内变化甚微，可以近似认为在该时间内采样值不变。所以 $e^*(t)$ 可近似视为一个脉宽为 τ，高度为 $e(kT)$ 的矩形脉冲序列，即

$$e^*(t) = \sum_{k=0}^{\infty} e(kT)\left[1(t-kT) - 1(t-kT-\tau)\right] \tag{7-2}$$

式中，$[1(t-kT)-1(t-kT-\tau)]$ 为两个单位阶跃函数之差，表示在 kT 时刻，一个高度为 1，宽度为 τ 的矩形脉冲。当 $\tau \to 0$ 时，该矩形窄脉冲可用 nT 时刻的一个冲量为 τ 的 δ 函数来近似表示为

$$1(t-kT) - 1(t-kT-\tau) = \tau\delta(t-kT) \tag{7-3}$$

将式 (7-3) 代入式 (7-2)，可得

$$e^*(t) = \tau \sum_{k=0}^{\infty} e(kT)\delta(t - kT) \tag{7-4}$$

由式 (7-4) 可以看出，实际采样信号 $e^*(t)$ 的每个脉冲的强度，正比于脉宽 τ。若使系统总的增益在采样前后保持不变，需在采样开关后增加一个增益为 $(1/\tau)$ 的放大器。然而当采样开关后的系统中使用保持器时，可不考虑脉宽 τ 对系统增益的影响。此时采样信号可直接按理想采样开关输出的信号来处理。由于大多数的离散控制系统，特别是数字控制系统均属于这种情况，因此，通常将采样开关看作理想采样开关，而采样信号 $e^*(t)$ 可用式 (7-1) 来描述。

考虑到 δ 函数的特点，式 (7-1) 也可写为

$$e^*(t) = e(t)\sum_{k=0}^{\infty}\delta(t - kT) = \sum_{k=0}^{\infty} e(kT)\delta(t - kT) \tag{7-5}$$

7.2.3 采样定理（Sampling Theorem）

连续信号 $e(t)$ 经采样后变为采样信号 $e^*(t)$，研究采样信号 $e^*(t)$ 所含的信息是否等于被采样的连续信号 $e(t)$ 所含的全部信息，需要采用频谱分析的方法。所谓频谱（spectrum），实质是一个时间函数所含不同频率谐波的分布情况。

因为单位脉冲序列 $\delta_T(t)$ 是一个周期函数，可以展开为傅里叶级数，并写成复数形式，即

$$\delta_T(t) = \sum_{k=-\infty}^{\infty} C_k e^{jk\omega_s t} \tag{7-6}$$

其中，$\omega_s = \dfrac{2\pi}{T}$ 为采样角频率；T 为采样周期；C_k 为傅里叶系数，即

$$C_k = \frac{1}{T} \int_{-T/2}^{T/2} \delta_T(t) \mathrm{e}^{-jk\omega_s t} \mathrm{d}t \tag{7-7}$$

由于在 $\left[-\dfrac{T}{2}, \dfrac{T}{2} \right]$ 区间中，只在 $t=0$ 时 $\delta_T(t)$ 才有非零值，且 $\mathrm{e}^{-jk\omega_s t} \big|_{t=0} = 1$，则

$$C_k = \frac{1}{T} \int_{0^-}^{0^+} \delta_T(t) \mathrm{d}t = \frac{1}{T} \tag{7-8}$$

故有

$$\delta_T(t) = \frac{1}{T} \sum_{k=-\infty}^{\infty} \mathrm{e}^{jk\omega_s t} \tag{7-9}$$

由式 (7-1) 可得采样信号为

$$e^*(t) = e(t)\delta_T(t) = e(t) \frac{1}{T} \sum_{k=-\infty}^{\infty} \mathrm{e}^{jk\omega_s t} = \frac{1}{T} \sum_{k=-\infty}^{\infty} e(t) \mathrm{e}^{jk\omega_s t} \tag{7-10}$$

式 (7-10) 两边各进行拉普拉斯变换，得

$$E^*(s) = \frac{1}{T} \sum_{k=-\infty}^{\infty} E(s - jk\omega_s) \tag{7-11}$$

因为 $E(s) = L[e(t)]$，令 $s = j\omega$，则 $E(j\omega)$ 为 $e(t)$ 的频谱，$|E(j\omega)|$ 为 $e(t)$ 的幅频谱。在研究信号的频谱特性时，通常只需讨论其幅频谱，因此也常简称幅频谱为信号的频谱。一般说来，$e(t)$ 的频谱 $|E(j\omega)|$ 是单一的连续频谱，其谐波分量中的最高频率 ω_{max} 是无限大的，如图 7-8a 所示。但因为当 ω 较大时，$|E(j\omega)|$ 将很小，故常可近似认为 ω_{max} 是有限值，即 $e(t)$ 的频谱 $|E(j\omega)|$ 可近似如图 7-8b 所示。

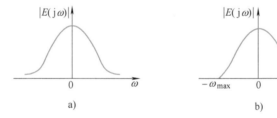

图 7-8　连续信号 $e(t)$ 的频谱

$|E^*(j\omega)|$ 为采样信号 $e^*(t)$ 的频谱，由式 (7-11) 可得

$$E^*(j\omega) = \frac{1}{T} \sum_{k=-\infty}^{\infty} E(j\omega - jk\omega_s) = \frac{1}{T} \sum_{k=-\infty}^{\infty} E[j(\omega - k\omega_s)] \tag{7-12}$$

可见，采样后的信号频谱由无数条频谱叠加而成，每一条频谱曲线是采样前信号 $e(t)$ 的频谱 $|E(j\omega)|$ 平移 $k\omega_s$、幅值下降 $1/T$ 倍的结果。而且

$$E^*(j\omega) = \cdots + \frac{1}{T} E(j\omega + j\omega_s) + \frac{1}{T} E(j\omega) + \frac{1}{T} E(j\omega - j\omega_s) + \cdots$$

令 $\omega = \omega + \omega_s$ 代入式 (7-12)，展开得

$$E^*(j\omega + j\omega_s) = \cdots + \frac{1}{T} E(j\omega + j\omega_s) + \frac{1}{T} E(j\omega) + \frac{1}{T} E(j\omega - j\omega_s) + \cdots = E^*(j\omega) \tag{7-13}$$

故 $E^*(j\omega)$ 是以 ω_s 为周期的周期函数，其幅频谱 $|E^*(j\omega)|$ 也是以 ω_s 为周期的周期函数。采样信号 $e^*(t)$ 的频谱如图 7-9 所示。

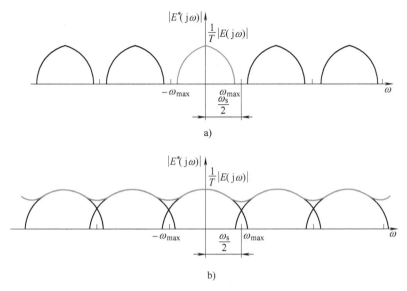

图 7-9　采样信号 $e^*(t)$ 的频谱
a）采样频率高　b）采样频率低

特别地，当 $k=0$ 时，$|E^*(j\omega)|$ 的频谱分量 $\dfrac{1}{T}|E(j\omega)|$ 称为主频谱，它是连续信号 $e(t)$ 频谱 $|E(j\omega)|$ 的 $\dfrac{1}{T}$ 倍。

从图 7-9a 可以看出，当 $\dfrac{\omega_s}{2} \geqslant \omega_{max}$ 时，各个频谱分量不重叠，通过滤波可以滤除 $|E^*(j\omega)|$ 中高于 ω_{max} 的频谱分量，剩余频谱分量与 $|E(j\omega)|$ 形态相同，即可从采样信号 $e^*(t)$ 中复现出原来的连续信号 $e(t)$；否则，如图 7-9b 所示，$|E^*(j\omega)|$ 中各个频谱波形互相搭接，无法通过滤波得到 $|E(j\omega)|$，也就无法从 $e^*(t)$ 中复现出 $e(t)$。

由以上分析可以得到如下的采样定理。

可以从采样信号 $e^*(t)$ 中完全复现被采样的连续信号 $e(t)$ 的条件是采样频率（sampling frequency）ω_s 必须大于或等于连续信号 $e(t)$ 频谱中所含最高谐波频率 ω_{max} 的两倍，即

$$\omega_s \geqslant 2\omega_{max} \tag{7-14}$$

采样定理是 1928 年由美国电信工程师奈奎斯特首先提出来的，因此称为奈奎斯特采样定理。1933 年由苏联工程师科捷利尼科夫首次用公式严格地表述这一定理，因此在苏联文献中称为科捷利尼科夫采样定理。1948 年信息论的创始人 C. E. 香农对这一定理加以明确地说明并正式作为定理引用，因此在许多文献中又称为香农采样定理（Shannon sampling theorem）。

教学视频 7-3
信号复现与零阶
保持器

7.2.4　零阶保持器（Zero-Order Hold）

由图 7-9 可知，当采样信号的频谱中各频谱分量互不重叠时，可以用一个具有图 7-10 所示幅频特性的理想低通滤波器无畸变地复现连续

信号的频谱。然而，这样的理想低通滤波器在实际中是无法实现的。工程中最常用、最简单的低通滤波器是零阶保持器。

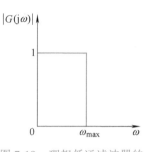

零阶保持器将采样信号在每个采样时刻的采样值$e(kT)$，一直保持到下一个采样时刻，从而使采样信号$e^*(t)$变成阶梯序列信号$e_h(t)$，如图7-11所示。因为这种保持器的输出信号$e_h(t)$在每一个采样周期内的值为常数，其对时间t的导数为零，所以称之为零阶保持器。

图7-10　理想低通滤波器的
幅频特性

对于采样信号$e^*(t) = \sum_{k=0}^{\infty} e(kT)\delta(t - kT)$，其拉普拉斯变换为

$$E^*(s) = L[e^*(t)] = \sum_{k=0}^{\infty} e(kT) \cdot 1 \cdot e^{-kTs}$$

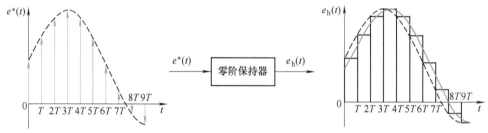

图7-11　零阶保持器的输入输出信号

采样信号$e^*(t)$经过零阶保持器后得到的阶梯序列信号为

$$e_h(t) = \sum_{k=0}^{\infty} e(kT) [1(t - kT) - 1(t - (k + 1)T)]$$

其拉普拉斯变换为

$$E_h(s) = L[e_h(t)] = \sum_{k=0}^{\infty} e(kT)\left[\frac{1}{s}e^{-kTs} - \frac{1}{s}e^{-(k+1)Ts}\right]$$

$$= \sum_{k=0}^{\infty} e(kT)e^{-kTs}\left(\frac{1 - e^{-Ts}}{s}\right) = \left(\frac{1 - e^{-Ts}}{s}\right)\sum_{k=0}^{\infty} e(kT)e^{-kTs}$$

由图7-11可得零阶保持器的传递函数为

$$G_h(s) = \frac{E_h(s)}{E^*(s)} = \frac{1 - e^{-Ts}}{s} \tag{7-15}$$

令$s = j\omega$，得到零阶保持器的频率特性为

$$G_h(j\omega) = \frac{1 - e^{-j\omega T}}{j\omega} = \frac{e^{-j\omega T/2}(e^{j\omega T/2} - e^{-j\omega T/2})}{j\omega} = T\frac{\sin(\omega T/2)}{\omega T/2}e^{-j\omega T/2} \tag{7-16}$$

式中，T为采样周期；$\omega_s = \dfrac{2\pi}{T}$为采样角频率。

零阶保持器的幅频特性为

$$|G_h(j\omega)| = T\frac{\sin(\omega T/2)}{\omega T/2} \tag{7-17}$$

零阶保持器的相频特性为

$$\varphi_{\mathrm{h}}(\omega) = -\frac{\omega T}{2} \tag{7-18}$$

可见，当 $\omega \rightarrow 0$ 时，$|G_{\mathrm{h}}(\mathrm{j}0)| = \lim\limits_{\omega \rightarrow 0} T\dfrac{\sin\omega T/2}{\omega T/2} = T$，$\varphi_{\mathrm{h}}(0) = 0°$；当 $\omega = \omega_{\mathrm{s}}$ 时，$|G_{\mathrm{h}}(\mathrm{j}\omega)| = T\dfrac{\sin\pi}{\pi} = 0$，而 $\varphi_{\mathrm{h}}(\omega_{\mathrm{s}}) = -\pi$。

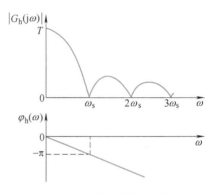

零阶保持器的幅频特性和相频特性如图 7-12 所示。从幅频特性上看，零阶保持器具有低通滤波特性，但不是理想的低通滤波器。零阶保持器除了允许采样信号的主频分量通过外，还允许部分高频分量通过。因此，零阶保持器复现出的连续信号 $e_{\mathrm{h}}(t)$ 与原信号 $e(t)$ 是有差别的。然而，由于离散控制系统的连续部分也具有低通滤波特性，可将通过零阶保持器的绝大部分高频频谱滤掉，而且零阶保持器结构简单，因此，在实际中得到了广泛的应用。但应注意到，从相频特性上看，零阶保持器产生正比于频率的相位滞后。所以零阶保持器的引入，将造成系统稳定性下降。

图 7-12　零阶保持器的幅频特性和相频特性

若将零阶保持器传递函数按幂级数展开为

$$G_{\mathrm{h}}(s) = \frac{1-\mathrm{e}^{-Ts}}{s} = \frac{1}{s}\left(1-\frac{1}{\mathrm{e}^{Ts}}\right) = \frac{1}{s}\left[1-\frac{1}{1+Ts+\dfrac{1}{2!}(Ts)^2+\cdots}\right]$$

若取级数的前两项，可以得到零阶保持器的近似表达式

$$G_{\mathrm{h}}(s) \approx \frac{1}{s}\left(1-\frac{1}{1+Ts}\right) = \frac{T}{1+Ts}$$

实现它的方法很多，可采用 RC 网络或运算放大器电路来实现，如图 7-13 所示。

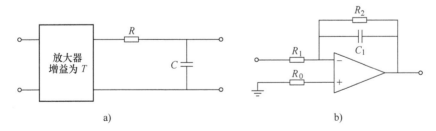

图 7-13　零阶保持器的实现

a) RC 网络方式　b) 运算放大器方式

7.3　z 变换（z Transform）

线性连续控制系统可采用线性微分方程来描述，用拉普拉斯变换分析它的暂态性能及稳态性能。而对于线性离散系统，则可以采用线性差分方程来描述，用 z 变换来分析它的暂态

性能及稳态性能。z 变换 (z-transformation) 是研究离散系统的主要数学工具，它是由拉普拉斯变换引导出来的，实际上就是离散信号的拉普拉斯变换。

7.3.1 z 变换的定义 （Definition of z Transform）

设一离散序列 $\{f(k)\}$ $(k=0,1,2,\cdots)$ 构成的级数 $\sum\limits_{k=0}^{\infty} f(k)z^{-k}$ 收敛，则称该级数为离散序列 $\{f(k)\}$ 的 z 变换，记为

$$F(z) = Z[f(k)] = \sum_{k=0}^{\infty} f(k)z^{-k} \qquad (|z| > R) \tag{7-19}$$

式中，R 是级数 $\sum\limits_{k=0}^{\infty} f(k)z^{-k}$ 的绝对收敛半径。

连续信号 $f(t)$ 经过采样后的离散信号为

$$f^*(t) = \sum_{k=0}^{\infty} f(kT)\delta(t - kT) \tag{7-20}$$

其拉普拉斯变换为

$$F^*(s) = L[f^*(t)] = \sum_{k=0}^{\infty} f(kT)e^{-kTs} \tag{7-21}$$

式 (7-21) 含有 s 的超越函数 e^{-kTs}，不便于离散控制系统的分析与计算。可令

$$z = e^{Ts} \tag{7-22}$$

或

$$s = \frac{1}{T}\ln z \tag{7-23}$$

则有

$$F(z) = F^*(s)\big|_{s = \frac{1}{T}\ln z} = \sum_{k=0}^{\infty} f(kT)z^{-k} \tag{7-24}$$

由此可以看出，式 (7-24) 表明了 z 变换与拉普拉斯变换之间的关系。

需要指出的是，$F(z)$ 是 $f^*(t)$ 的 z 变换，它只考虑了采样时刻的信号值 $f(kT)$。同时，对一个连续信号 $f(t)$ 而言，由于在采样时刻 $f(t)$ 的值就是 $f(kT)$，所以也称 $F(z)$ 是 $f(t)$ 的 z 变换，即

$$F(z) = Z[f(t)] = Z[f^*(t)] = \sum_{k=0}^{\infty} f(kT)z^{-k} \tag{7-25}$$

7.3.2 z 变换的求法 （Solution of z Transform）

1. 级数求和法 （summation of series）

对于如式 (7-20) 形式的离散信号 $f^*(t)$，将其展开得

$$f^*(t) = \sum_{k=0}^{\infty} f(kT)\delta(t - kT)$$

$$= f(0)\delta(t) + f(T)\delta(t-T) + f(2T)\delta(t-2T) + \cdots + f(kT)\delta(t-kT) + \cdots$$

由 z 变换的定义，可得 $f^*(t)$ 的 z 变换为

$$F(z) = f(0)z^0 + f(T)z^{-1} + f(2T)z^{-2} + \cdots + f(kT)z^{-k} + \cdots \tag{7-26}$$

式（7-26）是级数形式的离散信号 $f^*(t)$ 的 z 变换表达式。只要知道 $f(t)$ 在各个采样时刻的数值，即可求得其 z 变换。这种级数形式的 z 变换表达式是开放形式的，有无穷多项，通常不易写成闭合形式。

【例 7-1】　求单位阶跃函数 $1(t)$ 的 z 变换。

解　由于 $1(t)$ 在任何采样点的值均为 1，则 $1(kT)=1$。

$$Z[1(t)]=z^0+z^{-1}+z^{-2}+\cdots+z^{-k}+\cdots$$

上式可看作一个等比数列，公比为 z^{-1}。若满足 $|z^{-1}|<1$，则有

$$F(z)=Z[1(t)]=\frac{1}{1-z^{-1}}=\frac{z}{z-1}\qquad(|z|>1)$$

【例 7-2】　求指数函数 $f(t)=\mathrm{e}^{-at}$（$a>0$）的 z 变换。

解　在各采样时刻 $f(kT)=\mathrm{e}^{-akT}$，则由式（7-26）得

$$F(z)=1+\mathrm{e}^{-aT}z^{-1}+\mathrm{e}^{-2aT}z^{-2}+\cdots$$

上式可看作一个等比数列，公比为 $(\mathrm{e}^{aT}z)^{-1}$；若满足 $|\mathrm{e}^{aT}z|>1$，则有

$$F(z)=Z[\mathrm{e}^{-at}]=\frac{1}{1-(\mathrm{e}^{aT}z)^{-1}}=\frac{z}{z-\mathrm{e}^{-aT}}\qquad(|\mathrm{e}^{aT}z|>1)$$

2. 部分分式法（method of partial fraction）

一般地，连续信号 $f(t)$ 的拉普拉斯变换具有如下形式：

$$F(s)=\frac{M(s)}{N(s)}$$

将其展开为部分分式和的形式为

$$F(s)=\sum_{i=1}^{n}\frac{A_i}{s-s_i}\tag{7-27}$$

式中，s_i 为 $F(s)$ 的极点。对于式（7-27）中的每个分量 $F_i(s)=\dfrac{A_i}{s-s_i}$，其拉普拉斯反变换为 $f_i(t)=A_i\mathrm{e}^{s_it}$。对于 $f_i(t)=A_i\mathrm{e}^{s_it}$，其 z 变换 $F_i(z)=\dfrac{A_iz}{z-\mathrm{e}^{s_iT}}$。由此 $F(s)$ 的 z 变换为

$$F(z)=Z[L^{-1}[F(s)]]=Z[f(t)]=\sum_{i=1}^{n}\frac{A_iz}{z-\mathrm{e}^{s_iT}}\tag{7-28}$$

【例 7-3】　已知 $F(s)=\dfrac{a}{s(s+a)}$，试求其 z 变换 $F(z)$。

解　对 $F(s)$ 进行部分分式展开得

$$F(s)=\frac{a}{s(s+a)}=\frac{1}{s}-\frac{1}{s+a}$$

则　　　　　　　　　$$f(t)=L^{-1}[F(s)]=1-\mathrm{e}^{-at}$$

$$F(z)=Z[f(t)]=\frac{z}{z-1}-\frac{z}{z-\mathrm{e}^{-aT}}=\frac{z(1-\mathrm{e}^{-aT})}{z^2-(1+\mathrm{e}^{-aT})z+\mathrm{e}^{-aT}}$$

【例 7-4】　求 $f(t)=\sin\omega t$ 的 z 变换 $F(z)$。

解　$f(t)$ 的拉普拉斯变换为

$$F(s) = \frac{\omega}{s^2+\omega^2} = \frac{1}{2j} \frac{1}{s-j\omega} - \frac{1}{2j} \frac{1}{s+j\omega}$$

则其 z 变换为

$$F(z) = \frac{1}{2j} \frac{z}{z-e^{j\omega T}} - \frac{1}{2j} \frac{z}{z-e^{-j\omega T}}$$

$$= \frac{z(e^{j\omega T}-e^{-j\omega T})}{2j[z^2-(e^{j\omega T}+e^{-j\omega T})z+1]} = \frac{z\sin\omega T}{z^2-(2\cos\omega T)z+1}$$

3. 留数计算法 (method of residues calculation)

若已知连续信号 $f(t)$ 的拉普拉斯变换 $F(s)$ 及其全部极点 s_i，则 $f(t)$ 的 z 变换为

$$F(z) = \sum_{i=1}^{n} \text{Res}\left[F(s_i) \frac{z}{z-e^{s_i T}}\right] = \sum_{i=1}^{n} R_i \qquad (7\text{-}29)$$

其中，$R_i = \text{Res}\left[F(s_i) \frac{z}{z-e^{s_i T}}\right]$ 为 $F(s) \frac{z}{z-e^{sT}}$ 在 $s=s_i$ 时的留数。

当 $F(s)$ 具有一阶极点 $s=s_i$ 时，$F(s) \frac{z}{z-e^{sT}}$ 在 $s=s_i$ 时的留数为

$$R_i = \lim_{s \to s_i} (s-s_i)\left[F(s) \frac{z}{z-e^{sT}}\right] \qquad (7\text{-}30)$$

当 $F(s)$ 具有 q 阶重极点 $s=s_i$ 时，$F(s) \frac{z}{z-e^{sT}}$ 在 $s=s_i$ 时的留数为

$$R_i = \frac{1}{(q-1)!} \lim_{s \to s_i} \frac{d^{q-1}}{ds^{q-1}}\left[(s-s_i)^q F(s) \frac{z}{z-e^{sT}}\right] \qquad (7\text{-}31)$$

【例 7-5】 已知 $F(s) = \frac{s+3}{(s+1)(s+2)}$，试求其 z 变换 $F(z)$。

解 $F(s)$ 具有两个一阶极点 $s_1=-1$，$s_2=-2$。

对应于一阶极点 $s_1=-1$，$F(s) \frac{z}{z-e^{sT}}$ 在 $s_1=-1$ 时的留数为

$$R_1 = \lim_{s \to -1} (s+1)\left[\frac{s+3}{(s+1)(s+2)} \cdot \frac{z}{z-e^{sT}}\right] = \frac{2z}{z-e^{-T}}$$

对应于一阶极点 $s_2=-2$，$F(s) \frac{z}{z-e^{sT}}$ 在 $s_2=-2$ 时的留数为

$$R_2 = \lim_{s \to -2} (s+2)\left[\frac{s+3}{(s+1)(s+2)} \cdot \frac{z}{z-e^{sT}}\right] = \frac{-z}{z-e^{-2T}}$$

$$F(z) = R_1 + R_2 = \frac{2z}{z-e^{-T}} - \frac{z}{z-e^{-2T}} = \frac{z[z+e^{-T}-2e^{-2T}]}{z^2-(e^{-T}+e^{-2T})z+e^{-3T}}$$

【例 7-6】 求 $f(t)=t$ 的 z 变换 $F(z)$。已知 $t<0$ 时，$f(t)=0$。

解 $f(t)$ 的拉普拉斯变换为 $F(s) = \frac{1}{s^2}$，$s=0$ 为 $F(s)$ 的二阶极点，所以 $F(s)$ 在 $s=0$ 处的留数为

$$R = \frac{1}{(2-1)!}\lim_{s\to 0}\frac{\mathrm{d}}{\mathrm{d}s}\left(s^2\frac{1}{s^2}\frac{z}{z-\mathrm{e}^{sT}}\right) = \lim_{s\to 0}\left[\frac{zT\mathrm{e}^{sT}}{(z-\mathrm{e}^{sT})^2}\right] = \frac{zT}{(z-1)^2}$$

由式（7-29）可得

$$F(z) = R = \frac{zT}{(z-1)^2}$$

常用函数的拉普拉斯变换及 z 变换见附录 A 和附录 C。

7.3.3　z 变换的基本定理（Basic Theorems of z Transform）

1. 线性定理

若 $Z[f_1(t)] = F_1(z)$，$Z[f_2(t)] = F_2(z)$，且 a_1，a_2 均为常数，则

$$F(z) = Z[a_1f_1(t) \pm a_2f_2(t)] = a_1F(z) \pm a_2F_2(z) \tag{7-32}$$

2. 滞后定理（负偏移定理）

设 $Z[f(t)] = F(z)$，且 $t<0$ 时 $f(t) = 0$，若 $f(t)$ 延迟 nT 后得 $f(t-nT)$，则有

$$Z[f(t-nT)] = z^{-n}F(z) \tag{7-33}$$

式（7-33）说明，原函数 $f(t)$ 在时域中延迟 n 个采样周期 T 后，其 z 变换为原函数 $f(t)$ 的 z 变换 $F(z)$ 乘以算子 z^{-n}。因此，可将 z^{-n} 算子看作一个延迟环节，它把采样信号 $f(kT)$ 延迟了 n 个采样周期 T，如图 7-14 所示。

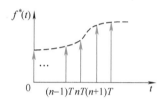

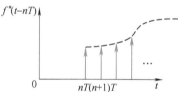

图 7-14　滞后定理示意图

3. 超前定理（正偏移定理）

若 $Z[f(t)] = F(z)$，则有

$$Z[f(t+nT)] = z^n\left[F(z) - \sum_{m=0}^{n-1}f(mT)z^{-m}\right] \tag{7-34}$$

超前定理示意图如图 7-15 所示。

特别地，若满足 $m=0$，1，$\cdots$，$n-1$ 时，$f(mT) = 0$，则有

$$Z[f(t+nT)] = z^nF(z) \tag{7-35}$$

4. 复位移定理

若 $Z[f(t)] = F(z)$，则

$$Z[f(t)\mathrm{e}^{\mp at}] = F(z\mathrm{e}^{\pm aT}) \tag{7-36}$$

5. 初值定理

若 $Z[f(t)] = F(z)$，且 $\lim\limits_{z\to\infty}F(z)$ 存在，则有

$$f(0) = \lim_{z\to\infty}F(z) \tag{7-37}$$

6. 终值定理

若 $Z[f(t)] = F(z)$，且 $F(z)$ 在以原点为圆心的单位圆上和圆外均无极点，则有

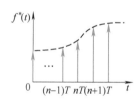

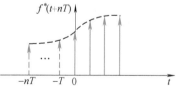

图 7-15　超前定理示意图

$$f(\infty) = \lim_{k\to\infty}f(kT) = \lim_{z\to 1}[(z-1)F(z)] \tag{7-38}$$

7. 复微分定理

若 $Z[f(t)] = F(z)$，则

$$Z[tf(t)] = -zT \frac{\mathrm{d}}{\mathrm{d}z}[F(z)] \tag{7-39}$$

或

$$Z[kf(k)] = -z \frac{\mathrm{d}}{\mathrm{d}z}[F(z)] \tag{7-40}$$

8. 卷积定理

设 $f(nT)$ 和 $g(nT)$ 为两个离散函数序列，则它们的卷积为

$$c(nT) = f(nT) * g(nT) = \sum_{k=0}^{n} f(kT)g(nT - kT) = \sum_{k=0}^{n} g(kT)f(nT - kT) \tag{7-41}$$

其 z 变换为

$$C(z) = Z[c(nT)] = Z[f(nT) * g(nT)] = Z[f(nT)]Z[g(nT)] = F(z)G(z) \tag{7-42}$$

式中

$$F(z) = \sum_{n=0}^{\infty} f(nT)z^{-n} \tag{7-43}$$

$$G(z) = \sum_{n=0}^{\infty} g(nT)z^{-n} \tag{7-44}$$

卷积定理指出，两个离散函数序列卷积的 z 变换，等于它们各自 z 变换的乘积。

7.3.4　z 反变换（Inverse z Transform）

从 z 变换函数 $F(z)$ 求出离散脉冲序列 $f^*(t)$ 称为 z 反变换，记作

$$Z^{-1}[F(z)] = f^*(t) \tag{7-45}$$

需要指出的是，因为 z 变换只反映连续函数在采样时刻的特性，并不反映采样时刻之间的特性，所以 z 反变换只能求出采样函数 $f^*(t)$ 或 $f(kT)$，而不能求出连续函数 $f(t)$。例如，两个不同的连续函数 $f_1(t)$、$f_2(t)$，如图 7-16 所示，它们在每个采样时刻具有相同的数值，即 $f_1^*(t) = f_2^*(t)$。因此，它们的 z 变换 $F_1(z) = F_2(z)$。这说明，$F(z)$ 对应的 $f^*(t)$ 是唯一的，而与 $F(z)$ 对应的 $f(t)$ 不是唯一的，可以有无穷多个。

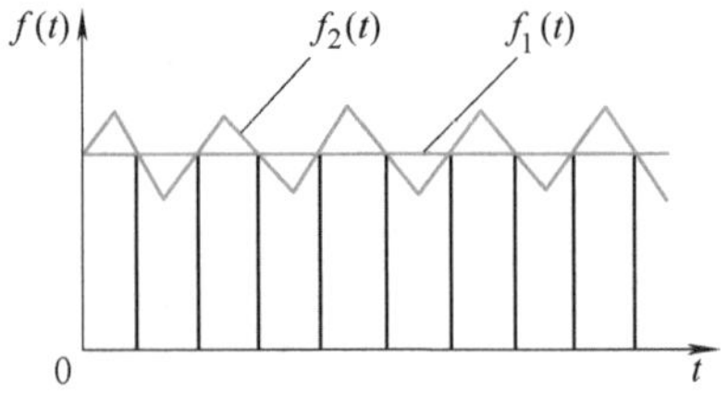

以下介绍几种常用的 z 反变换的方法。

图 7-16　不同的连续信号具有
相同的采样信号

1. 长除法

用 $F(z)$ 的分母去除分子，可以求出按 z^{-k} 降幂排列的级数展开式，然后可由 z 变换的定义求出相应的离散脉冲序列 $f^*(t)$。

【例 7-7】　设 $F(z) = \dfrac{10z}{(z-1)(z-2)}$，求其 z 反变换 $f^*(t)$。

解　
$$F(z) = \frac{10z}{(z-1)(z-2)} = \frac{10z}{z^2 - 3z + 2}$$

$$
z^2-3z+2 \overline{\big)\, \begin{array}{l} 10z^{-1}+30z^{-2}+70z^{-3}+150z^{-4}+\cdots \\[2pt] \hline 10z \\ 10z-30z^0+20z^{-1} \\ \hline 30z^0-20z^{-1} \\ 30z^0-90z^{-1}+60z^{-2} \\ \hline 70z^{-1}-60z^{-2} \\ 70z^{-1}-210z^{-2}+140z^{-3} \\ \hline 150z^{-2}-140z^{-3} \end{array}}
$$

由长除法可得

$$
F(z)=\frac{10z}{z^2-3z+2}=0\cdot z^0+10\cdot z^{-1}+30\cdot z^{-2}+70\cdot z^{-3}+150\cdot z^{-4}+\cdots
$$

则 $f(0)=0$，$f(T)=10$，$f(2T)=30$，$f(3T)=70$，$\cdots$，即

$$
F(z)=f(0)z^0+f(T)z^{-1}+f(2T)z^{-2}+f(3T)z^{-3}+\cdots
$$

由 z 变换的定义有

$$
f^*(t)=10\delta(t-T)+30\delta(t-2T)+70\delta(t-3T)+\cdots
$$

需要指出的是，长除法可以以序列形式给出连续函数在各采样时刻的值 $f(0)$，$f(T)$，$f(2T)$，$\cdots$，但不易得出 $f(kT)$ 的一般项表达式。

2. 部分分式法

部分分式法主要是将 $F(z)$ 展开成若干个 z 变换表中具有的简单分式的形式，然后通过查 z 变换表得到相应的 $f^*(t)$ 或 $f(kT)$。具体方法是，由已知的象函数 $F(z)$ 求出其极点 z_i，再将 $F(z)/z$ 展开成部分分式和的形式，即

$$
\frac{F(z)}{z}=\sum_{i=1}^{n}\frac{A_i}{z-z_i} \tag{7-46}
$$

由式（7-46）可得 $F(z)$ 的表达式为

$$
F(z)=\sum_{i=1}^{n}\frac{A_i z}{z-z_i} \tag{7-47}
$$

对式（7-47）逐项进行 z 反变换可得到 $f(kT)$，则

$$
f^*(t)=\sum_{k=0}^{\infty}f(kT)\delta(t-kT) \tag{7-48}
$$

【例 7-8】　题目同例 7-7，试采用部分分式法求其 z 反变换 $f^*(t)$。

解　对 $F(z)/z$ 进行部分分式展开得

$$
\frac{F(z)}{z}=\frac{10}{(z-1)(z-2)}=\frac{-10}{z-1}+\frac{10}{z-2}
$$

则

$$
F(z)=\frac{10z}{z-2}-\frac{10z}{z-1}
$$

查 z 变换表得

$$
Z^{-1}\!\left[\frac{z}{z-1}\right]=1,\; Z^{-1}\!\left[\frac{z}{z-2}\right]=2^k
$$

则

$$f(kT) = 10(-1+2^k) \qquad (k=0, 1, 2, \cdots)$$

或者写为

$$f^*(t) = \sum_{k=0}^{\infty} \left[10(-1+2^k) \right] \delta(t-kT)$$

可见，$f(0)=0$，$f(T)=10$，$f(2T)=30$，$f(3T)=70$，$f(4T)=150$，…，与例 7-7 结论相同，但求出了 $f(kT)$ 的一般项表达式。

3. 留数法

根据 z 变换定义，有

$$F(z) = \sum_{k=0}^{\infty} f(kT)z^{-k}$$
$$= f(0)+f(T)z^{-1}+f(2T)z^{-2}+f(3T)z^{-3}+\cdots+f(kT)z^{-k}+\cdots$$

用 z^{k-1} 乘以上式两边得

$$F(z)z^{k-1} = f(0)z^{k-1}+f(T)z^{k-2}+f(2T)z^{k-3}+\cdots+$$
$$f[(k-1)T]+f(kT)z^{-1}+f[(k+1)T]z^{-2}+\cdots$$

由复变函数理论可知

$$f(kT) = \frac{1}{2\pi j}\oint_c F(z)z^{k-1}\mathrm{d}z = \sum_{i=1}^{n} \mathrm{Res}[F(z_i)z_i^{k-1}] = \sum_{i=1}^{n} R_i \qquad (7\text{-}49)$$

式中，$R_i = \mathrm{Res}[F(z_i)z_i^{k-1}]$ 为 $F(z)z^{k-1}$ 在 $z=z_i$ 处的留数。

若 $z=z_i$ 为 $F(z)$ 的一阶极点，则有

$$R_i = \lim_{z\to z_i}(z-z_i)[F(z)z^{k-1}] \qquad (7\text{-}50)$$

若 $z=z_i$ 为 $F(z)$ 的 q 阶极点，则有

$$R_i = \frac{1}{(q-1)!}\lim_{z\to z_i}\frac{\mathrm{d}^{q-1}}{\mathrm{d}z^{q-1}}[(z-z_i)^q F(z)z^{k-1}] \qquad (7\text{-}51)$$

【例 7-9】 题目同例 7-7，试采用留数法求其 z 反变换 $f^*(t)$。

解 $F(z)$ 具有两个一阶极点 $z_1=1$，$z_2=2$，对应于一阶极点 $z_1=1$，留数

$$R_1 = \lim_{z\to 1}(z-1)[F(z)z^{k-1}] = \lim_{z\to 1}(z-1)\left[\frac{10z^k}{(z-1)(z-2)}\right] = -10$$

对应于一阶极点 $z_2=2$，留数

$$R_2 = \lim_{z\to 2}(z-2)[F(z)z^{k-1}] = \lim_{z\to 2}(z-2)\left[\frac{10z^k}{(z-1)(z-2)}\right] = 10\times 2^k。$$

由式 (7-49) 可得 $f(kT) = R_1+R_2 = 10\times(-1+2^k)$，与例 7-7 和例 7-8 结论相同。

【例 7-10】 求 $F(z) = \dfrac{0.5z}{(z-1)(z-0.5)^2}$ 的 z 反变换 $f(kT)$。

解 $F(z)$ 具有一阶极点 $z=1$，二阶极点 $z=0.5$，对应于一阶极点 $z=1$，留数

$$R_1 = \lim_{z\to 1}(z-1)[F(z)z^{k-1}] = \lim_{z\to 1}\left[\frac{0.5z^k}{(z-0.5)^2}\right] = 2$$

对应于二阶极点 $z=0.5$，留数

$$R_2 = \frac{1}{(2-1)!}\lim_{z\to 0.5}\frac{\mathrm{d}}{\mathrm{d}z}\left[\frac{0.5z^k}{z-1}\right] = -(k+1)\cdot(0.5)^{k-1}$$

由式（7-49）可得

$$f(kT) = R_1 + R_2 = 2 - (k+1)(0.5)^{k-1}$$

7.4　离散系统的数学模型（Mathematical Model of Discrete Systems）

为研究分析离散系统，需建立其数学模型。离散系统有差分方程、脉冲传递函数和离散状态空间表达式 3 种数学模型，本章只介绍前两种。

7.4.1　线性常系数差分方程（Difference Equations with Linear Constant Coefficients）

设离散控制系统的输入脉冲序列为 $r(kT)$，输出序列为 $c(kT)$，则系统的输入输出关系可写为

$$c(kT) = f[r(kT)] \tag{7-52}$$

教学视频 7-4
差分方程及其求解

若式（7-52）满足叠加原理，则称系统为线性离散系统，否则为非线性离散系统。

输入与输出关系不随时间而改变的线性离散系统称为线性定常离散系统，本章主要讨论线性定常离散系统。线性定常离散系统输入与输出关系可以用线性定常差分方程（difference equation）来描述。

1. 差分

设连续信号为 $y(t)$，其采样脉冲序列为 $y(kT)$，则其一阶前向差分为

$$\Delta y(kT) = y[(k+1)T] - y(kT) \tag{7-53}$$

上述差分表达式常可简写为

$$\Delta y(k) = y(k+1) - y(k) \tag{7-54}$$

在本节中对差分表达式均采用这种简写形式。

$y(kT)$ 的二阶前向差分为

$$\begin{aligned}\Delta^2 y(k) &= \Delta[\Delta y(k)] = \Delta[y(k+1) - y(k)] \\ &= \Delta y(k+1) - \Delta y(k) = y(k+2) - 2y(k+1) + y(k)\end{aligned} \tag{7-55}$$

$y(kT)$ 的一阶后向差分为

$$\nabla y(k) = y(k) - y(k-1) \tag{7-56}$$

其二阶后向差分为

$$\begin{aligned}\nabla^2 y(k) &= \nabla[\nabla y(k)] = \nabla[y(k) - y(k-1)] \\ &= \nabla y(k) - \nabla y(k-1) = y(k) - 2y(k-1) + y(k-2)\end{aligned} \tag{7-57}$$

2. 差分方程

作为一个动态系统，离散控制系统在 kT 时刻的输出 $c(k)$ 不仅与 kT 时刻的输入 $r(k)$ 有关，而且还与 kT 时刻以前的输入 $r(k-1)$，$r(k-2)$，$\cdots$ 及输出 $c(k-1)$，$c(k-2)$，$\cdots$ 有关。

为此，可用 n 阶前向差分方程来描述离散控制系统的输入输出关系，即

$$\begin{aligned}&c(k+n) + a_1 c(k+n-1) + \cdots + a_{n-1} c(k+1) + a_n c(k) \\ &= b_0 r(k+m) + b_1 r(k+m-1) + \cdots + b_{m-1} r(k+1) + b_m r(k)\end{aligned} \tag{7-58}$$

也可用 n 阶后向差分方程来描述离散控制系统的输入输出关系，即

$$c(k)+a_1c(k-1)+\cdots+a_{n-1}c(k-n+1)+a_nc(k-n)$$
$$=b_0r(k)+b_1r(k-1)+\cdots+b_{m-1}r(k-m+1)+b_mr(k-m) \qquad (7\text{-}59)$$

用 n 阶差分方程来描述离散控制系统称为 n 阶离散控制系统。

【例 7-11】　求如图 7-17 所示控制系统的差分方程。

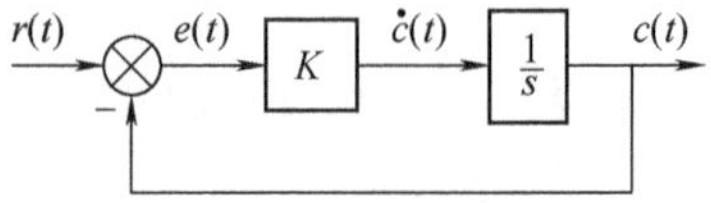

图 7-17　例 7-11 控制系统结构图

解　　　　　　　　　　$\dot{c}(t)=Ke(t)=Kr(t)-Kc(t)$

上式可整理为

$$\dot{c}(t)+Kc(t)=Kr(t)$$

由于 $\dot{c}(t)$ 在 $t=kT$ 时可用一阶前向差商来近似，即

$$\dot{c}(t)=\frac{\mathrm{d}c(t)}{\mathrm{d}t}=\lim_{T\to0}\frac{c(k+1)-c(k)}{T}\approx\frac{c(k+1)-c(k)}{T}$$

所以系统的一阶差分方程为

$$c(k+1)+(KT-1)\cdot c(k)=KTr(k)$$

上述差分方程为一阶前向差分方程，因此该系统可离散化为一阶离散控制系统。

3. 差分方程的求解

（1）迭代法

若已知线性离散控制系统的差分方程为式（7-58）或（7-59）的形式，则由式（7-58）可得输出序列的递推关系为

$$c(k+n)=-\sum_{i=1}^{n}a_ic(k+n-i)+\sum_{j=0}^{m}b_jr(k+m-j) \qquad (7\text{-}60)$$

由式（7-59）可得输出序列的递推关系为

$$c(k)=-\sum_{i=1}^{n}a_ic(k-i)+\sum_{j=0}^{m}b_jr(k-j) \qquad (7\text{-}61)$$

当已知输出序列的初值时，利用上述递推关系，可以逐步求出系统在给定输入序列作用下的输出序列。

【例 7-12】　已知差分方程为

$$c(k)-5c(k-1)+6c(k-2)=r(k)$$

输入序列 $r(k)=1$，初始条件为 $c(0)=0$，$c(1)=1$，试用迭代法求输出序列 $c(k)$，$k=0$，1，$\cdots$，10。

解　由差分方程可得递推关系为

$$c(k)=r(k)+5c(k-1)-6c(k-2)$$

根据初始条件得 $c(0)=0$，$c(1)=1$，$c(2)=r(2)+5c(1)-6c(0)=6$，$c(3)=r(3)+5c(2)-6c(1)=25$，$c(4)=r(4)+5c(3)-6c(2)=90$，$c(5)=r(5)+5c(4)-6c(3)=301$，$c(6)=r(6)+5c(5)-6c(4)=966$，$c(7)=r(7)+5c(6)-6c(5)=3025$，$c(8)=r(8)+5c(7)-6c(6)=9330$，$c(9)=r(9)+5c(8)-6c(7)=28501$，$c(10)=r(10)+5c(9)-6c(8)=86526$。

（2）z 变换法

若已知线性定常离散控制系统的差分方程描述，可根据 z 变换的超前定理和滞后定理，对差分方程两边求 z 变换。再根据初始条件和给定输入信号的 z 变换 $R(z)$，求出系统输出的 z 变换表达式 $C(z)$。对 $C(z)$ 进行 z 反变换可求得系统的输出序列 $c(k)$。

【例 7-13】 已知描述某离散控制系统的差分方程为 $c(k+2)+3c(k+1)+2c(k)=0$，且 $c(0)=0$，$c(1)=1$，求差分方程的解。

解 利用 z 变换的超前定理对差分方程两边求 z 变换，得

$$\left[z^2C(z)-z^2C(0)-zC(1)\right]+\left[3zC(z)-3zC(0)\right]+2C(z)=0$$

由于 $c(0)=0$，$c(1)=1$，上式可整理为

$$z^2C(z)+3zC(z)+2C(z)=z$$

输出的 z 变换表达式为

$$C(z)=\frac{z}{z^2+3z+2}=\frac{z}{(z+1)(z+2)}=\frac{z}{z+1}-\frac{z}{z+2}$$

对上式进行 z 反变换，可得输出序列为

$$c(k)=(-1)^k-(-2)^k \qquad k=0,\ 1,\ 2,\ \cdots$$

7.4.2　脉冲传递函数（Impulse Transfer Function）

线性连续系统中，将初始条件为零时，系统输出信号的拉普拉斯变换与输入信号的拉普拉斯变换之比定义为传递函数。对于线性离散系统，可类似定义一种脉冲传递函数。

1. 定义

设开环离散控制系统如图 7-18 所示。当初始条件为零时，系统输出信号的 z 变换与输入信号的 z 变换之比，定义为离散控制系统的脉冲传递函数（impulse transfer function），或称 z 传递函数，并用 $G(z)$ 表示，即

$$G(z)=\frac{C(z)}{R(z)} \qquad (7\text{-}62)$$

图 7-18　开环离散控制系统

所谓零初始条件，是指在 $t<0$ 时，输入脉冲序列的各采样值 $r(-T)$，$r(-2T)$，$\cdots$ 以及输出信号的各采样值 $c(-T)$，$c(-2T)$，$\cdots$ 均为零。

由式（7-62）可以求得线性离散控制系统的输出采样信号为

$$c^*(t)=Z^{-1}\left[C(z)\right]=Z^{-1}\left[G(z)R(z)\right] \qquad (7\text{-}63)$$

实际上，多数离散控制系统的输出都是连续信号 $c(t)$，而不是离散的采样信号 $c^*(t)$。在此情况下，可以在系统的输出端虚设一个理想采样开关，如图 7-18 所示，它与输入采样开关同步动作，而且采样周期相同。必须指出的是，在这种情况下，虚设的采样开关是不存在的，它只表明脉冲传递函数所能描述的仅是输出连续信号 $c(t)$ 的采样信号 $c^*(t)$。

对于线性连续系统，当其输入为单位脉冲函数时，即 $r(t)=\delta(t)$，其输出为单位脉冲响应 $g(t)$。对于如图 7-18 所示的开环离散控制系统，设其输入的采样信号为

$$r^*(t)=\sum_{k=0}^{\infty}r(kT)\delta(t-kT)$$

根据叠加原理，系统的输出响应为

$$c(t) = r(0)g(t) + r(T)g(t-T) + \cdots + r(kT)g(t-kT) + \cdots$$

$$= \sum_{k=0}^{\infty} r(kT)g(t-kT)$$

当 $t=nT$ （$n=0, 1, 2, \cdots$）时，可得

$$c(nT) = \sum_{k=0}^{\infty} r(kT)g[(n-k)T] \tag{7-64}$$

由单位脉冲函数的特点可知，当 $t<0$ 时，$g(t)=0$。所以当 $k>n$ 时，式（7-64）中的 $g[(n-k)T]=0$。因此，式（7-64）可进一步写为

$$c(nT) = \sum_{k=0}^{n} r(kT)g[(n-k)T] \tag{7-65}$$

式（7-65）说明，系统的输出序列 $c(nT)$ 是输入序列 $r(nT)$ 和系统的单位脉冲响应序列 $g(nT)$ 的卷积。根据 z 变换的卷积定理可得

$$C(z) = G(z)R(z) = R(z)G(z)$$

式中，$G(z) = Z[g^*(t)] = \sum_{n=0}^{\infty} g(nT)z^{-n}$ 为单位脉冲响应的采样信号 $g^*(t)$ 的 z 变换。又由于在各采样时刻 $g(t)=g^*(t)$，对应式（7-62）可以得到脉冲传递函数的求法为

$$G(z) = Z[g^*(t)] = Z[g(t)] \tag{7-66}$$

由第3章内容可知，$g(t)=L^{-1}[G(s)]$，所以式（7-66）可进一步写为

$$G(z) = Z\{L^{-1}[G(s)]\} \tag{7-67}$$

式（7-67）通常可以简记为

$$G(z) = Z[G(s)] \tag{7-68}$$

需要强调的是，$G(s)$ 表示某一线性系统本身的传递函数，而 $G(z)$ 表示线性系统与采样开关两者组合体的脉冲传递函数，即描述了两者组合体的动态特性。同时还应特别注意 $G(z) \neq G(s)|_{s=z}$。

【例7-14】 对于如图7-18所示的开环离散控制系统，若 $G(s) = \dfrac{a}{s(s+a)}$，求系统的脉冲传递函数 $G(z)$。

解 对 $G(s)$ 进行部分分式展开得

$$G(s) = \frac{1}{s} - \frac{1}{s+a}$$

所以

$$g(t) = L^{-1}[G(s)] = 1 - e^{-at}$$

系统的脉冲传递函数为

$$G(z) = Z[g(t)] = \frac{z}{z-1} - \frac{z}{z-e^{-aT}} = \frac{z(1-e^{-aT})}{(z-1)(z-e^{-aT})}$$

由于拉普拉斯变换和 z 变换均为线性变换，所以 $G(s)$、$g(t)$ 与 $G(z)$ 之间存在一一对应关系，故也可以由 $G(s)$ 直接查表求得 $G(z)$。

2. 开环离散系统的脉冲传递函数

当开环离散系统由多个环节串联组成时，其脉冲传递函数可根据采样开关的数目和位置的不同而得到不同的结果。

（1）串联环节之间有采样开关

若开环离散系统的两个串联环节之间有采样开关分隔，如图 7-19 所示，由脉冲传递函数的定义可知 $D(z) = G_1(z)R(z)$，$C(z) = G_2(z)D(z)$，其中 $D(z) = Z[d^*(t)]$，$C(z) = Z[c^*(t)]$，$R(z) = Z[r^*(t)]$，而 $G_1(z) = Z[G_1(s)]$，$G_2(z) = Z[G_2(s)]$，于是有 $C(z) = G_1(z)G_2(z)R(z)$。

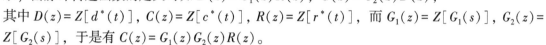

图 7-19 串联环节之间有采样开关

所以该系统的脉冲传递函数为

$$G(z) = G_1(z)G_2(z) \tag{7-69}$$

式（7-69）说明，有采样开关分隔的两个线性环节串联时，其脉冲传递函数等于两个环节各自的脉冲传递函数之积。这一结论可推广到有采样开关分隔的 n 个线性环节串联的情况。

（2）串联环节之间没有采样开关

若开环离散系统的两个串联环节之间没有采样开关分隔，如图 7-20 所示，当 $G(s) = G_1(s)G_2(s)$ 时，由式（7-68）可得系统的脉冲传递函数为

$$G(z) = Z[G_2(s)G_1(s)] = G_1G_2(z) \tag{7-70}$$

式（7-70）说明，两个串联的线性环节间没有采样开关分隔时，其脉冲传递函数等于两个环节的传递函数之积所对应的 z 变换。这一结论可推广到 n 个串联的线性环节间均没有采样开关分隔的情况。

比较式（7-69）和式（7-70）可知，$G_1G_2(z) \neq G_1(z)G_2(z)$。

【**例 7-15**】 对于图 7-19 和图 7-20 所示结构的两个离散控制系统，设 $G_1(s) = \dfrac{1}{s}$，$G_2(s) = \dfrac{10}{s+10}$。试分别求解系统的脉冲传递函数 $G(z)$。

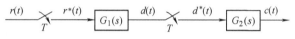

图 7-20 串联环节之间没有采样开关

解 若系统结构如图 7-19 所示，由式（7-69）可知，系统的脉冲传递函数为

$$G(z) = G_1(z)G_2(z) = \frac{z}{z-1}\frac{10z}{z-e^{-10T}} = \frac{10z^2}{(z-1)(z-e^{-10T})}$$

若系统结构如图 7-20 所示，由式（7-70）可知，系统的脉冲传递函数为

$$G(z) = Z[G_1(s)G_2(s)] = Z\left[\frac{10}{s(s+10)}\right] = Z\left[\frac{1}{s} - \frac{1}{s+10}\right]$$

$$= \frac{z}{z-1} - \frac{z}{z-\mathrm{e}^{-10T}} = \frac{z(1-\mathrm{e}^{-10T})}{(z-1)(z-\mathrm{e}^{-10T})}$$

（3）带有零阶保持器的开环系统

有零阶保持器的开环离散控制系统如图7-21a所示。为便于分析，可将图7-21a改画为图7-21b的形式。设 $G_1(s) = 1-\mathrm{e}^{-Ts}$，$G_2(s) = \dfrac{G_0(s)}{s}$，则 $G_1(s)G_2(s) = (1-\mathrm{e}^{-Ts})G_2(s) = G_2(s) - \mathrm{e}^{-Ts}G_2(s)$，由式（7-70）可得系统的脉冲传递函数为

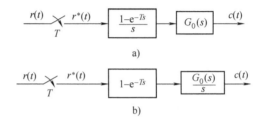

图 7-21　有零阶保持器的开环离散控制系统

$$G(z) = G_1G_2(z) = Z[G_1(s)G_2(s)]$$

$$= Z[G_2(s) - \mathrm{e}^{-Ts}G_2(s)] = Z[G_2(s)] - Z[\mathrm{e}^{-Ts}G_2(s)]$$

$$= G_2(z) - z^{-1}G_2(z) = (1-z^{-1})G_2(z) = \frac{z-1}{z}G_2(z)$$

所以，如图7-21a所示带有零阶保持器的开环系统的脉冲传递函数为

$$G(z) = \frac{z-1}{z}Z\left[\frac{G_0(s)}{s}\right] \tag{7-71}$$

【例7-16】　对于如图7-21a所示的离散控制系统，设 $G_0(s) = \dfrac{1}{s(s+1)}$，$T = 1\,\mathrm{s}$，求解系统的脉冲传递函数 $G(z)$。

解

$$\frac{G_0(s)}{s} = \frac{1}{s^2(s+1)} = \frac{1}{s^2} - \frac{1}{s} + \frac{1}{s+1}$$

则

$$Z\left[\frac{G_0(s)}{s}\right] = \frac{Tz}{(z-1)^2} - \frac{z}{z-1} + \frac{z}{z-\mathrm{e}^{-T}}$$

系统的脉冲传递函数为

$$G(z) = \frac{z-1}{z}\left[\frac{Tz}{(z-1)^2} - \frac{z}{z-1} + \frac{z}{z-\mathrm{e}^{-T}}\right] \tag{7-72}$$

$$= \frac{T}{z-1} - 1 + \frac{z-1}{z-\mathrm{e}^{-T}} = \frac{(T+1-z)(z-\mathrm{e}^{-T}) + (z-1)^2}{(z-1)(z-\mathrm{e}^{-T})}$$

当 $T = 1\,\mathrm{s}$ 时

$$G(z) = \frac{0.367z + 0.266}{z^2 - 1.367z + 0.367}$$

对该例作进一步分析，当系统中不带零阶保持器时，可求得系统的脉冲传递函数为

$$G(z) = \frac{z(1-e^{-T})}{(z-1)(z-e^{-T})} \tag{7-73}$$

比较式（7-72）和式（7-73），两式的分母相同，分子不相同。可见，加
入零阶保持器不影响离散控制系统的极点，只影响其零点。

教学视频 7-7
闭环脉冲传递函数

3. 离散控制系统的闭环脉冲传递函数

在离散控制系统中，由于采样开关在闭环系统中可以有多种配置的
可能性，因而对于离散控制系统而言，会有多种闭环结构形式，这就使
得闭环离散控制系统的脉冲传递函数没有一般的计算公式，只能根据系
统的实际结构具体分析。

图 7-22 所示为典型结构的闭环离散控制系统结构图。在给定输入 $r(t)$ 作用下，系统的
误差为 $e(t) = r(t) - b(t)$，对其进行 z 变换得 $E(z) = R(z) - B(z)$。输出信号 $C(z) = G(z)E(z)$，反馈信号 $B(z) = E(z)GH(z)$，且 $GH(z) = Z[G(s)H(s)]$。因此 $E(z) = R(z) - B(z) = R(z) - E(z)GH(z)$，$C(z) = G(z)R(z) - GH(z)C(z)$，整理得，给定输入作用下系统的
闭环脉冲传递函数为

$$\Phi(z) = \frac{C(z)}{R(z)} = \frac{G(z)}{1+GH(z)} \tag{7-74}$$

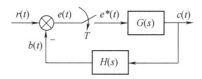

图 7-22　典型结构的闭环离散控制系统结构图

给定输入作用下系统的闭环误差脉冲传递函数为

$$\Phi_e(z) = \frac{E(z)}{R(z)} = \frac{1}{1+GH(z)} \tag{7-75}$$

比较式（7-74）和式（7-75），两式分母多项式均为 $1+GH(z)$，称为闭环离散控制系统
的特征多项式。方程 $1+GH(z) = 0$，称为闭环离散控制系统的特征方程。

对于一个闭环离散控制系统，其反馈采样信号的 z 变换 $B(z)$ 与误差采样信号的 z 变换
$E(z)$ 之比，称作闭环离散控制系统的开环脉冲传递函数 $G_k(z)$，即

$$G_k(z) = \frac{B(z)}{E(z)} \tag{7-76}$$

对于如图 7-22 所示的典型结构的闭环离散控制系统，其开环脉冲传递函数为

$$G_k(z) = GH(z) \tag{7-77}$$

若系统为单位反馈，即 $H(s) = 1$，则

$$G_k(z) = GH(z) = G(z) \tag{7-78}$$

【例 7-17】　对如图 7-22 所示的闭环离散控制系统，若 $G(s) = \dfrac{1}{s+0.1}$，$H(s) = \dfrac{5}{s+5}$，$T = 1\,\text{s}$，求其闭环脉冲传递函数 $\Phi(z)$ 和闭环误差脉冲传递函数 $\Phi_e(z)$。

解
$$G(z) = Z[G(s)] = \frac{z}{z-e^{-0.1T}} = \frac{z}{z-e^{-0.1}} = \frac{z}{z-0.9}$$

$$G(s)H(s) = \frac{5}{(s+0.1)(s+5)} = \frac{1.02}{s+0.1} - \frac{1.02}{s+5}$$

$$GH(z) = Z[G(s)H(s)] = \frac{1.02z}{z-e^{-0.1T}} - \frac{1.02z}{z-e^{-5T}}$$

$$= \frac{1.02z}{z-0.9} - \frac{1.02z}{z-0.007} = \frac{0.91z}{(z-0.9)(z-0.007)}$$

系统的闭环脉冲传递函数为

$$\Phi(z) = \frac{G(z)}{1+GH(z)} = \frac{\dfrac{z}{z-0.9}}{1+\dfrac{0.91z}{(z-0.9)(z-0.007)}} = \frac{z(z-0.007)}{z^2+0.003z+0.006}$$

系统的闭环误差脉冲传递函数为

$$\Phi_e(z) = \frac{1}{1+GH(z)} = \frac{(z-0.9)(z-0.007)}{z^2+0.003z+0.006}$$

对上例作进一步分析，若不包含采样器，则系统就是一个连续控制系统，其闭环传递函数为

$$\Phi(s) = \frac{G(s)}{1+G(s)H(s)} = \frac{s+5}{s^2+5.1s+5.5}$$

$$= \frac{s+5}{(s+1.55)(s+3.55)} = \frac{1.725}{s+1.55} - \frac{0.725}{s+3.55}$$

$$Z[\Phi(s)] = \frac{1.725z}{z-e^{-1.55T}} - \frac{0.725z}{z-e^{-3.55T}}$$

显然，经采样后的离散控制系统的闭环脉冲传递函数 $\Phi(z)$ 不等于未采样的连续系统闭环传递函数的 z 变换，即 $\Phi(z) \neq Z[\Phi(s)]$。

通过以上分析，可以总结出求解离散控制系统闭环脉冲传递函数的一般方法如下：

1）确定系统的输入、输出变量。

2）根据结构图，将通道在各采样开关处断开，写出描述各子系统输入、输出信号之间关系的拉普拉斯变换表达式。

3）对各表达式进行 z 变换。

4）消去中间变量，按定义写出闭环脉冲传递函数。

【例 7-18】 图 7-23 所示为数字控制系统的典型结构图，求系统的闭环脉冲传递函数。

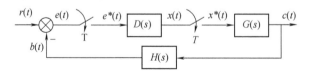

图 7-23 数字控制系统的典型结构图

解 1）系统的输入、输出为 $r(t)$、$c(t)$。

2）根据系统结构图，有

$$E(s)=R(s)-H(s)C(s)=R(s)-G(s)H(s)X^*(s)$$

$$X(s)=D(s)E^*(s)$$

$$C(s)=G(s)X^*(s)$$

3）对以上 3 式进行 z 变换得

$$E(z)=R(z)-GH(z)X(z)$$

$$X(z)=D(z)E(z)$$

$$C(z)=G(z)X(z)$$

4）消去中间变量 $X(z)$、$E(z)$ 得

$$C(z)=\frac{D(z)G(z)R(z)}{1+D(z)GH(z)}$$

整理得系统的闭环脉冲传递函数为

$$\Phi(z)=\frac{C(z)}{R(z)}=\frac{D(z)G(z)}{1+D(z)GH(z)}$$

　　需要特别指出的是，离散控制系统中，某些采样开关的配置可使系统不存在闭环脉冲传递函数的表达式，但是在外输入信号已知的情况下，可得出输出信号的 z 变换表达式。

【例 7-19】　对偏差无采样的离散控制系统如图 7-24 所示，试求系统输出信号的 z 变换表达式 $C(z)$。

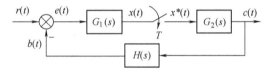

图 7-24　对偏差无采样的离散控制系统

　　解　1）系统的输入、输出为 $r(t)$、$c(t)$。

　　2）根据系统结构图，有

$$X(s)=G_1(s)\left[R(s)-G_2(s)H(s)X^*(s)\right]$$

$$=G_1(s)R(s)-G_1(s)G_2(s)H(s)X^*(s)$$

$$C(s)=G_2(s)X^*(s)$$

　　3）对以上两式进行 z 变换

$$X(z)=G_1R(z)-G_1G_2H(z)X(z)$$

$$C(z)=G_2(z)X(z)$$

式中，$G_1R(z)=Z\left[G_1(s)R(s)\right]$。

　　4）消去中间变量 $X(z)$ 得

$$C(z)=\frac{G_2(z)G_1R(z)}{1+G_1G_2H(z)}$$

　　由上例可以看出，对于一个离散控制系统，若对其偏差信号 $e(t)$ 不进行采样，将得不到闭环脉冲传递函数 $\Phi(z)$，而只能写出输出信号的 z 变换表达式 $C(z)$。

　　采样开关具有各种配置形式的闭环离散控制系统结构图及其输出信号 $C(z)$ 见表 7-1。

表 7-1　离散控制系统的结构图及输出信号 $C(z)$

序号	系统结构图	$C(z)$
1		$\dfrac{G(z)R(z)}{1+GH(z)}$
2		$\dfrac{G_1(z)G_2(z)R(z)}{1+G_1(z)G_2H(z)}$
3		$\dfrac{G_2(z)G_1R(z)}{1+G_1G_2H(z)}$
4		$\dfrac{G(z)R(z)}{1+G(z)H(z)}$
5		$\dfrac{GR(z)}{1+GH(z)}$
6		$\dfrac{G_1(z)G_2(z)R(z)}{1+G_1(z)G_2(z)H(z)}$
7		$\dfrac{G_2(z)G_3(z)G_1R(z)}{1+G_2(z)G_1G_3H(z)}$
8		$\dfrac{G(z)R(z)}{1+G(z)H(z)}$

对于如图 7-25 所示的扰动作用下的离散控制系统，可令系统的给定输入 $r(t)=0$，再分析扰动与系统输出之间的关系。

【例 7-20】　扰动作用下的离散控制系统如图 7-25 所示，试求系统的扰动闭环脉冲传递函数 $\varPhi_n(z)$。

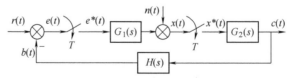

图 7-25　扰动作用下的离散控制系统

解　1）令系统的给定输入 $r(t)=0$。

2）由系统结构图得

$$E(s) = -G_2(s)H(s)X^*(s)$$

$$X(s) = N(s) + G_1(s)E^*(s)$$

$$C(s) = G_2(s)X^*(s)$$

3）对以上 3 式进行 z 变换得

$$E(z) = -G_2H(z)X(z)$$

$$X(z) = N(z) + G_1(z)E(z)$$

$$C(z) = G_2(z)X(z)$$

4）消去中间变量 $E(z)$、$X(z)$ 得系统的扰动闭环脉冲传递函数为

$$\Phi_n(z) = \frac{C(z)}{N(z)} = \frac{G_2(z)}{1 + G_1(z)G_2H(z)}$$

同理，对于一个离散控制系统，若在扰动信号 $n(t)$ 作用点后不进行采样（见图 7-26），也将得不到系统的扰动闭环脉冲传递函数 $\Phi_n(z)$，而只能写出扰动作用下输出信号的 z 变换表达式 $C(z)$。

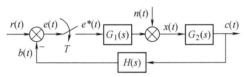

图 7-26　扰动作用点后无采样的离散控制系统

7.4.3　差分方程和脉冲传递函数之间的相互转换（Mutual Conversion between Difference Equation and Impulse Transfer Function）

以上讨论了离散控制系统的两种数学模型：差分方程和脉冲传递函数。这两种数学模型形式不同，但本质一样，它们之间可以相互转换。

对于 n 阶前向差分方程描述的 n 阶离散控制系统

$$a_0c(k+n) + a_1c(k+n-1) + \cdots + a_{n-1}c(k+1) + a_nc(k) \tag{7-79}$$
$$= b_0r(k+m) + b_1r(k+m-1) + \cdots + b_{m-1}r(k+1) + b_mr(k)$$

在零初始条件下对差分方程两边求 z 变换，得

$$a_0z^nC(z) + a_1z^{n-1}C(z) + \cdots + a_{n-1}zC(z) + a_nC(z)$$
$$= b_0z^mR(z) + b_1z^{m-1}R(z) + \cdots + b_{m-1}zR(z) + b_mR(z)$$

整理可得系统的脉冲传递函数为

$$\Phi(z) = \frac{C(z)}{R(z)} = \frac{b_0z^m + b_1z^{m-1} + \cdots + b_{m-1}z + b_m}{a_0z^n + a_1z^{n-1} + \cdots + a_{n-1}z + a_n} \tag{7-80}$$

对于用 n 阶后向差分方程来描述的 n 阶离散控制系统

$$a_0c(k) + a_1c(k-1) + \cdots + a_{n-1}c(k-n+1) + a_nc(k-n) \tag{7-81}$$
$$= b_0r(k) + b_1r(k-1) + \cdots + b_{m-1}r(k-m+1) + b_mr(k-m)$$

在零初始条件下对差分方程两边求 z 变换，得

$$a_0C(z) + a_1z^{-1}C(z) + \cdots + a_{n-1}z^{-(n-1)}C(z) + a_nz^{-n}C(z)$$
$$= b_0R(z) + b_1z^{-1}R(z) + \cdots + b_{m-1}z^{-(m-1)}R(z) + b_mz^{-m}R(z)$$

整理得系统的脉冲传递函数为

$$\Phi(z) = \frac{C(z)}{R(z)} = \frac{b_0 + b_1 z^{-1} + \cdots + b_{m-1} z^{-(m-1)} + b_m z^{-m}}{a_0 + a_1 z^{-1} + \cdots + a_{n-1} z^{-(n-1)} + a_n z^{-n}} \qquad (7\text{-}82)$$

可见，描述系统的差分方程的结构和参数与相应的脉冲传递函数的结构和参数之间有固定的关系。因此，由系统的差分方程式（7-79）或式（7-81）可以直接写出系统的脉冲传递函数式（7-80）或式（7-82），反之亦然。

 7.5 离散系统的动态性能分析（Dynamic Performance Analysis of Discrete Systems）

7.5.1 闭环极点的分布与动态性能的关系（Relationship between Closed-Loop Pole Assignment and Dynamic Performance）

与连续系统相似，离散系统的结构和参数，决定了系统闭环零、极点的分布，而闭环脉冲传递函数的极点在 z 平面上单位圆内的分布，对系统的动态性能具有重要影响。

教学视频 7-8
闭环极点与动态
性能关系

设离散控制系统的闭环脉冲传递函数为

$$\Phi(z) = \frac{b_0 z^m + b_1 z^{m-1} + \cdots + b_m}{a_0 z^n + a_1 z^{n-1} + \cdots + a_n} = \frac{b_0}{a_0} \frac{\prod\limits_{j=1}^{m}(z - z_j)}{\prod\limits_{i=1}^{n}(z - \lambda_i)} \qquad (m \leqslant n) \qquad (7\text{-}83)$$

式中，z_j 为系统的闭环零点，$j = 1, 2, \cdots, m$；λ_i 为系统的闭环极点，$i = 1, 2, \cdots, n$。

当输入 $r(t) = 1(t)$ 时，系统输出的 z 变换为

$$C(z) = \Phi(z) \frac{z}{z-1} = \frac{z}{z-1} \frac{b_0}{a_0} \frac{\prod\limits_{j=1}^{m}(z - z_j)}{\prod\limits_{i=1}^{n}(z - \lambda_i)} = \frac{A_0 z}{z-1} + \sum_{i=1}^{n} \frac{A_i z}{z - \lambda_i} \qquad (i = 1, 2, \cdots, n)$$

$$(7\text{-}84)$$

令 $C_0(z) = \dfrac{A_0 z}{z-1}$，$C_i(z) = \dfrac{A_i z}{z-\lambda_i}$，其中 $A_0 = \lim\limits_{z \to 1}(z-1)\dfrac{C(z)}{z}$，$A_i = \lim\limits_{z \to \lambda_i}(z-\lambda_i)\dfrac{C(z)}{z}$。

则系统单位阶跃响应中的稳态分量为

$$c_0^*(t) = Z^{-1}[C_0(z)] = A_0 \qquad (7\text{-}85)$$

暂态分量为

$$\sum_{i=1}^{n} c_i^*(t) = \sum_{i=1}^{n}(Z^{-1}[C_i(z)]) \qquad (7\text{-}86)$$

因此，闭环极点 λ_i 在 z 平面上分布的位置不同，它所对应的暂态分量的形式也将表现为不同的形式。下面分几种情况加以讨论。

1）λ_i 为正实轴上的单极点时，λ_i 对应的暂态分量为

$$c_i^*(t) = Z^{-1}\left[\frac{A_i z}{z - \lambda_i}\right]$$

求 z 反变换得

$$c_i(kT) = A_i \lambda_i^k \tag{7-87}$$

若 $0 < \lambda_i < 1$，闭环极点位于 z 平面上单位圆内的正实轴上，暂态分量 $c_i^*(t)$ 为无振荡收敛的脉冲序列。λ_i 离原点越近，对应的暂态分量衰减越快。

若 $\lambda_i = 1$，闭环极点位于右半 z 平面上的单位圆上，暂态分量 $c_i^*(t)$ 为等幅脉冲序列（pulse sequence）。

若 $\lambda_i > 1$，闭环极点位于 z 平面上单位圆外的正实轴上，暂态分量 $c_i^*(t)$ 为无振荡发散的脉冲序列。

正实数极点对应的暂态分量如图 7-27 所示。

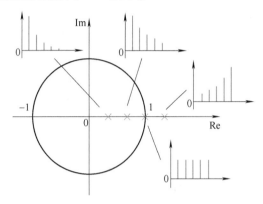

图 7-27 正实数极点对应的暂态分量

2）λ_i 为负实轴上的单极点时，由式（7-87）可知，k 为奇数时 λ_i^k 为负值，k 为偶数时 λ_i^k 为正值。故暂态分量 $c_i^*(t)$ 是正负交替的双向脉冲序列。

若 $-1 < \lambda_i < 0$，闭环极点位于 z 平面上单位圆内的负实轴上，故暂态分量 $c_i^*(t)$ 是正负交替的衰减脉冲序列。λ_i 离原点越近，对应的暂态分量衰减越快。

若 $\lambda_i = -1$，闭环极点位于左半 z 平面的单位圆上，故暂态分量 $c_i^*(t)$ 是正负交替的等幅脉冲序列。

若 $\lambda_i < -1$，闭环极点位于 z 平面上单位圆外的负实轴上，故暂态分量 $c_i^*(t)$ 是正负交替的发散脉冲序列。

负实数极点对应的暂态分量如图 7-28 所示。

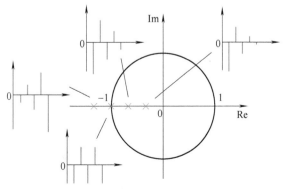

图 7-28 负实数极点对应的暂态分量

3）闭环极点为一对共轭复数：设 λ_i 和 $\overline{\lambda}_i$ 为一对共轭复数极点，记作

$$\lambda_i,\overline{\lambda}_i=|\lambda_i|e^{\pm j\theta_i} \tag{7-88}$$

此时 λ_i 和 $\overline{\lambda}_i$ 对应的暂态分量为

$$c_i^*(t)+\overline{c}_i^*(t)=Z^{-1}\left[\frac{A_iz}{z-\lambda_i}+\frac{\overline{A}_iz}{z-\overline{\lambda}_i}\right] \tag{7-89}$$

式中，A_i 和 $\overline{A}_i$ 也为一对共轭复数，记作

$$A_i,\overline{A}_i=|A_i|e^{\pm j\varphi_i} \tag{7-90}$$

将式（7-88）和式（7-90）代入式（7-89）可得一对共轭复数极点 λ_i 和 $\overline{\lambda}_i$ 对应的暂态分量为

$$c_i(kT)+\overline{c}_i(kT)=A_i\lambda_i^k+\overline{A}_i\overline{\lambda}_i^k=|A_i|e^{j\varphi_i}|\lambda_i|^ke^{jk\theta_i}+|A_i|e^{-j\varphi_i}|\lambda_i|^ke^{-jk\theta_i}$$

$$=|A_i||\lambda_i|^k\left[e^{j(\phi_i+k\theta_i)}+e^{-j(\phi_i+k\theta_i)}\right]=2|A_i||\lambda_i|^k\cos(k\theta_i+\phi_i) \tag{7-91}$$

若 $|\lambda_i|<1$，闭环复数极点位于 z 平面的单位圆内，故暂态分量 $c_i^*(t)+\overline{c}_i^*(t)$ 为按余弦规律振荡收敛的脉冲序列。λ_i 离原点越近，对应的暂态分量衰减越快。

若 $|\lambda_i|>1$，闭环复数极点位于 z 平面的单位圆外，故暂态分量 $c_i^*(t)+\overline{c}_i^*(t)$ 为按余弦规律振荡发散的脉冲序列。

若 $|\lambda_i|=1$，闭环复数极点位于 z 平面的单位圆上，故暂态分量 $c_i^*(t)+\overline{c}_i^*(t)$ 为按余弦规律等幅振荡的脉冲序列。

共轭复数极点对应的暂态分量如图 7-29 所示。

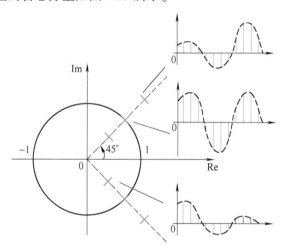

图 7-29　共轭复数极点对应的暂态分量

暂态分量 $c_i^*(t)+\overline{c}_i^*(t)$ 以余弦规律振荡变化，其振荡角频率 ω 与共轭复数极点的辐角 θ_i 有关。其振荡周期内包含的采样周期的个数为

$$l=\frac{2\pi}{\theta_i} \tag{7-92}$$

可见，θ_i 反映了对应暂态分量振荡的激烈程度。θ_i 越大，l 越小，振荡越激烈。作为极端情况，当 $\theta_i=0$ 时（极点在正实轴上，$l\to\infty$），暂态分量是无振荡的。当 $\theta_i=\pi$ 时，$l=2$，一个振荡周期包含了两个采样周期，暂态分量是正、负交替振荡变化的，而且是最剧烈的振荡过程，如图 7-28 所示。

θ_i 越大，振荡频率越高。因此，位于左半 z 平面的单位圆内的复数极点对应的暂态分量的振荡频率，要高于右半 z 平面单位圆内的复数极点所对应的暂态分量的振荡频率。

综上分析，当闭环脉冲传递函数的极点位于 z 平面的单位圆内时，对应的暂态分量是收敛的，故系统稳定；当闭环极点位于 z 平面的单位圆上或单位圆外时，对应的暂态分量均不收敛，系统不稳定。为了使稳定的离散系统具有较满意的动态性能，闭环极点应尽量避免在 z 平面的左半单位圆内，尤其不要靠近负实轴，以免产生较强烈的振荡。闭环极点最好分布在单位圆内的右半部且靠近原点处，这时系统反应迅速，过渡过程进行较快。

7.5.2　s 平面与 z 平面的映射关系（Mapping Relationship between s–Plane and z–Plane）

由 z 变换与拉普拉斯变换的关系 $z = e^{Ts}$，设复变量 s 在 s 平面上沿虚轴取值，即 $s = j\omega$，对应的 $z = e^{j\omega T}$，它是 z 平面上幅值为 1 的单位向量，其辐角为 ωT，随 ω 而改变。当 ω 从 $-\dfrac{\pi}{T} \rightarrow +\dfrac{\pi}{T}$ 连续变化时，$z = e^{j\omega T}$ 的相角由 $-\pi$ 变化到 π。因此 s 平面上的虚轴在 z 平面上的映射是以原点为圆心的单位圆。

设复变量 $s = \sigma + j\omega$，则 $z = e^{Ts} = e^{\sigma T} e^{j\omega T}$，其幅值 $|z| = e^{\sigma T}$。当 s 位于 s 平面虚轴左侧时，$\sigma < 0$，这时 $|z| < 1$，此时 s 在 z 平面上的映射点位于以原点为圆心的单位圆内；若 s 位于 s 平面虚轴右侧时，$\sigma > 0$，这时 $|z| > 1$，此时 s 在 z 平面上的映射点位于以原点为圆心的单位圆外。可见，s 平面左半部在 z 平面上的映射为以原点为圆心的单位圆的内部区域。s 平面与 z 平面的映射关系如图 7-30 所示。

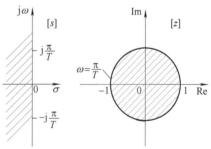

图 7-30　s 平面与 z 平面的映射关系

7.5.3　离散系统的时间响应及动态性能指标（Time Response and its Dynamic Performance Index of Discrete Systems）

与用拉普拉斯变换法分析连续系统的时间响应相似，可以用 z 变换法分析离散控制系统的时间响应。连续系统的性能指标是利用系统在单位阶跃输入信号作用下的时间响应而求到的。同样，离散系统的动态性能指标也可以通过求解其单位阶跃响应而获得。

教学视频 7-9
时间响应及动态
性能指标

根据控制系统的闭环脉冲传递函数和单位阶跃输入信号，求出系统的单位阶跃响应序列 $c^*(t)$。根据 $c^*(t)$，可按照定义求出超调量 $\sigma\%$、调节时间 t_s 等性能指标。关于这些性能指标的定义，与连续系统是完全一样的。但应当指出的是，由于离散控制系统的时域性能指标只能按采样周期的整数倍的采样值来计算，所以是近似的。

【例 7-21】　典型二阶连续控制系统如图 7-31 所示，试确定系统的上升时间 t_r、峰值时间 t_p、超调量 $\sigma\%$ 和调节时间 $t_s(\Delta = \pm 5\%)$。

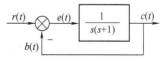

图 7-31　典型二阶连续控制系统

解　系统的闭环传递函数为

$$\Phi(s) = \frac{\dfrac{1}{s(s+1)}}{1+\dfrac{1}{s(s+1)}} = \frac{1}{s^2+s+1}$$

有 $\zeta = 0.5$，$\omega_n = 1$，可求得 $\beta = \arccos\zeta = \dfrac{\pi}{3}$，$\omega_d = \omega_n\sqrt{1-\zeta^2} = 0.866\,\mathrm{rad/s}$。

连续系统的性能指标分别为

$$t_r = \frac{\pi-\beta}{\omega_d} = 2.42s$$

$$t_p = \frac{\pi}{\omega_d} = 3.63s$$

$$\sigma\% = \mathrm{e}^{-\frac{\pi\zeta}{\sqrt{1-\zeta^2}}} \times 100\% = 16.3\%$$

$$t_s = \frac{3}{\zeta\omega_n} = 6s\,(\Delta = \pm 5\%)$$

【例7-22】　对例7-21的连续控制系统进行偏差采样得到离散控制系统如图7-32所示，已知采样周期 $T=1\,\mathrm{s}$，试确定系统的上升时间 t_r、峰值时间 t_p、超调量 $\sigma\%$ 和调节时间 $t_s\,(\Delta=\pm 5\%)$。

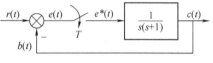

图7-32　偏差采样的离散控制系统

解　系统为典型结构，且为单位反馈系统，当 $T=1\,\mathrm{s}$ 时有

$$G(z) = Z[G(s)] = Z\left[\frac{1}{s(s+1)}\right] = Z\left[\frac{1}{s} - \frac{1}{s+1}\right]$$

$$= \frac{z}{z-1} - \frac{z}{z-\mathrm{e}^{-T}} = \frac{0.632z}{(z-1)(z-0.368)}$$

系统的闭环脉冲传递函数为

$$\Phi(z) = \frac{G(z)}{1+G(z)} = \frac{0.632z}{z^2-0.736z+0.368}$$

单位阶跃输入时，$R(z) = \dfrac{z}{z-1}$，则

$$C(z) = \Phi(z)R(z) = \frac{0.632z^2}{z^3-1.736z^2+1.104z-0.368}$$

$$= 0.632z^{-1} + 1.097z^{-2} + 1.207z^{-3} + 1.117z^{-4} + 1.014z^{-5} + 0.96z^{-6} +$$

$$0.968z^{-7} + 0.99z^{-8} + \cdots$$

进行 z 反变换得系统的单位阶跃响应序列为

$$c^*(t) = 0.632\delta(t-T) + 1.097\delta(t-2T) + 1.207\delta(t-3T) + 1.117\delta(t-4T) +$$

$$1.014\delta(t-5T) + 0.96\delta(t-6T) + 0.968\delta(t-7T) + 0.99\delta(t-8T) + \cdots$$

根据各采样时刻的输出采样值，可以绘出系统的单位阶跃响应序列 $c^*(t)$，如图7-33所示，并求得系统近似的性能指标分别为 $t_r=2s$，$t_p=3s$，$\sigma\%=20.7\%$，$t_s=5s$（$\Delta=\pm 5\%$）。

【例 7-23】　对例 7-21 的连续控制系统进行偏差采样保持得到离散控制系统如图 7-34 所示，已知采样周期 $T=1\,\mathrm{s}$，试确定系统的上升时间 t_r、峰值时间 t_p、超调量 $\sigma\%$ 和调节时间 t_s（$\Delta=\pm5\%$）。

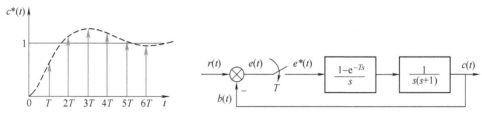

图 7-33　例 7-22 系统的单位阶跃响应序列　　　　图 7-34　偏差采样保持的离散控制系统

解　系统为典型结构，且为单位反馈系统，当 $T=1\,\mathrm{s}$ 时有

$$G(z)=\frac{z-1}{z}Z\left[\frac{G_0(s)}{s}\right]=\frac{z-1}{z}Z\left[\frac{1}{s^2(s+1)}\right]$$

$$=\frac{z-1}{z}\left[\frac{Tz}{(z-1)^2}-\frac{z}{z-1}+\frac{z}{z-\mathrm{e}^{-T}}\right]=\frac{0.368z+0.264}{(z-1)(z-0.368)}$$

系统的闭环脉冲传递函数为

$$\Phi(z)=\frac{G(z)}{1+G(z)}=\frac{0.368z+0.264}{z^2-z+0.632}$$

单位阶跃输入时，$R(z)=\dfrac{z}{z-1}$，则

$$C(z)=\Phi(z)R(z)=\frac{0.368z+0.264}{z^2-z+0.632}\frac{z}{z-1}=\frac{0.368z^2+0.264z}{z^3-2z^2+1.632z-0.632}$$

$$=0.368z^{-1}+z^{-2}+1.4z^{-3}+1.4z^{-4}+1.14z^{-5}+0.895z^{-6}+0.802z^{-7}+0.868z^{-8}+$$

$$0.993z^{-9}+1.077z^{-10}+1.081z^{-11}+1.032z^{-12}+0.981z^{-13}+\cdots$$

对上式进行 z 反变换得系统的单位阶跃响应序列为

$$c^*(t)=0.368\delta(t-T)+\delta(t-2T)+1.4\delta(t-3T)+1.4\delta(t-4T)+1.14\delta(t-5T)+$$

$$0.895\delta(t-6T)+0.802\delta(t-7T)+0.868\delta(t-8T)+0.993\delta(t-9T)+$$

$$1.077\delta(t-10T)+1.081\delta(t-11T)+1.032\delta(t-12T)+0.981\delta(t-13T)+\cdots$$

根据各采样时刻的输出采样值，可以绘出系统的单位阶跃响应序列 $c^*(t)$，如图 7-35 所示，并求得系统近似的性能指标分别为 $\sigma\%=40\%$，$t_\mathrm{r}=2\,\mathrm{s}$，$t_\mathrm{p}=4\,\mathrm{s}$，$t_\mathrm{s}=12\,\mathrm{s}$（$\Delta=\pm5\%$）。

通过比较以上 3 例的性能指标可以看出，采样开关和零阶保持器的引入，会影响离散控制系统的动态性能。关于这种影响，可定性地描述如下。

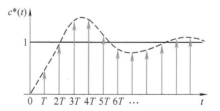

图 7-35　例 7-23 系统的单位阶跃响应序列

通过增加采样开关对连续系统进行误差采样，会使系统的上升时间 t_r、峰值时间 t_p、调节时间 t_s 略有减小，但会造成超调量 $\sigma\%$ 增大。因此，一般情况下采样造成的信息损失会降低系统的稳定程度。然而，在某些情况下，例如具有大延迟的系统中，误差采样反而会提高系统的稳定程度。

对误差采样信号进行零阶保持，虽然不改变系统开环脉冲传递函数的极点，但影响其零点，势必引起系统闭环脉冲传递函数极点的改变，从而造成系统的峰值时间 t_p、调节时间 t_s 都加长，超调量 $\sigma\%$ 也增加，降低了系统的稳定程度。这是零阶保持器的相角滞后作用所带来的影响。

7.6　离散系统的稳定性分析（Stability Analysis of Discrete Systems）

7.6.1　稳定的充要条件（Necessary and Sufficient Conditions for Stability）

由闭环极点的分布与动态性能的关系，可得到离散控制系统稳定的充分必要条件是系统的闭环极点均分布在 z 平面上以原点为圆心的单位圆内。

只要有一个闭环极点分布在 z 平面上以原点为圆心的单位圆外，则离散控制系统不稳定。

当有闭环极点分布在 z 平面上以原点为圆心的单位圆上，而其他闭环极点分布在单位圆内时，系统处于临界稳定状态。

7.6.2　劳斯稳定判据（Routh Stability Criterion）

由第 3 章的内容可知，劳斯稳定判据是判断线性连续系统的一种简便的代数判据。然而，对于离散控制系统，其稳定边界是 z 平面上以原点为圆心的单位圆，而不是虚轴，因而不能直接应用劳斯判据。为此，需要采用一种双线性变换的方法，将 z 平面上以原点为圆心的单位圆映射为新坐标系的虚轴，而圆内部分映射为新坐标系的左半平面，圆外部分映射为新坐标系的右半平面。这种双线性变换的方法称为 w 变换，即令

$$z=\frac{w+1}{w-1} \tag{7-93}$$

则有

$$w=\frac{z+1}{z-1} \tag{7-94}$$

若 $z=x+\mathrm{j}y$ 是定义在 z 平面上的复数，$w=u+\mathrm{j}v$ 是定义在 w 平面上的复数，则

$$w=u+\mathrm{j}v=\frac{x+1+\mathrm{j}y}{x-1+\mathrm{j}y}=\frac{(x^2+y^2)-1}{(x-1)^2+y^2}-\mathrm{j}\,\frac{2y}{(x-1)^2+y^2} \tag{7-95}$$

当 $u=0$，即 w 在 w 平面虚轴上取值时，则 $x^2+y^2-1=0$，即 $x^2+y^2=1$，映射为 z 平面上以原点为圆心的单位圆。

当 $u<0$，即 w 在 w 平面虚轴左侧取值时，则 $x^2+y^2-1<0$，即 $x^2+y^2<1$，映射为 z 平面上以原点为圆心的单位圆内部分。

当 $u>0$，即 w 在 w 平面虚轴右侧取值时，则 $x^2+y^2-1>0$，即 $x^2+y^2>1$，映射为 z 平面上以原点为圆心的单位圆外部分。

z 平面和 w 平面的映射关系如图 7-36 所示。

由此可知，离散控制系统在 z 平面上的稳定

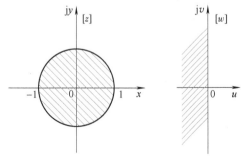

图 7-36　z 平面和 w 平面的映射关系

条件可转化为经过 w 变换后的特征方程

$$P(w) = D(z)\big|_{z = \frac{w+1}{w-1}} = 0 \tag{7-96}$$

的所有特征根，均分布于 w 平面的左半平面。

这种情况正好与在 s 平面上应用劳斯判据的情况一样。因此可根据 w 域中的特征方程的系数，直接应用劳斯判据分析离散控制系统的稳定性。

【例 7-24】　设离散控制系统的特征方程为

$$D(z) = 45z^3 - 117z^2 + 119z - 39 = 0$$

试判断系统的稳定性。

解　令 $z = \dfrac{w+1}{w-1}$，代入 $D(z) = 0$ 中，整理得 $P(w) = w^3 + 2w^2 + 2w + 40 = 0$。

列劳斯表如下：

$$
\begin{array}{ccc}
w^3 & 1 & 2 \\
w^2 & 2 & 40 \\
w^1 & -18 & \\
w^0 & 40 &
\end{array}
$$

由劳斯判据可知，系统不稳定，且有两个特征根位于 z 平面的单位圆外。

【例 7-25】　离散控制系统如图 7-37 所示，若采样周期分别为 $T = 1\mathrm{s}$，$T = 0.5\mathrm{s}$，试在两种情况下确定使系统稳定的 K 取值范围。

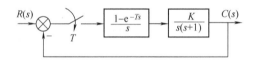

图 7-37　例 7-25 离散控制系统

解　系统为典型结构，且为单位反馈系统，则系统的开环脉冲传递函数为

$$G(z) = \frac{z-1}{z} Z\left[\frac{K}{s^2(s+1)}\right] = K\frac{(\mathrm{e}^{-T} + T - 1)z + (1 - \mathrm{e}^{-T} - T\mathrm{e}^{-T})}{(z-1)(z - \mathrm{e}^{-T})}$$

相应的闭环特征方程为 $D(z) = 1 + G(z) = 0$。

当 $T = 1\mathrm{s}$ 时，有 $D(z) = z^2 + (0.368K - 1.368)z + (0.264K + 0.368) = 0$，令 $z = (w+1)/(w-1)$，得 w 域特征方程为 $P(w) = 0.632Kw^2 + (1.264 - 0.528K)w + (2.736 - 0.104K) = 0$，根据劳斯判据易得使系统稳定的 K 取值范围是 $0 < K < 2.4$。

当 $T = 0.5\mathrm{s}$ 时，w 域特征方程为 $P(w) = 0.197Kw^2 + (0.786 - 0.18K)w + (3.214 - 0.017K) = 0$，根据劳斯判据易得使系统稳定的 K 取值范围是 $0 < K < 4.37$。

从该例题可以看出：

1）若该系统无采样与保持过程，即系统为二阶连续系统，只要 $K > 0$，系统总是稳定的。但加采样开关后，系统变为二阶离散系统，随着 K 的不断增加，系统会变得不稳定。这说明采样开关的引入会使系统的稳定性变差。

2）采样周期越长，系统的信息损失越多，对离散系统的稳定性及动态性能越不利，甚至可使系统失去稳定。如果提高采样频率，采样造成的信息损失就少，离散系统更接近于相应的连续系统，可改善离散系统的稳定程度。但过高的采样频率会增加计算机负担。

7.6.3 朱利稳定判据（July Stability Criterion）

朱利稳定判据是直接在 z 域内应用的稳定性判据。设离散控制系统的闭环特征方程可写为

$$D(z) = a_0 + a_1 z + a_2 z^2 + \cdots + a_n z^n = 0 \qquad (a_n > 0)$$

根据特征方程的系数，利用表 7-2 的方法构造（$2n-2$）行、（$n+1$）列的朱利阵列。

在朱利阵列中，第 $2k+2$ 行各元素是 $2k+1$ 行各元素的反序排列。从第 3 行起，阵列中各元素的定义如下：

$$b_k = \begin{vmatrix} a_0 & a_{n-k} \\ a_n & a_k \end{vmatrix} \qquad k = 0,\ 1,\ \cdots,\ n-1$$

$$c_k = \begin{vmatrix} b_0 & b_{n-k-1} \\ b_{n-1} & b_k \end{vmatrix} \qquad k = 0,\ 1,\ \cdots,\ n-2$$

$$d_k = \begin{vmatrix} c_0 & c_{n-k-2} \\ c_{n-2} & c_k \end{vmatrix} \qquad k = 0,\ 1,\ \cdots,\ n-3$$

$$\cdots$$

$$q_0 = \begin{vmatrix} p_0 & p_3 \\ p_3 & p_0 \end{vmatrix}, \quad q_1 = \begin{vmatrix} p_0 & p_2 \\ p_3 & p_1 \end{vmatrix}, \quad q_2 = \begin{vmatrix} p_0 & p_1 \\ p_3 & p_2 \end{vmatrix}$$

表 7-2　朱利阵列

行	z^0	z^1	z^2	z^3	$\cdots$	z^{n-k}	$\cdots$	z^{n-1}	z^n
1	a_0	a_1	a_2	a_3	$\cdots$	a_{n-k}	$\cdots$	a_{n-1}	a_n
2	a_n	a_{n-1}	a_{n-2}	a_{n-3}	$\cdots$	a_k	$\cdots$	a_1	a_0
3	b_0	b_1	b_2	b_3	$\cdots$	b_{n-k}	$\cdots$	b_{n-1}	
4	b_{n-1}	b_{n-2}	b_{n-3}	b_{n-4}	$\cdots$	b_{k-1}	$\cdots$	b_0	
5	c_0	c_1	c_2	c_3	$\cdots$	c_{n-k}	$\cdots$		
6	c_{n-2}	c_{n-3}	c_{n-4}	c_{n-5}	$\cdots$	c_{k-2}	$\cdots$		
$\vdots$	$\vdots$	$\vdots$	$\vdots$	$\vdots$					
$2n-5$	p_0	p_1	p_2	p_3					
$2n-4$	p_3	p_2	p_1	p_0					
$2n-3$	q_0	q_1	q_2						
$2n-2$	q_2	q_1	q_0						

则离散控制系统稳定的充要条件是系统满足如下（$n+1$）个约束条件：

$$\left. \begin{array}{l} D(1) > 0 \\ (-1)^n D(-1) > 0 \\ |a_0| < a_n \\ |b_0| > |b_{n-1}| \\ |c_0| > |c_{n-2}| \\ \cdots \\ |q_0| > |q_2| \end{array} \right\} \text{共}(n-1)\text{个约束条件} \qquad (7\text{-}97)$$

【例 7-26】　已知离散控制系统的特征方程为

$$D(z) = z^4 - 1.368z^3 + 0.4z^2 + 0.08z + 0.002 = 0$$

试判断系统的稳定性。

解 $n = 4$，$D(1) = 0.114 > 0$，$(-1)^4 D(-1) = 2.69 > 0$，列出朱利阵列如下：

行数	z^0	z^1	z^2	z^3	z^4
1	0.002	0.08	0.4	-1.368	1
2	1	-1.368	0.4	0.08	0.002
3	-1	1.368	-0.399	-0.083	
4	-0.083	-0.399	1.368	-1	
5	0.993	-1.401	0.512		
6	0.512	-1.401	0.993		

由朱利阵列可得

$$|a_0| = 0.002 < a_4 = 1$$
$$|b_0| = 1 > |b_3| = 0.083$$
$$|c_0| = 0.993 > |c_2| = 0.512$$

系统满足朱利判据的所有约束条件，故系统是稳定的。

7.7 离散系统的稳态误差分析（Steady-State Error Analysis of Discrete Systems）

离散系统的稳态误差是离散系统分析和设计的一个重要指标，是指离散控制系统的误差脉冲序列的终值，即

教学视频 7-11
稳态误差分析

$$e(\infty) = \lim_{t \to \infty} e^*(t) = \lim_{n \to \infty} e(nT) \tag{7-98}$$

由于离散控制系统的脉冲传递函数与采样开关的配置有关，没有统一的公式可用，故通常采用终值定理计算稳态误差。若由系统的结构和参数可确定其误差脉冲序列 $e^*(t)$ 的 z 变换 $E(z)$ 时，只要系统的特征根全部严格位于 z 平面以原点为圆心的单位圆内，即若离散系统是稳定的，则可用 z 变换的终值定理求出离散控制系统的稳态误差为

$$e(\infty) = \lim_{t \to \infty} e^*(t) = \lim_{n \to \infty} e(nT) = \lim_{z \to 1}(z-1)E(z) \tag{7-99}$$

对于如图 7-38 所示的典型结构的闭环离散控制系统，由式（7-75）可知，系统的误差传递函数为

$$\Phi_e(z) = \frac{E(z)}{R(z)} = \frac{1}{1 + GH(z)}$$

则系统在给定输入作用下的误差脉冲序列 $e^*(t)$ 的 z 变换表达式为

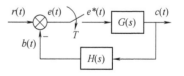

图 7-38 典型结构的闭环
离散控制系统

$$E(z) = \frac{1}{1 + GH(z)}R(z) \tag{7-100}$$

根据 z 变换的终值定理，系统的稳态误差为

$$e(\infty) = \lim_{z \to 1}(z-1)E(z) = \lim_{z \to 1}(z-1)\frac{1}{1 + GH(z)}R(z) \tag{7-101}$$

对于离散控制系统，也可以通过分析其型别与静态误差系数来求解其稳态误差。设离散控制系统的开环脉冲传递函数为

$$G_k(z) = GH(z) = \frac{K_g \prod\limits_{j=1}^{m}(z - z_j)}{(z-1)^v \prod\limits_{i=1}^{n-v}(z - p_i)} \tag{7-102}$$

式中，K_g 为系统的开环根轨迹增益；z_j 为系统的开环零点，$j=1,2,\cdots,m$；p_i 为系统非 $z=1$ 处的开环极点，$i=1,2,\cdots,n-v$；v 为系统在 $z=1$ 处的开环极点数，也称作离散控制系统的型别。$v=0,1,2$ 时，分别称离散控制系统为 0 型、1 型、2 型系统。

由式（7-101）可得，系统在给定输入作用下的稳态误差为

$$e(\infty) = \lim_{z \to 1}(z-1) \cdot \frac{1}{1+G_k(z)}R(z) \tag{7-103}$$

7.7.1 单位阶跃输入时的稳态误差（Steady-State Error under Unit Step Input）

当系统输入为单位阶跃信号时，$R(z) = \dfrac{z}{z-1}$，则

$$e(\infty) = \lim_{z \to 1}(z-1)\frac{z}{1+G_k(z)}\frac{1}{z-1} = \frac{1}{\lim\limits_{z \to 1}[1+G_k(z)]}$$

定义离散控制系统的静态位置误差系数为

$$K_p = \lim_{z \to 1}[1+G_k(z)] \tag{7-104}$$

则系统的稳态误差可表示为

$$e(\infty) = \frac{1}{K_p} \tag{7-105}$$

对于 0 型系统，$K_p = 1 + \dfrac{K_g \prod\limits_{j=1}^{m}(1 - z_j)}{\prod\limits_{i=1}^{n}(1 - p_i)}$，$e(\infty) = \dfrac{1}{K_p}$，为一常数。

对于 1 型及 1 型以上的系统，$K_p = \infty$，$e(\infty) = 0$。

7.7.2 单位斜坡输入时的稳态误差（Steady-State Error under Unit Ramp Input）

当系统输入为单位斜坡信号时，$R(z) = \dfrac{zT}{(z-1)^2}$，则

$$e(\infty) = \lim_{z \to 1}(z-1) \cdot \frac{1}{1+G_k(z)}\frac{zT}{(z-1)^2} = \frac{T}{\lim\limits_{z \to 1}(z-1)[1+G_k(z)]}$$

$$= \frac{T}{\lim\limits_{z \to 1}(z-1) + \lim\limits_{z \to 1}(z-1)G_k(z)} = \frac{1}{\dfrac{1}{T}\lim\limits_{z \to 1}(z-1)G_k(z)}$$

定义离散控制系统的静态速度误差系数为

$$K_v = \frac{1}{T}\lim_{z \to 1}[(z-1)G_k(z)] \tag{7-106}$$

则系统的稳态误差可表示为

$$e(\infty) = \frac{1}{K_v} \tag{7-107}$$

对于 0 型系统，$K_v = 0$，$e(\infty) = \infty$；对于 1 型系统，K_v 为一常数，$e(\infty) = \frac{1}{K_v}$；对于 2 型及 2 型以上的系统，$K_v = \infty$，$e(\infty) = 0$。

7.7.3　单位抛物线输入时的稳态误差（Steady-State Error under Unit Parabolic Input）

当系统输入为单位抛物线信号时，$R(z) = \dfrac{zT^2(z+1)}{2(z-1)^3}$，则

$$e(\infty) = \lim_{z \to 1}(z-1)\frac{1}{1+G_k(z)}\frac{zT^2(z+1)}{2(z-1)^3} = \frac{1}{\dfrac{1}{T^2}\lim_{z \to 1}(z-1)^2 G_k(z)}$$

定义离散控制系统的静态加速度误差系数为

$$K_a = \frac{1}{T^2}\lim_{z \to 1}\left[(z-1)^2 G_k(z)\right] \tag{7-108}$$

则系统的稳态误差可表示为

$$e(\infty) = \frac{1}{K_a} \tag{7-109}$$

对于 0 型及 1 型系统，$K_a = 0$，$e(\infty) = \infty$；对于 2 型系统，K_a 为一常数，$e(\infty) = \frac{1}{K_a}$；对于 3 型及 3 型以上的系统，$K_a = \infty$，$e(\infty) = 0$。

不同型别离散控制系统的稳态误差见表 7-3。

表 7-3　不同型别离散控制系统的稳态误差

系统型别 ＼ 给定输入	$r(t) = 1(t)$	$r(t) = t$	$r(t) = \frac{1}{2}t^2$
0 型	$\frac{1}{K_p}$（常数）	∞	∞
1 型	0	$\frac{1}{K_v}$（常数）	∞
2 型	0	0	$\frac{1}{K_a}$（常数）

通过以上分析可知，离散控制系统的稳态误差除了与输入信号的形式有关外，还直接取决于系统的开环脉冲传递函数 $G_k(z)$ 中在 $z = 1$ 处的极点个数，即取决于系统的型别 v。v 反映了离散控制系统的无差度，通常称 $v = 0$ 的系统为有差系统，$v = 1$ 的系统为一阶无差系统，$v = 2$ 的系统为二阶无差系统。

此外，离散控制系统的稳态误差还与采样周期 T 有关。由式（7-106）和式（7-108）可知，T 越大，K_v 和 K_a 越小，系统的稳态误差越大。

【例 7-27】　离散控制系统如图 7-39 所示，已知系统的输入为 $r(t) = t$，试求系统的稳态误差。

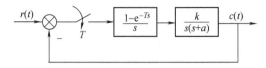

图 7-39 例 7-27 离散控制系统

解 由于系统为单位反馈，所以系统的开环脉冲传递函数为

$$G_k(z) = G(z) = Z\left[\frac{1-e^{-Ts}}{s}\frac{k}{s(s+a)}\right] = k\frac{z-1}{z}Z\left[\frac{1}{s^2(s+a)}\right]$$

$$= k\frac{z-1}{z}Z\left[\frac{1}{as^2} - \frac{1}{a^2s} + \frac{1}{a^2(s+a)}\right]$$

$$= k\frac{z-1}{z}\left[\frac{Tz}{a(z-1)^2} - \frac{z}{a^2(z-1)} + \frac{z}{a^2(z-e^{-aT})}\right]$$

$$= \frac{k\left[(aT-1+e^{-aT})z + (1-e^{-aT}-aTe^{-aT})\right]}{a^2(z-1)(z-e^{-aT})}$$

可见，系统为 1 型，其静态速度误差系数为

$$K_v = \frac{1}{T}\lim_{z\to 1}\left[(z-1)G_k(z)\right] = \frac{1}{T}\lim_{z\to 1}\frac{k\left[(aT-1+e^{-aT})z + (1-e^{-aT}-aTe^{-aT})\right]}{a^2(z-e^{-aT})}$$

$$= \frac{kaT(1-e^{-aT})}{a^2T(1-e^{-aT})} = \frac{k}{a}$$

系统的稳态误差为 $e(\infty) = \frac{1}{K_v} = \frac{a}{k}$。

【例 7-28】 离散控制系统如图 7-40 所示，试求系统在单位阶跃信号作用下的稳态误差。

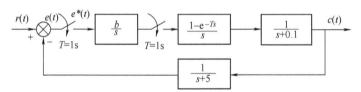

图 7-40 例 7-28 离散控制系统

解 令 $G_c(s) = \frac{b}{s}$，则 $G_c(z) = \frac{bz}{z-1}$

$$G(s)H(s) = \frac{1-e^{-Ts}}{s}\frac{1}{s+0.1}\frac{1}{s+5} = (1-e^{-Ts})\left(\frac{2}{s} - \frac{2.041}{s+0.1} + \frac{0.041}{s+5}\right)$$

$$GH(z) = \frac{z-1}{z}\left(\frac{2z}{z-1} - \frac{2.041z}{z-e^{-0.1T}} + \frac{0.041z}{z-e^{-5T}}\right)$$

$$= \frac{z-1}{z}\left(\frac{2z}{z-1} - \frac{2.041z}{z-0.905} + \frac{0.041z}{z-0.007}\right) = \frac{0.153z+0.035}{(z-0.905)(z-0.007)}$$

系统的开环脉冲传递函数为

$$G_k(z) = G_c(z)GH(z) = \frac{bz(0.153z+0.035)}{(z-1)(z-0.905)(z-0.007)}$$

系统为 1 型，其静态位置误差系数 $K_p = \infty$，系统在单位阶跃信号作用下的稳态误差为

$$e(\infty) = 0$$

对于上例，也可先求出系统误差信号的 z 变换表达式 $E(z)$，利用终值定理求出相应的稳态误差。

系统的闭环误差脉冲传递函数为

$$\Phi_e(z) = \frac{1}{1 + G_c(z)GH(z)}$$

在单位阶跃信号作用下，误差采样信号的 z 变换为

$$E(z) = \Phi_e(z)\frac{z}{z-1}$$

由 z 变换的终值定理可得系统的稳态误差为

$$e(\infty) = \lim_{z \to 1}(z-1)E(z) = \lim_{z \to 1}(z-1)\Phi_e(z)\frac{z}{z-1}$$

$$= \lim_{z \to 1}\frac{z}{1 + G_c(z)GH(z)} = \lim_{z \to 1}\frac{z}{1 + \dfrac{bz}{z-1}\dfrac{0.153z + 0.035}{(z-0.905)(z-0.007)}} = 0$$

7.8　离散系统的校正（Compensation of Discrete Systems）

7.8.1　校正方式（Compensation Approaches）

教学视频 7-12
离散系统校正

与连续系统一样，为使系统性能达到满意的要求，在离散控制系统中也可以用串联、并联、局部反馈和复合控制的方式来实现对系统的校正，其中串联校正方式应用最为广泛。由于离散控制系统中连续部分和离散部分并存，有连续信号也有离散信号，所以离散控制系统可采用两种类型的串联校正方式。

1. 采用连续校正装置

采用连续校正装置 $G_c(s)$ 与系统连续部分相串联，用来改变连续部分的特性，以达到满意的要求。采有连续校正装置的控制系统如图 7-41 所示。

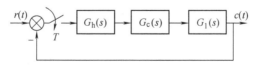

图 7-41　采用连续校正装置的控制系统

2. 采用数字校正装置

采用数字校正装置改变采样信号的变化规律，以达到系统的要求，如图 7-42 所示。校正装置 $D(z)$ 通过采样器与连续部分串接。

关于数字校正装置 $D(z)$ 的设计方法，一般分为如下两种方式：

1）模拟化设计方法，又称间接设计法或连续系统设计法。该方法是把数字调节器的脉冲传递函数 $D(z)$ 先看成是模拟调节器的传递函数 $G_c(s)$，这样就把一个离散控制系统视为

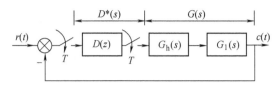

图 7-42   采用数字校正装置的控制系统

一个连续控制系统。然后按连续系统的校正与综合方法（例如第 6 章的频率特性法校正），求出满足性能指标要求的模拟调节器 $G_c(s)$，最后再将模拟调节器 $G_c(s)$ 经过某种离散化方法变为数字调节器 $D(z)$。常用的模拟调节器离散化方法有直接差分法和双线性变换法。

2）离散化设计方法，又称为直接数字设计法。这种方法是把系统中的连续部分，即被控对象的模型（往往包括零阶保持器）离散化后，在整个系统都具有离散模型的形式下进行系统的校正与综合。该方法根据离散系统的特点，利用离散控制理论直接设计数字控制器。由于直接数字法比较简单，设计出的数字控制器可以实现比较复杂的控制规律，因此更具一般性。

离散化设计方法有解析法（最少拍控制系统的设计）、z 平面上的根轨迹法、w 平面上的伯德图法等。本节将介绍直接数字设计法，主要研究数字控制器的脉冲传递函数以及最少拍控制系统的设计等问题。

7.8.2   数字控制器的脉冲传递函数（Impulse Transfer Function of Digital Controller）

具有数字控制器的离散控制系统如图 7-43 所示。图中 $D(z)$ 为数字控制器，$G(s)$ 为连续部分传递函数，一般包括保持器和被控对象两部分，称为广义对象的传递函数。

图 7-43   具有数字控制器的离散控制系统

由于 $G(z) = Z[G(s)]$，则系统的闭环脉冲传递函数为

$$\Phi(z) = \frac{D(z)G(z)}{1 + D(z)G(z)} \tag{7-110}$$

误差脉冲传递函数为

$$\Phi_e(z) = \frac{1}{1 + D(z)G(z)} \tag{7-111}$$

因而由式（7-110）和式（7-111）可以分别求出数字控制器的脉冲传递函数为

$$D(z) = \frac{\Phi(z)}{G(z)[1 - \Phi(z)]} \tag{7-112}$$

或者

$$D(z) = \frac{1 - \Phi_e(z)}{G(z)\Phi_e(z)} \tag{7-113}$$

比较式（7-112）与式（7-113），得

$$\Phi_e(z) = 1 - \Phi(z) \tag{7-114}$$

由此可见，$D(z)$ 的确定取决于 $G(z)$ 和 $\Phi(z)$ 或 $\Phi_e(z)$ 的具体形式。若已知 $G(z)$，并根据性能指标定出 $\Phi(z)$，则数字控制器 $D(z)$ 就可唯一确定。

设计数字控制器的步骤如下：

1）由系统连续部分传递函数 $G(s)$，求出脉冲传递函数 $G(z)$。

2）根据系统的性能指标要求和其他约束条件，确定所需的闭环脉冲传递函数 $\Phi(z)$。

3）按式（7-112）确定数字控制器脉冲传递函数 $D(z)$。

需要指出的是，以上设计出的数字控制器只是理论上的结果，而要设计出具有实用价值的 $D(z)$，应满足以下两点约束：

1）$D(z)$ 是稳定的，即其极点均位于 z 平面的单位圆内。

2）$D(z)$ 是可实现的，即其极点数要大于或等于零点数。

7.8.3　最少拍系统及其设计（Minimum Beat System and its Design）

人们通常把采样过程中的一个采样周期称为一拍。所谓最少拍系统（minimum beat system），是指在典型输入信号的作用下，经过最少采样周期，系统的误差采样信号减少到零的离散控制系统。因此，最少拍系统又称为最快响应系统。

当典型输入信号 $r(t)$ 分别为单位阶跃信号 $1(t)$、单位斜坡信号 t 和单位抛物线信号 $\frac{1}{2}t^2$ 时，其 z 变换 $R(z)$ 分别为 $\frac{1}{1-z^{-1}}$、$\frac{Tz^{-1}}{(1-z^{-1})^2}$、$\frac{T^2z^{-1}(1+z^{-1})}{2(1-z^{-1})^3}$。由此可得典型输入信号 z 变换的一般形式为

$$R(z)=\frac{A(z)}{(1-z^{-1})^v} \tag{7-115}$$

式中，$A(z)$ 是不包含 $(1-z^{-1})^{-1}$ 的关于 z^{-1} 的多项式；v 为 $R(z)$ 中 $(1-z^{-1})$ 的幂次。对于单位阶跃信号 $1(t)$，$v=1$；对于单位斜坡信号 t，$v=2$；对于单位抛物线信号 $\frac{1}{2}t^2$，$v=3$。

最少拍系统的设计原则是，如果系统广义被控对象 $G(z)$ 无延迟且在 z 平面单位圆上及单位圆外均无零、极点，要求选择闭环脉冲传递函数 $\Phi(z)$，使系统在典型输入信号作用下，经最少采样周期后其误差采样信号为零，达到完全跟踪的目的，从而确定所需要的数字控制器的脉冲传递函数 $D(z)$。

根据此设计原则，需要求出稳态误差 $e(\infty)$ 的表达式。将式（7-115）代入式（7-101）得

$$E(z)=\Phi_e(z)R(z)=\Phi_e(z)\frac{A(z)}{(1-z^{-1})^v}$$

根据 z 变换的终值定理，系统的稳态误差终值为

$$e(\infty)=\lim_{z\to1}(z-1)\Phi_e(z)R(z)=\lim_{z\to1}(z-1)\Phi_e(z)\frac{A(z)}{(1-z^{-1})^v}$$

为了实现系统无稳态误差，$\Phi_e(z)$ 应当包含 $(1-z^{-1})^v$ 的因子，因此设

$$\Phi_e(z)=(1-z^{-1})^vF(z) \tag{7-116}$$

由（7-114）可得

$$\Phi(z)=1-\Phi_e(z)=1-(1-z^{-1})^vF(z) \tag{7-117}$$

为了使求出的 $D(z)$ 形式简单、阶数最低，可取 $F(z)=1$。此时，$\Phi(z)$ 的全部极点都位于 z 平面的原点，由离散控制系统闭环极点分布与其动态过程之间的关系可知，系统的暂态过程可在最少拍内完成。**因此设**

$$\Phi_{\mathrm{e}}(z)=(1-z^{-1})^{v} \tag{7-118}$$

及

$$\Phi(z)=1-(1-z^{-1})^{v} \tag{7-119}$$

式（7-118）和式（7-119）是无稳态误差的最少拍离散控制系统的误差脉冲传递函数和闭环脉冲传递函数。

下面分析几种典型输入信号分别作用的情况。

1. 单位阶跃输入信号

当 $r(t)=1(t)$ 时，$R(z)=\dfrac{1}{1-z^{-1}}$，则 $v=1$。由式（7-118）和式（7-119）可得

$\Phi_{\mathrm{e}}(z)=1-z^{-1},\Phi(z)=z^{-1}$，$C(z)=\Phi(z)R(z)=\dfrac{z^{-1}}{1-z^{-1}}=z^{-1}+z^{-2}+\cdots+z^{-n}+\cdots$。

基于 z 变换的定义，得到最少拍系统在单位阶跃信号作用下的输出序列 $c(nT)$ 为 $c(0)=0$，$c(T)=1$，$c(2T)=1$，$c(3T)=1$，$\cdots$，$c(nT)=1$，$\cdots$。

系统的单位阶跃响应序列如图 7-44 所示。最少拍系统经过一拍就可完全跟踪输入 $r(t)=1(t)$。该离散控制系统称为一拍系统，其调节时间 $t_{\mathrm{s}}=T$。

2. 单位斜坡输入信号

当 $r(t)=t$ 时，$R(z)=\dfrac{Tz^{-1}}{(1-z^{-1})^{2}}$，则 $v=2$。由式（7-118）和式（7-119）可得

$$\Phi_{\mathrm{e}}(z)=(1-z^{-1})^{2},\Phi(z)=2z^{-1}-z^{-2}$$

$$C(z)=\Phi(z)R(z)=\frac{(2z^{-1}-z^{-2})Tz^{-1}}{(1-z^{-1})^{2}}=2Tz^{-2}+3Tz^{-3}+\cdots+nTz^{-n}+\cdots$$

基于 z 变换的定义，得到最少拍系统在单位斜坡信号作用下的输出序列 $c(nT)$ 为

$$c(0)=0,c(T)=0,c(2T)=2T,c(3T)=3T,\cdots,c(nT)=nT,\cdots$$

系统的单位斜坡响应序列如图 7-45 所示，最少拍系统经过二拍就可完全跟踪输入 $r(t)=t$。该离散控制系统称为二拍系统，其调节时间 $t_{\mathrm{s}}=2T$。

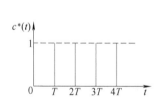

图 7-44　一拍系统的单位阶跃响应序列

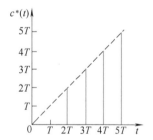

图 7-45　二拍系统的单位斜坡响应序列

3. 单位抛物线输入

当 $r(t)=\dfrac{1}{2}t^{2}$ 时，$R(z)=\dfrac{T^{2}z^{-1}(1+z^{-1})}{2(1-z^{-1})^{3}}$，$v=3$。由式（7-118）和式（7-119）可得

$$\Phi_e(z)=(1-z^{-1})^3, \Phi(z)=3z^{-1}-3z^{-2}+z^{-3}$$

$$C(z)=\Phi(z)R(z)=\frac{(3z^{-1}-3z^{-2}+z^{-3})T^2z^{-1}(1+z^{-1})}{2(1-z^{-1})^3}$$

$$=\frac{3}{2}T^2z^{-2}+\frac{9}{2}T^2z^{-3}+8T^2z^{-4}\cdots+\frac{n^2}{2}T^2z^{-n}+\cdots$$

基于 z 变换的定义，得到的最少拍系统在单位抛物线信号作用下的输出序列 $c(nT)$ 为

$$c(0)=0, c(T)=0, c(2T)=\frac{3}{2}T^2,$$

$$c(3T)=\frac{9}{2}T^2, c(4T)=8T^2,\cdots,c(nT)=\frac{n^2}{2}T^2,\cdots$$

系统的单位抛物线响应序列如图 7-46 所示，最少拍系统经过三拍就可以完全跟踪输入 $r(t)=\dfrac{1}{2}t^2$。该离散控制系统称为三拍系统，其调节时间 $t_s=3T$。

在典型输入信号作用下，最少拍系统的闭环脉冲传递函数及调节时间见表 7-4。

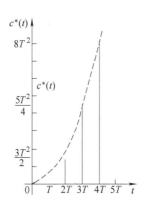

图 7-46　三拍系统的单位抛物线响应序列

表 7-4　最少拍系统的闭环脉冲传递函数及调节时间

典型输入 $r(t)$	误差脉冲传递函数 $\Phi_e(z)$	闭环脉冲传递函数 $\Phi(z)$	数字校正装置 $D(z)$	调节时间 t_s
$1(t)$	$1-z^{-1}$	z^{-1}	$\dfrac{z^{-1}}{(1-z^{-1})G(z)}$	T
t	$(1-z^{-1})^2$	$2z^{-1}-z^{-2}$	$\dfrac{z^{-1}(2-z^{-1})}{(1-z^{-1})^2G(z)}$	$2T$
$\dfrac{T^2}{2}$	$(1-z^{-1})^3$	$3z^{-1}-3z^{-2}+z^{-3}$	$\dfrac{z^{-1}(3-3z^{-1}+z^{-2})}{(1-z^{-1})^3G(z)}$	$3T$

【例 7-29】　设离散控制系统如图 7-43 所示，其中

$$G(s)=\frac{1-e^{-Ts}}{s}\frac{4}{s(0.5s+1)}$$

已知采样周期 $T=0.5\mathrm{s}$，试求使得系统在单位斜坡信号 $r(t)=t$ 作用下为最少拍系统的 $D(z)$。

解　由已知条件可知

$$G(z)=Z[G(s)]=\frac{0.736(1+0.717z^{-1})z^{-1}}{(1-z^{-1})(1-0.368z^{-1})}$$

在 $r(t)=t$ 时，$v=2$，由式（7-118）和式（7-119）可得

$$\Phi_e(z)=(1-z^{-1})^2, \Phi(z)=1-\Phi_e(z)=2z^{-1}-z^{-2}$$

由式（7-113）可得数字控制器的脉冲传递函数为

$$D(z)=\frac{1-\Phi_e(z)}{G(z)\Phi_e(z)}=\frac{2.717(1-0.368z^{-1})(1-0.5z^{-1})}{(1-z^{-1})(1+0.717z^{-1})}$$

加入数字校正装置后，最少拍系统的开环脉冲传递函数为

$$D(z)G(z) = \frac{2z^{-1}(1-0.5z^{-1})}{(1-z^{-1})^2}$$

系统的单位斜坡响应序列 $c^*(t)$ 如图 7-45 所示，暂态过程只需两个采样周期即可完成。

如果上述系统的输入信号不是单位斜坡信号，而是单位阶跃信号时，情况将有所变化。

当 $r(t) = 1(t)$ 时，系统输出信号的 z 变换为

$$C(z) = \Phi(z)R(z) = \frac{1}{1-z^{-1}}(2z^{-1}-z^{-2}) = 2z^{-1}+z^{-2}+z^{-3}+\cdots+z^{-n}+\cdots$$

对应的单位阶跃响应序列 $c^*(t)$ 如图 7-47 所示。

由图 7-47 可见，系统的暂态过程也只需两个采样周期即可完成，但在 $t = T$ 时刻却出现 100% 的超调量。

综上所述，根据一种典型输入信号进行校正而得到的最少拍离散控制系统，校正方法和系统结构都比较简单，但在实际应用中存在较大的局限性。首先，最少拍系统对于不同输入信号的适应性较差。对于一种输入信号设计的最少拍系统遇到其他类型的输入信号时，表现出的性能往往不能令人满意。虽然可以根据不同的输入信号自动切换数字校正程序，但实用中仍旧不便。其次，最少拍系统对参数的变化也比较敏感，当系统参数受各种因素的影响发生变化时，会导致动态响应时间的延长。

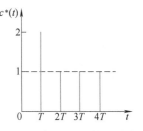

图 7-47　例 7-29 系统的单位阶跃响应序列

应当指出的是，上述校正方法只能保证在采样点处稳态误差为零，而在采样点之间系统的输出可能会出现波动（与输入信号比较），因而这种系统称为有波纹系统。波纹的存在不仅影响精度，而且会增加系统的机械磨损和功耗，这是不希望出现的。适当地增加动态响应时间可以实现无波纹输出的采样系统。由于篇幅所限，这里就不再详述。

7.9　MATLAB 在离散系统中的应用（Applications of MATLAB in Discrete Systems）

用 MATLAB 可以实现连续系统离散化、离散系统的离散输出响应和连续输出响应，以及离散系统设计等，其输出结果非常形象直观，有助于加深对离散系统的分析和设计方法的理解。下面介绍 MATLAB 在离散控制系统中的具体应用。

7.9.1　脉冲传递函数的建立 （Construction of Impulse Transfer Function）

设离散控制系统的脉冲传递函数为

$$\Phi(z) = \frac{C(z)}{R(z)} = \frac{b_0z^m+b_1z^{m-1}+\cdots+b_{m-1}z+b_m}{a_0z^n+a_1z^{n-1}+\cdots+a_{n-1}z+a_n}$$

可以采用 tf( ) 函数建立该脉冲传递函数模型，其调用格式如下：

$$\text{num} = [b_0, b_1, \cdots, b_{m-1}, b_m]$$
$$\text{den} = [a_0, a_1, \cdots, a_{n-1}, a_n]$$
$$\text{sys} = \text{tf}(\text{num}, \text{den}, T)$$

其中，T 为采样周期。

【例 7-30】　已知离散控制系统的脉冲传递函数为

$$\Phi(z) = \frac{3z^2 + z + 5}{z^5 + 2z^4 + 3z^3 + 3z^2 + z + 2}$$

试用 MATLAB 语句建立该脉冲传递函数模型。

　　解　MATLAB 程序如下：

```
%example7-30
>>num=[3,1,5];
>>den=[1,2,3,3,1,2];
>>T=1;
>>sys=tf(num,den,T)
Transfer function：
            3 z^2+z+5
    ---------------------------------
    z^5+2 z^4+3 z^3+3 z^2+z+2
Sampling time：1
```

7.9.2　连续系统的离散化（Discretization of Continuous Systems）

　　在设计系统时，为方便分析、求解问题，需要在连续系统与离散系统模型间进行转换。连续系统转换为离散系统的函数为 c2d( )，其函数调用格式为 sysd = c2d(sysc, T, 'method')。其中，输入变量中 sysc 为要转换的连续系统模型，T 为采样周期，method 表示具体的离散化方法，其类型如下：

　　zoh 为对输入信号加零阶保持器，该类型为缺省默认方式；

　　foh 为对输入信号加一阶保持器；

　　tustin 为双线性变换；

　　prewarp 为频率预畸法；

　　matched 为零极点匹配法（仅用于 SISO 系统）。

【例 7-31】　离散控制系统如图 7-48 所示，连续部分的传递函数为

$$G(s) = \frac{1}{s(s+1)}$$

已知系统的采样周期 $T = 1\,\text{s}$，试用 MATLAB 语句建立系统的脉冲传递函数模型。

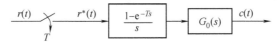

图 7-48　例 7-31 离散控制系统

　　解　MATLAB 程序如下：

```
%example7-31
>>num=[1];
>>den=conv([1,0],[1,1]);
>>sysc=tf(num,den);
```

```
>>T = 1;
>>sysd = c2d( sysc,T,'zoh')
   Transfer function：
      0. 3679 z+0. 2642
   ----------------------
   z^2 - 1. 368 z + 0. 3679
Sampling time：1
```

【例 7-32】 离散控制系统如图 7-49 所示，已知系统的采样周期 $T = 1$ s，试用 MATLAB 语句建立系统的脉冲传递函数模型。

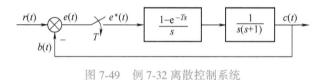

图 7-49 例 7-32 离散控制系统

解 MATLAB 程序如下：

```
%example7-32
>>num = [ 1 ];
>>den = conv( [ 1,0 ],[ 1,1 ] );
>>sysc = tf( num,den );
>>T = 1;
>>sysd = c2d( sysc,T,'zoh' );
>>sys = feedback( sysd,1 )
   Transfer function：
0. 3679 z + 0. 2642
----------------
z^2 - z + 0. 6321
Sampling time：1
```

当然离散系统也可以转化为连续系统，其函数格式为 csys = d2c(dsys,method)。其中，dsys 表示离散系统，csys 表示连续系统，method 为转换方法，与连续系统转换为离散系统相同，这里不再举例说明。

7.9.3 离散系统的动态响应 （Dynamic Response of Discrete Systems）

连续系统进行动态性能分析通常用典型信号作用下系统的响应来衡量，在离散系统中同样可用该方法实现系统的动态性能分析。其中单位阶跃响应可采用函数 step( )，单位脉冲响应可采用函数 impulse( )，任意输入响应可采用函数 lism( )，但具体调用方式与连续系统相应函数的调用方式不同：单位阶跃响应函数 step(sysd,t)，单位脉冲响应可采用函数 impulse(sysd,t)，任意输入响应可采用函数 lism(sysd,u)。

其中，时间向量 $t = [t_i : T : t_f]$。式中，T 为采样周期；t_i，t_f 分别为起始与终止时刻，且均须为 T 的整数倍。

下面举例说明这些函数的应用。

【例 7-33】 离散控制系统如图 7-49 所示，已知系统的采样周期 $T = 1\,\mathrm{s}$，试用 MATLAB 语句求解系统的单位阶跃响应序列。

解 MATLAB 程序如下：

```
%example7-33
>>num=[1];
>>den=conv([1,0],[1,1]);
>>sysc=tf(num,den);
>>sysd=c2d(sysc,1,'zoh');
>>sys=feedback(sysd,1);
>>T=[0:1:20];
>>step(sys,T)
```

系统的单位阶跃响应如图 7-50 所示。

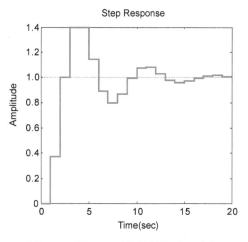

图 7-50　例 7-33 系统的单位阶跃响应

本章小结（Summary）

1. 内容归纳

1）线性离散控制系统理论是设计数字控制器和计算机控制系统的基础。离散系统与连续系统在结构上的区别是增加了采样器和保持器。

2）为了保证信号的恢复，离散系统的采样频率信号必须大于或等于原连续信号所含最高频率的两倍。工程上常用的信号恢复装置是零阶保持器，但应注意的是零阶保持器并不是理想的低通滤波器。

3）z 变换理论是离散控制系统理论的数学基础。可以说，z 变换在线性离散控制系统中所起的作用与拉普拉斯变换在线性连续控制系统中所起的作用是同等重要的。

4）差分方程和脉冲传递函数是线性离散控制系统的数学模型。利用系统连续部分的传递函数，可以方便地得出系统的脉冲传递函数。z 变换的若干定理对于求解线性差分方程、脉冲传递函数和分析线性离散控制系统的性能是十分重要的。

5）线性离散控制系统的分析综合是利用脉冲传递函数，研究系统的稳定性、给定输入作用下稳态误差、动态性能以及在给定指标下系统的校正。

6）利用 z 平面到 w 平面的双线性变换和劳斯判据可以判别离散系统的稳定性。对于高阶系统，直接利用朱利判据也不失为一种较为简便的方法。值得注意的是，离散控制系统的稳定性除与系统固有的结构和参数有关外，还与系统的采样周期有关，这是与连续控制系统相区别的重要一点。

7）离散控制系统的动态性能分析，可以通过求解单位阶跃响应，获得系统的性能指标来进行；也可以直接通过分析系统闭环零、极点在 z 平面上的分布与动态性能之间的关系而获得。

8）离散控制系统稳态误差的计算通常采用 z 变换的终值定理进行。对于典型输入信号，也可根据系统的型别和静态误差系数直接求得稳态误差。

9）在典型输入信号作用下，可采用直接数字校正的方法，设计无稳态误差的最少拍系统。但这种系统对于不同输入信号的适应性较差，对参数的变化也比较敏感。

2. 知识结构

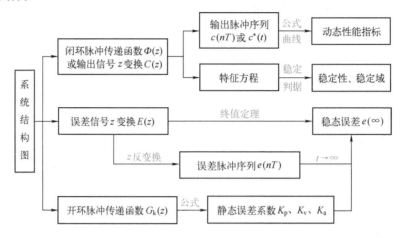

代表人物及事件简介（Leaders and Events）

1. 克劳德·艾尔伍德·香农（Claude Elwood Shannon，1916—2001）

美国数学家、信息论的创始人。出生于美国密歇根州的 Petoskey，1936 年获得密歇根大学学士学位。1940 年在麻省理工学院获得硕士和博士学位，1941 年进入贝尔实验室数学部工作，直到 1972 年。1956 年成为麻省理工学院（MIT）客座教授，并于 1958 年成为终身教授，1978 年成为名誉教授。

香农提出了信息熵的概念，为信息论和数字通信奠定了基础。主要论文有 1938 年的硕士论文"继电器与开关电路的符号分析"、1948 年的"通信的数学原理"和 1949 年的"噪声下的通信"。可见，香农在读硕士期间已经注意到电话交换电路与布尔代数之间的类似性，即把布尔代数的"真"与"假"和电路系统的"开"与"关"对应起来，并用 1 和 0 表示，这奠定了数字电路的理论基础。在后两篇论文中，香农阐明了通信的基本问题，给出了通信系统的模型，提出了信息量的数学表达式，并解决了信道容量、信源统计特性、信源编码、信道编码等一系列基本技术问题；两篇论文成为信息论的奠基性著作。为纪念他而设置的香农奖是通信理论领域最高奖，也被称为"信息领域的诺贝尔奖"。2001 年他逝世时，贝尔实验室和 MIT 发表的讣告都尊崇香农为信息论及数字通信时代的奠基人。

2. 计算机数控技术

数控（Numerical Control，NC）技术是指用数字、文字和符号组成的数字指令来实现一台或多台机械设备动作控制的技术。数控一般是采用通用或专用计算机实现数字程序控制，因此数控也称为计算机数控（Computerized Numerical Control，CNC）。它所控制的通常是位置、角度、速度等机械量和与机械能量流向有关的开关量。数

控的产生依赖于数据载体和二进制形式数据运算的出现。1908 年，穿孔的金属薄片互换式数据载体问世；19 世纪末，以纸为数据载体并具有辅助功能的控制系统被发明；1938 年，香农在美国麻省理工学院进行了数据快速运算和传输，奠定了现代计算机，包括计算机数字控制系统的基础。数控技术是与机床控制密切结合发展起来的。1952 年，第一台数控机床问世，成为世界机械工业史上一件划时代的事件，推动了自动化的发展。

数控技术用计算机按事先存储的控制程序来执行对设备的运动轨迹和外设的操作时序逻辑控制功能。由于采用计算机替代原先用硬件逻辑电路组成的数控装置，使输入操作指令的存储、处理、运算、逻辑判断等各种控制机能的实现，均可通过计算机软件来完成，处理生成的微观指令传送给伺服驱动装置驱动电机或液压执行元件带动设备运行。

传统的机械加工都是用手工操作普通机床作业的，加工时用手摇动机械刀具切削金属，靠眼睛用卡尺等工具测量产品的精度。现代工业早已使用计算机数字化控制的机床进行作业了，称作数控机床。数控机床可以按照技术人员事先编好的程序自动对任何产品和零部件直接进行加工，称作数控加工。

数控加工中心是一种功能较全的数控加工机床，是由机械设备与数控系统组成的适用于加工复杂零件的高效率自动化机床。它把铣削、镗削、钻削、攻螺纹和切削螺纹等功能集中在一台设备上，使其具有多种工艺手段。加工中心设置有刀库，刀库中存放着不同数量的各种刀具或检具，在加工过程中由程序自动选用和更换，这是它与单一数控机床的主要区别。加工中心能实现三轴或三轴以上的联动控制，以保证刀具进行复杂表面的加工。加工中心除具有直线插补和圆弧插补功能外，还具有各种加工固定循环、刀具半径自动补偿、刀具长度自动补偿、加工过程图形显示、人机对话、故障自动诊断、离线编程等功能。数控加工中心是世界上产量最高、应用最广泛的数控机床之一。它的综合加工能力较强，加工精度较高，其效率是普通设备的 5～10 倍，特别是它能完成许多普通设备不能完成的加工，对形状较复杂、精度要求高的单件加工或中小批量多品种生产更为适用。特别是对于必须采用工装和专机设备来保证产品质量和效率的工件，会节省大量的时间和费用，从而使企业具有较强的竞争能力。

习题（Exercises）

7-1 试求以下函数经过周期采样后的离散脉冲序列的 z 变换：

（1）$f(t)=1-e^{-at}$； （2）$f(t)=t^2$； （3）$f(t)=te^{-at}$

（4）$f(t)=a^{-t/T}$； （5）$f(t)=t\cos\omega t$； （6）$f(t)=e^{-at}\sin\omega t$

7-2 求下列拉普拉斯变换式所对应的 z 变换表达式：

（1）$F(s)=\dfrac{s+3}{(s+1)(s+2)}$； （2）$F(s)=\dfrac{\omega}{s^2+\omega^2}$

（3）$F(s)=\dfrac{a}{(s+a)^2}$； （4）$F(s)=\dfrac{1}{s^2(s+a)}$

7-3 求下列各式的 z 反变换：

（1）$F(z)=\dfrac{z}{z+a}$； （2）$F(z)=\dfrac{z}{(z-1)(z-2)}$

（3）$F(z)=\dfrac{2z}{(2z-1)^2}$；　　　　　（4）$F(z)=\dfrac{z\ (1-\mathrm{e}^{-at})}{(z-1)\ (z-\mathrm{e}^{-at})}$

7-4　试求下列象函数所对应的脉冲序列 $f^*(t)$：

（1）$F(z)=\dfrac{z}{(z+1)(3z^2+1)}$；　　（2）$F(z)=\dfrac{z}{(z-1)(z+0.5)^2}$

7-5　已知差分方程为 $c(k)-4c(k+1)+c(k+2)=0$，初始条件 $c(0)=0$，$c(1)=1$。使用迭代法求输出序列 $c(k)$，$k=0,1,2,3,4$。

7-6　用 z 变换法求解下列差分方程：

（1）$c(k+2)-8c(k+1)+12c(k)=r(k)$，$r(t)=\delta(t)$，初始条件 $c(0)=c(1)=0$；

（2）$c(k+2)+2c(k+1)+8c(k)=r(k)$，$r(t)=t\cdot 1(t)$，初始条件 $c(0)=c(1)=0$。

7-7　离散控制系统如图 7-51 所示。

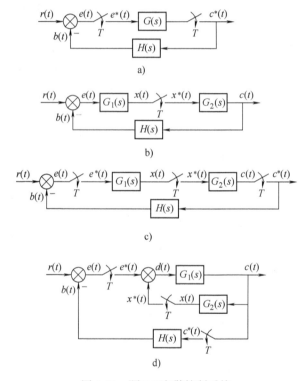

图 7-51　题 7-7 离散控制系统

（1）试求各系统输出信号的 z 变换 $C(z)$。

（2）试判断能否写出该系统的闭环脉冲传递函数？若能，则写出相应的闭环脉冲传递函数 $\Phi(z)$。

7-8　已知离散控制系统如图 7-52 所示，试求：

（1）系统的开环脉冲传递函数 $G(z)=\dfrac{C(z)}{E(z)}$。

（2）系统的闭环脉冲传递函数 $\Phi(z)=\dfrac{C(z)}{R(z)}$。

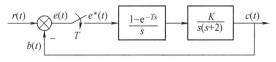

图 7-52　题 7-8 离散控制系统

7-9　设有单位反馈误差采样的离散控制系统，连续部分的传递函数为

$$G(s) = \frac{1}{s^2(s+5)}$$

输入 $r(t) = 1(t)$，采样周期 $T = 1\,\mathrm{s}$。试求：

（1）输出的 z 变换 $C(z)$。

（2）输出的采样脉冲序列 $c^*(t)$。

（3）输出响应的终值 $c(\infty)$。

7-10　试判断下列特征方程对应的离散控制系统是否稳定。

（1）$5z^2 - 2z + 2 = 0$；

（2）$z^3 - 0.2z^2 - 0.25z + 0.05 = 0$；

（3）$z^4 - 1.7z^3 + 1.04z^2 + 0.268z + 0.024 = 0$。

7-11　设图 7-53 所示离散系统的采样周期 $T = 1\,\mathrm{s}$，试确定此系统稳定的临界增益 K_c。

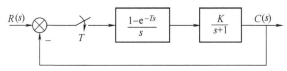

图 7-53　题 7-11 离散控制系统

7-12　设采样周期 $T = 0.4\,\mathrm{s}$，试确定使得图 7-52 所示离散系统稳定的 K 值范围。

7-13　设离散控制系统如图 7-54 所示，试求：

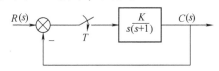

图 7-54　题 7-13 离散控制系统

（1）$T = 1\,\mathrm{s}$ 时，使系统稳定的临界增益 K_c。

（2）$T = 0.1\,\mathrm{s}$ 时，使系统稳定的临界增益 K_c，并讨论采样周期对系统稳定性的影响。

（3）若在图 7-54 中的采样开关后增加一个零阶保持器，求使系统稳定的临界增益 K_c，并讨论零阶保持器对系统稳定性的影响。

7-14　已知闭环离散系统的特征方程为 $D(z) = z^4 + 0.2z^3 + z^2 + 0.36z + 0.8 = 0$，试用朱利判据判断系统的稳定性。

7-15　设离散控制系统如图 7-55 所示，试求输入信号为 $r(t) = 1 + t$ 时系统的稳态误差。

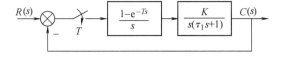

图 7-55　题 7-15 离散控制系统

7-16 设离散控制系统如图 7-56 所示，其中 $T=0.25\,\mathrm{s}$，$\tau=0.5\,\mathrm{s}$。当 $r(t)=2+t$ 时，欲使稳态误差小于 0.1，试求 K 值。

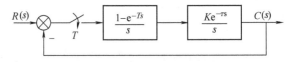

图 7-56 题 7-16 离散控制系统

7-17 设离散控制系统如图 7-55 所示，若 $T=0.1\,\mathrm{s}$，$\tau_1=1\,\mathrm{s}$，$K=10$。试求系统单位阶跃响应 $c^*(t)$ 并确定系统的动态性能指标峰值时间 t_p 和超调量 $\sigma\%$。

7-18 设离散控制系统如图 7-57 所示，其中 $G_0(s)=\dfrac{4}{s(s+1)}$，$T=1\,\mathrm{s}$，试求 $r(t)=1(t)$ 时最少拍系统数字校正装置的脉冲传递函数 $D(z)$。

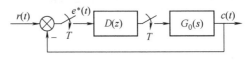

图 7-57 题 7-18 离散控制系统

7-19 设离散控制系统如图 7-57 所示，其中 $G_0(s)=\dfrac{1}{s(s+1)}$，$T=0.1\,\mathrm{s}$，试求 $r(t)=t$ 时最少拍系统数字校正装置的脉冲传递函数 $D(z)$。

第 8 章　非线性控制系统分析（Analysis of Nonlinear Control Systems）

学习指南（Study Guide）

　　内容提要　理想的线性系统实际上是不存在的，实际控制系统都是非线性系统。本章主要介绍非线性系统的特征和典型非线性环节及其工程应用，分析非线性系统的两种方法，即相平面和描述函数法，以及 MATLAB 在非线性系统分析中的应用。

　　能力目标　针对非线性控制系统，通过与线性系统的对比分析，能够正确理解典型非线性环节及其特性；应用描述函数法从频域的角度对系统的稳定性、是否存在自持振荡进行分析计算，应用相平面分析法从时域的角度分析系统的动态响应，具备建立非线性系统数学模型、对非线性控制系统进行时域和频域分析的能力。

　　学习建议　非线性系统与线性系统的最大区别是不遵从叠加原理，同时还具有许多线性系统所没有的特点。只有在了解了非线性系统的特征和典型非线性环节及其特性以后，才能进一步对系统进行分析讨论。描述函数法是基于频域分析法和非线性特性谐波线性化的一种图解分析法，在学习本章时，应当注意与线性系统的频域特性分析法，尤其是奈奎斯特稳定判据结合起来，深刻理解负倒描述函数的概念，重点分析非线性系统的稳定性，判断系统能否产生稳定的自持振荡，熟练计算自振点的振幅与频率。而相平面法是推广应用时域分析法的一种图解分析法，只适用于一、二阶系统，在学习本章时，应当首先熟悉相平面图的绘制方法，在深刻理解线性一、二阶系统相轨迹的基础上，才能对非线性系统的相轨迹进行分析；准确判断平衡点的稳定性以及奇点和极限环的类型，熟练计算响应时间，分析讨论系统的运动特性和利用非线性特性改善系统控制性能的作用；但要注意的是相平面法分析非线性系统的准确程度，取决于相轨迹的绘制精度，因此在绘制相轨迹时要保证一定的绘制精度。以上内容都可以借用 MATLAB 进行仿真验证。

　　本书前几章讨论的系统均为线性系统。但严格说来，任何一个实际控制系统，其元器件都或多或少地带有非线性特性，所以理想的线性系统实际上是不存在的。也就是说，实际的控制系统都是非线性系统。许多系统之所以能当作线性系统来分析，有两方面的原因：一是大多数实际系统的非线性因素不明显，可以近似看成线性系统；二是某些系统的非线性特性虽然较明显，但在某一特定范围内或在某些条件下，可以对系统进行线性化处理，作为线性系统来分析。但是，当系统的非线性因素较明显且不能应用线性化方法来处理时，如饱和特性、继电特性等，就必须采用非线性系统理论来分析。

8.1　非线性控制系统概述（Overview of Nonlinear Control Systems）

如果一个控制系统包含一个或一个以上的具有非线性特性的元件或环节，则此系统即为非线性系统。在非线性系统中，凡不能直接进行线性化处理的，均称为本质非线性系统。

教学视频 8-1
非线性系统的稳定
性和运动形式

线性系统的重要特征是可以应用线性叠加原理。而且线性系统的运动特性与输入信号及系统的初始状态无关，因此通常可以在典型输入信号下和零初始条件下进行线性系统的分析和研究。由于非线性系统的数学模型是非线性微分方程，因此叠加原理不能应用，也不能采用线性系统的分析方法，而且非线性系统具有许多线性系统所没有的特点。

8.1.1　非线性系统的特征（Characteristics of Nonlinear Systems）

1. 稳定性

在线性系统中，系统的稳定性只取决于系统本身的结构和参数，而与输入信号及初始状态无关。但非线性系统则不然，它的稳定性不仅取决于系统结构和参数，而且还与输入信号以及初始状态都有关系。对于同一结构和参数的非线性系统，初始状态位于某一较小数值的区域内时系统稳定，但是在较大初始值时系统可能不稳定，有时也可能相反。所以，对于非线性系统来说，不能笼统地讲系统是否稳定，需要研究的是非线性系统平衡状态（equilibrium state）的稳定问题。

如非线性方程

$$\dot{x}+(1-x)x=0 \tag{8-1}$$

所描述的系统，方程中 x 项的系数是 $(1-x)$，它与变量 x 有关。若设 $t=0$ 时，系统的初始状态为 $x=x_0$，由式（8-1）得

$$\frac{\mathrm{d}x}{x(x-1)}=\mathrm{d}t$$

积分得

$$x=\frac{x_0\mathrm{e}^{-t}}{1-x_0+x_0\mathrm{e}^{-t}} \tag{8-2}$$

相应的时间响应随初始条件而变。

1）当 $x_0<1$ 时，$1-x_0>0$，则特征根 $s=x_0-1<0$，位于左半 s 平面上，此时系统稳定。所以，系统响应 $x(t)$ 递减并趋于 0。

2）当 $x_0=1$ 时，$1-x_0=0$，则特征根 $s=x_0-1=0$，由式（8-2）解得 $x=1$，其暂态过程为一常数。

3）当 $x_0>1$ 时，$1-x_0<0$，则特征根 $s=x_0-1>0$，位于右半 s 平面上，此时系统不稳定。

所以，系统的暂态过程呈指数规律发散。而且，由式（8-2）可知，当 $t<\ln\dfrac{x_0}{x_0-1}$ 时，$x(t)$ 随

t 增大而递增；当 $t=\ln\dfrac{x_0}{x_0-1}$ 时，$x(t)$ 为无穷大。

不同初始条件下的时间响应曲线如图 8-1 所示。

根据式（8-1）可得

$$\dot{x}=-x(1-x) \tag{8-3}$$

令 $\dot{x}=0$，可解得该系统有两个平衡状态 $x=0$ 和 $x=1$。因此 $x=0$ 的平衡状态是稳定的，它对应于 $x_0<1$；而 $x=1$ 的平衡状态是不稳定的，稍加扰动就不能再回到这个平衡状态。

2. 运动形式

线性系统的运动形式与初始条件无关，如果某系统在某一初始条件下的暂态响应为振荡衰减形式，则在任何初始条件下该系统的暂态响应均为振荡衰减形式。但非线性系统则不然，可能会出现某一初始条件下的响应为单调衰减，而另一初始条件下则为振荡衰减。非线性系统在不同初始条下的响应如图 8-2 所示。

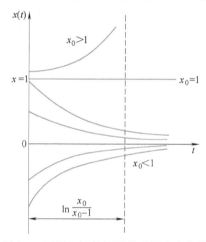
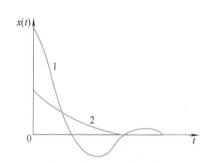

图 8-1　不同初始条件下的时间响应曲线　　　图 8-2　非线性系统在不同初始条件下的响应

3. 自持振荡

在没有外界周期性输入信号作用时，线性系统只有在 $\zeta=0$ 的情况下产生周期性运动，这时系统处于临界稳定状态。事实上，一旦系统的参数发生微小的变化，该状态就无法维持，或者发散至无穷大，或者衰减至零。而对于非线性系统，在没有外作用时，系统完全有可能产生频率和振幅一定的稳定的周期运动，这个周期运动是物理上可以实现并可以保持的，故通常将其称为自持振荡或自振荡（self-oscillation）。如果自振

荡的幅值在允许的范围之内，按李雅普诺夫关于稳定性的定义，系统是稳定的。

自振荡是人们特别感兴趣的一个问题，对它的研究有很大的实际意义。在多数情况下，正常工作时不希望有振荡存在，必须设法消除它；但在有些情况下，特意引入自振荡，使系统具有良好的静、动态特性。

自振荡是非线性系统特有的特性，是非线性控制理论研究的重要问题。

4. 频率响应

稳定线性系统的频率响应，即正弦信号作用下的稳态输出是与输入同频率的正弦信号，

其幅值和相位均为输入正弦信号频率 ω 的函数。而非线性系统的频率响应除了含有与输入同频率的正弦信号分量（基频分量）外，还含有关于频率 ω 的高次谐波分量，使输出波形发生非线性畸变。若系统含有多值非线性环节，输出的各次谐波分量的幅值还可能发生跃变。

非线性系统还具有很多与线性系统不同的特异现象，这些现象无法用线性系统理论来解释，因而有必要研究它们，以便抑制或消除非线性因素的不利影响。在某些情况下，还可以人为地加入某些非线性环节，使系统获得较线性系统更为优异的性能。

8.1.2 典型非线性环节及其对系统的影响（Classical Nonlinear Elements and its Influence on the System）

在实际控制系统中所遇到的非线性特性是各式各样的，但可归纳为两类：一类是单值非线性特性，其输入与输出有单一的对应关系；另一类是非单值非线性特性，对应于同一输入值，输出量的取值不是唯一的。为了分析方便，通常把常见的非线性因素进行统一归类，概括为几种典型非线性环节，研究这些典型环节的特性及其对控制系统运动特性的影响，将会对分析复杂的非线性系统有指导意义。

教学视频 8-3
典型非线性环节及
其对系统的影响

常见的非线性环节按其物理性能及特性形状可分为死区特性、饱和特性、间隙特性、继电特性及变放大系数特性等。

1. 死区（不灵敏区）特性（dead zone characteristic）

典型的死区非线性特性如图 8-3 所示，其数学表达式为

$$y=\begin{cases}0 & |x|\leq c\\ k(x-c) & x>c\\ k(x+c) & x<-c\end{cases} \tag{8-4}$$

实际工程中很多测量机构和元件都存在死区，即该元件的输入信号未超过某一特征数值时，无相应的输出；只有当输入信号的幅值超过这一特征值时，才有相应的输出。例如：作为执行器件的电动机，由于轴上存在静摩擦，电枢电

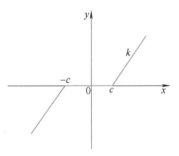

图 8-3 死区非线性特性

压必须超过某一数值电动机才可能转动；测量放大元件，输入信号在零值附近的某一小范围内时，其输出等于零，只有当输入信号大于此信号范围时才有输出。此外，电气触点的预压力、弹簧的预张力、各种电路的阈值等都构成了死区。

死区的存在会造成系统的稳态误差，测量元件尤为明显。这是因为当死区环节输入信号的幅值未超过死区特征值时，其输出信号为零，系统的前向通道处于断开状态，不产生调节作用。执行机构的死区可能造成运动系统的低速不均匀，甚至使随动系统不能准确跟踪目标。但有时人为地引入死区，可消除高频的小幅度振荡，从而减少系统中器件的磨损。

一个系统可能有几个元件均存在死区，系统总的死区可以进行折算。如图 8-4 所示的包含多个死区的非线性系统，3 个元件的死区分别为 c_1、c_2、c_3，其增益分别为 k_1、k_2、k_3，则折算到比较元件输入端总的死区为 $c=c_1+\dfrac{c_2}{k_1}+\dfrac{c_3}{k_1 k_2}$。

可见，前向通道中最前面的元件死区影响最大，若要削弱后面元件死区的影响，可用加大前几级元件增益的办法来解决。

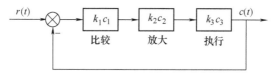

图 8-4　包含多个死区的非线性系统

2. 饱和特性（saturation characteristic）

饱和特性也是控制系统中常见的一种非线性，几乎所有的放大器都存在饱和现象。由于采用了铁磁材料，在电动机、变压器中存在有磁饱和。系统中加入的各种限幅装置也属饱和非线性。

典型的饱和非线性特性如图 8-5 所示，其数学表达式为

$$y = \begin{cases} kx & |x| \leq c \\ kc & x > c \\ -kc & x < -c \end{cases} \tag{8-5}$$

在输入信号 $|x| < c$ 时，该环节是放大倍数为 k 的比例环节，当 $|x| > c$ 时出现了饱和，随着 $|x|$ 的不断增大，其等效放大倍数逐步降低。饱和非线性特性的等效增益如图 8-6 所示。

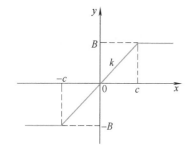

图 8-5　饱和非线性特性

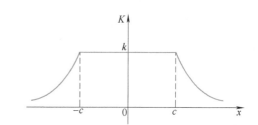

图 8-6　饱和非线性特性的等效增益

因此，饱和的存在使系统在大信号作用下的等效增益下降，深度饱和情况下甚至使系统丧失闭环控制作用。另外，饱和会使系统产生自振荡。但在控制系统中人为地利用饱和特性作限幅，限制某些物理量，保证系统安全合理地工作，如调速系统中利用转速调节器的输出限幅值限制电动机的最大电枢电流，以保护电动机不致因电枢电流过大而烧坏。

3. 间隙（回环）特性（backlash characteristic）

在各种传动机构中，由于加工精度及运动部件的动作需要，总会存在一些间隙。如 8-7 所示的齿轮传动系统，为了保证转动灵活不至于卡死，必须留有少量的间隙。

由于间隙的存在，当主动轮的转向改变时，从动轮开始保持原有的位置，直到主动轮转过了 $2c$ 的间隙，在相反方向与从动轮啮合后，从动轮才开始转动。典型的间隙非线性特性如图 8-8 所示。

一般来说，间隙的存在对系统总是一个不利因素。首先它使系统的稳态误差增大，更主要的影响是，使系统的动态性能变差，使振荡加剧，稳定性变差。

减小间隙最直接的办法是提高齿轮的加工和装配精度，也可以采用双片齿轮传动。若为多级齿轮传动，则最靠近负载的一级齿轮的间隙影响最大，应特别加以注意。另外，采用速度反馈的控制系统，测速机联轴器要安装合适。

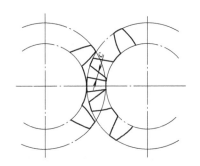

图 8-7　齿轮传动中的间隙

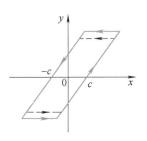

图 8-8　间隙非线性特性

4. 继电特性（relay characteristic）

典型继电特性如图 8-9 所示。由于继电器的吸合动作电流大于释放动作电流，所以使其特性中包含了死区、回环及饱和特性。

令返回系数

$$m = \frac{\text{返回电流 } i_2}{\text{动作电流 } i_1} \qquad (8\text{-}6)$$

若返回系数 $m = 1$，则无回环，其特性称为具有死区的单值

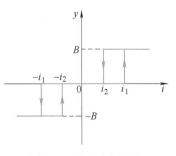

图 8-9　典型继电特性

继电特性，如图 8-10a 所示。若返回系数 $m = -1$，即继电器的正向返回电流等于反向动作电流时，其特性称为具有回环的继电特性，如图 8-10b 所示。若 $i = 0$，即继电器的动作电流及返回电流均为零值切换，则称这种特性为理想继电特性，如图 8-10c 所示。

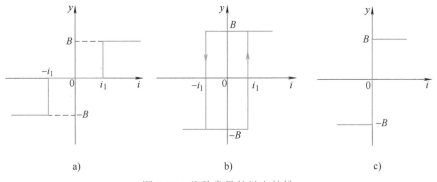

a)　　　　　　　　　　b)　　　　　　　　　　c)

图 8-10　几种常见的继电特性

实际系统中有许多元器件具有继电特性，如检测电平时的射极耦合触发器或由运放组成的电平检测器等比较电路。继电特性常常使系统产生振荡现象，但如果选择合适的继电特性，可提高系统的响应速度，也可组成信号发生器。

5. 变放大系数特性

变放大系数特性如图 8-11 所示，其数学表达式为

$$y = \begin{cases} k_1 x & |x| \leqslant c \\ k_2 x & |x| > c \end{cases} \qquad (8\text{-}7)$$

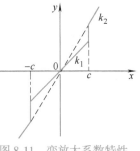

图 8-11　变放大系数特性

式中，k_1、k_2为输出特性斜率；c为切换点。

当输入信号的幅值不同时，具有这种特性的环节的放大系数也有所不同，变放大系数特性可使系统获得较好的性能。在大误差信号时，该环节具有较大的放大系数，使系统响应迅速；而在小误差信号时，该环节具有小的放大系数，使系统响应平稳，减少甚至消除超调量。另一方面，若系统中混入了高频小振幅噪声信号时，该环节具有抑制噪声的作用。当偏差信号较大时，噪声信号相对较小，此时放大系数大，系统的控制作用强，响应迅速；当偏差信号较小时，噪声电平相对较高，但此时的放大系数较小，能对高频噪声起到明显的抑制作用。

6. 带死区的饱和特性

在很多情况下，系统的元器件同时存在死区特性和饱和限幅特性。如测量元器件的测量值规定在一个范围内时，即测量值不能太大或太小；电枢电压控制的直流电动机的转速，当电枢电压达到一定值时，电动机才转动；当电枢电压达到额定值时不能再增加，则电动机转速只能等于额定转速也不再升高。带死区的饱和特性如图 8-12 所示。

应当指出的是，尽管各种复杂非线性特性可以看作是各种典型非线性特性的组合，但绝不能将各个典型非线性环节的响应相加作为复杂非线性系统的响应，这是因为叠加原理不适用于非线性系统。

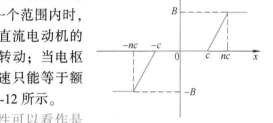

图 8-12　带死区的饱和特性

8.1.3　非线性系统的分析与设计方法（Analysis and Design Approaches to Nonlinear Systems）

系统分析和设计的目的是通过求取系统的运动形式，以解决稳定性问题为中心，对系统实施有效的控制。由于非线性系统形式多样，受数学工具限制，一般情况下难以求得非线性微分方程的解析解，只能采用工程上适用的近似方法。本章重点介绍以下两种方法。

（1）描述函数法

描述函数法（describing function method）又叫谐波线性化法，它是基于频域分析法和非线性特性谐波线性化的一种图解分析法。该方法对于满足结构要求的一类非线性系统，通过谐波线性化，将非线性特性近似表示为复变增益环节，然后推广应用频率法，分析非线性系统的稳定性或自持振荡。

（2）相平面法

相平面法（phase-plane method）是推广应用时域分析法的一种图解分析法。该方法通过在相平面上绘制相轨迹曲线，确定非线性微分方程在不同初始条件下解的运动形式。相平面法仅适用于一阶和二阶系统。

8.2　描述函数法（Describing Function Method）

在非线性系统的运动形式中，自振荡是一种最常见且极为重要的运动形式，描述函数法是研究非线性系统自振荡的一种有效方法。尽管它是一种近似的方法，但对常见的实际非线性系统而言，其分析结果基本满足工程需要，因而在系统分析和设计中获得广泛应用。

8.2.1　描述函数的基本概念（Basic Concepts of Describing Function）

教学视频 8-4
描述函数的基本概
念及其物理意义

非线性系统虽不能直接使用频率法，但可对某些非线性环节正弦信号作用下的响应进行谐波分解。满足一定的假设条件时，非线性环节在正弦信号作用下的输出可用一次谐波分量（即基波）来近似，由此导出非线性环节的近似等效频率特性，即描述函数。描述函数法是基于谐波分解的线性化近似方法，故也叫谐波线性化法。

设非线性系统结构图如图 8-13 所示。其中线性部分的传递函数为 $G(s) = \dfrac{C(s)}{Y(s)}$。$N(A)$ 是非线性环节，它的输出量与输入量之间为非线性函数 $y = f(x)$。

假设非线性系统满足以下两个条件：

1）非线性环节的输入信号为正弦信号时，输出为同频率的非正弦周期信号，而且其平均值为零，不产生直流项。这就要求非线性元器件的输入和输出特

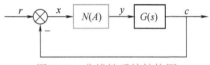

图 8-13　非线性系统结构图

性具有奇对称（odd symmetry）性，通常典型非线性特性均满足奇对称性。

2）系统的线性部分具有较好的低通滤波特性（low pass characteristic）。一般控制系统都能满足，且线性部分的阶次越高，其低通滤波特性越好。

若对非线性元件输入一个正弦信号 $x(t) = A\sin\omega t$，则其输出一般不是正弦信号，但仍为一个周期信号，其傅里叶级数展开式为

$$y(t) = \frac{A_0}{2} + \sum_{n=1}^{\infty} (A_n\cos n\omega t + B_n\sin n\omega t) \tag{8-8}$$

$$= \frac{A_0}{2} + \sum_{n=1}^{\infty} Y_n\sin(n\omega t + \varphi_n)$$

式中，

$$A_0 = \frac{1}{\pi}\int_{-\pi}^{\pi} y(t)\,\mathrm{d}\omega t \tag{8-9}$$

$$A_n = \frac{1}{\pi}\int_{-\pi}^{\pi} y(t)\cos n\omega t\,\mathrm{d}\omega t \tag{8-10}$$

$$B_n = \frac{1}{\pi}\int_{-\pi}^{\pi} y(t)\sin n\omega t\,\mathrm{d}\omega t \tag{8-11}$$

$$Y_n = \sqrt{A_n^2 + B_n^2} \tag{8-12}$$

$$\varphi_n = \tan^{-1}\frac{A_n}{B_n} \tag{8-13}$$

若非线性特性是奇对称的，则 $A_0 = 0$。而且由于系统的线性部分具有较好的低通滤波特性，使非线性环节输出中的高次谐波分量经线性部分后将会大大衰减。因此，可以用非线性元器件输出信号的基波分量来代替非线性元器件在正弦输入信号下的实际输出，即

$$y(t) \approx y_1(t) = A_1\cos\omega t + B_1\sin\omega t$$

$$= Y_1\sin\varphi_1\cos\omega t + Y_1\cos\varphi_1\sin\omega t \tag{8-14}$$

$$= Y_1\sin(\omega t + \varphi_1)$$

式中，$Y_1 = \sqrt{A_1^2 + B_1^2}$，为基波的幅值；$\varphi_1 = \tan^{-1}\dfrac{A_1}{B_1}$，为基波的初相位。

非线性环节输出量的基波分量与正弦输入信号的复数比定义为非线性环节的描述函数，其数学表达式为

$$N(A) = \frac{Y_1}{A}e^{j\varphi_1} = \frac{B_1 + jA_1}{A} \tag{8-15}$$

式中，$N(A)$ 为非线性环节的描述函数；A 为正弦输入信号的振幅；Y_1 为非线性环节输出信号基波分量的振幅；φ_1 为非线性环节输出信号基波分量相对于输入信号的相位。

描述函数一般为输入信号振幅的函数，故记作 $N(A)$。若非线性元件中不含有储能元件，则 $N(A)$ 只是正弦输入信号振幅的函数，与正弦输入信号的频率无关；但若非线性元件中含有储能元件，则 N 同时为输入信号振幅和频率的函数，记作 $N(A, \omega)$。

8.2.2　典型非线性特性的描述函数（Describing Functions of Classical Nonlinear Elements）

非线性特性的描述函数可以由式（8-15）求得，一般步骤如下：

1）根据非线性环节静态特性曲线，画出正弦信号输入下的输出波形，并写出输出波形 $y(t)$ 的数学表达式。

2）利用傅里叶级数求出 $y(t)$ 的一次谐波分量。

3）将求得的一次谐波分量代入式（8-15），可得非线性环节的描述函数 $N(A)$。

下面计算几种典型非线性特性的描述函数。

1. 饱和特性

饱和非线性环节的输入输出特性及其输入输出波形如图 8-14 所示。当输入正弦信号的幅值 $A > c$ 时，由于饱和的作用，其输出波形为一削顶的正弦波，其数学表达式为

$$y(t) = \begin{cases} kA\sin\omega t & 0 < \omega t < a \\ kc & a < \omega t < (\pi - a) \\ kA\sin\omega t & (\pi - a) < \omega t < \pi \end{cases} \tag{8-16}$$

式中，$a = \sin^{-1}\dfrac{c}{A}$。

由式（8-9）~式（8-11）并考虑到饱和非线性特性为单值奇对称，有

$$A_0 = 0, \quad A_1 = 0$$

$$\begin{aligned}
B_1 &= \frac{2}{\pi}\int_0^{\pi} y(t)\sin\omega t\,d\omega t \\
&= \frac{2}{\pi}\left[\int_0^{a} y(t)\sin\omega t\,d\omega t + \int_a^{\pi-a} y(t)\sin\omega t\,d\omega t + \int_{\pi-a}^{\pi} y(t)\sin\omega t\,d\omega t\right] \\
&= \frac{2}{\pi}\left[\int_0^{a} kA\sin^2\omega d\omega t + \int_a^{\pi-a} kc\sin\omega t\,d\omega t + \int_{\pi-a}^{\pi} kA\sin^2\omega t\,d\omega t\right] \\
&= \frac{2kA}{\pi}\left[a + \frac{c}{A}\cos a\right] = \frac{2kA}{\pi}\left[\sin^{-1}\frac{c}{A} + \frac{c}{A}\sqrt{1 - \left(\frac{c}{A}\right)^2}\right]
\end{aligned}$$

教学视频 8-5
典型非线性特性的描述函数

由式（8-15）可得饱和非线性的描述函数为

$$N(A) = \frac{B_1}{A} = \frac{2k}{\pi} \left[\arcsin \frac{c}{A} + \frac{c}{A} \sqrt{1 - \left(\frac{c}{A} \right)^2} \right] \quad (A > c) \tag{8-17}$$

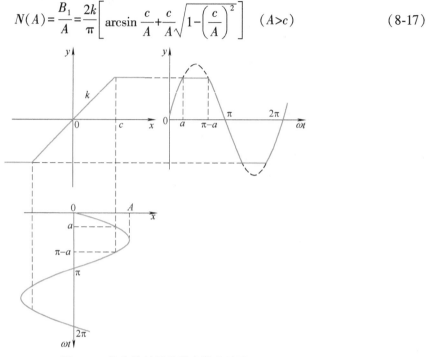

图8-14　饱和特性及其输入输出波形

2. 死区特性

死区非线性环节的输入输出特性及其输入输出波形如图8-15所示。当输入正弦信号的幅值 $A < c$ 时，输出为0；当 $A > c$ 时，输出波形为正弦波的上半部分，其数学表达式为

$$y(t) = \begin{cases} 0 & 0 < \omega t < a \\ k(A \sin \omega t - c) & a < \omega t < (\pi - a) \\ 0 & (\pi - a) < \omega t < \pi \end{cases} \tag{8-18}$$

式中，$a = \arcsin \dfrac{c}{A}$。

由于死区特性也是单值奇对称，由式（8-8）~式（8-11）得

$$A_0 = 0, \quad A_1 = 0$$

$$\begin{aligned}
B_1 &= \frac{2}{\pi} \int_0^\pi y(t) \sin \omega t \, d\omega t = \frac{4}{\pi} \int_0^{\pi/2} y(t) \sin \omega t \, d\omega t \\
&= \frac{4k}{\pi} \left[\int_0^{\pi/2} A \sin^2 \omega t \, d\omega t - \int_0^{\pi/2} c \sin \omega t \, d\omega t \right] \\
&= \frac{4kA}{\pi} \left[\int_a^{\pi/2} \sin^2 \omega t \, d\omega t - \frac{c}{A} \int_a^{\pi/2} \sin \omega t \, d\omega t \right] \\
&= \frac{2kA}{\pi} \left[\frac{\pi}{2} - \arcsin \frac{c}{A} - \frac{c}{A} \sqrt{1 - \left(\frac{c}{A} \right)^2} \right]
\end{aligned}$$

由式（8-15）可得死区非线性的描述函数为

$$N(A) = \frac{2k}{\pi} \left[\frac{\pi}{2} - \arcsin \frac{c}{A} - \frac{c}{A} \sqrt{1 - \left(\frac{c}{A} \right)^2} \right] (A > c) \tag{8-19}$$

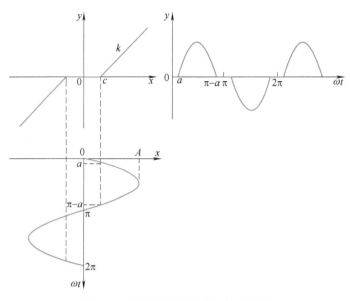

图 8-15 死区特性及其输入输出波形

3. 间隙特性

间隙非线性环节的输入输出特性及其输入输出波形如图 8-16 所示。由图可见，$y(t)$ 相对于 $x(t)$ 有时间滞后，其数学表达式为

$$y(t) = \begin{cases} k(A\sin\omega t - c) & 0 < \omega t < \dfrac{\pi}{2} \\ k(A - c) & \dfrac{\pi}{2} < \omega t < a \\ k(A\sin\omega t + c) & a < \omega t < \pi \end{cases} \tag{8-20}$$

式中，$a = \pi - \arcsin\left(1 - \dfrac{2c}{A}\right)$。

间隙特性为非单值奇对称，它在正弦信号作用下的输出特性 $y(t)$ 为非奇非偶函数，但仍为 180°镜对称函数，故式（8-20）仅列出了 0~π 区间的表达式。由式（8-9）~式（8-11）得

$$A_0 = 0$$

$$A_1 = \frac{2k}{\pi}\left[\int_0^{\pi/2}(A\sin\omega t - c)\cos\omega t\mathrm{d}\omega t + \int_{\pi/2}^{a}(A - c)\cos\omega t\mathrm{d}\omega t + \right.$$

$$\left.\int_a^{\pi}(A\sin\omega t + c)\cos\omega t\mathrm{d}\omega t\right] = \frac{4kc}{\pi}\left(\frac{c}{A} - 1\right)$$

$$B_1 = \frac{2k}{\pi}\left[\int_0^{\pi/2}(A\sin\omega t - c)\sin\omega t\mathrm{d}\omega t + \int_{\pi/2}^{a}(A - c)\sin\omega t\mathrm{d}\omega t + \right.$$

$$\left.\int_a^{\pi}(A\sin\omega t + c)\sin\omega t\mathrm{d}\omega t\right]$$

$$= \frac{kA}{\pi}\left[\frac{\pi}{2} + \arcsin\left(1 - \frac{2c}{A}\right) + 2\left(1 - \frac{2c}{A}\right)\sqrt{\frac{c}{A}\left(1 - \frac{c}{A}\right)}\right]$$

间隙特性的描述函数为

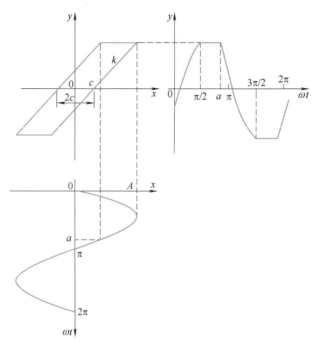

图 8-16　间隙特性及其输入输出波形

$$N(A) = \frac{B_1 + jA_1}{A}$$

$$= \frac{k}{\pi}\left[\frac{\pi}{2} + \arcsin\left(1 - \frac{2c}{A}\right) + 2\left(1 - \frac{2c}{A}\right)\sqrt{\frac{c}{A}\left(1 - \frac{c}{A}\right)}\right] + j\frac{4kc}{\pi A}\left(\frac{c}{A} - 1\right) \quad (A > c)$$

(8-21)

由式（8-21）可见，间隙特性的描述函数是 A 的复函数，因 $A > c$，所以其虚部为负，这说明间隙特性会造成相位滞后。

4. 继电特性

图 8-17 是具有回环的继电特性及其输入输出波形。继电特性输出信号的数学表达式为

$$y(t) = \begin{cases} -B & 0 < \omega t < a \\ B & a < \omega t < \pi + a \\ -B & \pi + a < \omega t < 2\pi \end{cases}$$

(8-22)

式中，$a = \arcsin\dfrac{c}{A}$。

具有回环的继电特性为非单值奇对称，它在正弦信号作用下的输出特性 $y(t)$ 同样也是非奇非偶函数，但仍为 180° 镜对称函数。由式（8-9）~式（8-11）得

$$A_0 = 0$$

$$A_1 = \frac{2B}{\pi}\int_a^{\pi+a}\cos\omega t\mathrm{d}\omega t = -\frac{4Bc}{\pi A}$$

$$B_1 = \frac{2B}{\pi}\int_a^{\pi+a}\sin\omega t\mathrm{d}\omega t = \frac{4B}{\pi}\sqrt{1 - \left(\frac{c}{A}\right)^2}$$

继电特性的描述函数为

$$N(A) = \frac{B_1 + jA_1}{A} = \frac{4B}{\pi A}\sqrt{1-\left(\frac{c}{A}\right)^2} - j\frac{4Bc}{\pi A^2} \tag{8-23}$$

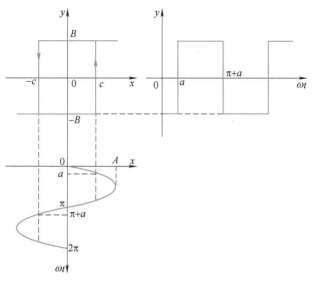

图 8-17　具有回环的继电特性及其输入输出波形

表 8-1 列出了一些典型非线性特性及其描述函数，以供查用。

表 8-1　非线性特性及其描述函数

非线性特性	描　述　函　数
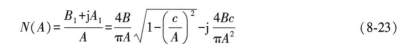	$\dfrac{2k}{\pi}\left[\dfrac{\pi}{2} - \arcsin\dfrac{c}{A} - \dfrac{c}{A}\sqrt{1-\left(\dfrac{c}{A}\right)^2}\right],\ A>c$
	$\dfrac{2k}{\pi}\left[\arcsin\dfrac{c}{A} + \dfrac{c}{A}\sqrt{1-\left(\dfrac{c}{A}\right)^2}\right],\ A>c$
	$\dfrac{2k}{\pi}\left[\arcsin\dfrac{b}{A} - \arcsin\dfrac{c}{A} + \dfrac{b}{A}\sqrt{1-\left(\dfrac{b}{A}\right)^2}\right.$ $\left. - \dfrac{c}{A}\sqrt{1-\left(\dfrac{c}{A}\right)^2}\right],\quad A>b$

（续）

非线性特性	描述函数
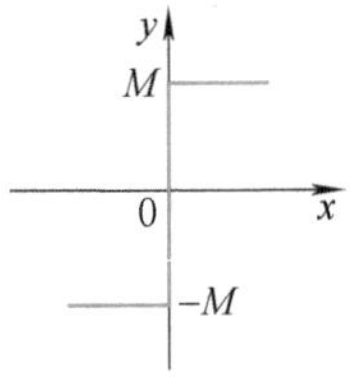	$\dfrac{4M}{\pi A}$
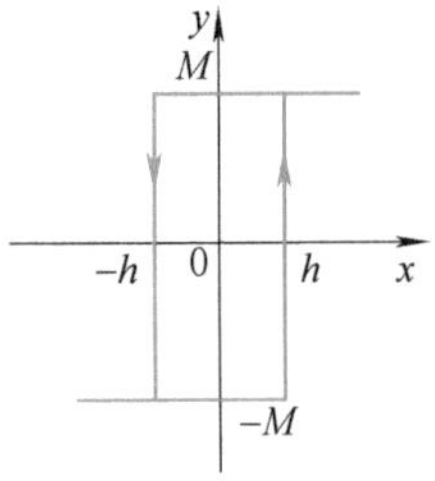	$\dfrac{4M}{\pi A}\sqrt{1-\left(\dfrac{h}{A}\right)^2}-\mathrm{j}\dfrac{4Mh}{\pi A^2},\quad A>h$
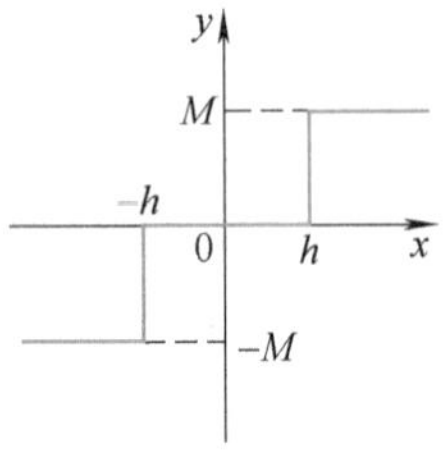	$\dfrac{4M}{\pi A}\sqrt{1-\left(\dfrac{h}{A}\right)^2},\quad A>h$
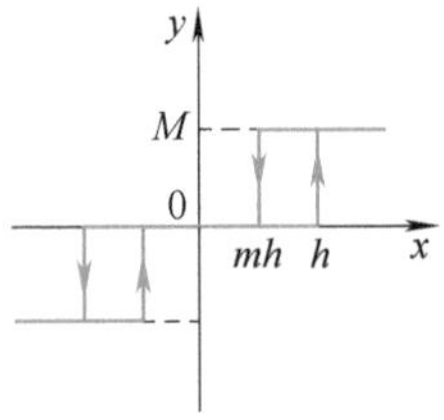	$\dfrac{2M}{\pi A}\left[\sqrt{1-\left(\dfrac{mh}{A}\right)^2}+\sqrt{1-\left(\dfrac{h}{A}\right)^2}\right]+\mathrm{j}\dfrac{2Mh}{\pi A^2}(m-1),\ A>h$
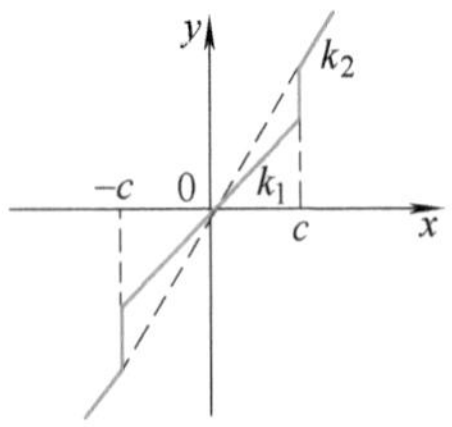	$k_2+\dfrac{2(k_1-k_2)}{\pi}\left[\arcsin\dfrac{c}{A}-\dfrac{c}{A}\sqrt{1-\left(\dfrac{c}{A}\right)^2}\right],\ A>c$
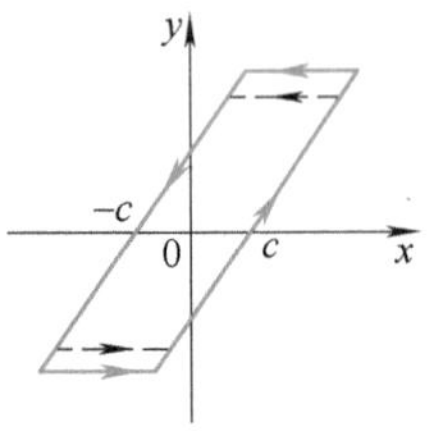	$\dfrac{k}{\pi}\left[\dfrac{\pi}{2}+\arcsin\left(1-\dfrac{2c}{A}\right)+2\left(1-\dfrac{2c}{A}\right)\sqrt{\dfrac{c}{A}\left(1-\dfrac{c}{A}\right)}\right]$ $+\mathrm{j}\dfrac{4kc}{\pi A}\left(\dfrac{c}{A}-1\right),\quad A>c$

（续）

非线性特性	描 述 函 数
(y, M, k, 0, x 图)	$k + \dfrac{4M}{\pi A}$
(y, M, k, 0, c, x 图)	$k - \dfrac{2k}{\pi}\arcsin\dfrac{c}{A} + \dfrac{4M-2kc}{\pi A}\sqrt{1-\left(\dfrac{c}{A}\right)^2}$, $A > c$

8.2.3　用描述函数法分析非线性系统（Analysis of Nonlinear Systems by Description Function Method）

一个非线性环节的描述函数只表示了该环节在正弦输入信号下，其输出的一次谐波分量与输入正弦信号间的关系，因而它不可能像线性系统中的频率特性那样全面地表征系统的性能，只能近似地用于分析非线性系统的稳定性和自持振荡。

1. 负倒描述函数

任何非线性系统经过对框图的变换与简化都可以表示成由线性部分 $G(s)$ 与非线性部分 $N(A)$ 相串联的情况，如图 8-18 所示。基于自振荡是非线性系统内部自发的持续振荡，与外加的输入信号及干扰信号无关，因而可假设 $r(t) = n(t) = 0$。

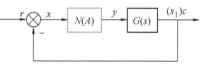

图 8-18　非线性控制系统

假设 x 为一正弦信号，即

$$x = A\sin\omega t$$

则有

$$y \approx y_1 = Y_1\sin(\omega t + \varphi_1)$$

而且

$$|N(A)| = \frac{Y_1}{A}$$

$$\underline{/N(A)} = \varphi_1$$

对于线性部分，当输入 y_1 时，其输出为

$$x_1 = |G(\mathrm{j}\omega)|Y_1\sin[\omega t + \varphi_1 + \underline{/G(\mathrm{j}\omega)}]$$

如果

$$Y_1|G(\mathrm{j}\omega)| = A$$

$$\varphi_1 + \underline{/G(\mathrm{j}\omega)} = -\pi$$

即

$$|N(A)||A||G(\mathrm{j}\omega)| = A$$

或

教学视频 8-6
奈奎斯特判据在非线性系统中的应用

$$|N(A)||G(j\omega)| = 1$$

及

$$\underline{/N(A)} + \underline{/G(j\omega)} = -\pi$$

则有

$$x_1 = A\sin(\omega t - \pi) = -A\sin\omega t = -x$$

故在没有外作用下，系统有一个正弦振荡输出信号。而系统有一个正弦振荡运动解的充要条件是

$$N(A)G(j\omega) = -1 \tag{8-24}$$

对于某一个特定的 A_0 及 ω_0，式（8-24）成立，会产生等幅的周期性振荡，这相当于线性系统中 $G(j\omega) = -1$ 的情况。由式（8-24）得

$$G(j\omega) = -\frac{1}{N(A)} \tag{8-25}$$

式中，$-1/N(A)$ 称为负倒描述函数，它相当于线性系统中的 $(-1, j0)$ 点。

已知在线性系统中，闭环特征方程为 $1 + G_k(j\omega) = 0$。而在非线性系统中，闭环特征方程为 $1 + G(j\omega)N(A) = 0$。将线性部分的 $G(j\omega)$ 曲线与负倒描述函数 $-1/N(A)$ 曲线画在同一复平面上，两曲线的交点即满足式（8-25），由此可确定系统的周期运动解，求得 A_0 及 ω_0。交点处 $G(j\omega)$ 曲线所对应的频率即为 ω_0，而 $-1/N(A)$ 曲线所对应的幅值即为振幅 A_0。

2. 奈奎斯特稳定判据在非线性系统中的应用

由于负倒描述函数相当于线性系统中的 $(-1, j0)$ 点，所以当线性部分的传递函数 $G(s)$ 具有最小相位性质时，可以判断非线性系统的稳定性。在复平面上同时作出线性部分的频率特性 $G(j\omega)$ 曲线和非线性部分的负倒描述函数特性 $-1/N(A)$ 曲线，判别非线性系统稳定性的方法如下：

1）如果在复平面上，$G(j\omega)$ 曲线不包围 $-1/N(A)$ 曲线，如图8-19a所示，则非线性系统稳定。

2）如果在复平面上，$G(j\omega)$ 曲线包围了 $-1/N(A)$ 曲线，如图8-19b所示，则非线性系统不稳定。

3）如果在复平面上，$G(j\omega)$ 曲线与 $-1/N(A)$ 曲线相交，如图8-19c所示，则在非线性系统中产生周期性振荡，振荡的振幅由 $-1/N(A)$ 曲线在交点处的 A 值决定，而振荡的频率由 $G(j\omega)$ 曲线在交点处的频率 ω 决定。

3. 自持振荡分析

如图8-19c所示，$G(j\omega)$ 曲线与 $-1/N(A)$ 曲线相交，在交点处非线性系统会产生等幅振荡。但这个等幅振荡能否稳定地存在呢？也就是说，如果系统受到一个瞬时扰动，使振荡的振幅发生变化，系统是否具有恢复到施加扰动之前状态的能力？若可以，该等幅振荡就能稳定地存在，并能够被观察到，称之为自持振荡；反之，则振荡不能稳定地存在，必然转移到其他运动状态。

教学视频8-7
自持振荡分析
和计算

为了确定稳定的自振状态，需要判断在周期运动解附近，当 A 变化 ΔA 以后对应系统的稳定性。如图8-20所示，$G(j\omega)$ 与 $-1/N(A)$ 有 a，b 两个交点。在 a 点，振幅为 A_a、频率为 ω_a，若由于某扰动使振荡的振幅略有增大，这时工作点将沿 $-1/N(A)$ 曲线由 a 点移动到 c

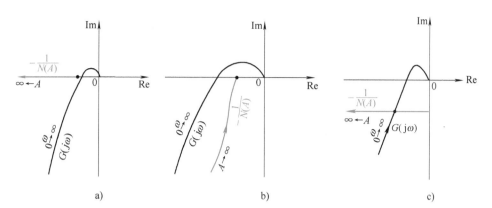

图 8-19　非线性系统的稳定性分析

点。由于 $G(j\omega)$ 曲线不包围 c 点，系统出现的振荡过程是收敛的，周期振荡的振幅要衰减，逐步恢复到 A_a，又返回到工作点 a。若由于某扰动使振荡的振幅略有减少，这时工作点将沿 $-1/N(A)$ 曲线由 a 点移动到 d 点。由于 $G(j\omega)$ 曲线包围 d 点，系统不稳定，输出将发散，其结果将使输出振幅变大，工作点又从 d 点返回到 a 点。由此可见，a 点是稳定的工作点，可以形成自振荡。

　　用同样的方法对 b 点的工作状态进行分析，可以得到 b 点不是稳定的工作点，不能形成自振荡。

　　由上述分析可知，该系统最终呈现两种可能的运动状态：一是当扰动较小，其幅值小于 A_b 时，系统趋于平衡状态，不产生自振荡；二是当扰动较大，其幅值大于 A_b 时，系统出现自振荡，其振幅为 A_a、频率为 ω_a。

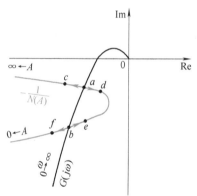

图 8-20　存在周期运动的非线性系统

　　综合上述分析过程，归结出判断稳定自振点的简便方法如下：

　　在复平面上，将被 $G(j\omega)$ 曲线所包围的区域视为不稳定区域，而不被 $G(j\omega)$ 曲线所包围的区域视为稳定区域。当交点处的 $-1/N(A)$ 曲线沿着振幅 A 增大的方向由不稳定区进入稳定区时，则该交点为稳定的周期运动。反之，若 $-1/N(A)$ 曲线沿着振幅 A 增大的方向在交点处由稳定区进入不稳定区时，则该交点为不稳定的周期运动。若为稳定的自振荡点，可确定其振幅和频率。

【例 8-1】　具有饱和非线性特性的控制系统如图 8-21 所示，试分析：

1）当 $K=15$ 时，判断自振荡的性质，求出自振点振幅 A_0 及频率 ω_0。

2）欲使系统不出现自振荡，确定 K 的临界值。

解　1）饱和非线性特性的描述函数为

$$N(A)=\frac{2k}{\pi}\left[\sin^{-1}\frac{c}{A}+\frac{c}{A}\sqrt{1-\left(\frac{c}{A}\right)^2}\right]\qquad(A>c)$$

在此，$c=1$，$k=2$。于是有

$$N(A)=\frac{4}{\pi}\left[\sin\frac{1}{A}+\frac{1}{A}\sqrt{1-\left(\frac{1}{A}\right)^2}\right]\qquad(A>1)$$

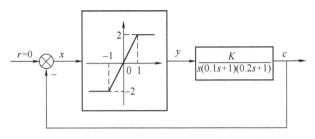

图 8-21   具有饱和非线性特性的控制系统

当 $A = 1$ 时，$N(A) = 2$，即 $-1/N(A)$ 在 $\left(-\dfrac{1}{2}, \mathrm{j}0\right)$ 点；随着 $A \to \infty$，$-1/N(A)$ 曲线为 $\left(-\infty, -\dfrac{1}{2}\right)$ 的负实轴段，如图 8-22 所示。

线性部分的频率特性为

$$G(\mathrm{j}\omega) = \frac{15}{\mathrm{j}\omega(1+\mathrm{j}0.1\omega)(1+\mathrm{j}0.2\omega)}$$

$$= \frac{15[-0.3\omega - \mathrm{j}(1-0.02\omega^2)]}{\omega(1+0.05\omega^2+0.0004\omega^4)}$$

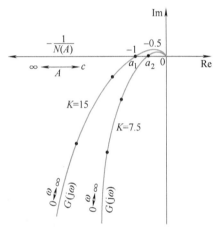

在图 8-22 中作出 $G(\mathrm{j}\omega)$ 曲线，与 $-1/N(A)$ 曲线相交于 a_1 点，并由判断稳定自振点的简便方法可知 a_1 点为稳定的自振点。在 a_1 点，令 $\mathrm{Im}[G(\mathrm{j}\omega)] = 0$，得 $\omega = \sqrt{50}$ rad/s。将 $\omega = \sqrt{50}$ rad/s 代入 $\mathrm{Re}[G(\mathrm{j}\omega)]$ 中，得 $a_1 = -1$，即 $-\dfrac{1}{N(A)} = -1$。所以有

图 8-22   例 8-1 系统的 $G(\mathrm{j}\omega)$ 曲线与负倒描述函数

$$N(A) = \frac{4}{\pi}\left[\arcsin\left(\frac{1}{A}\right) + \frac{1}{A}\sqrt{1-\left(\frac{1}{A}\right)^2}\right] = 1$$

用近似法求解，得 $A \approx 2.5$。

当 $K = 15$ 时，该系统自振荡的振幅 $A_0 = 2.5$，振荡频率 $\omega_0 = 7.07$ rad/s。

2）若要系统不产生自振荡，可减小线性部分的放大倍数 K。由图 8-22 得知，本系统的 $-1/N(A)$ 曲线位于 $\left(-\infty, -\dfrac{1}{2}\right)$ 区段，当 $K = 7.5$ 时 $G(\mathrm{j}\omega)$ 曲线与 $-1/N(A)$ 曲线的交点为 $\left(-\dfrac{1}{2}, \mathrm{j}0\right)$，即 a_2 点。若取 $K < 7.5$，则两曲线不再相交，此时系统是稳定的，不会产生自振荡，所以 $K_c = 7.5$。

【例 8-2】   一继电控制系统结构图如图 8-23 所示。继电器参数 $h = 1$，$M = 3$，试分析系统是否产生自振荡。若产生自振荡，求出振幅和振荡频率。若要使系统不产生自振荡，应如何调整继电器参数？

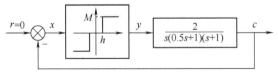

图 8-23   继电控制系统结构图

解 带死区的继电特性的描述函数为

$$N(A)=\frac{4M}{\pi A}\sqrt{1-\left(\frac{h}{A}\right)^2} \qquad (A>h)$$

$$-\frac{1}{N(A)}=-\frac{\pi A}{4M\sqrt{1-\left(\frac{h}{A}\right)^2}}$$

当 $A\to h$ 时，$-\dfrac{1}{N(A)}\to-\infty$；当 $A\to\infty$ 时，$-\dfrac{1}{N(A)}\to-\infty$。可见，$-\dfrac{1}{N(A)}$ 在负实轴上有极值点。

令 $\dfrac{\mathrm{d}}{\mathrm{d}A}\left[\dfrac{1}{N(A)}\right]=0$，求得极值点 $A=\sqrt{2}h$，由 $h=1$，$M=3$ 可得

$$-\frac{1}{N(A)}\bigg|_{A=\sqrt{2}}=-\frac{\pi}{6}\approx-0.52$$

又 $$G(\mathrm{j}\omega)=\frac{2}{\mathrm{j}\omega(1+\mathrm{j}0.5\omega)(1+\mathrm{j}\omega)}=\frac{-3\omega-\mathrm{j}2(1-0.5\omega^2)]}{\omega(1+1.25\omega^2+0.25\omega^4)}$$

令 $\mathrm{Im}[G(\mathrm{j}\omega)]=0$，得 $\omega=\sqrt{2}\mathrm{rad/s}$。将 $\omega=\sqrt{2}\mathrm{rad/s}$ 代入 $\mathrm{Re}[G(\mathrm{j}\omega)]$ 中，得 $\mathrm{Re}[G(\mathrm{j}\omega)]=-\dfrac{1}{1.5}\approx-0.67$。由此可见，$-1/N(A)$ 曲线与 $G(\mathrm{j}\omega)$ 曲线有交点，如图 8-24 所示。为求得交点处对应的振幅值，令

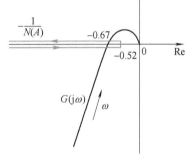

$$-\frac{\pi A}{4M\sqrt{1-\left(\frac{h}{A}\right)^2}}=-\frac{\pi A}{12\sqrt{1-\left(\frac{1}{A}\right)^2}}=-\frac{1}{1.5}$$

求得两个振幅值 $A_1=1.11$，$A_2=2.3$。

经过分析系统会产生一个稳定的自振荡，其振幅为 $A=2.3$，频率为 $\omega=\sqrt{2}\ \mathrm{rad/s}$。

为使系统不产生自振荡，可令

图 8-24　例 8-2 系统的 $G(\mathrm{j}\omega)$ 曲线与负倒描述函数

$$-\frac{1}{N(A)}\bigg|_{A=\sqrt{2}h}\leqslant-\frac{1}{1.5}$$

由此求得继电器参数比 $M/h<2.36$。如调整 M 和 h 比例为 $M=2h$，则系统不产生自振荡。

应当指出的是，应用描述函数法分析非线性系统运动的稳定性，都是建立在只考虑基波分量的基础之上的。实际上，系统中仍有一定量的高次谐波分量流通，系统自振荡波形是一个比较复杂的周期性波形，并非纯正弦波，所以描述函数法只是一种近似的研究方法。同时，在采用描述函数法时又是采用的图解法，因此必然存在着准确度问题。如果 $G(\mathrm{j}\omega)$ 曲线与 $-1/N(A)$ 曲线几乎垂直相交，且非线性环节输出的高次谐波分量被线性部分充分衰减，则分析结果是准确的。若两曲线在交点处几乎相切，其准确度取决于线性部分对高次谐波衰减的程度。

8.2.4　非线性系统的简化（Simplification of Nonlinear Systems）

非线性系统的描述函数分析是建立在图 8-18 所示的典型结构基础上。当系统由多个非

线性环节和多个线性环节组合而成时，在一些情况下，可通过等效变换使系统简化为典型结构形式。

等效变换的原则是在 $r(t)=0$ 条件下，根据非线性特性的串、并联，简化非线性部分为一个等效非线性环节，再保持等效非线性环节的输入输出关系不变，简化线性部分为一个等效线性环节。

1）系统只含有一个非线性环节，如图 8-25 所示，线性部分可直接简化为 8-26 所示结构图。

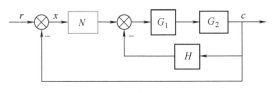

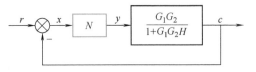

图 8-25 非线性系统结构图　　　　　　　　图 8-26 化简后的非线性系统结构图

2）非线性特性的并联。若两个非线性环节输入相同，输出相加、减，如图 8-27 所示，有两种简化方法。一是先将两个非线性特性相叠加再求总的描述函数 $N(A)$；二是先分别求得两个非线性环节的描述函数 $N_1(A)$ 和 $N_2(A)$，再有 $N(A)=N_1(A)+N_2(A)$。化简后的非线性特性并联结构图如图 8-28 所示。

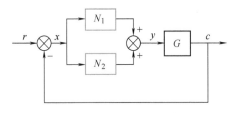

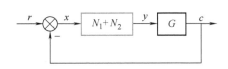

图 8-27 非线性特性并联结构图　　　　　　图 8-28 化简后的非线性特性并联结构图

3）非线性特性的串联。若两个非线性环节串联，可采用图解法简化。以图 8-29 所示死区特性和带死区的继电特性串联简化为例。

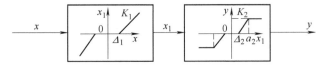

图 8-29 非线性特性串联

通常，先将两个非线性环节按图 8-30a、b 形式放置，再按输出端非线性特性的变化端点 Δ_2 和 a_2 确定输入 x 的对应点 Δ 和 a，获得等效非线性特性如图 8-30c 所示，最后确定等效非线性特性的参数。由 $\Delta_2=K_1(\Delta-\Delta_1)$ 得

$$\Delta=\Delta_1+\frac{\Delta_2}{K_1} \tag{8-26}$$

由 $a_2=K_1(a-\Delta_1)$ 得

$$a=\frac{a_2}{K_1}+\Delta_1 \tag{8-27}$$

当 $|x|\leqslant\Delta$ 时，由 $y(x_1)$ 可知，$y(x)=0$；当 $|x|\geqslant a$ 时，由 $y(x_1)$ 也可知，$y(x)=$

$K_2(a_2-\Delta_2)$；当 $\Delta<|x|<a$ 时，$y(x_1)$ 位于线性区，$y(x)$ 也呈线性，设斜率为 K，即有 $y(x)=K(x-\Delta)=K_2(x_1-\Delta_2)$。特殊地，当 $x=a$ 时，$x_1=a_2$，由于 $x_1=\Delta_2+K_1(a-\Delta)$，故 $a-\Delta=\dfrac{a_2-\Delta_2}{K_1}$，因此 $K=K_1K_2$。

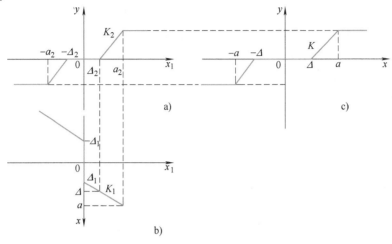

图 8-30　非线性特性串联简化的图解方法

应当指出的是，两个非线性环节的串联等效特性还取决于其前后次序。调换次序则等效非线性特性也不同。描述函数需按等效非线性环节的特性计算。多个非线性特性串联可按上述两个非线性环节串联简化方法，依由前向后顺序逐一加以简化。

4）线性部分包围非线性部分。如图 8-31a 所示非线性系统，可令 $r(t)=0$，便可得到图 8-31b 所示的简化结构图。

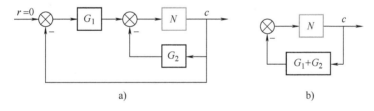

图 8-31　非线性系统等效变换一

5）非线性部分局部包围线性部分。如图 8-32a 所示非线性系统，可令 $r(t)=0$，按等效变换原则，先得到图 8-32b 所示的简化结构图，进一步简化便可得到图 8-32c 所示的结构图。

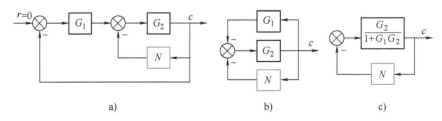

图 8-32　非线性系统等效变换二

8.3　相平面法（Phase Plane Method）

相平面法是由庞加莱（J. H. Poincaré）于 1895 年首先提出来的。该方法通过图解法将一阶系统和二阶系统的运动过程转化为位置和速度平面上的相轨迹，从而比较直观、形象、准确地反映系统的稳定性、平衡状态和稳态精度，以及初始条件和参数对系统运动的影响。该方法的特点是相轨迹的绘制方法步骤简单、计算量小，特别适用于分析常见非线性特性和一、二阶线性环节组合而成的非线性系统。

8.3.1　相平面的基本概念（Basic Concepts of Phase Plane）

设二阶系统可用常微分方程描述为

$$\ddot{x} = f(x, \dot{x}) \tag{8-28}$$

式中，$f(x, \dot{x})$ 是 $x(t)$ 和 $\dot{x}(t)$ 的线性或非线性函数。该方程的解可以用 $x(t)$ 的时间函数曲线表示，也可以用 $\dot{x}(t)$ 和 $x(t)$ 的关系曲线表示，而 t 为参变量。$x(t)$ 和 $\dot{x}(t)$ 称为系统运动的相变量（phase-variable）（状态变量），以 $x(t)$ 为横坐标，$\dot{x}(t)$ 为纵坐标构成的直角坐标平面称为相平面（phase-plane）。相变量从初始时刻 t_0 对应的状态点 $(x_0, \dot{x}_0)$ 起，随着时间 t 的推移，在相平面上运动形成的曲线称为相轨迹（phase trajectory）。在相轨迹上用箭头符号表示参变量时间 t 的增加方向。根据微分方程解的存在与唯一性定理，对于任一给定的初始条件，相平面上有一条相轨迹与之对应。多个初始条件下的运动对应多条相轨迹，形成相轨迹簇，而由一簇相轨迹所形成的图形称为相平面图。

若已知 $x(t)$ 和 $\dot{x}(t)$ 的时间曲线如图 8-33b、c 所示，则可根据任一时间点的 $x(t)$ 和 $\dot{x}(t)$

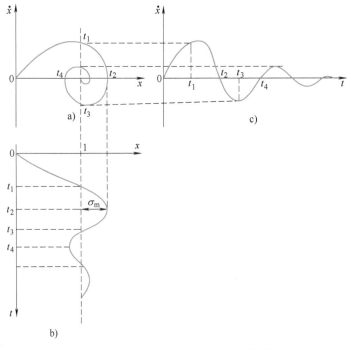

图 8-33　$x(t)$，$\dot{x}(t)$ 及其相轨迹曲线

的值，得到以 $x(t)$ 为横坐标、$\dot{x}(t)$ 为纵坐标的相平面上对应的点，并由此获得一条相轨迹，如图 8-33a 所示。

8.3.2　相轨迹的绘制（Drawing Phase Trajectory）

利用相平面分析法研究非线性系统，必须先绘制出系统的相轨迹，才能通过对其进行观察和分析来研究系统的运动。显然，非线性系统相轨迹的绘制是最为核心的问题。

相轨迹可以通过解析法求得，也可以通过作图法或实验方法作出。

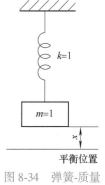

图 8-34　弹簧-质量
运动系统

1. 解析法

解析法一般适用于运动方程比较简单或可以分段线性化的系统。这时应用解析法求出相轨迹的解，然后绘制出相轨迹。

【例 8-3】　某弹簧-质量运动系统如图 8-34 所示，图中 m 为物体的质量，k 为弹簧的弹性系数。若初始条件为 $x(0)=x_0$，$\dot{x}(0)=\dot{x}_0$，试确定系统自由运动的相轨迹。

解　描述系统自由运动的微分方程式为

$$m\ddot{x}+kx=0$$

由 $m=1$，$k=1$ 得

$$\ddot{x}+x=0 \tag{8-29}$$

将式（8-29）写为

$$\dot{x}\frac{\mathrm{d}\dot{x}}{\mathrm{d}x}=-x$$

即

$$\dot{x}\mathrm{d}\dot{x}=-x\mathrm{d}x$$

因为

$$\int_{\dot{x}_0}^{\dot{x}}\dot{x}\mathrm{d}\dot{x}=\frac{1}{2}(\dot{x}^2-\dot{x}_0^2)$$

$$\int_{x_0}^{x}-x\mathrm{d}x=-\frac{1}{2}(x^2-x_0^2)$$

于是，有

$$\frac{1}{2}(\dot{x}^2-\dot{x}_0^2)=-\frac{1}{2}(x^2-x_0^2)$$

整理得

$$x^2+\dot{x}^2=x_0^2+\dot{x}_0^2=\left(\sqrt{x_0^2+\dot{x}_0^2}\right)^2 \tag{8-30}$$

该系统自由运动的相轨迹为以原点为圆心、$\sqrt{x_0^2+\dot{x}_0^2}$ 为半径的圆，如图 8-35 所示。

【例 8-4】　含有理想继电器特性的非线性系统框图如图 8-36 所示。输入 $r(t)=1(t)$，试绘制其相轨迹。

解　系统线性部分输入与输出的关系是 $\ddot{c}=y$，非线性部分输入与输出的关系是

$$y=\begin{cases}+M & (e>0，即 c<r)\\-M & (e<0，即 c>r)\end{cases}$$

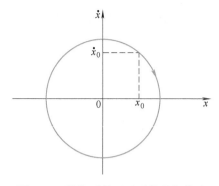

图 8-35 弹簧-质量运动系统的相轨迹

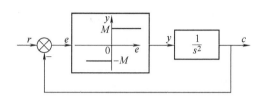

图 8-36 理想继电器的非线性系统框图

因为

$$\ddot{c} = \frac{d\dot{c}}{dt} = \frac{d\dot{c}}{dc} \cdot \frac{dc}{dt} = \dot{c}\frac{d\dot{c}}{dc} = y$$

所以，该系统的相轨迹方程式为

$$\dot{c}\frac{d\dot{c}}{dc} = M(c<r) \tag{8-31}$$

$$\dot{c}\frac{d\dot{c}}{dc} = -M(c>r) \tag{8-32}$$

对式（8-31）及式（8-32）分离变量积分得出

$$\dot{c}^2 = 2Mc + A_1(c<r) \tag{8-33}$$

$$\dot{c}^2 = -2Mc + A_2(c>r) \tag{8-34}$$

式中，A_1，A_2 为积分常数，由初始条件求得。至此，可在 c-$\dot{c}$ 相平面上作出系统的相轨迹图，如图 8-37 所示。可见，直线 $c=r$ 将相平面分为两个区域，即 Ⅰ 区和 Ⅱ 区，它们分别对应于方程式（8-33）和式（8-34），每个区域内的相轨迹都是一簇抛物线。

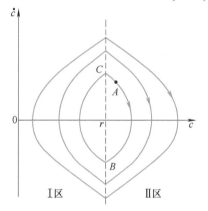

图 8-37 理想继电器系统的相轨迹

若系统的初始条件处于 A 点，A 点位于 Ⅱ 区内，应按照 Ⅱ 区对应的方程式（8-34）运动，即

$$\dot{c}^2 = -2Mc + A_2$$

则随着时间的推移相点将从 A 点逐步移动到 B 点。越过 B 点相点进入 Ⅰ 区，按照 Ⅰ 区对应的方程式（8-33）运动，即

$$\dot{c}^2 = 2Mc + A_1$$

则相点逐步移动到 C 点，在 C 点发生切换又沿 Ⅱ 区的相轨迹经 A 点趋向 B 点，周而复始，构成封闭曲线。故本例的时间响应呈周期运动状态。

2. 图解法

绘制相轨迹的作图方法有多种，如等倾线法（isocline method）、δ 法等。其中等倾线法以其简单实用而被普遍采用。在此只介绍等倾线法。

等倾线法不需要求解微分方程。对于求解困难的非线性微分方程，显得尤为实用。

等倾线法的基本思路是先确定相轨迹的等倾线，进而绘制出相轨迹的切线方向场，然后从初始条件出发，沿方向场逐步绘制相轨迹。

对于非线性系统

$$\ddot{x} = f(x, \dot{x})$$

即

$$\dot{x}\frac{\mathrm{d}\dot{x}}{\mathrm{d}x} = f(x, \dot{x})$$

也可表示成

$$\frac{\mathrm{d}\dot{x}}{\mathrm{d}x} = \frac{f(x, \dot{x})}{\dot{x}}$$

其中，$\dfrac{\mathrm{d}\dot{x}}{\mathrm{d}x}$ 是相轨迹的斜率，令 $\dfrac{\mathrm{d}\dot{x}}{\mathrm{d}x} = \alpha$，$\alpha$ 为一常数。则有

$$\alpha = \frac{f(x, \dot{x})}{\dot{x}}$$

或

$$\alpha\dot{x} - f(x, \dot{x}) = 0 \tag{8-35}$$

根据这一方程可在相平面上作一曲线，称为等倾线。当相轨迹经过该等倾线上任一点时，其切线的斜率都相等，均为 α。在等倾线上各点处作斜率为 α 的短直线，如图 8-38 所示。取 α 为若干不同的常数，即可在相平面上绘制出若干条等倾线，则构成相轨迹的切线方向场。所以，根据给定的初始条件，从初始点出发，便可沿各条等倾线所决定的相轨迹的切线方向依次画出系统的相轨迹。

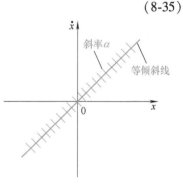

图 8-38 等倾线和确定相轨迹斜率的短线段

【例 8-5】 线性二阶系统的运动方程为 $\ddot{x} + \dot{x} + x = 0$，试用等倾线法绘制系统的相轨迹。

解 系统的微分方程可以化为

$$\dot{x}\frac{\mathrm{d}\dot{x}}{\mathrm{d}x} + \dot{x} + x = 0$$

或

$$\frac{\mathrm{d}\dot{x}}{\mathrm{d}x} = -\frac{\dot{x} + x}{\dot{x}}$$

令 $\mathrm{d}\dot{x}/\mathrm{d}x = \alpha$，得等倾线方程为

$$\dot{x} = -\frac{1}{1 + \alpha}x$$

图 8-39 中作出了 α 取不同值的等倾线及等倾线上表示斜率值的许多小线段。

在作好等倾线的相平面图上，从初始点出发顺时针将各小线段光滑地连接起来，便得到一条相轨迹。如从 A 点出发经过 B、C、D、$E\cdots$最后逐渐趋于原点，如图 8-39 所示。

使用等倾线法绘制相轨迹应注意以下几点：

1）坐标轴 x 和 $\dot{x}$ 应选用相同的比例尺，否则等倾线斜率不准确。

2）在相平面的上半平面，由于 $\dot{x} > 0$，x 随时间 t 增大而增加，相轨迹的走向应是由左向右；相

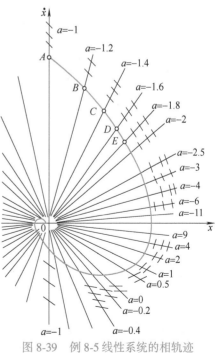

图 8-39 例 8-5 线性系统的相轨迹

反，在相平面的下半平面，$\dot{x}<0$，x 随时间 t 增大而减小，相轨迹的走向应是由右向左。

3）除系统的平衡点外，相轨迹与 x 轴的相交处切线斜率 $\alpha=\dfrac{f(x,\dot{x})}{\dot{x}}$ 应为 $+\infty$ 或 $-\infty$，即相轨迹与 x 轴垂直相交。

4）一般情况下，等倾线分布越密，绘制的相轨迹越准确。但随所取等倾线的增加，绘图工作量增加，同时也使作图产生的积累误差增大。为提高作图精度，可采用平均斜率法，即取相邻两条等倾线所对应的斜率的平均值作为两条等倾线间直线的斜率。

8.3.3　线性系统的相轨迹（Phase Trajectory of Linear Systems）

线性系统是非线性系统的特例，对于许多非线性一阶和二阶系统（系统所含非线性环节可用分段折线表示），常可以分成多个区间进行研究。而在每个区间内，非线性系统的运动特性可用线性微分方程描述。此外，对于某些非线性微分方程，为研究各平衡状态附近的运动特性，可在平衡点附近作小偏差法近似处理，即对非线性微分方程两端的各非线性函数作泰勒级数展开，并取一次近似项，获得平衡点处的增量线性微分方程。因此，研究线性一阶、二阶系统的相轨迹及其特点是十分必要的。下面讨论线性一阶、二阶系统自由运动的相轨迹，所得结论可作为非线性一、二阶系统相平面分析的基础。

1. 线性一阶系统的相轨迹

描述线性一阶系统自由运动的微分方程为

$$T\dot{x}+x=0$$

相轨迹方程为

$$\dot{x}=-\frac{1}{T}x \tag{8-36}$$

设系统初始条件为 $x(0)=x_0$，则 $\dot{x}(0)=\dot{x}_0=-\dfrac{1}{T}x_0$。线性一阶系统的相轨迹如图 8-40 所示。

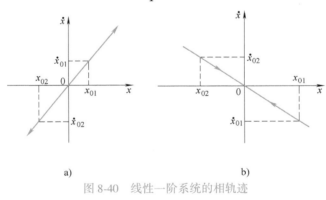

图 8-40　线性一阶系统的相轨迹

a）$T<0$　b）$T>0$

由图 8-40 知，相轨迹位于过原点、斜率为 $-\dfrac{1}{T}$ 的直线上。当 $T<0$ 时，相轨迹沿该直线发散至无穷；当 $T>0$ 时，相轨迹沿该直线收敛于原点。

2. 线性二阶系统的相轨迹

描述线性二阶系统自由运动的微分方程为

$$\ddot{x} + 2\zeta\omega_n\dot{x} + \omega_n^2 x = 0 \tag{8-37}$$

取相变量为 x，$\dot{x}$，式（8-37）化为

$$\begin{cases} \dfrac{dx}{dt} = \dot{x} \\[2mm] \dfrac{d\dot{x}}{dt} = \ddot{x} = -2\zeta\omega_n\dot{x} - \omega_n^2 x \end{cases}$$

或

$$\frac{d\dot{x}}{dx} = -\frac{2\zeta\omega_n\dot{x} + \omega_n^2 x}{\dot{x}} \tag{8-38}$$

由第 3 章的分析可知，线性二阶系统运动的性质取决于特征根的分布，主要有以下几种情况。

（1）无阻尼运动（$\zeta = 0$）

此时特征方程的根为一对共轭虚根，方程式（8-38）变为

$$\frac{d\dot{x}}{dx} = -\frac{\omega_n^2 x}{\dot{x}} \tag{8-39}$$

对式（8-39）分离变量并积分，得

$$\frac{\dot{x}^2}{\omega_n^2} + x^2 = A^2 \tag{8-40}$$

式中，A 是初始条件决定的积分常数。对于不同的初始条件，式（8-40）表示的运动轨迹是一族同心的椭圆，每一个椭圆对应一个等幅振荡。无阻尼线性二阶系统的相轨迹如图 8-41 所示。

（2）欠阻尼运动（$0 < \zeta < 1$）

此时特征方程的根为一对具有负实部的共轭复根，由第 3 章的分析知，方程的解为

$$x(t) = Ae^{-\zeta\omega_n t}\sin(\omega_d t + \varphi)$$

$$\omega_d = \omega_n\sqrt{1-\zeta^2}$$

式中，A、φ 都是由初始条件决定的常数。

欠阻尼状态的响应曲线是一振荡衰减曲线，其稳态值为 $x = 0$，$\dot{x} = 0$。据此可知其相轨迹必然是逐渐卷向原点的一族曲线，数学推导可以证明此时的相轨迹为一族对数螺旋线。欠阻尼线性二阶系统的相轨迹如图 8-42 所示。

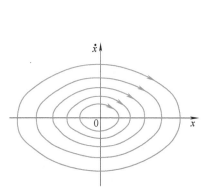

图 8-41　无阻尼线性二阶系统的相轨迹

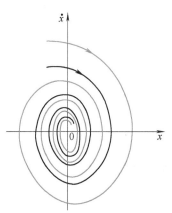

图 8-42　欠阻尼线性二阶系统的相轨迹

由图 8-42 看出，无论初始条件如何，经过衰减振荡，系统最终趋于平衡点即坐标原点。

（3）过阻尼运动（$\zeta>1$）

此时特征方程的根为两负实根，由第 3 章的分析可知，系统运动形式为单调衰减，其表达式为

$$x(t)=A_1\mathrm{e}^{s_1t}+A_2\mathrm{e}^{s_2t}$$

式中，A_1、A_2 为初始条件决定的常数；s_1、s_2 为特征根。

过阻尼系统在各种初始条件下的响应均为单调地衰减到零，其对应的相轨迹单调地趋于平衡点——原点。过阻尼线性二阶系统的相轨迹如图 8-43 所示。可以证明，此种情况下的相轨迹是一族通过原点的抛物线，系统的暂态分量为非振荡衰减形式，存在两条特殊的等倾线，其斜率分别为

$$k_1=s_1=-\zeta\omega_\mathrm{n}+\omega_\mathrm{n}\sqrt{\zeta^2-1}<0 \qquad (8\text{-}41)$$

$$k_2=s_2=-\zeta\omega_\mathrm{n}-\omega_\mathrm{n}\sqrt{\zeta^2-1}<k_1 \qquad (8\text{-}42)$$

（4）负阻尼运动

此种情况下系统处于不稳定状态，按照特征根的不同分布，又分为两种情况予以讨论。

1）$-1<\zeta<0$ 时，系统的特征根为一对具有正实部的共轭复数根，系统的自由运动为发散振荡形式，此时的相轨迹是一族从原点向外卷的离心螺旋线，如图 8-44 所示。

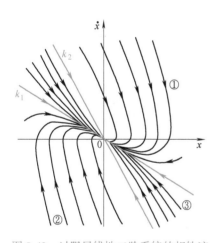

图 8-43   过阻尼线性二阶系统的相轨迹

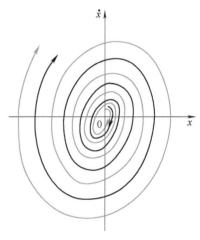

图 8-44 $-1<\zeta<0$ 时的相轨迹

2）$\zeta<-1$ 时，系统的特征根为两个正实根，即

$$s_{1,2}=|\zeta|\omega_\mathrm{n}\pm\omega_\mathrm{n}\sqrt{\zeta^2-1}$$

系统的自由运动呈非振荡发散形式，此时的相轨迹存在两条特殊的等倾线，其斜率分别为 $k_1=s_1$，$k_2=s_2$。相轨迹的形式与 $\zeta>1$ 的情况相同，只是运动方向相反，是一族从原点出发向外单调发散的抛物线，如图 8-45 所示。

（5）正反馈二阶系统的运动

正反馈二阶系统的特征方程为 $\ddot{x}+2\zeta\omega_\mathrm{n}\dot{x}-\omega_\mathrm{n}^2x=0$，此时的特征根为

$$s_{1,2}=-\zeta\omega_\mathrm{n}\pm\omega_\mathrm{n}\sqrt{\zeta^2+1}$$

一个为正实根，一个为负实根，系统的响应依然是单调发散，相轨迹为一族双曲线，如图 8-46 所示。

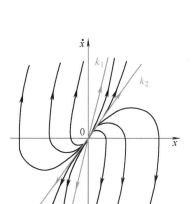 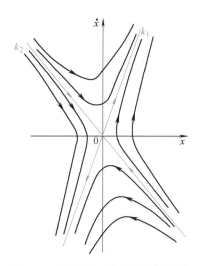

图 8-45　$\zeta < -1$ 时的相轨迹　　　　　　图 8-46　正反馈二阶系统的相轨迹

由图 8-46 可见，图中两条特殊的等倾线是相轨迹，也是其他相轨迹的渐近线，其斜率分别为 $k_1 = s_1$，$k_2 = s_2$。此外，这两条特殊的等倾线作为相平面的分割线，将相平面划分为 4 个具有不同运动状态的区域。当初始条件位于斜率为 k_2 的直线上时，系统的运动将趋于原点。但只要受到极其微小的扰动，系统的运动将偏离该相轨迹，并最终沿着斜率为 k_1 的相轨迹的方向发散至无穷。因此，正反馈二阶系统的运动是不稳定的。

8.3.4　奇点与奇线（Singular Point and Singular Line）

系统分析的目的是确定系统所具有的各种运动状态及其性质。对于非线性系统来说，平衡点处有无穷多条相轨迹离开或到达，平衡点附近的相轨迹最能反映系统的运动特性。因此，平衡点是非常重要的特征点。

1. 奇点

以微分方程 $\ddot{x} = f(x, \dot{x})$ 表示的二阶系统为例，其相轨迹上每一点切线的斜率为 $\dfrac{\mathrm{d}\dot{x}}{\mathrm{d}x} = \dfrac{f(x, \dot{x})}{\dot{x}}$，若在某点处 $f(x, \dot{x})$ 和 $\dot{x}$ 同时为零，即有 $\dfrac{\mathrm{d}\dot{x}}{\mathrm{d}x} = \dfrac{0}{0}$ 的不定形式，则称该点为相平面的奇点（singular point）。

相轨迹在奇点处的切线斜率不定，表明系统在奇点处可以按任意方向趋近或离开奇点。因此在奇点处，多条相轨迹相交；而在相轨迹的非奇点（称为普通点）处，不同时满足 $\dot{x} = 0$ 和 $f(x, \dot{x}) = 0$，相轨迹的切线斜率是一个确定的值，故经过普通点的相轨迹只有一条。

由奇点定义知，奇点一定位于相平面的横轴上。在奇点处，$\dot{x} = 0$，$\ddot{x} = f(x, \dot{x}) = 0$，系统运动的速度和加速度同时为零。对于二阶系统来说，系统在奇点处不再发生运动，处于平衡状态，故相平面的奇点也称为平衡点。线性二阶系统唯一的平衡点即为原点 $(0, 0)$。

线性二阶系统为非线性二阶系统的特殊情况。按照前面的分析，特征根在 s 平面上的分布，决定了系统自由运动的形式，因而可由此划分线性二阶系统奇点 $(0, 0)$ 的类型。

1）焦点（focus）——特征根为共轭复根。当特征根为一对具有负实部的共轭复根时，奇点为稳定焦点，如欠阻尼运动（$0 < \zeta < 1$），如图 8-42 所示。当特征根为一对具有正实部的

共轭复根时,奇点为不稳定焦点,如负阻尼运动($-1<\zeta<0$),如图 8-44 所示。

2)节点(node)——特征根为同号实根。当特征根为两个负实根时,奇点为稳定节点,如过阻尼运动($\zeta>1$),如图 8-43 所示。当特征根为两个正实根时,奇点为不稳定节点,如负阻尼运动($\zeta<-1$),如图 8-45 所示。

3)鞍点(saddle point)。当特征根一个为正实根,另一个为负实根时,奇点为鞍点,如正反馈二阶系统的运动,如图 8-46 所示。

4)中心点(center point)。当特征根为一对共轭纯虚根时,奇点为中心点,如无阻尼($\zeta=0$)二阶系统的运动,如图 8-41 所示。

线性二阶系统的微分方程为

$$\ddot{x}+2\zeta\omega_n\dot{x}+\omega_n^2=0$$

或
$$\ddot{x}+a\dot{x}+bx=0 \tag{8-43}$$

上面讨论的 4 种情况包括了方程式(8-43)中 a 和 b 的所有可能取值($b\neq0$)。系统在奇点附近的运动情况由特征方程的两个根所决定。必须注意,在有零根($b=0$)的情况下,根据李雅普诺夫稳定性理论,不能由线性化方程式(8-43)确定奇点附近系统的稳定性。

特征方程具有零根的特殊二阶线性系统的相轨迹见表 8-2。

表 8-2 特殊二阶线性系统的相轨迹

微分方程	特征根分布	相平面图
$T\ddot{x}+\dot{x}=0$ $T>0$	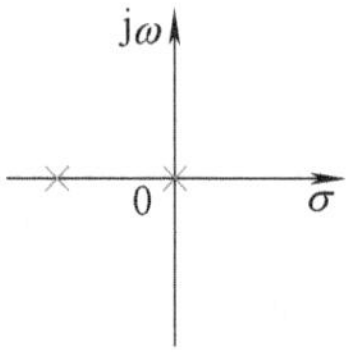	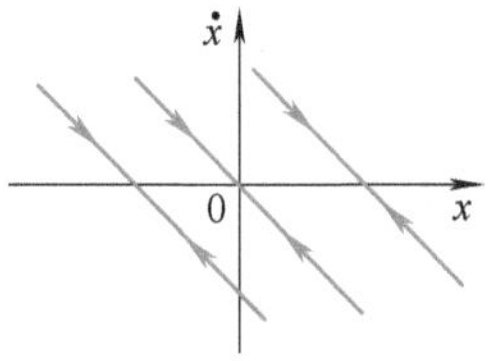
$T\ddot{x}+\dot{x}=0$ $T<0$	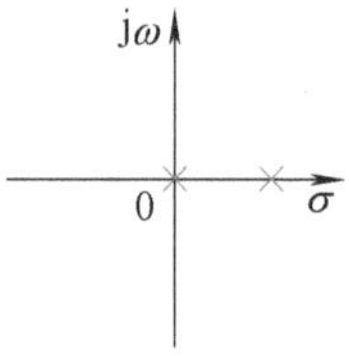	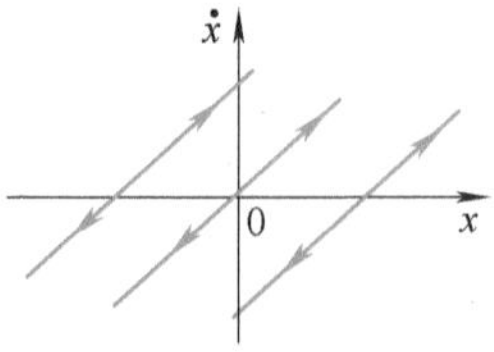
$T\ddot{x}+\dot{x}=M$ $T>0$	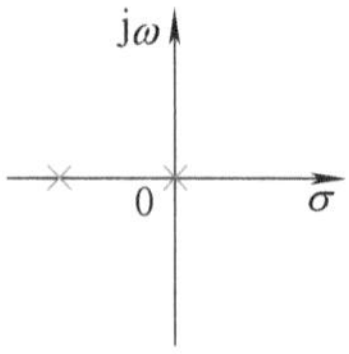	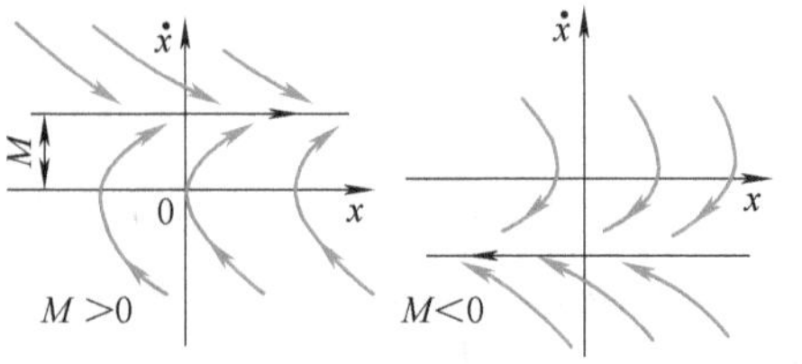
$T\ddot{x}+\dot{x}=M$ $T<0$	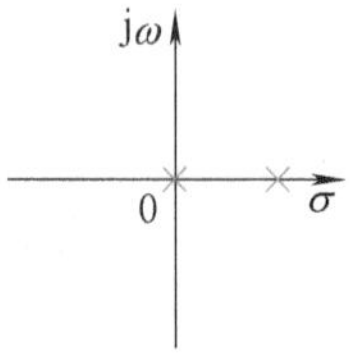	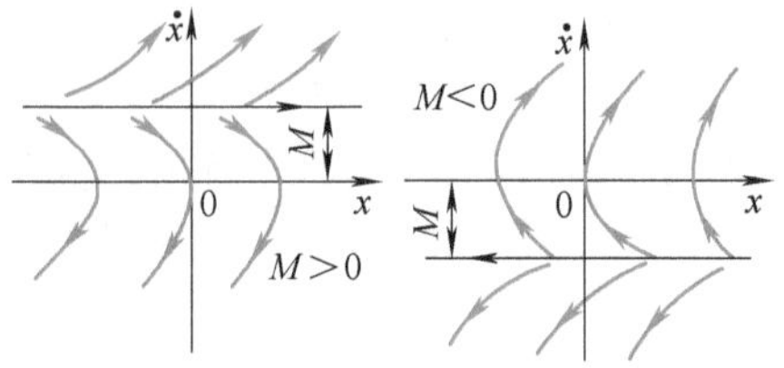

（续）

微 分 方 程	特征根分布	相 平 面 图
$\ddot{x}=M$	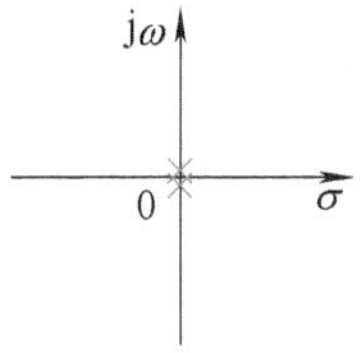	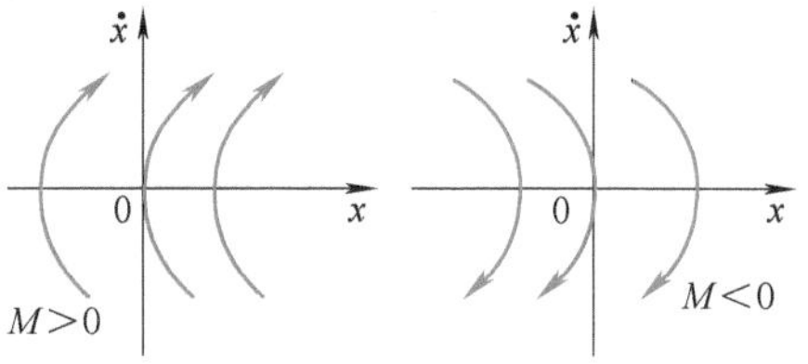
$\ddot{x}=0$	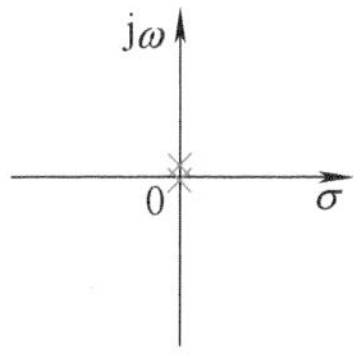	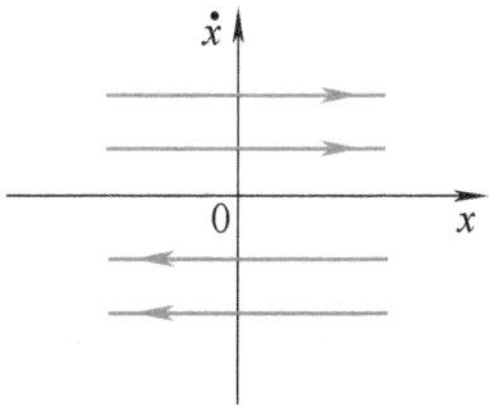

另外，线性一阶系统的奇点也为原点。若线性一阶系统的特征根为负实根，相轨迹线性收敛，如图 8-40b 所示；若线性一阶系统的特征根为正实根，相轨迹线性发散，如图 8-40a 所示。

对于非线性系统的各个平衡点，若描述非线性过程的非线性函数解析时，即对于常微分方程 $\ddot{x}=f(x,\dot{x})$，若 $f(x,\dot{x})$ 解析，可在某奇点附近进行小偏差法近似，然后按线性二阶系统分析其类型。若 $f(x,\dot{x})$ 不解析，多含有用分段折线表示的非线性因素，可以根据非线性特性，将相平面划分为若干个区域。在各个区域，非线性方程 $f(x,\dot{x})$ 或满足解析条件或可直接表示为线性微分方程。当非线性方程在某个区域可以表示为线性微分方程时，则奇点类型决定该区域系统运动的形式。若对应的奇点位于本区域内，则称为实奇点；若对应的奇点位于其他区域，则称为虚奇点。

2. 奇线

当非线性系统存在多个奇点时，奇点类型只决定奇点附近相轨迹的运动形式，而整个系统的相轨迹，特别是离奇点较远的部分，还取决于多个奇点的共同作用。有时会产生特殊的相轨迹，将相平面划分为具有不同运动特点的多个区域，这种特殊的相轨迹称为奇线（singular line），最常见的形式是极限环。极限环将相平面的某个区域划分为内部平面和外部平面两部分。

极限环是非线性系统中的特有现象，它只发生在非守恒系统中，产生的原因是由于系统中非线性特性的作用，使得系统能从非周期性的能源中获取能量，从而维持周期运动形式。

相平面图上的一条孤立的封闭相轨迹称为极限环（limit cycle），它对应的系统会产生自激振荡。根据极限环邻近相轨迹的运动特点，可将极限环分为 3 种类型。

1）稳定的极限环。环内的相轨迹和环外的相轨迹都向极限环逼近，如图 8-47a 所示。

2）不稳定的极限环。环内的相轨迹和环外的相轨迹都逐渐远离极限环，如图 8-47b 所示。

3）半稳定的极限环。要么环内的相轨迹向极限环逼近，环外的远离而去；要么环外的相轨迹向极限环逼近，环内的远离而去，如图 8-47c、d 所示。

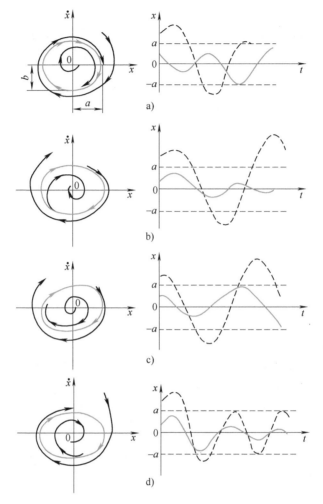

图 8-47 极限环的类型

应当指出的是，极限环将相平面分割成内部平面和外部平面，相轨迹不能从内部直接穿过极限环而进入外部平面，或者相反。$\zeta = 0$ 时二阶系统的相轨迹虽然是一族封闭曲线，但它不是极限环。

将奇点类型的分析和极限环类型的判断结合起来，就能对整个系统的运动特性做出分析。

8.3.5 非线性系统的相平面法分析（Phase Plane Method Analysis of Nonlinear Systems）

用相平面法分析非线性系统时，通常会遇到两类问题。一类是系统的非线性方程可解析处理的，称为非本质性非线性，即在奇点附近将非线性方程线性化，然后根据线性化方程式中根的性质确定奇点的类型，并用图解法或解析法画出奇点附近的相轨迹。另一类非线性方程是不可解析处理的，称为本质性非线性。对于这类非线性系统，一般将非线性元件的特性作分段线性化处理，即把整个相平面分成若干个区域，使每一个区域成为一个单独的线性工作状态，有其相应的微分方程和奇点，再应用线性系统的相平面分析方法，求得各个区域内的相轨迹，将它们拼接起来，就得到整个系统的相平面图。

这些曲线中折线的各转折点，构成了相平面区域的分界线，称为开关线。这种方法不仅能分析二阶系统自由运动特性，也能分析系统在外界作用下的运动特性，并能确定系统运动的性能指标，如运动时间、运动速度、超调量等。

1. 非本质性非线性系统

下面举例说明，用相平面法对非本质性非线性系统进行具体的分析。

【例 8-6】　求由方程 $\ddot{x}+0.5\dot{x}+2x+x^2=0$ 所描述系统的相轨迹图，并分析该系统奇点的稳定性。

解　系统相轨迹微分方程为

$$\frac{\mathrm{d}\dot{x}}{\mathrm{d}x}=\frac{-(0.5\dot{x}+2x+x^2)}{\dot{x}}$$

令 $\dfrac{\mathrm{d}\dot{x}}{\mathrm{d}x}=\dfrac{0}{0}$，则求得系统的两个奇点为

$$\begin{cases}x_1=0\\\dot{x}_1=0\end{cases}\quad\begin{cases}x_2=-2\\\dot{x}_2=0\end{cases}$$

为确定奇点类型，需计算各奇点处的一阶偏导数及增量线性化方程。

奇点 $(0,0)$ 处

$$\left.\frac{\partial f(x,\dot{x})}{\partial x}\right|_{\substack{x=0\\\dot{x}=0}}=-2,\left.\frac{\partial f(x,\dot{x})}{\partial\dot{x}}\right|_{\substack{x=0\\\dot{x}=0}}=-0.5$$

增量线性化方程为

$$\Delta\ddot{x}+0.5\Delta\dot{x}+2\Delta x=0$$

特征根为 $s_{1,2}=-0.25\pm\mathrm{j}1.39$，故奇点 $(0,0)$ 为稳定焦点。

奇点 $(-2,0)$ 处

$$\left.\frac{\partial f(x,\dot{x})}{\partial x}\right|_{\substack{x=-2\\\dot{x}=0}}=-2,\left.\frac{\partial f(x,\dot{x})}{\partial\dot{x}}\right|_{\substack{x=-2\\\dot{x}=0}}=-0.5$$

增量线性化方程为

$$\Delta\ddot{x}+0.5\Delta\dot{x}-2\Delta x=0$$

特征根为 $s_1=1.19$，$s_2=-1.69$，故奇点 $(-2,0)$ 为鞍点。

根据奇点的位置和奇点类型，结合线性系统奇点类型和系统运动形式的对应关系，绘制本系统在各奇点附近的相轨迹，应用等倾线法绘制其他区域的相轨迹，获得系统的相平面图，如图 8-48 所示。图中相交于鞍点 $(-2,0)$ 的两条相轨迹为奇线，将相平面划分为两个区域，相平面中阴影线内区域为系统的稳定区域，阴影线外区域为系统的不稳定区域。如果状态的初始点位于图中的阴影区域内，则其相轨迹将收敛于坐标原点，相应的系统是稳定的。如果状态的初始点位于图中的阴影区域外，则其相轨迹会趋于无穷远处，表示相应的系统是不稳定的。由此可见，非线性系统的运动及其稳定性与初始条件有关。

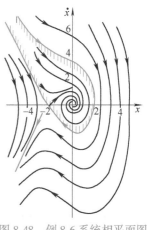

图 8-48　例 8-6 系统相平面图

【例8-7】 设一阶非线性系统的微分方程为 $\dot{x}=-x+x^3$。试确定系统有几个平衡状态,分析各平衡状态的稳定性,并作出系统的相轨迹。

解 令 $\dot{x}=0$ 得 $x_{e1}=0$,$x_{e2}=-1$,$x_{e3}=1$,所以系统有 3 个平衡状态。

在每一个平衡点处,将系统线性化处理,省略增量符号"Δ",则有

$$\dot{x}=\frac{\partial f(x)}{\partial x}\Big|_{x=x_0}\cdot x$$

1)当 $x_{e1}=0$ 时,$\frac{\partial f(x)}{\partial x}\big|_{x=0}=-1+3x^2\big|_{x=0}=-1$,所以线性化方程为 $\dot{x}+x=0$,其特征方程为 $s+1=0$,特征值 $s=-1$。故 $x_{e1}=0$ 为稳定的平衡点。

2)当 $x_{e1}=-1$ 时,$\frac{\partial f(x)}{\partial x}\big|_{x=-1}=-1+3x^2\big|_{x=-1}=2$,所以线性化方程为 $\dot{x}-2x=0$,其特征方程为 $s-2=0$,特征值 $s=2$。故 $x_{e1}=-1$ 为不稳定的平衡点。

3)当 $x_{e1}=1$ 时,$\frac{\partial f(x)}{\partial x}\big|_{x=1}=-1+3x^2\big|_{x=1}=2$,所以线性化方程为 $\dot{x}-2x=0$,其特征方程为 $s-2=0$,特征值 $s=2$。故 $x_{e1}=1$ 为不稳定的平衡点。

根据奇点的位置,绘制本系统的相轨迹如图 8-49 所示。

2. 本质性非线性系统

本质性非线性系统相平面分析法的步骤如下:

1)根据非线性特性将相平面划分为若干区域,建立每个区域的线性微分方程来描述系统的运动特性。

2)根据分析问题的需要,适当选择相平面坐标轴,通常为 $e\text{-}\dot{e}$ 或 $y\text{-}\dot{y}(c\text{-}\dot{c})$ 作为相平面的坐标轴。

3)根据非线性特性建立相平面上的开关线方程。必须注意的是,开关线方程的变量应与坐标轴所选坐标变量一致。

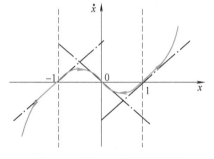

图 8-49 例 8-7 系统相轨迹图

4)求解每个区域的微分方程,绘制相轨迹。

5)平滑地将各区域的相轨迹连起来,得到整个系统的相轨迹,据此分析非线性系统的运动特性。

【例8-8】 如图 8-50 所示继电控制系统,在 $t=0$ 时加上一个幅值为 6 的阶跃输入,系统的初始状态为 $\dot{e}(0)=0$,$e(0)=6$,经过多少秒系统状态可到达原点?

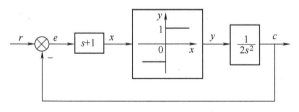

图 8-50 例 8-8 继电控制系统

解 列写运动方程为

$$2\ddot{c}=y$$

$$y = \begin{cases} +1 & (\dot{e}+e>0) \\ -1 & (\dot{e}+e<0) \end{cases}$$

又 $c=r-e$，$\ddot{c}=-\ddot{e}$，于是有

$$\ddot{e} = \begin{cases} -0.5 & (\dot{e}+e>0) \quad \text{I} \\ +0.5 & (\dot{e}+e<0) \quad \text{II} \end{cases}$$

在 I 区

$$\begin{cases} \ddot{e}=-0.5 \\ \dot{e}=-0.5t+A_1 \\ e=-0.25t^2+A_1t+A_2 \end{cases}$$

代入初始条件 $e(0)=6$，$\dot{e}(0)=0$ 得 $A_1=0$，$A_2=6$，于是有

$$\begin{cases} \ddot{e}=-0.5 \\ \dot{e}=-0.5t+A_1 \\ e=-0.25t^2+6=-\dot{e}^2+6 \end{cases}$$

则相轨迹为一抛物线，如图 8-51 所示，系统从 $A(6,0)$ 出发到 $B(2,-2)$，进入区域 II。

在 II 区

$$\begin{cases} \ddot{e}=0.5 \\ \dot{e}=0.5t-2 \\ e=0.25t^2+A_3t+A_4 \end{cases}$$

代入初始条件 $e(0)=2$，$\dot{e}(0)=-2$，求得 $A_3=-2$，$A_4=2$，则有

$$\begin{cases} \ddot{e}=0.5 \\ \dot{e}=0.5t-2 \\ e=0.25t^2-2t+2=\dot{e}^2-2 \end{cases}$$

则相轨迹仍为抛物线，系统从 B 点运动到 C 点 $(-1,1)$，又进入 I 区。

在 I 区

$$\begin{cases} \ddot{e}=-0.5 \\ \dot{e}=-0.5t+A_5 \\ e=-0.25t^2+A_5t+A_6 \end{cases}$$

代入初始条件 $e(0)=-1$，$\dot{e}(0)=1$，得 $A_5=1$，$A_6=-1$，则有

$$\begin{cases} \ddot{e}=-0.5 \\ \dot{e}=-0.5t+1 \\ e=-0.25t^2+t-1=-\dot{e}^2 \end{cases}$$

则相轨迹从 C 点运动到原点。

系统从 A 点出发运动到原点的时间 t_{A0} 可由 $t_{A0}=t_{AB}+t_{BC}+t_{C0}$ 求得，由各区域运动方程可分别求得 $t_{AB}=4\,\text{s}$，$t_{BC}=6\,\text{s}$，$t_{C0}=2\,\text{s}$，所以 $t_{A0}=4+6+2=12\,\text{s}$。

【例 8-9】 如图 8-52 所示为带有死区的继电器非线性系统，设系统在静止状态下突加阶跃信号 $r(t)=R\cdot1(t)$，有 $c(0)=0$，$\dot{c}(0)=0$。试分析该系统的运动特性。

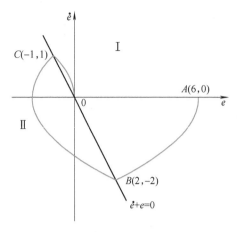

图 8-51 例 8-8 系统相轨迹图

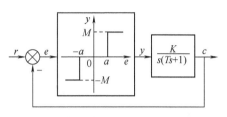

图 8-52 带有死区的继电器非线性系统

解 由图可知 $e=r-c$，故 $\dot{e}=\dot{r}-\dot{c}=-\dot{c}$，$\ddot{e}=\ddot{r}-\ddot{c}=-\ddot{c}$。

根据系统线性部分的结构有

$$T\ddot{c}+\dot{c}=Ky$$

将上式转换成关于 $\dot{e}$ 和 $\ddot{e}$ 的方程并考虑非线性特性，有

$$T\ddot{e}+\dot{e}=-Ky=\begin{cases} -KM & (e>a) & \text{I} & (8\text{-}44a) \\ 0 & (a>e>-a) & \text{II} & (8\text{-}44b) \\ +KM & (e<a) & \text{III} & (8\text{-}44c) \end{cases}$$

这样将原非线性方程转化为 3 个线性微分方程，它们分别适应于相平面上的区域 I、II、III。

对于 I 区，$e>a$，考虑到 $\ddot{e}=\dot{e}\,\mathrm{d}\dot{e}/\mathrm{d}e$，则方程式 (8-44a) 可表示为

$$T\dot{e}\frac{\mathrm{d}\dot{e}}{\mathrm{d}e}+\dot{e}=-KM \tag{8-45a}$$

令 $\mathrm{d}\dot{e}/\mathrm{d}e=\alpha$，得 I 区内相轨迹的等倾线方程为

$$\dot{e}=-\frac{KM}{1+\alpha T}$$

I 区内相轨迹的等倾线为一系列平行于 e 轴的直线。当 $\alpha=0$ 时，$\dot{e}=-KM$。这是在 I 区内相轨迹的渐近线。用等倾线法可以绘出 I 区内的相轨迹族，如图 8-53 所示。

对于 III 区，$e<-a$，方程式 (8-44c) 可表示为

$$T\dot{e}\frac{\mathrm{d}\dot{e}}{\mathrm{d}e}+\dot{e}=KM \tag{8-45c}$$

与 I 区内相轨迹作图法类似，用等倾线法可以绘出 III 区内的相轨迹族如图 8-53 所示，其中 $\dot{e}=KM$ 是该区相轨迹的渐近线。

对于 II 区，$-a<e<a$，方程式 (8-44b) 可表示为

$$T\dot{e}\frac{\mathrm{d}\dot{e}}{\mathrm{d}e}+\dot{e}=0 \tag{8-45b}$$

即

$$\dot{e}(T\alpha+1)=0$$

相轨迹是斜率 $\alpha=-\dfrac{1}{T}$ 的直线或者是 $\dot{e}=0$ 的直线，如图 8-53 所示。

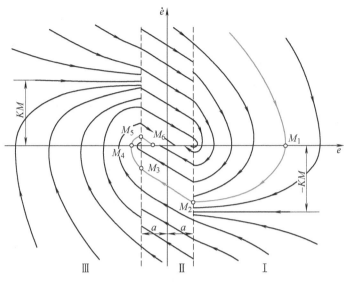

图 8-53　例 8-9 系统相轨迹图

　　由图 8-53 看出，在直线 $e=a$ 和 $e=-a$ 处，相轨迹发生了转折，此为开关线。令 $\dot{e}=0$ 和 $\ddot{e}=0$ 代入式（8-45a）、式（8-45b）和式（8-45c），式（8-45a）和式（8-45c）均无解，这说明其对应的区域 I 区及 III 区内均无奇点。方程式（8-45b）的解是 $\dot{e}=0$，这说明在 II 区内 $\dot{e}=0$ 上的所有点都是奇点，都可以成为系统最终的平衡位置，所以 $\dot{e}=0$ 为奇线。

　　由系统给定的初始条件 $c(0)=0$ 与 $\dot{c}(0)=0$ 可推知 $e(0)=r(0)-c(0)=R$，$\dot{e}(0)=\dot{r}(0)-\dot{c}(0)=0$。由初始条件确定的点 $M_1(R,0)$ 出发，相轨迹经过 M_2、M_3、M_4、M_5 最后终止在 M_6 点，而且在 M_2、M_3 及 M_5 处继电器的工作状态都发生了转折。另外，M_1 处为正向最大值误差，M_4 处为负向最大值误差，在终点 M_6 处仍有残余误差，这是由于继电器特性带有死区，当误差的绝对值小于死区特性值时，非线性环节无输出，系统处于平衡状态。

8.3.6　利用非线性特性改善系统的控制性能（Improve the System Control Performance by Using Nonlinear Characteristics）

　　控制系统中存在的非线性因素在一般情况下会对系统产生不良的影响。但是，在控制系统中人为地引入非线性环节可能使系统的性能得到改善。这种人为地加到控制系统中的非线性环节称为非线性校正装置。在一些系统中，利用一些极为简单的非线性校正装置能使系统的控制性能得到大幅度的提高，且能成功地解决快速性和振荡度之间的矛盾。另外，当对系统提出某些特殊的控制要求（如快速控制）时，采用线性校正装置通常是达不到预期效果的。实际上，这种系统是一个开关控制型的非线性控制系统。

　　非线性校正装置有各种各样的形式，具有增益可以改变的放大器的非线性控制系统就是最为简单的利用非线性校正装置的系统；具有非线性速度反馈的校正装置也常被使用。

　　下面用相平面法详细分析具有非线性速度负反馈的系统。

　　通常的随动系统是一个一阶无差系统，其阶跃响应没有稳态误差，而斜坡响应有稳态误差，并且误差的大小与开环放大倍数成反比。事实上，由于执行机构死区特性的存在，使得系统在阶跃输入作用下也是有稳态误差的。因此，为了使系统具有较高的静态性能指标，系统的开环放大倍数应该比较大。但是，一般来说，过高的开环放大倍数会使系统的动态性能指标下降，从而出现过大的超调量和过多的振荡次数等。在调整系统的开环放大倍数后仍不能满足性能指标的情况下，一般最常用的校正方法是引入速度负反馈。

设系统是一个二阶系统（对高阶系统，下面所得结论仍然正确），带有速度负反馈的控制系统结构图如图8-54所示。在系统引入速度负反馈前，系统的开环传递函数为

$$G_k(s) = \frac{K_1 K_2}{s(Ts+1)} = \frac{K}{s(Ts+1)}$$

闭环传递函数为

$$\Phi(s) = \frac{K}{s(Ts+1)+K} = \frac{K}{Ts^2+s+K}$$

$$= \frac{\dfrac{K}{T}}{s^2+\dfrac{1}{T}s+\dfrac{K}{T}} = \frac{\omega_n^2}{s^2+2\zeta_0\omega_n s+\omega_n^2} \tag{8-46}$$

式中，$\omega_n = \sqrt{K/T}$，$\zeta_0 = \dfrac{1}{2\sqrt{KT}}$。

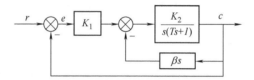

图8-54　带有速度负反馈的控制系统结构图

系统加入速度负反馈后的闭环传递函数为

$$\Phi(s) = \frac{K}{Ts^2+(1+K_2\beta)s+K} = \frac{\omega_n^2}{s^2+2\zeta\omega_n s+\omega_n^2} \tag{8-47}$$

式中，$\omega_n = \sqrt{K/T}$，$\zeta = (1+K_2\beta)\zeta_0 > \zeta_0$。

因此，这就有可能使系统在较大的开环放大倍数下有恰当的阻尼，使系统的阶跃响应合乎要求。但是，这样引入速度负反馈仍然不是最合理的。一方面，阻尼系数的增加必然使响应速度降低。图8-55表示阻尼系数 ζ 不同时的阶跃响应曲线。从图上可以看出，当阻尼系数 ζ 小时（曲线①），响应速度快，但振荡次数多，超调量大；当阻尼系数 ζ 大时（曲线②），响应速度慢，过程可能是单调

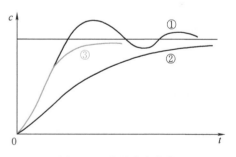

图8-55　阶跃响应曲线

的；曲线③对应的是一种响应速度快并且没有超调的过程，然而线性系统不可能有这样的响应过程。另一方面，速度负反馈的引入会使斜坡响应的稳态误差增加。对于图8-54所示的系统，当 $r(t)=B \cdot 1(t)$ 时，引入速度负反馈前的稳态误差为

$$e_{ss} = \frac{B}{K_1 K_2} \tag{8-48}$$

速度负反馈后，稳态误差为

$$e_{ss} = \frac{B(1+K_2\beta)}{K_1K_2} \tag{8-49}$$

可以在系统中引入一个非线性环节，令速度负反馈仅在误差小于一定数值的情况下起作用，在大误差范围内不起作用。**带有非线性校正装置的控制系统如图 8-56 所示。**这样可以得到响应速度快、超调量小的响应特性，并且可减小速度负反馈对斜坡响应稳态误差的影响。

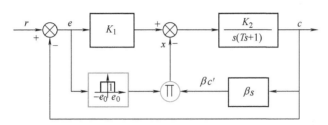

图 8-56　带有非线性校正装置的控制系统

由图 8-56 可以看出，反馈装置的输出 x 满足下面的关系：

$$\begin{cases} x=\beta c' & |e|<e_0 \\ x=0 & |e|>e_0 \end{cases}$$

系统可采用下面的方程来描述：

$$\begin{cases} Tc''+c'=K_1K_2e & |e|>e_0 \\ Tc''+(1+K_2\beta)c'=K_1K_2e & |e|>e_0 \end{cases} \tag{8-50}$$

下面研究系统的单位阶跃响应。因为 $r(t)=1(t)$，所以当 $t \geqslant 0^+$ 时，$r''(t)=r'(t)=0$，从方程式（8-50）得出的描述系统误差的方程为

$$\begin{cases} Te''+e'+K_1K_2e=0 & |e|>e_0 \\ Te''+(1+K_2\beta)e'+K_1K_2e=0 & |e|>e_0 \end{cases} \tag{8-51}$$

初始条件为 $e(0^+)=1$，$e'(0^+)=0$。

设 $T=1$，$K_1=20$，$K_2=0.5$，$e_0=0.2$，$\beta=20$。

在相平面的 Ⅰ 区（$|e|<0.2$），描述系统的微分方程为 $e''+11e'+10e=0$，对应的特征方程的两个根是左半平面的实根（-10 和 -1），奇点是位于坐标原点的稳定节点。

在相平面的 Ⅱ 区（$|e|>0.2$），描述系统的微分方程为 $e''+e'+10e=0$，对应的特征方程的两个根是左半复平面的复根（$-0.5 \pm \text{j}3.1$），奇点是位于坐标原点的稳定焦点。

图 8-57 是单位阶跃响应的相轨迹（实线）。由于在响应的初始阶段（误差大）没有速度负反馈信号（$x=0$），系统是欠阻尼的（$\zeta=0.135$），故有很高的响应速度。当误差很小时（过程接近结束），引进了速度负反馈，增加了系统的阻尼比（$\zeta=1.74$），使系统的振荡受到抑制，超调量小。如果在整个响应过程中不引入速度负反馈，要使系统有高的响应速度，响应过程必然是剧烈振荡的，如图 8-57 中用虚线表示的相轨迹曲线所示。

引入非线性速度负反馈后，系统单位阶跃响应误差曲线如图 8-58 中实线所示，图中虚线所示曲线为不引入速度负反馈时系统阶跃响应的误差曲线。

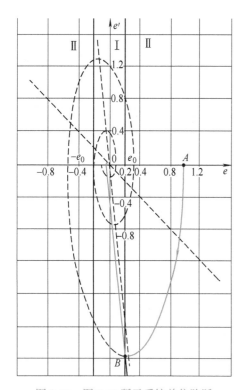

图 8-57 图 8-56 所示系统单位阶跃
响应的相轨迹

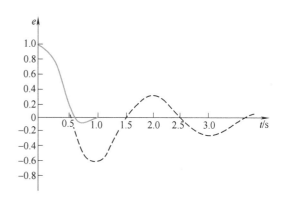

图 8-58 图 8-56 所示系统的单位阶跃
响应误差曲线

通过对上述二阶系统单位阶跃响应的研究看出，在线性系统中引入一个非线性环节，可以得到响应速度快、超调量小的响应特性，满足实际控制要求。

 8.4 MATLAB 在非线性系统分析中的应用（Applications of MATLAB in Nonlinear Systems）

MATLAB 下提供的 Simulink 环境是解决非线性系统建模、分析与仿真设计的理想工具。本节主要介绍应用 Simulink 绘制非线性系统相轨迹的方法以及应用描述函数法分析非线性系统的 MATLAB 实现。

【例 8-10】 线性二阶系统的运动方程为 $\ddot{x} + \dot{x} + x = 0$，且初始条件 $x(0) = 1$，$\dot{x}(0) = 0$。试用 MATLAB 绘制系统的相轨迹图。

解　取状态变量 $x_2 = x$，$x_1 = \dot{x}$，得到该系统状态方程模型为

$$\begin{cases} \dot{x}_2 = \dot{x} = x_1 \\ \dot{x}_1 = -x_1 - x_2 \end{cases}$$

且初值 $x_2(0) = 0$，$x_1(0) = 1$。

在 MATLAB/Simulink 下建立该系统状态方程的仿真框图，如图 8-59 所示。在 Integrator 模块参数设置窗口设置 x1 初值为 1，在 Integrator1 模块参数设置窗口设置 x2 初值为 0。设置仿真参数，仿真时间为 30 s，仿真步长可变，数值计算方法采用 ode45，启动仿真，则系统的相轨迹图可以由程序框图中的 XY-Graph 得到，如图 8-60 所示。

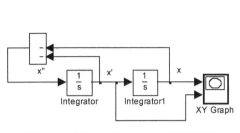

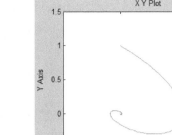

图 8-59　例 8-10 的 Simulink 仿真框图　　　　　图 8-60　例 8-10 系统的相轨迹

【例 8-11】　如图 8-61 所示的非线性系统，其中线性部分的传递函数为

$$G(s) = \frac{1}{s(4s+1)}$$

非线性环节 N 取 4 种情况：1）饱和非线性环节；2）理想继电器非线性环节；3）死区非线性环节；4）磁滞回环非线性环节。设系统在静止状态下突加单位阶跃信号，有 $c(0) = 0$，$\dot{c}(0) = 0$。试求该系统的输出以及相轨迹。

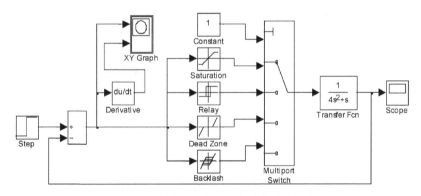

图 8-61　例 8-11 的 Simulink 仿真框图

解　取状态变量 $e(t)$ 和 $\dot{e}(t)$，使用 Simulink 建立如图 8-22 所示的仿真框图。

这里使用 Simulink 中的多路开关（Multiport Switch）来切换选择非线性环节的 4 种情况，改变常量（Constant）的数值，可以选择相应的输入到输出端口，如常量值为 2，就可以把从上到下第 2 个输入端口的值送到输出端口。

1）选 Constant 值为 1，即为饱和非线性环节，其上限幅值取 0.5，下限幅值取 -0.5，斜率为 1。相轨迹及系统输出如图 8-62 所示。

2）选 Constant 值为 2，即为理想继电器非线性环节，其上限幅值取 0.2，下限幅值取 -0.2。相轨迹及系统输出如图 8-63 所示。

3）选 Constant 值为 3，即为死区非线性环节，死区宽度为 ±0.5，斜率为 1。相轨迹及系统输出如图 8-64 所示。

4）选 Constant 值为 4，即为磁滞回环非线性环节，取回环宽度为 1，仿真时间选为 60 s。相轨迹及系统输出如图 8-65 所示，系统存在极限环。

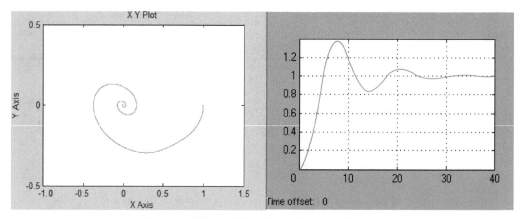

图 8-62　饱和非线性环节的相轨迹及系统输出

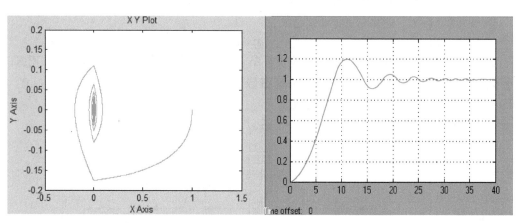

图 8-63　理想继电器非线性环节的相轨迹及系统输出

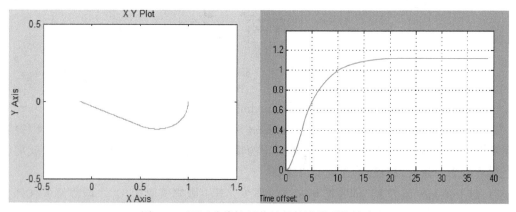

图 8-64　死区非线性环节的相轨迹及系统输出

【例 8-12】 用 MATLAB 实现例 8-1。

解　1) 当 $K=15$ 时，分析自振。系统线性部分的频率特性为 $G(\mathrm{j}\omega)=\dfrac{15}{\mathrm{j}\omega(1+\mathrm{j}0.1\omega)(1+\mathrm{j}0.2\omega)}$

$$=\dfrac{15[-0.3\omega-\mathrm{j}(1-0.02\omega^2)]}{\omega(1+0.05\omega^2+0.0004\omega^4)}$$

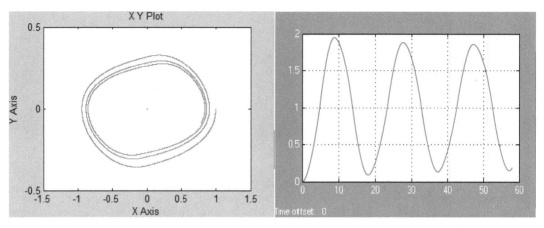

图 8-65 磁滞回环非线性环节的相轨迹及系统输出

① 在 MATLAB 中建立命令文件 example812. m。

```
% MATLAB PROGRAM example812. m
syms c k x y A
c=1;k=2;
for A=0.5:0.01:4
    x=2*k/pi*(asin(c/A)+c/A*sqrt(1-(c/A)^2));y=0;
    plot(-1/x,y,'k*')
    hold on
end
n=[0 0 0 15];  d=conv(conv([1 0],[0.1 1]),[0.2 1]);
G=tf(n,d);
for w=5:0.1:28
    nyquist(G,[w,w+0.1])
    hold on
end
```

② 在命令窗口运行该命令文件，得到同一复平面上绘制的非线性特性的负倒描述函数曲线与线性部分的奈奎斯特曲线，如图 8-66 所示。

%MATLAB 程序如下：

>>example812

说明：程序 example812. m 的运行时间可长达数分钟之久，不要误以为是死机。

③ 对于线性部分的频率特性，利用交点在横坐标上，其虚部为 0，求交点的角频率 ω 与交点的 $|G(j\omega)|$。

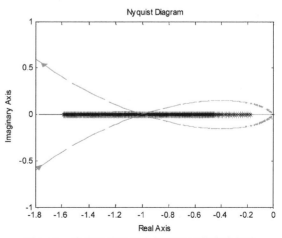

图 8-66 非线性特性的负倒描述函数曲线与线性部分的奈奎斯特曲线

```
>>syms w
>>w = solve('1-0. 02 * w^2 = 0','w');
>>w = vpa(w,5)
  w = -7. 0711
       7. 0711
```

即交点的角频率 $\omega = 7.0711\ \text{rad/s}$。

%由交点的角频率 $\omega = 7.0711\ \text{rad/s}$，计算交点的 $|G(j7.0711)|$

```
>>syms w; w = 7.0711;
>>G = 15/(j * w * (1+j * w * 0.1) * (1+ j * w * 0.22));
>>a1 = real(G)
  a1 = -0.93574
```

即 $|G(j7.07)| = -0.9357$。

④ 对于负倒描述函数，利用交点在横坐标上，其虚部为0，求自振的振幅 A。

```
>>syms c k f A
>>c = 1; N = 2 * k/ pi * (asin(c/ A)+c/ A * sqrt(1-(c/ A)^2));
>>f = -1/ N; f = subs(f,k,2)
  f = -1/ 4 * pi/ (asin(1/ A)+1/ A * (1-1/ A^2)^(1/ 2))
>>A = solve('-1/ 4 * pi/ (asin(1/ A)+1/ A * (1-1/ A^2)^(1/ 2))= -0.9357','A');
>>A = vpa(A,5)
  A = 2. 3058
```

结论：线性部分的频率特性曲线与负倒描述函数有一个交点，且此交点为稳定的自振点。交点的角频率 $\omega = 7.07\ \text{rad/s}$，自振的振幅 $A = 2.3058$。

2）确定系统稳定时线性部分增益 K 的临界值 K_c。

对于饱和非线性特性，当 $A = c$ 时，$-\dfrac{1}{N(A)} = -\dfrac{1}{k} = -\dfrac{1}{2}$。欲使系统稳定，则线性部分频率特性 $G(j\omega)$ 曲线不包围 $\left(-\infty, -\dfrac{1}{2}\right)$ 线段。因此，$G(j\omega)$ 曲线与 $-1/N(A)$ 曲线的交点 $\left(-\dfrac{1}{2}, j0\right)$ 所对应的线性部分增益 K 的值即为 K_c。

```
>>syms w G U; syms Kc real;
>>w = 7.07;
>>G = Kc / (j * w * (1+j * w * 0.1) * (1+ j * w * 0.22));
>>Kc = solve('abs(G) = 1/ 2','Kc');
>>Kc = vpa(Kc,4)
  Kc = 8. 004
```

即增益 K 的临界值 $K_c = 8.004$。

本章小结（Summary）

1. 内容归纳

1）非线性系统在稳定性、运动形式、自激振荡和频率响应等方面与线性系统都有着本质的区别。

2）经典控制理论中研究非线性系统的两种常用的方法是描述函数法和相平面法。

3）描述函数法是线性系统频率分析法在非线性系统中的推广，是非线性系统稳定性的近似判别法，它要求系统具有良好的低通特性并且非线性较弱。在上述前提条件不能很好满足时，描述函数法可能得出错误的结论，尤其是系统的稳定裕度较小时。与相平面法相比，描述函数法的最大优点是能够用于高阶系统。

4）描述函数法的关键是求出非线性环节的描述函数，而求描述函数的工作量和技巧主要在非正弦周期函数的积分。描述函数也可以由实验近似获得。

5）相平面法是研究二阶非线性系统的一种图解方法，它能形象地展示非线性系统的稳定性、稳定域、时间响应等基本属性，解释极限环等特殊现象。但是，相平面法只能用于一阶和二阶非线性系统。

6）相平面法的实质是用有限段直线（等倾线法）逼近描述系统运动的相轨迹。这样作出的相平面图，根据需要可以有相当高的准确度。相平面图清楚地表示了系统在不同初始条件下的自由运动。利用相平面图还可以研究系统的阶跃响应和斜坡响应。

7）相平面法对于一类分段线性的非线性系统特别有意义，这类系统的相轨迹可以由几段线性系统相轨迹连接而成。正因为如此，熟悉二阶线性系统的相轨迹是十分必要的。

2. 知识结构

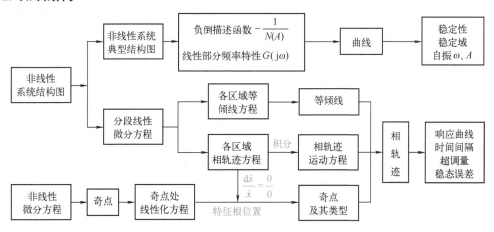

代表人物及事件简介（Leaders and Events）

1. 亨利·庞加莱（Jules Henri Poincaré，1854—1912）

法国数学家、天体力学家、数学物理学家、科学哲学家。他被公认是 19 世纪后四分之一和 20 世纪初对于数学及其应用具有全面知识的领袖数学家。

庞加莱的研究涉及数论、代数学、几何学、拓扑学、天体力学、数学物理、多复变函数论、科学哲学等许多领域，最重要的工作是在函数论方面。他早期的主要工作是创立自守函数理论（1878 年），他引进了富克斯群和克莱因群，构造了更一般的基本域，利用后来以他的名字命名的级数构造了自守函数，并发现这种函数作为代数函数的单值化函数的效用。1883 年，庞加莱提出了一般的单值化定理（1907 年，他和克贝相互独立地给出完全的证明）。同年，他进而研究一般解析函数论，研究了整函数的亏格及其与泰勒展开的系数或函数绝对值的增长率之间的关系，它同皮卡定理构成后来的整函数及亚纯函数理论发展的基础。他又是多复变函数论的先驱者之一。

庞加莱为了研究行星轨道和卫星轨道的稳定性问题，在 1881—1886 年发表的四篇关于微分方程所确定的积分曲线的论文中，创立了微分方程的定性理论。他研究了微分方程的解在四种类型的奇点（焦点、鞍点、节点、中心点）附近的形态。他提出根据解对极限环（他求出的一种特殊的封闭曲线）的关系，可以判定解的稳定性。

1885 年，瑞典国王奥斯卡二世设立 "n 体问题" 奖，引起庞加莱研究天体力学问题的兴趣。他以关于当三体中的两个质量比另一个小得多时的三体问题周期解论文获奖。1905 年，匈牙利科学院颁发鲍尔约奖，奖励过去 25 年为数学发展做出过最大贡献的数学家。由于庞加莱从 1879 年就开始从事数学研究，并在数学的几乎整个领域都做出了杰出贡献，因而此项奖非他莫属。庞加莱在数学方面的杰出工作对 20 世纪和当今的数学造成极其深远的影响，他在天体力学方面的研究是牛顿之后的一座里程碑，他因为对电子理论的研究被公认为相对论的理论先驱。

2. 太空对接技术

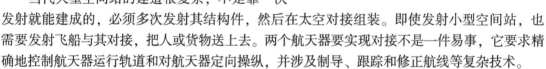

太空对接是指两个或两个以上的航天器在太空飞行时连接起来，形成更大的航天器复合体，去完成特定任务。它主要由航天器控制系统和对接机构完成。两个航天器在太空对接对载人航天活动来讲有重要意义，可在太空进行国际合作，联合起来进行载人航天活动。

当代大型空间站的建造很复杂，不是靠一次发射就能建成的，必须多次发射其结构件，然后在太空对接组装。即使发射小型空间站，也需要发射飞船与其对接，把人或货物送上去。两个航天器要实现对接不是一件易事，它要求精确地控制航天器运行轨道和对航天器定向操纵，并涉及制导、跟踪和修正航线等复杂技术。

我国从 2011 年开始进行航空对接，目前已顺利进行了 6 次。

太空对接 1：2011 年 11 月 1 日神舟八号飞船发射升空，进入预定轨道；于 2011 年 11 月 3 日与天宫一号完成刚性连接，形成了组合体；于 2011 年 11 月 17 日返回舱降落于内蒙古中部地区的主着陆场区，完成对接任务。

太空对接 2：神舟九号于 2012 年 6 月 16 日发射升空，进入预定轨道；于 2012 年 6 月 18 日与天宫一号完成自动交会对接工作，建立刚性连接，形成组合体；于 2012 年 6 月 29 日返回舱在内蒙古主着陆场安全着陆，完成与天宫一号载人交会对接任务。

太空对接 3：神舟十号于 2013 年 6 月 11 日发射升空，并进入预定轨道；2013 年 6 月 13 日，神舟十号与天宫一号完成自动交会对接任务，航天员入驻天宫一号。并于 2013 年 6 月 23 日与天宫一号目标飞行器实现手控交会对接，两飞行器建立刚性连接，形成组合体；于 2013 年 6 月 26 日在内蒙古主着陆场安全着陆，完成飞行任务。

太空对接 4：神舟十一号于 2016 年 10 月 17 日发射升空，进入预定轨道；于 2016 年 10

月 19 日与天宫二号实现自动交会对接工作，形成组合体；于 2016 年 11 月 18 日进入返回程序，返回舱降落主着陆场，完成载人任务。

太空对接 5：2021 年 6 月 17 日，航天员聂海胜、刘伯明、汤洪波乘神舟十二号载人飞船成功飞天，这是我国载人航天工程空间站阶段的首次载人飞行任务。飞船入轨后，按照预定程序与天和核心舱进行自主快速交会对接。

太空对接 6：2022 年 1 月 8 日 7 时 55 分，经过约 2 小时，神舟十三号航天员乘组在地面科技人员的密切协同下，在空间站核心舱内采取手控遥操作方式，圆满完成了天舟二号货运飞船与空间站组合体交会对接试验。试验开始后，天舟二号货运飞船从核心舱节点舱前向端口分离，航天员通过手控遥操作方式，控制货运飞船撤离至预定停泊点。短暂停泊后，转入平移靠拢段，控制货运飞船与空间站组合体精准完成前向交会对接。

习题（Exercises）

8-1　试求图 8-67 所示非线性特性的描述函数。

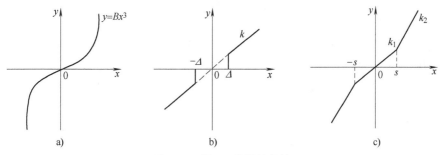

图 8-67　题 8-1 非线性特性

8-2　用描述函数法分析图 8-68 所示非线性系统的稳定性，求自振荡的频率和振幅。

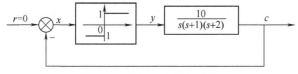

图 8-68　题 8-2 非线性系统

8-3　设 3 个非线性系统的非线性环节一样，如图 8-18 所示，其线性部分分别为

（1）$G(s) = \dfrac{2}{s(0.1s+1)}$

（2）$G(s) = \dfrac{2}{s(s+1)}$

（3）$G(s) = \dfrac{2(1.5s+1)}{s(s+1)(0.1s+1)}$

用描述函数法分析时，哪个系统分析的准确度高？

8-4　非线性系统结构图如图 8-69 所示，试用描述函数法求取：

（1）K 为何值时系统处于稳定的边界。

（2）$K=10$ 时系统产生自振荡的频率和振幅。

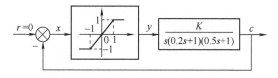

图 8-69　题 8-4 非线性系统结构图

8-5　已知非线性系统结构图如图 8-70 所示。

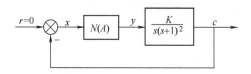

图 8-70　题 8-5 非线性系统结构图

图中非线性环节的描述函数为

$$N(A) = \frac{A+6}{A+2}(A>0)$$

试用描述函数法确定：

（1）使该非线性系统稳定、不稳定以及产生周期运动时，线性部分的 K 值范围。

（2）判断周期运动的稳定性，并计算稳定周期运动的振幅和频率。

8-6　判断图 8-71 中各非线性系统是否稳定，非线性环节的负倒描述函数 $-1/N(A)$ 曲线与具有最小相位性质的 $G(j\omega)$ 曲线的交点是否为稳定的自振点？

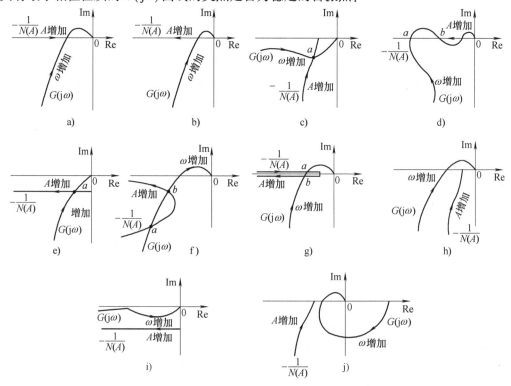

图 8-71　题 8-6 非线性系统

8-7　已知非线性系统如图 8-72 所示。其中 $M=1$，$h=0.1$，试用描述函数法分析系统的稳定性。

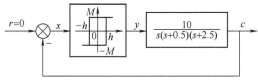

图 8-72　题 8-7 非线性控制系统

8-8　非线性系统如图 8-73 所示。设 $a=1$，$b=3$，试用描述函数法分析系统的稳定性。为使系统稳定，继电器的参数 a、b 应如何调整？

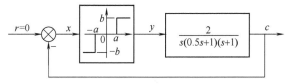

图 8-73　题 8-8 非线性系统

8-9　将图 8-74 中各非线性系统简化成非线性部分 $N(A)$ 与等效的线性部分 $G(s)$ 相串联的单位反馈系统，并写出线性部分的传递函数 $G(s)$。

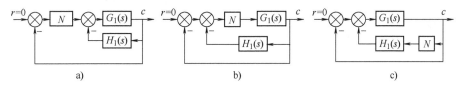

图 8-74　题 8-9 非线性系统结构图

8-10　试确定下列方程的奇点及其类型，并用等倾线法绘制它们的相平面图。

（1）$\ddot{x}+\dot{x}+|x|=0$

（2）$2\ddot{x}+\dot{x}^2+x=0$

（3）$\ddot{x}-(1-x^2)\dot{x}+x=0$

8-11　描述系统的微分方程为 $\ddot{x}+\dot{x}=4$，试画出系统的相平面图。

8-12　描述系统的微分方程为 $x-\dot{x}+1=0$，试画出系统的相平面图。

8-13　试用等倾线法绘制下列方程的相平面图。

（1）$\ddot{x}+2|\dot{x}|+x=0$

（2）$\begin{cases}\dot{x}_1=x_1+x_2\\\dot{x}_2=2x_1+x_2\end{cases}$

8-14　具有死区非线性特性的控制系统如图 8-75 所示。试绘制当输入信号 $r(t)=A\cdot 1(t)$ 和 $r(t)=A\cdot 1(t)+At\cdot 1(t)$ 时系统的 $\dot{e}$-e 相轨迹图。

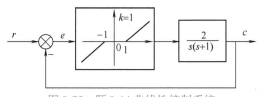

图 8-75　题 8-14 非线性控制系统

8-15　设非线性系统如图 8-76 所示，输入为单位斜坡函数。试在 $\dot{e}$-e 平面上绘制相轨迹。

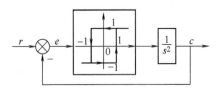

图 8-76　题 8-15 非线性系统

8-16　设非线性系统如图 8-77 所示。若输出为零初始条件，$r(t) = 1(t)$，要求：

（1）在 $\dot{e}$-e 平面上绘制相轨迹。

（2）判断该系统是否稳定，最大稳态误差是多少？

（3）绘出 $e(t)$ 及 $c(t)$ 的时间响应大致波形。

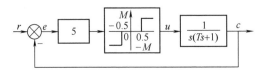

图 8-77　题 8-16 非线性系统

附录（Appendix）

附录 A　常用函数的拉普拉斯变换表（Table of Laplace Transform Pairs for Commonly Used Functions）

附表　A-1

序　号	原函数 $f(t)$　　$t \geq 0$	象函数 $F(s)$
1	单位脉冲函数 $\delta(t)$ *	1
2	单位阶跃函数 $1(t)$ **	$\dfrac{1}{s}$
3	$t^n(n=1,2,3,\cdots)$	$\dfrac{n!}{s^{n+1}}$
4	e^{-at}	$\dfrac{1}{s+a}$
5	$t^n e^{-at}(n=1,2,3,\cdots)$	$\dfrac{n!}{(s+a)^{n+1}}$
6	$\dfrac{1}{a}(1-e^{-at})$	$\dfrac{1}{s(s+a)}$
7	$\dfrac{1}{b-a}(e^{-at}-e^{-bt})$	$\dfrac{1}{(s+a)(s+b)}$
8	$\sin\omega_n t$	$\dfrac{\omega_n}{s^2+\omega_n^2}$
9	$\cos\omega_n t$	$\dfrac{s}{s^2+\omega_n^2}$
10	$e^{-at}\sin\omega_n t$	$\dfrac{\omega_n}{(s+a)^2+\omega_n^2}$
11	$e^{-at}\cos\omega_n t$	$\dfrac{s+a}{(s+a)^2+\omega_n^2}$
12	$\dfrac{\omega_n}{\sqrt{1-\zeta^2}}e^{-\zeta\omega_n t}\sin\omega_n\sqrt{1-\zeta^2}\,t$	$\dfrac{\omega_n^2}{s^2+2\zeta\omega_n s+\omega_n^2}$　　$(0<\zeta<1)$

（续）

序　号	原函数 $f(t)$　　　　$t \geqslant 0$	象函数 $F(s)$
13	$\dfrac{-1}{\sqrt{1-\zeta^2}}e^{-\zeta\omega_n t}\sin(\omega_n\sqrt{1-\zeta^2}\,t-\beta)$ $\beta=\arctan\dfrac{\sqrt{1-\zeta^2}}{\zeta}$	$\dfrac{s}{s^2+\zeta\omega_n s+\omega_n^2}$　　　$(0<\zeta<1)$
14	$1-\dfrac{1}{\sqrt{1-\zeta^2}}e^{-\zeta\omega_n t}\sin(\omega_n\sqrt{1-\zeta^2}\,t+\beta)$ $\beta=\arctan\dfrac{\sqrt{1-\zeta^2}}{\zeta}$	$\dfrac{s}{s(s^2+\zeta\omega_n s+\omega_n^2)}$　　　$(0<\zeta<1)$

* 指函数及其各阶导数的初值全为 0。

** 指函数及其各阶积分的初值全为 0。

附录 B　拉普拉斯变换的一些定理（Some Theorems of the Laplace Transform）

附表　B-1

1	线性定理	比例性	$L[af(t)] = aF(s)$		
		叠加性	$L[f_1(t) \pm f_2(t)] = F_1(s) \pm F_2(s)$		
2	微分定理	一般形式	$L\left[\dfrac{\mathrm{d}f(t)}{\mathrm{d}t}\right] = sF(s) - f(0)$ $L\left[\dfrac{\mathrm{d}^2 f(t)}{\mathrm{d}t^2}\right] = s^2 F(s) - sf(0) - f'(0)$ $\vdots$ $L\left[\dfrac{\mathrm{d}^n f(t)}{\mathrm{d}t^n}\right] = s^n F(s) - \displaystyle\sum_{k=1}^{n} s^{n-k} f^{(k-1)}(0)$ $f^{(k-1)}(t) = \dfrac{\mathrm{d}^{k-1} f(t)}{\mathrm{d}t^{k-1}}$		
		初始条件为 0 时 *	$L\left[\dfrac{\mathrm{d}^n f(t)}{\mathrm{d}t^n}\right] = s^n F(s)$		
3	积分定理	一般形式	$L\left[\displaystyle\int f(t)\,\mathrm{d}t\right] = \dfrac{F(s)}{s} + \dfrac{\left[\int f(t)\,\mathrm{d}t\right]_{t=0}}{s}$ $L\left[\displaystyle\iint f(t)\,(\mathrm{d}t)^2\right] = \dfrac{F(s)}{s^2} + \dfrac{\left[\int f(t)\,\mathrm{d}t\right]_{t=0}}{s^2} + \dfrac{\left[\iint f(t)\,(\mathrm{d}t)^2\right]_{t=0}}{s}$ $\vdots$ $L\left[\overbrace{\displaystyle\int\cdots\int}^{\text{共}n\text{个}} f(t)\,(\mathrm{d}t)^n\right] = \dfrac{F(s)}{s^n} + \displaystyle\sum_{k=1}^{n}\dfrac{1}{s^{n-k+1}}\left[\overbrace{\int\cdots\int}^{\text{共}k\text{个}} f(t)\,(\mathrm{d}t)^k\right]_{t=0}$		
		初始条件为 0 时 **	$L\left[\overbrace{\displaystyle\int\cdots\int}^{\text{共}n\text{个}} f(t)\,(\mathrm{d}t)^n\right] = \dfrac{F(s)}{s^n}$		
4	延迟定理（或 t 域平移定理）		$L[f(t-T)\,1(t-T)] = \mathrm{e}^{-T}F(s)$		

（续）

5	衰减定理(或 s 域平移定理)	$L[f(t)\mathrm{e}^{-at}] = F(s+a)$
6	终值定理	$\lim\limits_{t\to\infty}f(t) = \lim\limits_{s\to 0}sF(s)$
7	初值定理	$\lim\limits_{t\to 0}f(t) = \lim\limits_{s\to\infty}sF(s)$
8	卷积定理	$L\left[\int_0^t f_1(t-\tau)f_2(\tau)\mathrm{d}\tau\right] = L\left[\int_0^t (\tau)f_2(t-\tau)\mathrm{d}\tau\right]$ $= F_1(s)F_2(s)$

* 指函数及其各阶导数的初值全为 0。

** 指函数及其各阶积分的初值全为 0。

附录 C 常用函数的 z 变换表（Table of z Transforms of Commonly Used Functions）

附表　C-1

序　号	$X(s)$	$x(t)$	$X(z)$
1	1	$\delta(t)$	1
2	e^{-kTs}	$\delta(t-kT)$	z^{-k}
3	$\dfrac{1}{s}$	$1(t)$	$\dfrac{z}{z-1}$
4	$\dfrac{1}{s^2}$	t	$\dfrac{Tz}{(z-1)^2}$
5	$\dfrac{2}{s^3}$	t^2	$\dfrac{T^2z(z+1)}{(z-1)^3}$
6	$\dfrac{1}{s+a}$	e^{-at}	$\dfrac{z}{z-\mathrm{e}^{-aT}}$
7	$\dfrac{1}{(s+a)^2}$	$t\mathrm{e}^{-at}$	$\dfrac{Tz\mathrm{e}^{-aT}}{(z-\mathrm{e}^{-aT})^2}$
8	$\dfrac{a}{s(s+a)}$	$1-\mathrm{e}^{-at}$	$\dfrac{(1-\mathrm{e}^{-aT})z}{(z-1)(z-\mathrm{e}^{-aT})}$
9	$\dfrac{\omega}{s^2+\omega^2}$	$\sin\omega t$	$\dfrac{z\sin\omega T}{z^2-2z\cos\omega T+1}$
10	$\dfrac{s}{s^2+\omega^2}$	$\cos\omega t$	$\dfrac{z(z-\cos\omega T)}{z^2-2z\cos\omega T+1}$
11	$\dfrac{\omega}{(s+a)^2+\omega^2}$	$\mathrm{e}^{-at}\sin\omega t$	$\dfrac{z\mathrm{e}^{-aT}\sin\omega T}{z^2-2z\mathrm{e}^{-aT}\cos\omega T+\mathrm{e}^{-2aT}}$
12	$\dfrac{s+a}{(s+a)^2+\omega^2}$	$\mathrm{e}^{-at}\cos\omega t$	$\dfrac{z^2-z\mathrm{e}^{-aT}\cos\omega T}{z^2-2z\mathrm{e}^{-aT}\cos\omega T+\mathrm{e}^{-2aT}}$
13	$\dfrac{a}{s^2-a^2}$	$\mathrm{sh}at$	$\dfrac{z\,\mathrm{sh}aT}{z^2-2z\mathrm{ch}aT+1}$
14	$\dfrac{s}{s^2-a^2}$	$\mathrm{ch}at$	$\dfrac{z(z-\mathrm{ch}aT)}{z^2-2z\mathrm{ch}aT+1}$

附表 C-2

序 号	$x(n)[x(nT_s)]$	$X(z)$	备 注
1	n	$\dfrac{z}{(z-1)^2}$	
2	n^2	$\dfrac{z(z+1)}{(z-1)^3}$	
3	a^n	$\dfrac{z}{z-a}$	a 可以是实数或复数
4	na^{n-1}	$\dfrac{z}{(z-a)^2}$	a 可以是实数或复数
5	$n^2 a^{n-1}$	$\dfrac{z(z+a)}{(z-a)^3}$	a 可以是实数或复数
6	$\sin\beta n$	$\dfrac{z\sin\beta}{z^2-2z\cos\beta+1}$	
7	$\cos\beta n$	$\dfrac{z(z-\cos\beta)}{z^2-2z\cos\beta+1}$	
8	$a^n\sin(\beta n+\varphi)$	$\dfrac{z[z\sin\varphi-a\sin(\varphi-\beta)]}{z^2-(2a\cos\beta)z+a^2}$	用于从 $x(n)$ 求 $X(z)$ 较方便
9	$a^n\cos(\beta n+\varphi)$	$\dfrac{z[z\cos\varphi-a\cos(\varphi-\beta)]}{z^2-(2a\cos\beta)z+a^2}$	用于从 $x(n)$ 求 $X(z)$ 较方便
10	$a^n\cos n\pi$	$\dfrac{z}{z+a}$	
11	$\dfrac{a^n}{\sin\varphi}\sin(\beta n+\varphi)$ $\beta=\arccos\zeta$ $\varphi=\arctan\dfrac{\sin\beta}{\cos\beta-c/a}$	$\dfrac{z(z-c)}{z^2-2a\zeta z+a^2}$ $=\dfrac{z(z-c)}{(z-a\underline{/\beta})(z-a\underline{/-\beta})}$ $\beta=\arccos\zeta$	用于从 $X(z)$ 求 $x(n)$ 较方便
12	$\dfrac{a^n}{\cos\varphi}\cos(\beta n+\varphi)$ $\beta=\arccos\zeta$ $\varphi=\arctan\dfrac{c/a-\cos\beta}{\sin\beta}$		
13	$\dfrac{1}{a-b}(a^n-b^n)$	$\dfrac{z}{(z-a)(z-b)}$	

附录 D　习题参考答案

【第1章习题参考答案】

1-1~1-7　略

1-8　图 1-20a 中的系统能够恢复到 110 V，图 1-20b 中的系统端电压将稍微低于 110 V。对图 1-20a 系统，当端电压低于给定电压时，其偏差电压经放大器放大使伺服电机 SM 转动，从而带动电刷，使得励磁电流增加，发电机端电压得以升高。偏差电压减小，直到伺服电机停止转动，故图 1-20a 中的系统端电压能够恢复到 110 V。对图 1-20b 系统，当偏差电压为零时，励磁电流也为零，发电机不能工作，故图 1-20b 中的系统端电压将稍低于 110 V。

1-9　（1）线性定常系统；（2）线性时变系统；（3）非线性定常系统。

【第2章习题参考答案】

2-1　（a）$R_1 R_2 C \dfrac{\mathrm{d}u_0(t)}{\mathrm{d}t} + (R_1 + R_2)u_0(t) = R_1 R_2 C \dfrac{\mathrm{d}u_i(t)}{\mathrm{d}t} + R_2 u_i(t)$

2-2　（b）$R_2 C \dfrac{\mathrm{d}u_c}{\mathrm{d}t} + u_c = \dfrac{R_2}{R_1}u_r$　（c）$R_1 C \dfrac{\mathrm{d}u_c}{\mathrm{d}t} = R_2 C \dfrac{\mathrm{d}u_r}{\mathrm{d}t} + u_r$

2-3　（a）$B(K_1 + K_2)\dfrac{\mathrm{d}^2 x_c}{\mathrm{d}t^2} + K_1 K_2 \dfrac{\mathrm{d}x_c}{\mathrm{d}t} = K_1 B \dfrac{\mathrm{d}x_i}{\mathrm{d}t}$　（b）$m \dfrac{\mathrm{d}^2 x_c}{\mathrm{d}t^2} + (B_1 + B_2)\dfrac{\mathrm{d}x_c}{\mathrm{d}t} = B_1 \dfrac{\mathrm{d}x_r}{\mathrm{d}t}$　2-4~2-6　略

2-7　（a）$\dfrac{U_0(s)}{U_i(s)} = \dfrac{R_1 R_2 C s + R_2}{R_1 R_2 C s + (R_1 + R_2)}$　（b）$\dfrac{U_0(s)}{U_i(s)} = \dfrac{R_2}{R_1 L C s^2 + (R_1 R_2 C + L)s + (R_1 + R_2)}$

2-8　（a）$\dfrac{U_c(s)}{U_r(s)} = \dfrac{R_2(R_1 C s + 1)}{R_1}$　（b）$\dfrac{U_c(s)}{U_r(s)} = \dfrac{R_2}{R_1(R_2 C s + 1)}$　（c）$\dfrac{U_c(s)}{U_r(s)} = \dfrac{R_2 C s + 1}{R_1 C s}$　2-9　略

2-10　$G(s) = L[g(t)] = \dfrac{2(s+21)}{s(s+6)}$　2-11　$\dfrac{X_c(s)}{X_r(s)} = \dfrac{G_1 G_2 G_3 G_4}{1 + G_3 G_4 G_5 + G_2 G_3 G_6 + G_1 G_2 G_3 G_4(G_7 - G_8)}$

2-12　$\dfrac{C(s)}{R(s)} = \dfrac{K_2 K_3 K_4(\tau s + K_1)}{(s + K_3)(Ts + 1) + K_3 K_4 K_5 + K_2 K_3 K_4(\tau s + K_1)}$

2-13　（a）$\dfrac{C(s)}{R(s)} = \dfrac{G_1 - G_2}{1 + G_2 H}$　（b）$\dfrac{C(s)}{R(s)} = \dfrac{G_1 G_2 G_3}{1 + G_1 G_2 + G_2 G_3 + G_1 G_2 G_3}$

（c）$\dfrac{C(s)}{R(s)} = \dfrac{G_1 G_2 G_3 G_4}{1 + G_2 G_3 H_3 + G_3 G_4 H_4 + G_1 G_2 G_3 H_2 + G_1 G_2 G_3 G_4 H_1}$

2-14　（a）$\dfrac{C(s)}{R(s)} = \dfrac{G_1 G_2}{1 + G_1 H_1 + G_2 H_2}$　（b）$\dfrac{C(s)}{R(s)} = \dfrac{G_1 G_2 G_3 - G_3 G_4(1 + G_1 G_2 H_1)}{1 + G_1 G_2 H_1 + G_3 H_2 + G_2 H_3 + G_1 G_2 G_3 H_1 H_2}$

2-15　（a）$\dfrac{C(s)}{R(s)} = \dfrac{G_1 G_2 + G_3 G_2}{1 + G_2 H_1 + G_1 G_2 H_2}$　（b）$\dfrac{C(s)}{R(s)} = \dfrac{-G_1 + G_2 + 2G_1 G_2}{1 - G_1 + G_2 + 3G_1 G_2}$

（c）$\dfrac{C(s)}{R(s)} = G_4 + \dfrac{G_1 G_2 G_3}{1 + G_1 G_2 H_1 + G_2 H_1 + G_2 G_3 H_2}$　2-17　略

2-18　$\dfrac{C(s)}{R(s)} = \dfrac{G_1 G_2 G_3}{1 + G_1 + G_1 G_2 G_3}$，$\dfrac{C(s)}{N_1(s)} = \dfrac{G_1 G_3}{1 + G_1 + G_1 G_2 G_3}$，$\dfrac{C(s)}{N_2(s)} = 1$，$\dfrac{E(s)}{R(s)} = \dfrac{1 + G_1}{1 + G_1 + G_1 G_2 G_3}$，

$\dfrac{E(s)}{N_1(s)} = \dfrac{-G_1 G_3}{1 + G_1 + G_1 G_2 G_3}$　2-19　$C(s) = \dfrac{G_1 G_2 R(s) + G_2 D_1(s) - G_2 D_2(s) - G_1 G_2 H_1 D_3(s)}{1 + G_1 G_2 H_1 - G_2 H_2}$

【第3章习题参考答案】

3-1~3-2　略　3-3　$\zeta = 0.6$，$\omega_n = 2$；$\sigma\% = 9.5\%$，$t_p = 1.96\,\mathrm{s}$，$t_s = 2.92\,\mathrm{s}(\Delta = \pm 2\%)$

3-4　$G_k(s) = \dfrac{5}{s(0.2s + 1)}$，$t_r = \dfrac{\pi - \beta}{\omega_n \sqrt{1 - \zeta^2}} = 0.483\,\mathrm{s}$，$t_p = \dfrac{\pi}{\omega_n \sqrt{1 - \zeta^2}} = 0.725\,\mathrm{s}$，

$$\sigma\% = \mathrm{e}^{-\frac{\zeta\pi}{\sqrt{1-\zeta^2}}}\times100\% = 16.3\%, \quad t_s = \frac{4}{\zeta\omega_n} = 1.6\,\mathrm{s}\ (\Delta = \pm2\%)$$

3-5　$\omega_n = 24.5$, $\zeta = 1.43$　3-6　$G_k(s) = \dfrac{\omega_n^2}{s(s+2\zeta\omega_n)} = \dfrac{1132.3}{s(s+24.1)}$

3-7　略　3-8　$K_1 = 1.44$, $K_t = 0.31$　3-9　略

3-10　$\Phi(s) \approx \dfrac{1}{s^2+s+1}$, $\sigma = 16.3\%$, $t_s = 8\,\mathrm{s}\ (\Delta = \pm2\%)$　3-11~3-12　略

3-13　(1) 系统稳定　(2) 系统稳定　(3) 系统不稳定,有两个右根

　　　(4) 系统不稳定但无右根、有 2 对纯虚根 $s_{1,2} = \pm\mathrm{j}$, $s_{3,4} = \pm\sqrt{2}\mathrm{j}$。

3-14　系统不稳定、有 2 个右根和 1 对纯虚根 $s_{1,2} = \pm\sqrt{2}\mathrm{j}$。

3-15　系统不稳定但无右根、有 2 对纯虚根 $s_{1,2} = \pm2\mathrm{j}$, $s_{3,4} = \pm\sqrt{2}\mathrm{j}$。

3-16　$0 < K < 1.71$　3-17　$K = 2$, $a = 0.75$　3-18~3-19　略

3-20　(1) 当 $r(t) = 2t$ 时, $e_{ss} = \infty$; 当 $r(t) = 2+2t+t^2$ 时, $e_{ss} = \dfrac{2}{1+K}+\infty+\infty = \infty$;

　　　(2) 当 $r(t) = 2t$ 时, $e_{ss} = 0.2$; 当 $r(t) = 2+2t+t^2$ 时, $e_{ss} = 0+\dfrac{2}{K}+\infty = \infty$;

　　　(3) 当 $r(t) = 2t$ 时, $e_{ss} = 0$; 当 $r(t) = 2+2t+t^2$ 时, $e_{ss} = 0+0+\dfrac{2}{K} = 20$;

3-21　(1) 0 型系统,开环放大倍数为 $K = 50$; $K_p = 50$, $K_v = 0$, $K_a = 0$;

　　　(2) 1 型系统,开环放大倍数为 $\dfrac{K}{200}$; $K_p = \infty$, $K_v = \dfrac{K}{200}$, $K_a = 0$;

　　　(3) 2 型系统,开环放大倍数为 $K = 1$; $K_p = \infty$, $K_v = \infty$, $K_a = 1$。

3-22~3-23　略

【第 5 章习题参考答案】

5-1　$c(t) = \sqrt{2}A_0\sin\left(\dfrac{2}{3}t\right)$　5-2　$e_{ss}(t) = 0.632\sin(t+48.43°)-0.791\cos(2t-26.57°)$

5-3　$\omega_n = 1.85\,\mathrm{rad/s}$, $\zeta = 0.65$　5-4~5-6　略

5-7　(1) 不稳定,有 2 个右根　(2) 不稳定,有 2 个右根　(3) 不稳定,有 2 个右根　(4) 稳定　(5) 不稳定,有 2 个右根　(6) 稳定　(7) 稳定　(8) 稳定　(9) 不稳定,有 1 个右根　(10) 不稳定,有 2 个右根

5-8　$0 < K < 2.65$　5-9　$0 < \tau < 1.369$　5-10　$a = 0.84$

5-11　$\omega_c = 1.94\,\mathrm{rad/s}$, $\gamma = 65.21°$　5-12　$\gamma = 53.1°$　5-13~5-14　略

5-15　$\omega_c = 0.4\,\mathrm{rad/s}$, $\gamma = 102.58°$; $\omega_g = 4.01\,\mathrm{rad/s}$, $L_g = 12.08\,\mathrm{dB}$

5-16　$\omega_c = 6\,\mathrm{rad/s}$, $\gamma = 65°$; $\sigma\% = 20\%$, $t_s = 1.14\,\mathrm{s}$

5-17　$\omega_c = 9.5\,\mathrm{rad/s}$, $\gamma = 45°$; $M_r = 1.31$, $\omega_b = 16.04\,\mathrm{rad/s}$; $\sigma\% = 28.4\%$, $t_s = 0.81\,\mathrm{s}$

5-18　(a) $G(s) = \dfrac{10}{0.1s+1}$　(b) $G(s) = \dfrac{0.1s}{0.02s+1}$　(c) $G(s) = \dfrac{50}{s(0.01s+1)}$

　　　(d) $G(s) = \dfrac{100}{s(100s+1)(0.05s+1)}$　(e) $G(s) = \dfrac{10\times630^2}{s^2+441s+630^2}$

　　　(f) $G(s) = \dfrac{100}{s\left[\left(\dfrac{s}{50}\right)^2+2\times0.3\times\dfrac{s}{50}+1\right]}$

【第 6 章习题参考答案】

6-1~6-7　略

6-8　(a) $G(s) = \dfrac{20(2s+1)}{s(0.1s+1)(10s+1)}$　(b) $G(s) = \dfrac{20(s+1)}{s(0.1s+1)(2s+1)}$

6-9　(1) 校正网络 (c) 可使校正后系统的稳定程度最好　(2) 校正网络 (c) 可满足题意

6-10 （1）$\gamma=35.1°$ （2）$K_P=25$，$K_D=4$ 6-11~6-15 略

【第7章习题参考答案】

7-1~7-2 略

7-3 （1）$f(nT)=(-a)^n$ （2）$f(nT)=-1+2^n$ （3）$f(nT)=n\left(\dfrac{1}{2}\right)^n$ （4）$f(nT)=1-e^{-anT}$

7-4 （1）$f^*(t)=\dfrac{1}{3}\delta(t-2T)-\dfrac{1}{3}\delta(t-3T)+\dfrac{2}{9}\delta(t-4T)-\dfrac{2}{9}\delta(t-5T)L$

$\quad$（2）$f^*(t)=\displaystyle\sum_{k=0}^{\infty}f(kT)\delta(t-kT)=\sum_{k=0}^{\infty}\left[\dfrac{4}{9}+\dfrac{2}{9}(-0.5)^{k-1}(1-3k)\right]\delta(t-kT)$

7-5~7-6 略

7-7 （a）$\Phi(z)=\dfrac{G(z)}{1+G(z)H(z)}$ （b）$C(z)=\dfrac{G_2(z)G_1R(z)}{1+G_1G_2H(z)}$

$\quad$（c）$\Phi(z)=\dfrac{G_1(z)G_2(z)}{1+G_1(z)G_2(z)H(z)}$ （d）$\Phi(z)=\dfrac{G_1(z)}{1+G_1G_2(z)+G_1(z)H(z)}$

7-8 （1）$G(z)=\dfrac{z-1}{z}\cdot Z\left[\dfrac{K}{s^2(s+2)}\right]=\dfrac{(2KTz+K-Kz)(1-e^{-2T})}{4(z-1)(z-e^{-2T})}$

$\quad$（2）$\Phi(z)=\dfrac{G(z)}{1+G(z)}=\dfrac{(2KTz+K-Kz)(1-e^{-2T})}{4(z-1)(z-e^{-2T})+(2KTz+K-Kz)(1-e^{-2T})}$

7-9 （1）$C(z)=\dfrac{0.1603z^3+0.0384z^2}{z^4+2.8464z^3+2.8982z^2-1.0585z+0.0067}$

$\quad$（2）$c^*(t)=0.16\delta(t-T)+0.49\delta(t-2T)+0.94\delta(t-3T)+1.42\delta(t-4T)+L$

$\quad$（3）$|z_1|=|z_2|=1.0138>1$，闭环不稳定，无法求输出响应的终值。

7-10 （1）稳定；（2）稳定。 7-11 $0<K<2.165$

7-12~7-13 略 7-14 不稳定

7-15 $e(\infty)=\dfrac{1}{K}$

7-16 满足题意的 K 值不存在。 7-17~7-19 略

【第8章习题参考答案】

8-1 （1）$N(A)=\dfrac{3BA^2}{4}$ （2）$N(A)=k-\dfrac{2k}{\pi}\arcsin\dfrac{\Delta}{A}+\dfrac{2k\Delta}{\pi A}\sqrt{1-\left(\dfrac{\Delta}{A}\right)^2}$，$A\geq\Delta$

$\quad$（3）$N(A)=k_2+\dfrac{2}{\pi}(k_1-k_2)\left[\arcsin\dfrac{s}{A}+\dfrac{s}{A}\sqrt{1-\left(\dfrac{s}{A}\right)^2}\right]$，$A\geq s$

8-2 自激振荡的振幅 $A=2.1$，频率 $\omega=1.414\,\text{rad/s}$

8-3 系统；（2）分析的准确度最高。

8-4 （1）$K=7$；（2）自激振荡的振幅 $A=2.54$，频率 $\omega=3.162\,\text{rad/s}$。

8-5 （1）当 $K<\dfrac{2}{3}$ 时非线性系统稳定；当 $K>2$ 时，非线性系统不稳定；当 $\dfrac{2}{3}\leq K\leq 2$ 时，系统产生周期运动；（2）振幅 $A>0$，频率 $\omega=1\,\text{rad/s}$。

8-6~8-14 略

8-15 当 $e>1$ 或 $-1<e<1$，$\dot{e}<0$ 时，系统相轨迹方程为 $\dfrac{1}{2}\dot{e}^2=-e+C_1$（抛物线）；

$\quad$当 $e<-1$ 或 $-1<e<1$，$\dot{e}>0$ 时，系统相轨迹方程为 $\dfrac{1}{2}\dot{e}^2=e+C_2$（抛物线）；相轨迹图略。

8-16 略

参考文献（References）

[1] 夏德钤，翁贻方. 自动控制理论 [M]. 4 版. 北京：机械工业出版社，2012.

[2] 胡寿松. 自动控制原理 [M]. 7 版. 北京：科学出版社，2019.

[3] 高国燊，余文烋. 自动控制原理 [M]. 2 版. 广州：华南理工大学出版社，2004.

[4] DORF R C, BISHOP R H. Modern Control Systems. 10th ed. 北京：科学出版社，2005.

[5] BISHOP R H. Modern Control Systems Analysis and Design Using MATLAB and Simulink [M]. 北京：清华大学出版社，2004.

[6] 张爱民. 自动控制原理 [M]. 北京：清华大学出版社，2006.

[7] 王划一，杨西侠. 自动控制原理 [M]. 3 版. 北京：国防工业出版社，2017.

[8] 谢克明. 自动控制原理 [M]. 3 版. 北京：电子工业出版社，2004.

[9] 邹伯敏. 自动控制理论 [M]. 4 版. 北京：机械工业出版社，2019.

[10] OGATA K. Modern Control Engineering [M]. 4th ed. 北京：清华大学出版社，2006.

[11] DRIELS M. Linear Control Systems Engineering [M]. 北京：清华大学出版社，2000.

[12] 文锋，贾光辉. 自动控制理论 [M]. 2 版. 北京：中国电力出版社，2002.

[13] 孙炳达. 自动控制原理 [M]. 2 版. 北京：机械工业出版社，2005.

[14] 王建辉，顾树生. 自动控制原理 [M]. 4 版. 北京：冶金工业出版社，2005.

[15] 黄忠霖. 控制系统 MATLAB 计算及仿真 [M]. 北京：国防工业出版社，2001.

[16] 王正林，王胜开，陈国顺. MATLAB/Simulink 与控制系统仿真 [M]. 北京：电子工业出版社，2005.

[17] 孙亮. MATLAB 语言与控制系统仿真：修订版 [M]. 北京：北京工业大学出版社，2006.

[18] 刘坤. MATLAB 自动控制原理习题精解 [M]. 北京：国防工业出版社，2004.

[19] 王万良. 自动控制原理 [M]. 北京：高等教育出版社，2008.

[20] 潘丰，徐颖秦. 自动控制原理 [M]. 北京：机械工业出版社，2010.

[21] 黄忠霖. 自动控制原理的 MATLAB 实现 [M]. 北京：国防工业出版社，2009.